西北旱区典型粮经饲果生境营造技术

苏李君　陶汪海　马昌坤
邓铭江　王全九 等　编著

内 容 提 要

绿色优质高效农业与作物生境要素协同调控关键技术的研究是我国新疆南疆农业可持续发展的重要组成部分。本书系统介绍了作物生境要素耦合作用及提质增效机理，灌溉水活化技术、施肥技术、微生物技术、土壤改良技术等多措施耦合调控对土壤环境、作物生长、产量品质的影响机制，秸秆资源田间快速堆肥技术及其作用能效，以及南疆地区典型作物、牧草、林果生境多措施耦合调控模式等方面的研究成果。全书共9章，包括绪论、作物生境精准调控与智能感知技术、玉米适宜生境营造模式、棉花适宜生境营造模式、高丹草适宜生境营造模式、苹果适宜生境营造模式、红枣适宜生境营造模式、西北旱区秸秆田间堆肥技术与应用和作物生境模拟与智能管控。

本专著可以作为从事干旱区农业水土资源高效利用、盐碱地改良与利用、作物适宜生境营造、农业废弃物再生利用等方面科研工作人员的参考书。

图书在版编目（CIP）数据

西北旱区典型粮经饲果生境营造技术 / 苏李君等编著. -- 北京 : 中国水利水电出版社, 2023.12
ISBN 978-7-5226-2101-2

Ⅰ. ①西… Ⅱ. ①苏… Ⅲ. ①干旱区—作物—栽培技术—西北地区 Ⅳ. ①S31

中国国家版本馆CIP数据核字(2024)第015230号

书　名	**西北旱区典型粮经饲果生境营造技术** XIBEI HANQU DIANXING LIANG JING SI GUO SHENGJING YINGZAO JISHU
作　者	苏李君　陶汪海　马昌坤　邓铭江　王全九　等 编著
出版发行	中国水利水电出版社 （北京市海淀区玉渊潭南路1号D座　100038） 网址：www. waterpub. com. cn E-mail：sales@mwr. gov. cn 电话：（010）68545888（营销中心）
经　售	北京科水图书销售有限公司 电话：（010）68545874、63202643 全国各地新华书店和相关出版物销售网点
排　版	中国水利水电出版社微机排版中心
印　刷	北京印匠彩色印刷有限公司
规　格	184mm×260mm　16开　18.75印张　456千字
版　次	2023年12月第1版　2023年12月第1次印刷
定　价	**95.00**元

前　言

新疆水资源特性和新疆生产建设兵团所处地理位置形成了兵团独特的“灌溉农业，荒漠绿洲”农业经济格局，也决定了兵团农业发展必须走节水灌溉的发展道路。但南疆水资源严重短缺且灌区建设相对滞后，严重制约了新疆现代农业的发展，针对农业生产效率低、综合生产效益不高等突出问题，需要提高南疆灌区田间建设与现代化水平，提升高效节水技术水平。绿色优质高效农业与作物生境协同调控关键技术是南疆现代灌区生态农业发展的重要组成部分，发展将节水灌溉、生物改良、化学改良和物理改良融为一体的盐碱地作物生境综合调控理论与方法，对兵团科技、经济和社会发展起着坚实的保障作用，有助于加快提升南疆工业化、城镇化水平，带动南疆经济发展和增收，实现生态与非生态耦合发展，形成一个自然经济社会广义生命共同体，推动美丽中国的建设。

本书内容是在国家自然科学基金重点项目和新疆兵团财政重大科技项目的资助下，针对南疆灌溉农业发展中存在的问题，较为系统地开展南疆典型粮经作物、牧草饲料和特色林果（玉米、棉花、高丹草、苹果和红枣）的生境调控关键技术研究。农田作物生境调控是利用农业技术措施优化土壤环境、改善水分供应、调整光照条件等，从而提供有利于作物生长的环境条件，促进作物的生长发育，提高产量和品质。合理的生境调控可以减少病虫害的发生和传播，减少农药的使用，降低生产成本和污染风险。农田生境调控也是发展可持续农业的重要手段之一，通过合理的资源利用和环境保护，可以提高农田的生产力和土地的可持续利用率，推动农业的可持续发展，实现农业的经济效益、社会效益和生态效益的协调。通过室内和野外试验研究，探明了调控措施对作物提质增效的生物学机理，系统揭示了作物生长与其主控生境要素耦合作用机制，综合水利、化学、生物、农艺措施，构建了作物生境要素多措施耦合调控技术，提出了南疆典型粮经作物、牧草饲料和特色林果的适宜生境营造模式，研发了根区调控产品、装备和配套技术模式，为提升灌区水土生产效率、作物产量和品质提供了理论与技术支撑。

本书共分为9章，前言由邓铭江、苏李君撰写；第1章由王全九、苏李君撰写；第2章由陶汪海、穆卫谊撰写；第3章由苏李君撰写；第4章由宁松瑞撰写；第5章由马昌坤撰写；第6章由穆卫谊、段晓显撰写；第7章由陶汪海、邵凡凡撰写；第8章由段曼莉撰写；第9章由苏李君撰写。全书由苏李君、陶汪海、马昌坤进行整理统稿，并由苏李君最后审定。此外，邵凡凡、蔺树栋、姜展博、雷庆元、罗鹏程、袁帅、温天洋、曾森林、鄢如泮、燕浩奎、张一博等参与了野外试验及数据采集工作。

本书系统总结了有关新疆南疆阿克苏、昆玉等地区典型粮食经济作物、饲料牧草、特色林果生境调控方面的研究成果。在整个研究过程中，得到众多单位、领导、专家和同仁的大力指导、支持和帮助，在此一并表示最真诚的感谢。特别感谢西安理工大学刘德安书记、刘云贺校长、申烨华副校长、郭鹏程教授、曲植副教授、王子天老师，西安理工大学西北旱区生态水利国家重点实验室罗兴锜主任，新疆生产建设兵团农垦科学院刘景德院长、尹君亮研究员、周建伟研究员、高志建副研究员、郑国玉副研究员、段震宇研究员，石河子大学王振华教授、张金珠教授、张继红副教授、李海强副教授、李文昊副教授，塔里木大学王兴鹏教授，新疆水利水电科学研究院张江辉书记、白云岗副院长，新疆生产建设兵团一师10团和十四师224团的有关领导，在兵团财政科技计划项目“干旱区现代灌区与智慧农业技术体系研究与示范”设计和实施过程中给予的指导、帮助和支持。衷心感谢参与研究的各位研究生和工作人员，正是他们的艰辛努力使本书的研究工作顺利开展，并提出了南疆典型粮经饲果生境营造模式，为推动南疆现代灌区生态农业发展做出了应有的贡献。

由于水平和时间及经费所限，本书对有些问题的认识和研究还有待进一步深化与完善，错误和不足之处亦颇多，恳请同行专家批评指正。

作者

2023年9月

目　录

第1章　绪　　论

1.1　背景与意义

我国西北地区占地面积大，光热资源丰富，是我国重要的粮食经济作物、牧草饲料和特色水果生产基地[1]，但农业生产受到淡水资源短缺、土地生产力低、土壤盐碱化等多重因素影响，特别是淡水资源短缺已成为西北地区农业可持续发展中的主要限制性因素，直接影响我国粮食生产能力的提升和粮食安全[2]。

农作物生长在一定的自然环境中，受自然条件和人为因素的影响，在粮食安全、水土资源安全和生态环境安全的大背景下，如何充分利用当地的自然环境和社会经济条件，充分发挥耕地潜力，生产高产优质的农产品，是农业生产面临的一个重要问题。解决此问题的重要途径需要借助现代物理、化学和生物技术，营造出适宜作物生长的环境，实现作物的提质增产，这对于解决粮食供应不足问题、缓解农业资源环境压力、保障社会主义经济建设和稳定等都有重大意义。

1.2　国内外研究进展

农田调控措施是实现提高作物产量和品质的重要手段，多调控措施是将活化水、植物生长调节剂、生物刺激素、微生物菌剂、土壤改良剂等调控措施进行综合应用。

1.2.1　物理调控措施对作物生境和生长的影响

农作物生长发育的物理调控措施主要通过灌溉技术、耕作技术、覆盖技术、种植技术、施肥技术以及病虫害防治技术等物理手段的调节来提高农作物的产量和品质。

1.2.1.1　灌溉技术

高效的灌溉技术可以减少水资源浪费、提高农作物产量，主要包括膜下滴灌技术、精准灌溉技术、活化水灌溉技术。

在我国的西北干旱半干旱地区，将农艺节水（地膜覆盖）与工程节水（滴灌）结合形成了独具特色的膜下滴灌技术。20世纪90年代至今，30多年的实践证明，膜下滴灌以少量多次灌溉的特点，避免了灌溉水深层渗漏，大幅降低了田间土壤蒸发损失，提高了水资源利用效率，实现了水肥同步施用，改善了土壤结构和微生态环境，具有明显的节水增产、提质增效的作用。目前，膜下滴灌技术已在新疆棉花种植中得到普及，且由单一棉花种植发展到目前几乎覆盖所有大田作物灌溉，逐渐形成了棉花、玉米、加工番茄、小麦、辣椒等多种作物膜下滴灌灌溉技术规范，成为新疆高效节水灌溉的主要模式，以点带面辐射带动了周边省区膜下滴灌技术的推广应用。滴灌不仅可以实现水肥一体化精准灌溉施肥，还能降低病虫害和农药的喷施量，使农产品品质大幅提升，在温室大棚蔬菜生产中效果更加明显；与其他微灌技术相比，滴灌对地形的适应能力更强，不论平原还是山区均可使用，且受风速的影响小；滴灌系统的工作压力小，5～10m的水头即可正常工作，与喷灌相比更加节能。

精准灌溉是未来节水灌溉的必然趋势。以信息技术为手段，控制灌溉水流的流量和速度，实施精确灌溉。目前，精准灌溉通常与精准施肥技术一起使用，集成水肥一体化技术。智能水肥一体化系统以作物实际需水为依据，实施科学的灌溉制度，利用此技术能够明显改善灌溉水平，改变人为操作的随意性，减少管理成本，显著提高效益[3]。水肥一体化精准灌溉施肥技术根据作物生长周期的需水规律、土壤墒情、根系分布状况等制定灌溉施肥制度，按需供水供肥，使土壤中的水分含量处于作物生长的最佳状态，提高了水分利用率。中国水肥一体化技术的灌溉方式主要有滴灌水肥一体化、微喷灌水肥一体化、膜下滴灌水肥一体化[4]。滴灌水肥一体化：不会破坏土壤结构，渗透损失小，水的利用率达90%以上[5]；微喷灌水肥一体化：喷灌在中国早已成熟，由于喷灌水蒸发漂移损失可达42%[6] 且落到植物冠层的水分大部分也被浪费，在香蕉生产的应用中微喷技术的灌水量为传统浇灌量的31.6%，产量却增加5.6%[7]；膜下滴灌水肥一体化：最为成熟的当属新疆棉花膜下滴灌，可减少水分蒸发，提高灌溉水的利用效率，与沟灌相比节水53.96%[8]。

活化水灌溉是利用磁化、去电子和增氧等方法对灌溉水进行处理，改善灌溉水的表面张力、溶解氧等理化性质，从而提高灌溉水的活性，增强灌溉水的生理功效。大量研究表明磁化和去电子水灌溉提高了土壤盐分淋洗效率，这是由于磁化和去电子水的缔合水分子簇和接触角变小，水分更易于侵入到小的土壤孔隙中，并引起水分与土壤盐分更为有效地结合，携带更多的土壤盐分随水分迁移，增加土壤盐分迁移的对流和弥散作用，进而提高土壤盐分的淋洗效率。同时，活化灌溉水改变了土壤的理化性质，有利于土壤养分有效性的提高以及作物生长环境的改善，促进作物根系水肥吸收，提高水分和养分利用效率，进而增加作物产量、改善作物品质。在种子萌发方面，利用磁化水处理种子，增强了种子体内的主要酶活性、种子呼吸强度和种子内部代谢能力，从而提高种子活力，促进种子萌发[9]。Mahmood等[10] 利用磁化（3.5～136mT）和非磁化的自来水、再生水和咸水浇灌糖荚豌豆、芹菜和豌豆，结果表明磁化处理的再生水和咸水灌溉能够使芹菜产量、水分生产力分别提高12%～23%和12%～24%；磁化处理的自来水、再生水和咸水灌溉能够使糖荚豌豆的产量分别提高7.8%、5.9%和6.0%。朱练峰等[11] 指出与普通水灌溉相比，磁化水对水稻的生长发育、产量形成和品质均具有促进作用，能够使水稻的有效穗、结实率和产量分别增加4.0%～7.9%，3.9%～8.7%和5.2%～9.3%。胡德勇等[12] 利用增氧水对盆栽秋黄瓜进行调亏灌溉，结果表明与常规灌溉相比，增氧灌溉能够提高秋黄瓜的发芽速率和种子活度。Bhattarai等[13] 研究了地下增氧滴灌对番茄生长特征的影响，结果表明叶面积、叶片蒸腾速率、水分利用效率、作物的产量和生物量均有所增加，能够缓解地下水较大埋深对作物产量和水分利用效率的影响。

1.2.1.2 耕作技术

干旱条件下，耕翻通过细化土壤增加了土壤孔隙度，显著降低了土壤容重和土壤紧实度，有利于根系下扎，且提高了土壤蓄水保水能力[14]。但耕翻处理土壤过于细碎也造成了土壤团聚体的破坏，降低了水稳性大团聚体的含量，这导致土壤中有机质的流失和温室气体排放的加剧[15]。深松耕作通过深松机自带的深松铲，在不翻转原土壤层的条件下间隔打破犁地层，降低了深层土壤容重，耕作深度为25～35cm，甚至达到40cm。深松和耕翻一样，均能降低土壤紧实度，扩大土壤储水量[16-17]。

免耕指作物播前不搅动土壤，直接在茬地上播种，作物生长期间不使用农具进行土壤管理的耕作方法[18-19]，其利用残茬覆盖地面减轻了风蚀、水蚀和土壤蒸发[20]。研究表明，免耕下土壤大粒径团粒含量和大空隙数量增加，土壤初始和稳定入渗性能和蓄水能力提升，相较翻耕改善了土壤结构，减少了水土流失，提高了水分利用效率[21]。同时，在北方旱地条件下，覆盖免耕相比常规耕作（耕翻＋秸秆还田）在中午降低土壤温度，在早晚升高土壤温度，降低了土壤温度的日变化幅度，且免耕较常规耕作有利于提升冬小麦分期和越冬期表层土壤温度，降低拔节期后土壤温度[22]。可见耕作方式会明显影响土壤物理特性，但在不同的生态环境和土壤特性下适宜的耕作方式不一致。

国外长期研究证明，少耕、免耕和秸秆覆盖还田是控制水土流失的有效措施，可减少地表水分蒸发浪费，增加土壤有效持水量。保护性耕作通过改变地表粗糙度，有效减少地表径流，控制土壤侵蚀[23]。保护性耕作对土壤理化性质的影响研究表明，作物残茬为土壤生物区系提供了食物来源和适宜的生长场所，增强了土壤生物的活性，从而改善了土壤理化性质[24]，同时残茬覆盖会使土壤含水量增加，从而促进作物产量增长。保护性耕作可显著提高土壤有机质含量，降低土壤pH值和紧实度，提高土壤导电率。少耕、免耕处理减轻了土壤水分蒸发损失、促进根系发育和植物生长发育，提高了土壤有机质以及养分含量[25]。覆盖耕作（松耕、表土耕作、机械除草）和少耕（松耕、表土耕作、化学除草）、免耕（免耕、化学除草）的作物产量均比传统耕作产量要高很多，增产原因主要是土壤含水量增加，土壤肥力得到了明显改善[26]。

1.2.1.3 覆盖技术

覆盖作为人工调控土壤温度、水分的有效措施，能够降低农田水分无效蒸发、增强水分利用和提高土壤温度[27]。地膜覆盖栽培技术可以明显改善土壤水肥条件和热量平衡，不仅能够降低土壤水分蒸发、保持土壤水分和抑制杂草生长，也有利于土壤养分的矿化，促进作物生长发育，增产增收效果明显。

覆盖措施主要通过影响土壤温度来改变作物的物候期。王敏等[28]研究认为，秸秆覆盖会因降低土壤温度而减弱种子的萌发速率，延长出苗时间。卜玉山等[29]发现，与不覆盖处理相比，秸秆覆盖可以使玉米生育期延长3～6天，这主要是因为秸秆覆盖增加了玉米生育中期的时间。解文艳[30]研究认为，秸秆覆盖由于具有增加土壤水分和降低土壤温度变幅的功能，因而延长了籽粒灌浆持续期。

由于根系具有吸收养分和水分的功能，因而根系的生长状况对作物地上部生长发育产生重要的影响[31]。相关研究发现，秸秆覆盖可以提高根际土壤微生物活性和酶活性[32]，进而延缓根系衰老[33]。Li等[34]研究认为，秸秆覆盖可以促进作物根系生长速率。此外，于晓蕾等[35] 研究指出，秸秆覆盖能够促进根系下扎深度，提高养分和水分的吸收。

相关研究指出，覆盖措施能够促进多种粮食作物地上部的生长发育。员学锋等[36] 的研究表明，与无覆盖处理相比，秸秆覆盖显著增加了玉米植株的株高、茎粗和叶面积。李荣等[37] 和纪晓玲等[38] 均认为，与裸地种植相比较，秸秆覆盖可以提高马铃薯的株高和主茎粗。Wang 等[39] 也发现，秸秆覆盖有效提高了河南地区夏玉米的叶面积。然而，也有研究指出秸秆覆盖在气温较低的黑龙江地区会抑制玉米生育前期的株高、茎粗和生物量。这说明秸秆覆盖对作物地上部的影响并不是绝对的，其效果可能会因种植地区的气候特征和土壤特性而产生差异。

由于覆盖措施能够提高土壤的水分含量，因此可以为叶片的光合过程提供更多的反应物质，进而改变叶片光合速率[40]。高秀萍等[41] 发现，秸秆覆盖可以通过调节叶片气孔导度影响叶片的光合特性，进而影响地上部生物量。张静等[42] 通过研究秸秆覆盖对黑豆叶片的光合速率发现，秸秆覆盖可以较裸地种植显著提高叶片光合速率（10.8%）。张彦群等[43] 研究发现，秸秆覆盖可以较不覆盖处理提高叶片光合参数。

覆盖措施对土壤水分的调节作用明显，因而对作物水分利用造成间接影响。相关研究表明，秸秆覆盖能够降低棵间蒸发造成的水分损失，从而起到保墒的效果[44]。此外，多数研究认为秸秆覆盖可以降低作物生育前期的耗水量，从而为作物生育中期提供更多的土壤水分，增加关键生长发育阶段的耗水量[45-46]。但是关于秸秆覆盖对作物全生育期耗水总量的影响结论不一致。杨长刚等[47] 研究发现，与裸地种植相比，秸秆覆盖使冬小麦拔节至开花期和全生育期耗水量均升高。然而，孟毅等[48] 指出，秸秆覆盖可以降低夏玉米全生育期总的耗水量。此外，杨长刚等[47] 指出秸秆覆盖可以显著提高黄土旱塬冬小麦水分利用效率（14%～61%）。范雷雷等[49] 在内蒙古地区玉米田研究发现，0.9kg/m^2 的秸秆覆盖能够使玉米水分利用效率较不覆盖处理提高 25.46%。

1.2.1.4 种植技术

1. 间作对作物产量、品质和水氮利用的影响

合理的间作体系能够优化资源配置，改善作物生长微环境[50]，且间作体系的综合效益优于单作[51]。研究指出，玉米-大豆间作提高了优势作物的光合速率、干物质的移动量及转换率，大大提高了优势作物的光合能力和养分吸收能力[52-53]；玉米与大豆和花生间作时，玉米分别减产 10.4%和 18.5%[54]。但在玉米生育后期，间作大豆对玉米根系养分吸收的抑制效应会加剧，最终降低玉米的生物量[55]。玉米-苜蓿间作条件下，玉米的产量与单作相比降低了 23%～30%[56]，但也有研究表明，间作使玉米的鲜、干物质量均显著增加。另外，玉米-大豆间作可以增加根际土中有益微生物的数量，减少有害微生物的数量，增加细菌和真菌的多样性，改变玉米根际微生物的群落结构，提高玉米的抗病能力，从而实现了间作玉米的增产[57]。赵建华等[58] 在甘肃河西走廊设置蚕豆、大豆和豌豆与玉米的间作试验，结果表明玉米-大豆间作体系的玉米产量最高，间作下两年平均玉米产量可达单作玉米产量的 82.4%。

间作通过影响作物对养分的吸收和利用，进而改变作物品质。吕越等[59] 研究指出，玉米-大豆间作通过改善土壤养分状况和根际微生物群落来影响植株对养分的吸收和利用，这是作物地上部与地下部综合作用的结果。有研究报道，不同间作模式下玉米的粗蛋白含

量均高于单作玉米[60]，但是也有学者研究发现，在玉米-紫花苜蓿间作体系下，间作降低了玉米的粗蛋白含量、粗灰分含量和相对饲用价值，增加了粗纤维含量[61]。玉米与拉巴豆混播比玉米单播的粗蛋白含量提高了 31.1%[62]。马垭杰等[63] 指出，玉米和秣食豆混作提高了作物地上部分的光合效率和地下根系对水分和养分的吸收效率，显著提高了粗饲料的总干物质量和总粗蛋白含量，显著降低了总粗纤维含量，提高了饲用品质。

2. 种植密度对作物产量、品质和水氮利用的影响

种植密度直接影响作物的养分吸收、光合作用、生长发育空间等，因此是影响作物产量、品质和水肥利用的重要因素。密植增产的原因主要是增加单位面积的植株数，利用群体光合作用效率的增加来提高产量；增加密度在提高产量的同时，对玉米个体生长发育产生负面影响。生长前期，植株对土壤和地上部空间的竞争不强，不同种植密度对单株生长并不产生明显影响。生长中期，随着生长速度的加快，密植引起地上部生长空间竞争加剧，密度越大，单株生长空间越小，生长状况越差。高密度种植的植株单株叶面积、地上部干物重、茎粗等指标均小于低密度的植株，生长受到抑制[64]。

底姝霞等[65] 研究指出，青贮玉米的籽粒产量、干物质量随种植密度的增加而提高，鲜物质产量在最高种植密度时达到最高。张吉旺等[66] 研究发现，增加种植密度，会显著降低个体生物产量，但显著增加群体生物产量。刘蓝骄[67] 研究发现，种植密度显著影响玉米的地上干物质量，虽然高密度下单株玉米干物质量有所降低，但总干物质量随着种植密度的增加而增大，适当增密还可以提高玉米籽粒产量。可见，合理的种植密度可以收获更多的饲草。

种植密度是影响玉米营养品质的关键因素，合理的种植密度能改善玉米的饲用品质。赵晖等[68] 报道，增大种植密度有利于玉米淀粉和脂肪的积累。底姝霞等[65] 研究发现，增大玉米种植密度会降低玉米的粗蛋白含量，粗脂肪含量随密度的增加而增高，酸性洗涤纤维（ADF）和中性洗涤纤维（NDF）含量随密度的增大先增加后降低。管其锋[69] 在河西地区开展的玉米密度试验（低密度：6.0 万株/hm^2，中密度：7.5 万株/hm^2，高密度：9.0 万株/hm^2）的研究结果表明，中、高密度下青贮玉米的粗脂肪含量较低密度分别降低 13.50%和 12.60%，ADF 和 NDF 含量则随密度的增加而增大。路海东等[70] 研究发现，青贮型玉米雅玉 8 号的粗蛋白含量、粗脂肪含量、干物质采食量、相对饲用价值随密度的增大而降低；粗灰分、ADF 和 NDF 含量随密度的增大而升高；粗蛋白和粗脂肪产量呈先增加后减少的趋势。

随着玉米种植密度的增加，玉米耗水量显著提高，土壤蒸发量显著降低，不同品种以及不同种植密度下玉米的水分利用效率存在显著性差异，增加种植密度能够提高水分利用效率[68]。何俊欧[71] 指出春玉米的总氮素积累量和氮肥回收利用率随种植密度的增加而增高。高繁等[72] 选用 10 个玉米品种进行的密度试验表明，水分利用效率与产量呈正相关关系，中密度种植下玉米的水分利用效率最高。王小林等[73] 研究指出，不同密度下玉米水分利用效率的差异可能源于根系吸水速率，高密度下的玉米根系吸水速率显著高于低密度。

1.2.1.5 施肥技术

土壤有机质不仅对土壤肥力及土壤物理结构有重要的影响，而且显著影响作物的生长

状况[74-75]。因此，土壤有机质的含量与分布状态对实际农业生产具有重要的意义。施肥方式影响土壤有机质主要表现在：施肥方式通过影响作物生长改变作物生物量，从而影响由作物残体向土壤提供的有机质量[76]；施肥方式通过影响土壤微生物活性和功能，进而改变土壤微生物对有机质的分解与转化能力[77]。Liu等[78] 研究认为，集约施肥可以通过促进微生物对肥料的利用进而减少其对稻田土壤有机质的分解。樊代佳[77] 进一步指出，施肥方式可以同时影响土壤有机质的含量、化学组成与性质，进而影响土壤有机质的有效性。

施肥深度不仅能够通过影响养分在土壤中的分布进而改变根系形态结构与分布，还能够对作物根系的水分和养分吸收效果产生显著影响。Guo等[79] 通过在山东泰安夏玉米田开展施肥深度试验发现，不同施肥深度对夏玉米各生育时期的土壤含水量影响显著，15cm施肥深度比5cm和10cm施肥深度增加了开花期和成熟期根层土壤的水分含量。然而，Wu等[80] 通过在陕西关中地区开展施肥深度对春玉米生长的试验研究发现，与5cm、25cm和35cm施肥深度相比，15cm施肥深度使拔节期0～60cm土层及吐丝期和灌浆期40～140cm土层土壤含水量明显降低。因此，施肥深度可能因土壤类型、生态区不同对土壤水分含量产生不同的影响，但施肥深度过浅和过深均不利于作物对水分的吸收[81-82]。Wu等[80] 研究不同施肥深度（5cm、15cm、25cm和35cm）对陕西关中地区春玉米养分吸收发现，25cm深度施肥能够较其他深度施肥显著提高春玉米的氮和磷吸收，但施肥深度过深不利于作物对养分的吸收，增加养分淋失风险，即施肥深度对作物养分吸收的效果可能因土壤类型、降雨时空分布而产生差异。此外，“最优”施肥深度也会因作物种类不同而发生变化，比如Su等[83] 认为适宜油菜吸收氮、磷、钾养分的最优施肥深度是10cm；Liu等[84] 认为适宜水稻氮素吸收的最优施氮深度是10cm；丁宁等[85] 认为20cm深度施氮是苹果最优施肥深度。

由于根系具有趋肥性，即根系存在向土壤养分富集的区域生长的趋势，在养分富集区产生大量侧根[86]，因此不同施肥方式能够通过影响土壤中养分的含量与分布状况，进而影响根系在土壤中的生长发育，造成根系下扎深度、根长、根表面积、根体积和根干重等形态指标以及根系活力的差异。西北旱区降水稀少，通过优化施肥深度进而促进作物根系对深层土壤水分的吸收，有利于促进作物的正常生长。

干物质与作物产量关系密切，研究认为通过优化施肥深度可以促进作物干物质的形成[83,87]。这在小麦[88]、玉米[80]、棉花[82]、水稻[84]、大豆[89] 和油菜[83] 等多种作物试验研究中得到了证实。然而，施肥深度对不同作物干物质形成的影响不同，这可能是因为不同作物的根系特征差异显著，造成对同一深度施肥处理下养分吸收的不同，最终导致干物质产生差异。因此，优化施肥深度正逐渐成为提高作物产量的一种有效技术手段。

1.2.1.6 病虫害防治技术

在作物病虫害防治中，应优先考虑农业防治技术，即在种植区域中建立轮作计划，以降低土壤病虫害传播的可能性。种植前，土壤必须深耕，病虫害深埋于土壤中，深耕有助于减少病虫害，土壤的水分和氧气含量能够得到改善。应根据土壤、气候条件，尽可能选择深翻，以提高作物根系对土壤的黏附力，促使养分的吸收，进一步增强作物植株对病虫害的抗性[90]。实际管理过程中，应科学管理肥料和水，以充足的肥料和养分为基础，提高植物抗病虫害能力，保证作物的正常生长。

利用生物间食物链原理防治作物病虫害[91]。这一技术是基于自然食物链和昆虫的不同习性，对病虫害进行绿色控制。在种植过程中，种植人员要有保护作物害虫天敌的意识，以虫治虫，努力为害虫天敌的生存创造有利条件，充分发挥害虫的天敌作用。有时需要人工大量繁殖和释放害虫天敌，以增加天敌数量。以菌治菌，是指利用病原微生物进行病虫害控制，引起昆虫疾病的病原微生物包括真菌、细菌、病毒和其他种类。这些病原微生物可以进行人工培养，加工成生物制剂，喷洒防治。例如，BT 乳剂（苏云金芽孢杆菌乳剂）可以对抗鳞翅目昆虫的多种害虫。植入式引诱剂可散播到病虫害严重的田间，捕捉和杀死玉米螟。

化学防治往往会产生污染，因此应科学合理有计划地进行绿色防治，不可盲目过量使用化学防治。杀虫剂的选择更是多种多样，在绿色无污染的前提下，低毒低残留的杀虫剂是不二选择。化学药剂施用量应严格按照地块面积和要求确定，在作物收获前不要喷洒化学农药，以免农药残留。

1.2.2 化学调控措施对作物生境和生长的影响

化学调控措施是指使用土壤改良剂、植物生长调节剂等化学物质对作物生长环境（土壤环境、冠层环境）进行调控，影响作物的生化过程，从而引起生理变化，使作物生长按照人们预期的方向发展，达到增加农作物产量和改善品质的目的[92]。

1.2.2.1 土壤改良剂

在农业生产中土壤改良剂是指在作物受到各种自然因素或人为因素，如土壤沙质化、板结化、盐碱化等土壤退化和重金属离子、化学物质污染的作用后，施用的以使土壤状况更适宜作物生长的非肥料类物质。土壤改良剂种类繁多，分类方法并不单一，目前主要按原料来源进行分类，可将土壤改良剂大致分为四类，即天然改良剂、人工合成改良剂、天然-合成共聚物改良剂和生物改良剂，具体分类如图 1.1 所示。各种土壤改良剂均通过有效改善土壤物理性质，如降低土壤容重、增加土壤含水量等，来改变土壤化学性质[93-94]、加强土壤微生物活动、提高酶活性、增加土壤微量元素含量，最终达到提高土壤肥力的效果[95]。

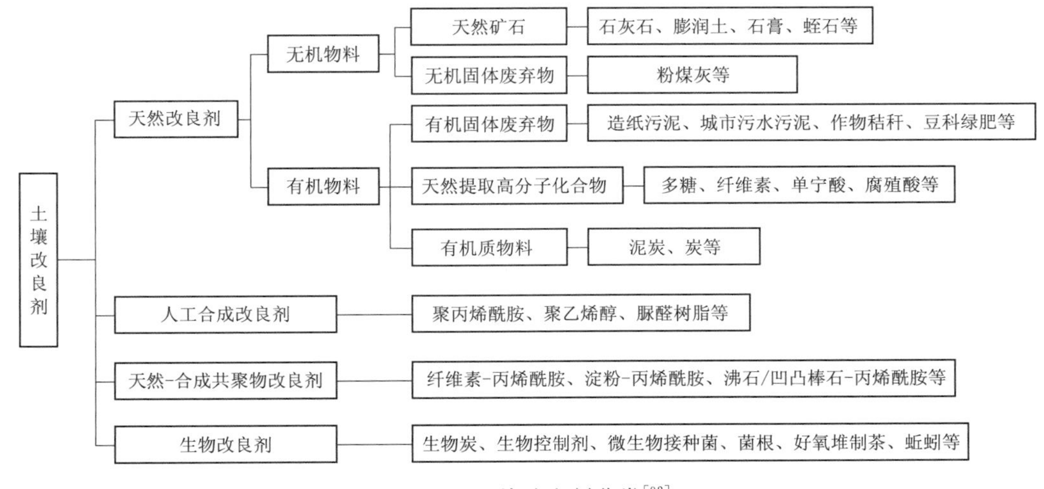

图 1.1 土壤改良剂分类[92]

1. 天然改良剂

（1）天然矿物。天然矿物类土壤改良剂主要有石灰石、沸石、膨润土、蛭石、珍珠岩、粉煤灰、石膏等[96]，对土壤的改良效果主要表现在以下四个方面。一是调节土壤酸碱度。陈燕霞等[97]研究表明，石灰和沸石混用能提高土壤pH值。另外，蛭石、石膏也能在不同程度调节土壤酸碱度。二是降低重金属有效性。一方面，沸石、膨润土和蛭石能吸附土壤重金属（如Pb、Ni、Cu、Zn、As、Sb、Cd等），降低其有效性[98-99]；另一方面，石灰和沸石的使用能提高土壤pH值，降低Cd、Pb的有效性[100]。三是改良土壤结构，提高土壤保水能力。有研究表明，由于膨润土具有一定的膨胀性、分散性及黏着性，施入土壤可增加团聚体数量，增大土壤孔隙度，从而降低土壤容重[101]。沸石所具有的天然架状结构具有储水能力。姜淳等[102]研究表明，土壤中施入沸石后土壤含水量提高1%～2%。李吉进等[103]用膨润土改良砂土，发现它可使土壤含水量增加。四是提高土壤保肥能力，增加土壤肥力。有研究表明，天然土壤改良剂如沸石等可以通过其特有的结构特点和高的阳离子交换量，吸附、交换和活化土壤中养分为植物吸收利用；一些天然土壤改良剂本身（如膨润土、蛭石）具有植物所需的常量元素及微量元素（Ca、Mg、K、Fe等），能够满足植物生长的需要[104]。

（2）天然有机物。天然有机物主要有作物秸秆、豆科绿肥、泥炭、甲壳素、木质素、腐殖酸、壳聚糖、纤维素等[96]，其作用主要有以下四个方面。一是改善土壤物理性质，提高土壤保水能力，改善和提高土壤的通气性、透水性、保水性、耐浸蚀性和易耕性。牛瑞生等[105]研究表明，壳聚糖还能有效改善土壤的团粒结构，减少重茬对作物生长发育的不良影响。二是增加土壤肥力。杨巍[106]研究表明，添加秸秆能显著增加沙质土壤有效磷含量，对沙质土壤中磷素起到活化作用，并且沙质土壤对磷的总平均吸附率显著增加。三是优化土壤微生物种群。李晓磊等[107]研究发现，施用秸秆后土壤放线菌数量显著增加，土壤B（细菌）/F（真菌）值显著提高，土壤微生物种群得到优化。此外，种植绿肥[108]、应用壳聚糖[105]对优化土壤微生物种群和调节土壤酶活性均有一定的作用。四是改善土壤盐渍化状况。在夏季高温季节休闲时种植苏丹草或采用轮作种植或使用土壤生物改良剂等均对改善土壤盐渍化有较好的效果[109]。

2. 人工合成改良剂

合成改良剂是模拟天然改良剂人工合成的高分子有机聚合物。国内外研究和应用的人工合成土壤改良剂有聚丙烯酰胺（polyacrylamide，PAM）、聚乙烯醇、聚乙二醇、脲醛树脂等，其中PAM是最受人们关注的人工合成土壤改良剂。PAM、聚乙烯醇、聚乙二醇、脲醛树脂对土壤的改良作用主要表现在以下方面[110]：①改善土壤物理性状，增强土壤的保水保土能力；②对肥料的吸附与释放作用；③对土壤微生物和酶活性的影响。唐泽军等研究了土壤改良剂PAM对玉米的影响，结果发现，施用土壤改良剂PAM后，作物高秆（高于1.60m）和中秆（1.00～1.60m）比例明显高于对照组[111]。

3. 生物炭改良剂

生物炭是自然界或人为条件下，一些含碳的动植物残体在无氧或缺氧条件下经过高温裂解生成的一种具有高度芳香化、多孔、比表面积大的固体颗粒物质。它自身含有大量的碳和满足植物生长需求的营养物质。生物炭比表面积大，孔隙结构丰富，而且含有大量的含氧活性官能团。它可以改良土壤、增加肥力，改善微生物的栖息环境，吸附土壤或河流中的有机污染物及重金属离子，而且对温室气体具有较好的固定作用，可以减缓全球变暖[112-113]，如图 1.2 所示。

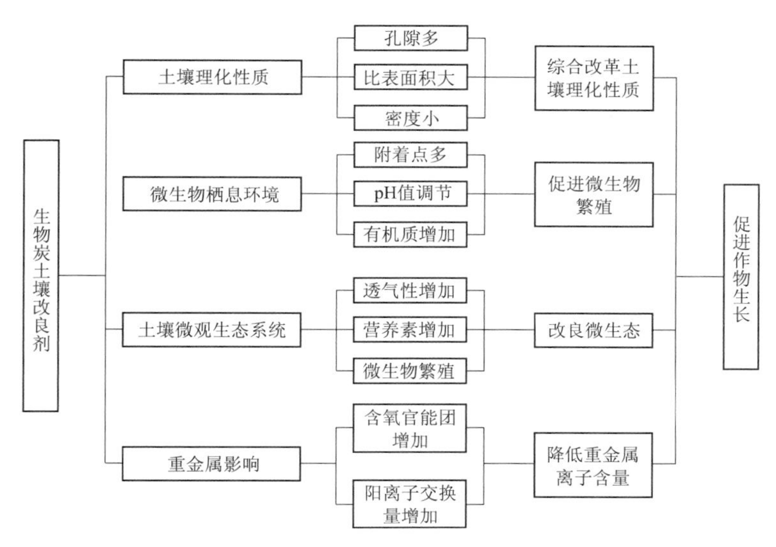

图 1.2　生物炭对土壤的改良作用

将生物炭施入土壤，可以改变土壤的容重、孔隙度、团粒结构、pH 值、土壤比表面积、CEC、氧化还原电位、元素含量等诸多土壤理化特性。Oguntunde 等研究发现，生物炭施入土壤，能够使土壤色度加深，增加土壤对太阳热能的吸收。由于生物炭的孔隙发达，所以其进入土壤之后可以降低 9%的土壤容重，使土壤总孔隙率增加 5%左右[114]。Novak 等研究表明，把 pH 值为 7.3 的生物炭施入土壤中，土壤的 pH 值从 4.3 增加到 6.8[115]。袁金华和徐仁扣将生物炭施入土壤中后发现，生物炭能够增加土壤交换性盐基离子的数量，从而降低交换性铝在土壤溶液中的含量[116]。Laird 等研究发现，生物炭用于改良土壤之后能增加土壤的持水量和土壤的比表面积，而且生物质炭施入土壤后阳离子交换量增加 20%[117]。由于生物炭巨大的比表面积和活跃的官能团，所以其对植物所需的营养元素氮、磷有吸附作用[118]，在实际农业生产中可以减少养分流失，增加肥料利用效率。

施加生物炭能够改善微生物的栖息环境。将适量的生物炭加入土壤后，土壤的孔隙度增加，比表面积随之变大，这就为土壤微生物的附着栖息提供了良好的空间。生物炭施入土壤，一般都为碱性，可以有效提升土壤的 pH 值。Pietikainen 等研究发现，生物炭进入土壤，可以增加土壤溶液的 pH 值，提高微生物群落的呼吸代谢速率，使微生物对基质的利用率大大增加，进而提高土壤肥力[119]。另外，生物炭中含有大量的芳香类物质，施入土壤可以增加土壤的有机质含量，从而促进土壤微生物的繁殖和发育。

施加生物炭能够改良土壤微观生态系统。在实际生产中，土壤微观生态对农作物的品质和产量有重要的影响。如果农田具有健康的土壤微观生态系统，就可以有效防止病虫害的侵入，减少农药、化肥的使用，提高肥料的使用效率，带来可观的经济效益。生物炭具有疏松多孔的特性，进入土壤后，增加了土壤的孔隙度和透气性，这就为一些耗氧的功能菌提供了适合其生长的氧气条件。与此同时，生物炭也可以增加土壤有机质和植物所需的营养元素含量，从而改变土壤微生态环境，促进植物生长[118]。

施加生物炭还能够降低重金属对作物的影响。生物炭颗粒表面含有大量的含氧官能团，如—COO—、—COOH、—O—、—OH等。所以，生物炭进入土壤，可以改变氧化还原电位和阳离子交换量，某些重金属离子可以和生物炭中特定的功能集团结合形成较为稳定的结合体，从而减少土壤溶液中的重金属离子含量，同时能起到土壤修复与促进作物生长的双重效果。生物炭进入土壤，能够吸附Cu、Al、Fe等重金属离子，降低其交换量，同时可以显著增加Mg、Ca等植物有益元素的利用率。周建斌等将生物炭施加到小白菜地中，长期研究发现，小白菜的地上叶菜部分镉质量分数降低49.43%～68.29%，地下根部部分镉质量分数降低64.14%～77.66%[120]。上述研究成果表明，生物炭可以降低土壤中重金属离子的有效性。

1.2.2.2 植物生长调节剂

早在1928年，植物学家Went就曾指出："如果没有植物生长物质，植物就不可能生长。"所谓植物生长物质是指调节控制植物生长发育的物质，可分为两类：一类是植物激素，另一类是植物生长调节剂。前者是植物本身产生的一种活性物质，它可以由合成它的器官或组织运转到别的器官或组织，这类物质在植物体内含量极低，但起到了很大作用，能参与调节植物的各种生理活动。它与碳水化合物、蛋白质、脂肪等同样是植物生命活动中不可缺少的物质。这些植物激素分为五大类：生长素、赤霉素、细胞分裂素、脱落酸和乙烯。一些科学家认为，甾体化合物油菜素内酯可列为第六类激素。

如果通过从植物体中提取植物激素，再应用于农业生产是非常困难的，经济上也不合算。现在人们通过化学等方法，仿照植物激素的化学结构，合成了具有相同生理活性的物质，或与植物激素的化学结构不相同，但也具有相同生理活性的物质，把这类人工合成的化学物质称为植物生长调节剂，如萘乙酸、乙烯利、丁酰肼（B9，比久）、甲哌啶、缩节安、赤霉素、芸苔素内酯、多效唑、烯效唑、三十烷醇、增甘膦、调节安、矮壮素等。

1. 植物生长调节剂对作物抗逆性的影响

目前，已有许多人在化学调控对作物抗逆方面做了大量的工作。董永华等[121]研究表明，叶面喷施一定浓度的赤霉素GA_3可以降低土壤干旱条件下小麦幼苗的苗磷酸烯醇式丙酮酸羧化酶（PEPC）、超氧物歧化酶（SOD）和过氧化氢酶（CAT）活性，提高叶片的相对含水量，增加小麦抗旱性。顾者珉等[122]也提出，外施脱落酸（ABA）可提高正常水分状况下和水分胁迫条件下小麦幼苗的双磷酸核酮糖羧化酶（RuBPC）、PEPC和丙酮酸磷酸二激酶（PPDK）活性，提高光合效率。因此，可以认为ABA是作物受干旱胁迫的一个指示。外施ABA还会增加植株体内ABA浓度，提高体内脯氨酸（Pro）水平，ABA的浓度直接影响植株体内Pro发生积累时间和积累速率；在拔节期施用ABA可增加干旱条件下小麦穗粒数，显著增加籽粒产量。汪天、李璟等[123,124]在黄瓜上的研究表明，外源亚精胺（Spd）处理增加了黄瓜植株内源多胺的含量，提高了根系质膜H^+-ATP酶活性，促进了叶片光合作用，提高了叶片的量子效率和羧化效率等，从而减缓了黄瓜幼苗根系的低氧伤害。通过外源施用适宜浓度的多胺可以提高蔬菜作物的抗盐性[125]，通过多效唑对甘蓝型油菜不同品种（系）的效应研究试验表明，三叶期喷施150mg/kg多效唑可以培育矮壮苗，增强抗寒、抗旱、抗倒伏，增加分枝和单株角果数，提高产量。多效唑的增产效应与植物株高和分枝部位呈正相关。冯文新等[126]试验表明，多效唑能提高水分胁迫下玉米幼苗的调节能力和保护酶的活性。

2. 植物生长调节剂对作物生长发育的影响

利用生长调节剂调节作物生长发育以达到提高产量和品质成为近年来的研究热点。韩德元等[127]研究表明，用低浓度的矮壮素浸种、拌种或苗期喷施，可提高小麦发芽率和发芽势，促进根系发育，苗粗壮，蘖多，蘖壮，有利于成穗和增强抗逆性。用外源6-BA处理小麦幼苗，细胞分裂素可提高正常水分状况和干旱条件下小麦幼苗的内源iPAs含量[128]。在小麦灌浆期喷施6-BA可增粒增重（药液浓度为10～30mg/L，600L/hm^2），从而提高小麦的千粒重。许多研究表明，多效唑具有降低株高，增加茎粗，提高成穗率，增加穗粒数，减少不孕小穗，增强小麦抗病性，增强抗寒、抗旱、抗倒伏，增加分蘖，使叶片增厚，叶绿素含量增加，增高产量等效果[129]。张同兴等[130]的试验表明，小麦起身期喷施多效唑具有降低株高，增加茎粗，提高成穗率，增加穗粒数，减少不孕小穗，增高产量等效果，并且有增强小麦抗病性，抑制穗发芽之功能。甜菜碱具有抗旱的功能[131,132]，可以明显增加小麦生物学产量，且土壤水分含量越低甜菜碱作用越大。

3. 植物生长调节剂对作物品质的影响

施用植物生长调节剂对作物的品质也有影响。秦武发等[133]试验发现，在小麦灌浆期喷乙烯利可以显著提高籽粒蛋白质含量，极显著提高面团筋力，改善加工品质。多效唑处理可使大豆叶片蛋白质含量增加，对提高大豆籽粒品质也有积极意义[134]。在杂交水稻抽穗期喷施多效唑能提高籽粒的可溶性淀粉合成酶、结合性淀粉合成酶和淀粉分支酶活性，同时也能提高精米率、整精米率和胶稠度，而降低垩白粒率和直链淀粉含量，利于改良米质[135]。

1.2.3 生物调控措施对作物生境和生长的影响

生物改良剂主要有根际促生菌、菌根、蚯蚓等。早在1904年，德国的微生物学家Lorenz Hilnter就提出了根际的概念，他将土壤附近的微生物定义为根际微生物。根据根际微生物对植物的作用分为有益、有害和中性三类，其中对植物生长有利的这部分细菌被称为根际促生菌（PGPR）[136]。PGPR泛指能够直接或间接促进植物的生长、增加作物产量、防治病虫害的根际微生物。PGPR对植物的促生机理包括直接作用与间接作用两种，直接作用包括产生吲哚乙酸、赤霉素、细胞分裂素等植物激素[137]和提供植物生长所需要的氮、磷、钾等元素来促进植株的生长。间接作用是改善植物生长的土壤环境条件和减轻植株病害，提高植物的抗旱、耐盐等抗逆性。

1.2.3.1 枯草芽孢杆菌

枯草芽孢杆菌是一种植物根际促生细菌，于1872年由Cohn正式命名，其广泛存在于自然界中，便于筛选分离，其所需营养成分简单、生长繁殖速度快、适应性及抗逆性极强，利于大量培养。枯草芽孢杆菌能够分泌多种蛋白类和激素类活性物质，天然无毒害，是一种高效、经济、环保的微生物“工具”[138]。

1. 提高作物抗性

枯草芽孢杆菌通过降低作物病害、增加作物抗逆境能力以及克服作物连作障碍等三个方面综合提高作物的抗逆性。枯草芽孢杆菌具备定殖能力，可以在作物根、茎、叶内部和土壤中成功定殖，定殖量均可达到 10^4CFU/g 以上的水平[139-140]，从而抢占空间与营养，阻碍病原菌对作物的侵染与伤害。同时，枯草芽孢杆菌在定殖后可以产生抗生素[141]、抗菌蛋白等活性物质使菌丝发生扭曲、肿胀和变形[142]，进而抑制病原菌的生长，实现对病害的防治。枯草芽孢杆菌还可以诱导作物在逆境中产生抗性，经枯草芽孢杆菌 GB03 菌液浸泡处理后的紫花苜蓿种子，发芽势与发芽率均显著提高，株高、根长和生物量在不同盐浓度处理下，均有不同程度提升[143]。尹汉文等[144] 研究发现，在 1g/LNaCl 胁迫下，添加枯草芽孢杆菌增加了苜蓿株高与叶面积，苜蓿产量较未添加菌剂处理增加 18%且在一定程度上提高了苜蓿的耐盐性。枯草芽孢杆菌能够降低土壤中真菌数量，提高连作土壤中蔗糖酶、脲酶等的活性，在一定程度上缓解连作障碍，促使作物生长。刘丽英等[145] 利用固态发酵制备枯草芽孢杆菌 SNB－86 菌肥，可以显著增加连作条件下平邑甜茶幼苗的株高、鲜质量和干质量。

2. 促进作物生长

枯草芽孢杆菌能够分泌促进植物生长的活性物质，促进作物生长，有助于增产增收。蔡学清等[146] 研究发现，涂抹接种枯草芽孢杆菌 BS－2 菌株后，辣椒苗鲜重和干重分别较对照增加 168.70%和 181.25%，主要机制之一就是诱导辣椒体内吲哚乙酸等促进植物生长激素含量的提高，并降低脱落酸等抑制植物生长激素的形成。王进等[147] 从果园土壤中筛选得到产聚谷氨酸枯草芽孢杆菌菌株 WJ47。添加该菌株与不含该菌株处理相比，显著增加了辣椒的株高、挂果数、茎粗等且产量显著提高 47%。有些枯草芽孢杆菌具有解磷的作用，可以将土壤中的无机或有机磷溶解，为作物提供更多的可用养分。为得到高效溶磷菌株，邢芳芳等[148] 对大麦根际土壤的溶磷细菌进行筛选，得到枯草芽孢杆菌高效解磷菌 PSM，其以 $Ca_3(PO_4)_2$ 为唯一磷源的无机磷液体培养基中培养 6d 水溶磷含量达到 449.1mg/L。盆栽试验显示 PSM 可显著提高小白菜的叶绿素含量、叶片数和生物产量，5.0×10^8CFU/g 的添加量增产效果最好，与单施复合肥相比，鲜质量增幅达 16.72%，干质量增幅达 18.68%。

3. 改良土壤

枯草芽孢杆菌改良土壤主要表现在调节土壤养分、改变土壤微生物菌群结构、分解土壤残留农药等方面。施用枯草芽孢杆菌可以显著增加土壤碱解氮和速效磷含量、速效钾和全钾含量[149]，而且与枯草芽孢杆菌用量成显著正相关[150]。衡量土壤肥力的重要指标有机质也能够在枯草芽孢杆菌的作用下，随菌剂用量的增加而显著增加，从而改善和调节耕层养分，利于作物生长所需营养的供给。随着土壤养分的改变，土壤中微生物的代谢速度加快，种群结构发生改变，细菌、放线菌数量明显增加，真菌数量明显降低。

4. 改善作物品质

枯草芽孢杆菌在土壤中定殖后，会产生大量的植物激素和有机酸，刺激根系的生长，改良土壤质量，促进作物生理代谢，形成良性的植物-土壤-微生物生态系统[151]，从而有效提高作物品质。徐洪宇等[149] 配施 25%枯草芽孢杆菌有机肥能够明显提高烟叶钾离子含量和化学成分指标综合得分，在一定程度上改善烟叶下部和上部初烤烟叶的化学成分及其协调性，提高烟叶的抽吸品质。枯草芽孢杆菌还可以提高苹果可溶性固形物、中心糖、可溶性糖、可滴定酸、维生素 C 等品质指标的含量，以改善苹果果实品质[151]。

1.2.3.2 菌根真菌

1885 年，Frank 定义了“菌根”这一名词，它是一种高等植物和真菌的特殊共生体，与植物共生的真菌为菌根真菌，真菌菌丝可延伸到根际周围和土壤中[152]。丛枝菌根真菌（arbuscular mycorrhizal fungi，AMF）是一种能与大多数陆地植物建立互惠共生关系的土壤有益菌[153]，主要通过激活茉莉酸、水杨酸等[154] 植物激素介导的系统性抗性、调控乙烯响应因子等转录因子表达、增强营养物质吸收、改善植物根系结构[155]、竞争病原体生态位点、调节根系有益分泌物来提高植物抗病能力。

1. 增强植物激素介导的系统性抗性

植物激素在调节植物生长、发育及对微生物病原体、昆虫、食草动物和有益微生物的免疫反应中起着重要作用，使植物能够快速适应周围环境。在受到病害侵袭时，植物会通过激活激素介导的菌根诱导抗性（mycorrhiza induced resistance，MIR）[156] 来增强抵抗能力。在植物感染病害时，茉莉酸、水杨酸、乙烯、脱落酸、生长素等激素浓度会发生明显变化[157-160]，系统抗性增强，而 AMF 的定殖则能够更好地调节这些信号物质的分泌，通过多通路调控进一步增强植物系统抗性。

2. 提高抗氧化酶活性

植物抗氧化系统负责清除体内活性氧，维持活性氧的产生和清除处于动态平衡。植物遭受病原感染时，植物体会产生高浓度的活性氧，如过氧化氢、超氧阴离子和羟基自由基，这些高浓度的活性氧会对自身细胞产生毒害作用，而超氧化物歧化酶、过氧化物酶和过氧化氢酶、抗坏血酸过氧化物酶等则能够清除高浓度活性氧，从而降低活性氧对植物细胞的毒害作用，直接增强植株的抗病害能力[161-162]。研究证实，摩西球囊霉等 AMF 能够显著提高由尖孢镰刀菌造成的病变植株的超氧化物歧化酶、过氧化物酶和过氧化氢酶含量及酶活，增强宿主抗氧化能力，降低枯萎病发病率[163]。此外，摩西球囊霉还可通过提高杨树超氧化物歧化酶、苯丙氨酸解氨酶、几丁质酶和 β-1,3-葡聚糖酶活性，显著降低由聚生小穴壳菌 dothiorella gregaria 侵染引起的杨树发病率，降幅高达 40%[164]。

3. 提高植物营养物质吸收能力和光合作用水平

提高营养物质吸收和提升光合作用水平是促进植物生长、增强胁迫抗性的两大因素，有研究将其归纳为“生长稀释效应”[165]。研究发现，AMF 可通过与宿主植物形成菌根网络（common mycorrhizal networks，CMN）[166] 促进磷素、Mg^{2+}、K^{+}、P^{3+} 等营养元素的吸收，从而增强番茄、玉米、向日葵对纹枯病、根腐病和木炭腐病等疾病抗性[167,168]。湛蔚等[169] 研究发现，在受聚生小穴壳菌感染的杨树幼苗根部接种摩西球囊霉，可使叶片中叶绿素含量提高 110.51%、可溶性蛋白含量提高 200%，显著提升了光合作用水平，增强了抗病能力。

4. 改善植物根系结构

AMF 与宿主植物属于共生关系，促进植物生长的同时，其菌丝可以将邻近植物的根部连接起来，形成共同的菌根网络[166]。Giovannetti 等[170] 通过显微观察发现球囊霉属不同真菌形成菌根网络后，其菌丝会发生融合、菌丝壁溶解、细胞核迁移、原生质体流动，促进了菌种之间的物质交流。宏观上，AMF 能够使宿主植物的根系长度增加、直径变大、根系分支增多，更有利于根系扩展延伸、营养物质吸收以及病菌侵染速度延缓[171]。微观上，AMF 能够穿过根的表皮、外皮层和皮层细胞层，改变根系细胞分列分化速度，使细胞壁木质化速度加快、根尖细胞层数增多、表皮加厚，从而减缓病原体对根系的深度侵染[172]。

第 2 章　作物生境精准调控与智能感知技术

作物生长与气候、土壤等环境要素密切相关。研发农田作物生境绿色精准调控技术，通过调节农田中光、温度、水分、盐分等关键因素，创造适合作物生长发育的微气候条件和根区土壤环境，使作物能够充分利用光能和热能，增加光合作用和呼吸作用的效率，提高作物对营养素的吸收利用效率，提高作物的干物质积累分配，从而实现高效节水、节肥、节药、节能的目标。

2.1　生境要素调控理论

作物生境调控是指通过人为干预，改变作物生长环境中的温度、湿度、光照、气体、营养等因素，以提高作物产量和品质的技术。作物生境要素调控需要综合作物生理生态学、作物栽培学、灌溉排水工程学、土壤学等多学科基础理论，研究作物与环境之间相互作用的规律，以及环境因素对作物生长发育和产量形成的影响，同时运用不同的栽培技术调节作物的群体结构、生长节律、抗逆能力，以达到优化作物生长条件。

2.1.1　环境与生境基本概念

2.1.1.1　环境内涵与特征

1. 环境的内涵

环境是作物生长的基础，作物生长离不开环境。环境是针对某一特定主体而言的，与某一特定主体有关的周围一切事物的总和就是这个主体的环境。在生物科学中，环境是指某一特定生物体或生物群体以外的空间及直接或间接影响该生物或生物群体生存的一切事物的总和。在现代农业水利工程中，环境既包括自然环境（未经破坏的天然环境），如气候、光照等，又包括人类作用于农田后所发生变化了的环境（半自然环境），如机械耕作、灌溉、施肥等，以及社会环境，如经济环境、生产环境、交通环境及文化环境等。对植物而言，其生存地点周围空间的一切因素，如气候、土壤、生物等就是植物的环境。

构成环境的各个因素称为环境因子。环境因子不一定对植物都有作用，对植物的生长、发育和分布产生直接或间接作用的环境因子通常称为生态因子。对植物起直接作用的生态因子有光、温度、水、土壤、大气、生物六大因子。在自然界中，生态因子不是孤立地对植物起作用，而是综合在一起影响植物的生长发育。

2. 环境的特征

环境的基本特征表现为整体性、有限性、隐显性和持续性。

（1）整体性。虽然环境按范围有区域环境、生境甚至小环境等区分，但环境本身是一个整体，局部地区环境的破坏或污染必然会对全球环境造成巨大的影响。

（2）有限性。环境的有限性，一方面指环境资源的有限性，另一方面是指环境承受外界冲击力的有限性。

（3）隐显性。环境变化是一个渐进、缓慢的过程，环境对于作用其上的因子的效果并非都能即时显现，这就是环境的隐显性。

（4）持续性。外界因素对环境的影响具有持续性。如海湾战争造成的石油污染需几百年才能消除，又如长白山的森林资源多年来对于该地区的环境维护以及抵抗环境污染起到了积极的作用。

2.1.1.2 作物生长环境

作物生长环境是一个非常复杂的体系，依据不同的角度有不同的分类方法，根据环境主体可分为自然环境、半自然环境和人工环境。

（1）自然环境。自然环境是指地球或一些区域上一切生命和非生命的事物以自然的状态呈现。自然环境包括各种自然要素，如大气、水、土壤、岩石、植物、动物等，以及它们之间的相互作用和影响。自然环境是人类生存和发展的基础，也是人类文化和社会的源泉。植物生长离不开所处的自然环境，根据其范围由大到小可分为宇宙环境、地球环境、区域环境、生境、小环境和体内环境，见表2.1。

表2.1 自然环境类型

类型	内容
宇宙环境	包括地球在内的整个宇宙空间。到目前为止，宇宙空间内仅发现地球存在生命
地球环境	是以生物圈为中心，包括与之相互作用、紧密联系的大气圈、水圈、岩石圈、土壤圈共5个圈层
区域环境	是指在地区不同区域，由于生物圈、大气圈、水圈、岩石圈、土壤圈5大圈层不同的交叉组合所形成的不同环境。如海洋（沿岸带、半深海带、深海带和深渊带）和陆地（高山、高原、平原、丘陵、江河、湖泊等）
生境	又称栖息地，是生物生活空间和其中全部生态因素的综合体
小环境	是指对生物有着直接影响的邻接环境，如接近植物个体表面的大气环境、植物根系接触的土壤环境等
体内环境	是指植物体各个组成部分，如叶片、茎干、根系等的内部结构

（2）半自然环境。半自然环境是指经过人类干预，但仍保持了一定自然特征的环境，如天然放牧的草原、人类经营和管理的天然林等。半自然环境是介于自然环境和人工环境之间的一种环境，它以自然生态系统为中心，以人类活动为手段，通过人类活动作用于自然生态系统，从而服务于双方。半自然环境反映了人与自然的和谐关系，也对人的素质提高起着培育熏陶的作用。

（3）人工环境。人工环境是指通过人为的措施改善或控制作物生活空间的外界自然条件，以促进作物的正常生长发育和提高产量和品质的环境。广义的人工环境是指为生长发育所创造的环境，包括耕作、施肥、灌溉、中耕除草、整枝、喷洒生长调节剂等栽培措施，以及温室、覆膜等设施，这些措施可改善或调节作物所需的光能、温度、水分、养分、空气等生活因子，使之适应作物的不同生长阶段和需求。狭义的人工环境是指在人工控制下的作物环境，例如作物的薄膜覆盖、向阳温室等保护设施，以及利用人工智能技术监测和管理作物的环境条件，如光照强度、日照长度、光谱成分、温度、湿度、土壤水分、养分、空气质量、杂草和害虫等。这些技术可以实现对作物环境的精准控制，提高作物的抗逆性和适应性，增加作物的产量和品质。

2.1.1.3 作物生境要素

作物生境是指作物生长发育所需要的自然环境和人为条件的总和，包括气候、土壤、水分、光照、空气、病虫害等因素。作物生境关键要素是指在作物生境中对作物生长发育起决定性作用的因素。也就是说，如果这些因素缺少或超出一定范围，就会影响作物的正常生长发育和产量。一般可将作物生境要素分为气候、土壤、地理、生境和人类活动（表2.2），作物生境各要素之间相互联系、相互影响，构成了一个复杂的动态系统。

表2.2　作物生境要素类型

类型	内容
气候	如光照、温度、湿度、降水、雷电等
土壤	如土壤的结构、组成、性质及土壤生物等
地理	如海洋、陆地、山川、沼泽、平原、高原、丘陵，海拔、坡向、坡度、经度、纬度等
生境	动物、植物、微生物对环境及它们之间的影响
人类活动	人类活动对生物、环境的影响等

2.1.2 作物生境要素调控原理

作物生境调控原理是利用农业生态学的知识，通过合理的农业措施，改善和优化农田生态环境，提高作物的抗逆性、产量及品质，减少病虫害，保护农业资源和环境。作物生境调控主要包括土壤结构调控、光照调控、水分调控、温度调控、气体调控、养分调控等方面。

2.1.2.1 土壤结构调控

土壤是由矿物质、有机质、水分、空气和生物等所组成的能够生长植物的陆地疏松表层。土壤是农业生产的基本资料，为作物生长提供了水、肥、气、热条件，也是一个生态系统。土壤生态系统是指由植物、土壤动物和微生物、土壤固液气相组成，土壤生物和非生物的成分之间通过不断的物质循环和能量流动而形成的相互作用相互依存的统一体。土壤质地、深度、通气、水分和营养状况皆对植物的生育有极大的影响。土壤质地越细，水分移动速度越慢，水分含量也越高，但透气性则越差。黏质土不利于植物根系向土壤深层发展。沙质土的肥力虽差、容易干旱，但通气良好，有利于植物根系向纵深发展。土壤深厚可提高土肥水利用率，增加根系生长的生态稳定条件，使植物根系层加厚，促进主根生长，从而加强植株的生长势，使根深叶茂，得以充分利用空间而高产。植物在通气良好的土壤中，根系生长快，数量多，发育好，颜色浅，根毛多；缺氧条件下，根系短而粗，吸收面小，植物的开花结实率明显降低。土壤含水量越少，植物需水量越大。因土壤含水量减少时，光合作用比蒸腾作用衰退得早，当接近萎蔫点时，需水量就急剧增加。土壤含水量大于最适水分时，由于氧气不足对根系生长有抑制作用，同时，光合作用显著衰退，耗水量增多，使需水量增加。土壤水分不足，吸收根加快老化而死亡，而新生的很少，其吸收功能减退，同时影响土壤有机质的分解、矿质营养的溶解和移动，减少对植物养分水分的供应，导致生长减弱，落花落叶，影响产量和品质。土壤含水量超过田间持水量时，会导致土壤缺氧和提高二氧化碳含量，从而使土壤氧化还原势下降；土壤反硝化作用增强，硝酸盐转化成氨气而大量损失硝酸盐；产生硫化物和氰化物，抑制根系生长和吸收功能，使根系死亡。由于水影响根部细胞分裂素和赤霉素的合成，从而影响植物地上部激素的平衡和生长发育。

土壤营养状况显著影响植物的生长发育。丰富的氮可促使植物生长，表现为分蘖增多，叶色深绿，枝条生长加快，但须有适量磷、钾及其他元素的配合。磷利于根的生长，提高植物抗寒、抗旱能力；适量的磷可促进花芽分化，提高植物种子产量。适量的钾可促进细胞分裂、细胞和果实增大，促进枝条加粗生长，组织充实，提高抗寒、抗旱、耐高温和抗病虫的能力。

2.1.2.2 光照调控

光是光合作用的能源，在光的作用下植物表现出光合效应、光形态建成和光周期现象，使之能自身制造有机物，得以生存和正常生长发育，这些效应是光量、光质和光照时数共同作用的结果。

光照对植物生育的影响表现为两个方面：一是通过光合成和物质生产从量的方面影响生育；二是以日照长度为媒介从质的方面影响生育。大多数植物喜光，当光照充足时，芽枝向上生长受阻，侧枝生长点生长增强，植物易形成密集短枝，株体表现张开；而当光照不足时，枝条明显加长和加粗生长，表现出体积增加而重量并不增加的徒长现象。

光量是指光通量乘以时间所得的光能。光是光合作用的能源，又是叶绿素合成的必需条件，是影响植物光合作用的重要因素，对植物生长、发育和形态建成有重要作用。第一，光能促进细胞的增大和分化，影响细胞的分裂和伸长，植物体积的增长和质量的增加；第二，光能促进组织和器官的分化，制约器官的生长和发育速度；第三，植物体各器官和组织保持发育上的正常比例也与一定的光量直接有关；第四，光量影响植物发育与果实的品质。如遮光处理会造成落花落果，影响植物营养体和籽实下降，且对地下部分的影响比地上部大，禾本科植物受的影响比豆科植物大。光照越强，幼小植株的干物质生产量越高。

光质是指太阳辐射光谱成分及其各波段所含能量。可见光中的蓝光、紫光、青光是支配细胞分化的最重要光谱成分，能抑制茎的伸长，使形态矮小，有利于控制营养生长，促进植物的花芽分化与形成。因此，在蓝紫光多的高山地方栽种的植物，常表现植体矮小，侧枝增多，枝芽健壮。相反，远红光等长波光能促进伸长和营养生长。

光照时数是指光照时间长短，以小时为单位，植物对光照长短的反应，最突出的是光周期，同时也与生长发育有关。在短日照条件下，一般植物新梢的伸长生长受抑制，顶端生长停止早，节数和节间长度减少，并可诱发芽提早进入休眠。长日照较短日照有利于果实大小、形状色泽的发育和内含物等品质的提高。

2.1.2.3 水分调控

植物的生长发育只有在一定的细胞水分状况下才能进行，细胞的分裂和增大都受水分亏缺的抑制。因为细胞主要靠吸收水分来增加体积生长，特别是细胞增大阶段的生长对水分亏缺最为敏感。水对植物的生态作用是通过形态、数量和持续时间三个方面的变化进行的。不同形态是指固、液、气三态；数量是指降水特征量（降水量、强度和变率等）和大气温度高低；持续时间是指降水、干旱、淹水等的持续日数。以上三方面的变化都能对植物的生长发育产生重要的生态作用，进而影响植物的产量和品质。雨是降水中最重要的一种形式，通常也是植物所需水分最主要的来源。因此，降水量或降水特征既影响植物生长发育、产量品质而起直接作用，又引起光、热、土壤等生态因子的变化而产生间接作用。植物休眠后，植物体要求有一定的水分才能萌芽，供水不足的植物，常使萌芽期延迟或萌芽迟早不齐，并影响枝叶生长。久旱无雨，植物体积增长提早停止，结构分化较快发生，花期缩短，结实率降低，叶小易落，影响光合作用，进而影响营养物质的积累和转化，降低越冬性。缺水对光合作用的抑制主要原理是通过水对气孔运动的效应而不是水作为光合反应物的作用。降雨多，植物徒长，组织不充实，持续降雨，水分过剩，会引起涝害，出现下层根系死亡，叶失绿，早落叶，并影响授粉受精，造成落花落果。

空气湿度，特别是空气相对湿度对植物的生长发育有重要作用。如空气相对湿度降低时，蒸腾和蒸发作用增强，甚至可引起气孔关闭，降低光合效率。如植物根不能从土壤中吸收足够水分来补偿蒸腾损失，则会引起植物凋萎。如在植物花期，则会使柱头干燥，不利于花粉发芽，影响授粉受精；相反，如湿度过大，则不利于传粉，使花粉很快失去活力。空气相对湿度还影响植物的呼吸作用。湿度越大，呼吸作用越强，对植物正常生长发育越不利。此外，如空气湿度大，有利于真菌、细菌的繁殖，常引起病害的发生而间接影响植物生长发育。

2.1.2.4　温度调控

温度是植物生命活动最基本的生态因子。植物只有在一定的温度条件下才能生长发育，达到一定的产量和品质。与植物生长发育关系最密切的温度有土温、气温和体温。土壤温度对播种、根系发育以及越冬都有很大影响，从而也影响地上部的生长发育。气温与植物地上部生长发育有直接关系，它也间接影响土壤温度和植物根系生长发育，它是影响植物生理活动、生化反应的基本因子。土壤热量状况和邻近气层的热状况存在直接的依赖关系，但由于土壤、土壤覆盖层以及植物茎叶层的影响，土温和气温仍有不同，而且随土层的加深两者差别加大。植物属于变温类型，所以植物地上部体温通常接近气温；根温接近土温并随环境温度的变化而变化。

维持植物生命的温度有一个范围，保证植物生长的温度在维持植物生命的温度范围内，保证植物发育的温度在生长温度范围之内。对大多数植物，维持生命的温度范围一般在－30～50℃，保证生长的温度范围在5～40℃，而保证发育的温度在10～35℃。一般寒带、温带植物在此范围内偏低一些，而热带植物则偏高一些。

温度对植物生长发育的全过程均有影响，各生育过程产生的结果无一不与温度有关。每一时期的最佳温度及温度效应模式各不相同，品种内及品种间也不相同。同一植物种（品种）在不同生育期对温度的要求也会有差异，例如幼苗生长的最适宜温度常不同于成株；不同器官间也有差异，生长在土壤中的根系其生长最适温度常比地上部的低；又如作为生殖器官的果实，其需热量不但比营养器官高，而且反应敏感，温度的高低、热量的满足程度直接影响果实生长发育进程的快慢。

2.1.2.5　气体调控

大气、土壤和水中的氧气是植物地上部和根系进行呼吸不可少的成分。空气中的氧气是植物在光合作用过程中释放的，是植物呼吸和代谢必不可少的。植物呼吸时吸收氧气，释放出二氧化碳，把复杂的有机物分解，同时释放储藏的能量，以满足植物生命活动的需要。氧在植物环境中还参与土壤母质、土壤、水所发生的各种氧化反应，从而影响植物的生长。大气含氧量相当稳定，植物的地上部通常无缺氧之虞，但土壤在过分板结或含水太多时常因不能供应足够的氧气，成为种子、根系和土壤微生物代谢作用的限制因子。如土壤缺氧将影响微生物活动，妨碍植物根系对水分和养分的吸收，使根系无法深入土中生长，直至坏死。豆科植物根系入土深而具根瘤，对下层土壤通气不良缺氧更为敏感。土壤长期缺氧还会形成一些有毒物质，从而影响植物的生长发育。

二氧化碳是植物光合作用最主要的原料，它对光合作用速率有较大影响。大气中二氧化碳含量对植物光合作用是不充分的，特别是高产田更感不足，它已成为增产的主要矛盾。研究发现，当太阳辐射强度是全太阳辐射强度的 30%时，大气中二氧化碳的平均浓度对植物光合作用强度的提高已成为限制因子。因此，人为提高空气中二氧化碳浓度，常能显著促进植物生长。在通气不良的土壤中，因根部呼吸引起的二氧化碳大量积聚，不利于根系生长。

2.1.2.6　养分调控

作物养分调控是指通过合理的施肥、灌溉、栽培等措施，调节作物体内各种养分的吸收、运输、分配和利用，以达到提高作物产量和品质的目的。作物对养分的需求量和比例随生育期和环境条件的变化而变化，需要根据作物的生长发育规律和土壤养分状况，合理确定施肥的时间、量和方法，以满足作物对不同养分的需求。作物对养分的吸收受根系活力、土壤水分、温度、pH 值、氧化还原等因素的影响，需要改善土壤结构、保持适宜的水分和通气条件、调节土壤酸碱度等措施，创造有利于作物吸收养分的土壤环境。作物体内各种养分之间存在协同或拮抗的关系，影响作物的生长和品质，需要平衡施用氮、磷、钾等主要元素和微量元素，避免单一或过量施用某一元素，造成其他元素的缺乏或过剩。作物对养分的运输和分配受植株器官之间的源库关系和激素调节等因素的影响，需要控制植株密度、修剪枝叶、摘除花果等措施，调节植株内部各器官之间的竞争关系，促进养分向目标器官的转移。

2.2　作物生境要素调控措施

调控作物生长过程的技术主要围绕提高作物生境要素水、肥、气、热、生、光、药、电的功能和控制盐分对作物生长威胁这一主题，作物生境要素的调控措施主要分为土壤结构调控、水分调控、温度调控、养分调控和生物调控。

2.2.1　土壤结构调控措施

土壤结构调控主要是对土壤基本性质的调控，土壤的基本性质主要包括物理特性、化学特性和生物学特性。土壤改良剂又称土壤调理剂，是一类主要用于改良土壤性质以便更适宜于植物生长，而并非主要提供植物养分的物料。施用土壤改良剂能有效改善土壤物理结构，降低土壤容重，改变土壤化学性质，加强土壤微生物活动，调节土壤水、肥、气、热状况，促使分散的土壤颗粒团聚形成团粒，增加土壤中水稳性团粒的含量和稳定性，改善通气透水性，提高土壤酶活性以及修复退化土壤和重金属污染土壤等，最终达到提高作物产量和质量的效果[173]，如图 2.1 所示。

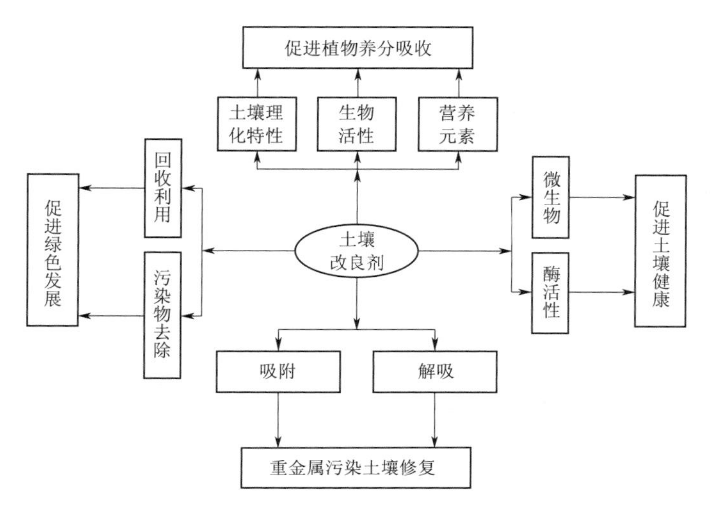

图 2.1　土壤改良剂施用后对土壤性质和作物的主要影响[173]

施用土壤改良剂不仅能增加土壤中水稳性团聚体的含量，显著提高团聚体的质量，而且还可以增大土壤总孔隙度，降低土壤容重，调节三相比，改善其通气性、透水性，最终达到提高土壤农学价值的目的。常用的土壤改良剂有：生物炭改良剂、矿物类改良剂（天然沸石、石膏、蛭石）、高分子类改良剂［PAM、羧甲基纤维素钠（Na—CMC）］、生物制剂类改良剂（海藻提取物，腐殖酸肥）。

2.2.1.1　生物炭改良剂

生物炭（biochar）是一种稳定的、高度芳香的、富碳的物质，来源于不同的生物残渣在有限的氧气条件下的热解[174]。生物炭作为土壤改良剂，具有特殊的结构特征与理化特性，施入土壤后对土壤容重、孔隙度、阳离子交换量、含水量、养分含量等产生一定影响，从而直接或间接地影响土壤微环境平衡体系[175]。生物炭一般通过高温加热农作物废弃物（如稻草、椰子壳、锯末等）形成，是秸秆综合利用的重要模式。生物炭类型及理化性质见表 2.3 和图 2.2。

表 2.3　　不同粒径级生物炭的理化性质

生物炭类型	原材料	粒径 /nm	水分 /%	灰分 /%	pH 值	碘吸附值 /(mg/g)	BET /(m^2/g)
BMPs	椰壳	1×10^6	7.1	3.6	9.7	1010	960
BUPs		$(1\sim2)\times10^3$	1.5	3.1	9.8	1630	1580
BNPs		$(0.4\sim2)\times10^2$	2.1	3.3	9.8	1650	1620

注　BMPs 为毫米级生物炭；BUPs 为微米级生物炭；BNPs 为纳米级生物炭。

图 2.2 不同结构生物炭的表观形貌

注 (a)～(f) 为 ESEM 扫描电镜照片；(g)～(h) 为 SEM 透射电镜照片。

2.2.1.2 羧甲基纤维素钠

Na—CMC 是利用稻草、废棉花、豆腐渣生产的一种水溶性高聚物，其水溶液具有很好的增稠、悬浮、黏合、持水等特性，因此在土壤中加入 Na—CMC，可以结合土壤中的水分，阻碍其蒸发，且随着 Na—CMC 被微生物降解，水分又会重新释放到土壤中，因此可以将其作为土壤改良剂。高聚物改良土壤有多种用途，主要表现在两个方面：一是可改善土壤团粒结构，防止水土流失，提高土肥力[176-178]；二是可改变吸收性盐基成分，增加盐基代换容量调节土壤酸碱度。

2.2.1.3 腐殖酸

腐殖酸是自然界中广泛存在的大分子有机物质，腐殖酸类土壤改良剂凭借其来源广、绿色可持续的优点受到国内外学者的广泛关注，并逐步被应用于盐碱地改良。研究表明腐殖酸主要由有机质组成，可以显著增加土壤有机质的含量，加强土壤中相关酶的活性，还能提高土壤吸附交换能力，改善团粒结构，调节酸碱平衡，增加微生物数量。腐殖酸还可以改善土壤水溶性离子组成，显著降低土壤钠吸附比（sodium adsorption radio，SAR），从而创造良好的根区土壤水盐环境，增加植物地上下部分生物量、养分吸收量，增强作物根系的分蘖性及强壮程度，提高作物产量和品质[179-180]。

2.2.2 水分调控措施

从改善灌溉水本身理化特性入手，提升灌溉水生理生产功效，增强灌溉水从土壤到作物的高效传输能力，提高相关有益微生物活力，挖掘灌溉水的生理生产潜力，提高灌溉水在农业生态系统中的综合功效，成为农业节水灌溉增产提质增效的重要途径。活化灌溉水是利用磁化、去电子和增氧等方法对灌溉水进行处理，改善灌溉水的表面张力、溶解氧等理化性质，从而提高灌溉水的活性，增强灌溉水的生理功效[181]。

2.2.2.1 磁化水灌溉措施

Savostin[182] 报道了磁场可以促进植物地上部的生长，随后大量的国内外研究指出磁场具有生物学效应。在种子萌发方面，利用磁化水处理种子，增强了种子体内的主要酶活性、种子呼吸强度和种子内部代谢能力，从而提高种子活力，促进种子萌发。另外有研究表明磁场会增加细胞内的线粒体数目，为细胞呼吸、氧化还原提供足够的场所，并为细胞提供大量的能量，有利于细胞分裂、生长和发育，从而提高种子发芽率[183]。Carbonell 等[184] 研究了磁化时间（10～180min）对信号草种子发芽的影响，结果表明磁化时间与信号草发芽率呈二项式关系，磁化处理均能够提高近 10%的发芽率，其中磁化处理时间为 60min 条件下的发芽率最高，相比对照提高了 18%。Grewal 等[185] 对灌溉水、糖英豌豆和鹰嘴豆种子进行磁化处理，研究结果表明，分别磁化灌溉水和种子均能够显著提高种子的发芽率指数和苗干重，提高种子内的 N、K、Ca、Mg、S、Na、Zn、Fe 和 Mn 含量；与仅磁化灌溉水处理相比，同时磁化灌溉水和作物种子均使得种子的苗干重、根重、养分含量降低，说明较大的磁场强度可能会对作物生长产生不利影响。

一些研究也表明，磁化水不仅影响种子萌发，而且影响作物的生长过程、产量和品质。李铮[186] 利用磁化水对番茄幼苗进行灌溉，结果表明磁化水灌溉条件下叶片的总叶绿素含量、叶片净光合速率和蒸腾速率分别提高了 15.2%、8.9%和 31.6%。王渌等[187] 利用磁化处理后的淡水和地下浅表层微咸水灌溉枣树，结果显示磁化水灌溉能够显著提高叶片的叶绿素含量、单叶面积与叶片厚度（较对照处理分别提高了 12.4%、23.6%和 13.8%）。此外，磁化水灌溉与叶片蒸腾速率、净光合速率、气孔导度的关系呈现出极为显著的正相关关系，同时还提高了作物的抗盐能力。朱练峰等[11] 指出与普通水灌溉相比，磁化水对水稻的生长发育、产量形成和品质均具有促进作用，能够使水稻的有效穗、结实率和产量分别增加 4.0%～7.9%、3.9%～8.7%和 5.2%～9.3%。

2.2.2.2 增氧水灌溉措施

土壤通气性对作物正常的生长发育至关重要，土壤含氧量较低时会造成根区低氧胁迫，进而影响作物正常的生理代谢和生长发育。作物不同生长阶段的低氧胁迫土壤含氧量临界值为 0.5%～3%，最大的临界土壤含氧量可能超出 15%[188]。Bhattarai 等[13] 研究了地下增氧滴灌对番茄生长特征的影响，结果表明叶面积、叶片蒸腾速率、水分利用效率、作物的产量和生物量均有所增加，能够缓解地下水较大埋深对作物产量和水分利用效率的影响。Niu 等[189] 研究了地下加氧滴灌对番茄生长的影响，结果表明当灌溉水平为 80%田间持水量并且通气系数为 0.8 时，土壤酶活性达到最高。张玉方等[190] 认为增氧灌溉能够对枣树果实横纵径、单果重和 VC 含量具有显著促进作用，但对糖含量、有机酸含量及可溶性固性物含量影响不显著，其中当溶解氧含量为 7～9mg/L 时效果更为明显。胡德勇等[12] 利用增氧水对盆栽秋黄瓜进行调亏灌溉，结果表明与常规灌溉相比，增氧灌溉能够提高秋黄瓜的发芽速率和种子活度。饶晓娟等[191] 利用 2 种不同溶解氧浓度（7.15mg/L

和 11.4mg/L）的增氧水分别浸润4个不同品种的棉花种子，研究发现棉种萌发期间增加氧供给能够促进棉种萌发，与对照相比，溶解氧浓度为 11.4mg/L 的增氧水浸种能够使4种棉花种子的发芽指数和种子活力分别提高4.61%～25.19%和9.49%～18.67%，并对增加棉花幼苗干物质量具有一定的促进作用。

2.2.2.3 咸水-淡水轮灌措施

利用微咸水灌溉时，在一定的范围内采用合理的灌水方式（如微咸水与淡水轮灌等），不但不会对作物生长造成损害，甚至会有利于作物产量增加。牛君仿等[192] 和 Singh[193] 发现，相比于微咸水直接灌溉或咸淡水混合灌溉，微咸水-淡水交替灌溉更有利于控制土壤盐分，降低土壤盐渍化风险，且可保证更高的作物产量。Pitman 等[194] 研究了微咸水不同灌溉方式对作物的影响，发现与直接灌溉相比，用轮灌方式在作物生长初期灌溉的作物产量有所增加。马东豪等[195] 通过不同矿化度的咸水和淡水轮灌试验，指出小麦产量不降低的微咸水灌溉临界值为3g/L。Naresh 等[196] 研究表明在作物生长前期采用咸水和淡水轮流灌溉的方式，并不会导致作物发生明显减产。因此，在灌水的时候采用轮灌可以在很大程度上增加作物的水分利用效率，促进作物产量和品质的提升。

2.2.3 温度调控措施

温度是衡量一个地方热量条件的主要指标，是植物生长不可缺少的重要环境因素之一。植物的各种生理活动只有在一定的温度范围内才能顺利进行。温度对植物生命活动的影响是综合的，它直接影响植物的光合作用、呼吸作用、蒸腾作用，也影响植物水肥的吸收和利用，从而影响植物的生长。合理调控环境的温度，有利于植物生长发育，也是农业生产提高产量的重要措施。常用的调控方法主要有合理耕作、设施控温和化学调控等。

2.2.3.1 合理耕作措施

耕作措施对土壤温度的升降及升降幅度的影响的差异较大，主要是因为耕作措施对土壤热量辐射的吸收、转化和传导过程均有影响。

1. 保护性耕作

保护性耕作对生长季内土壤温度的影响主要有三种结论：降温、增温和高温时降温、低温时增温的调节作用。例如，在东北地区覆盖 4000kg/hm^2 秸秆土壤温度升高，而覆盖量在 8000kg/hm^2 时土温降低[197]；华北地区实施免耕覆盖，玉米拔节期地表土温比翻耕处理降低3.43℃；秸秆覆盖对0～10cm 土壤有显著的增温效应[198]。对深松和覆盖条件下的土壤温度日变化研究中发现，深松和秸秆覆盖对土壤温度具有调节作用，有时表现出低温时增加、高温时降低的效果[36]。因地制宜地进行保护性耕作，具有高温时降温，低温时增温的作用，但增温和降温的效果和幅度由地理位置、秸秆覆盖率、土壤含水量等因素综合决定。

2. 地面覆盖措施

覆盖对农田土壤温度具有低温阶段增温、高温阶段降温的双重调节作用，且能平抑土壤温度日变幅，这种双重调节作用能减轻高温或低温胁迫对作物生长发育的危害，从而提高产量。

（1）地面覆盖措施对土面蒸发的影响。农田地表覆盖处理使得土壤水分运动过程更加复杂，尤其能够降低土面蒸发能力，因此采取有效覆盖处理可降低土壤水分的无效损失，有效提高水分利用效率。图2.3所示为不同覆盖处理下土面累积蒸发量随时间的变化。由图可以看出，各处理累积蒸发量的变化趋势基本一致，随着时间的推移，其变化幅度相对减小，原因是随作物生长，地表覆盖度增加，土面蒸发减小，从而在后期土面蒸发变化幅度相对减小。6月26日—7月10日，各处理累积蒸发量差异不大，主要由于当时气温较低，加之膜间处理时间相对较短，因此差异不太明显。而到7月10日后，各处理的累积蒸发量开始出现差异，蒸发能力大小依次为对照＞压实＞秸秆＞覆砂。

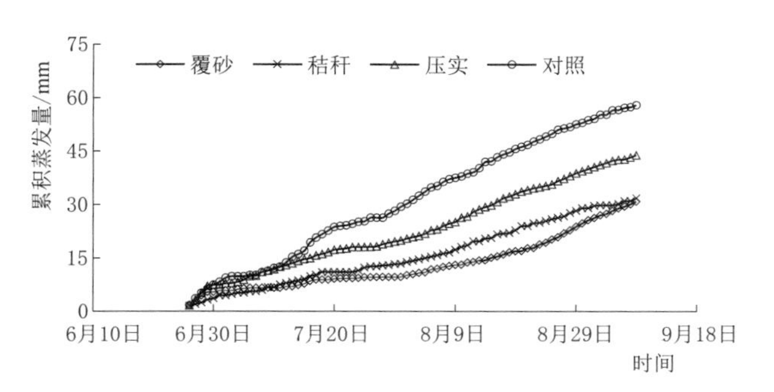

图2.3 不同地面覆盖条件下土面累积蒸发量随时间的变化

(2) 地面覆盖对作物产量的影响。地面膜间覆盖措施对农田水热均有一定影响，因此极易对棉花地上生物量及其产量产生影响。三种地面覆盖处理对水分利用效率和产量的促进作用是由于膜间调控处理能显著抑制土壤蒸发，使得耗水量中有较多的水分被利用于棉花的蒸腾作用。研究表明，覆砂处理在两年中具有最高的产量和水分利用效率，采用覆砂这种膜间调控方式可能比其他两种调控方式对提高作物生产力更加有效，见表2.4。这归因于覆砂相对其他处理能够抑制膜间土壤蒸发，使土壤中更多的水分用于利于棉花生长的蒸腾作用中，且该处理的盐分在根层中累积量较低，能在一定程度上提高根区微生物和土壤酶活性及作物的光合能力。

表2.4 2013年和2014年地面覆盖调控措施对棉花产量及其相关指标的影响

年份	处理	产量/(t/hm^2)	地上生物量/(t/hm^2)	HI	ET_a/mm	WUE/(kg/m^3)
2013	秸秆	6.30a	13.34a	0.475	580.8b	1.09
	表土压实	6.32a	13.97a	0.452	582.5b	1.08
	覆砂	6.42a	13.74a	0.467	587.0b	1.09
	CK	6.07a	13.66a	0.444	617.5a	0.98
2014	秸秆	5.19a	10.30a	0.504	572.8a	0.91
	表土压实	5.25a	9.63a	0.545	548.1a	0.96
	覆砂	5.85a	10.03a	0.583	570.7a	1.02
	CK	5.42a	9.20a	0.589	573.7a	0.94
显著性	处理	NS	NS	NS	* *	NS
	年份	* * *	* * *	* * *	* * *	* * *
	处理×年份	NS	NS	NS	NS	NS

注 HI为收获指数；ET_a为整个生育期内的耗水量；WUE为水分利用效率；NS表示组间无显著差异；* *表示 $P<0.01$；* * *表示 $P<0.001$；同一列中不同字母表示处理间存在显著差异，显著水平为 $P<0.5$。

2.2.3.2　设施控温措施

(1) 设施增温。设施增温是指在不适宜植物生长的寒冷季节，利用增温或防寒设施，人为地创造适于植物生长发育的气候条件进行生产的一种方式。塑料大棚是用塑料膜覆盖的拱形棚，建造容易、设备简单、取材方便，透光和保温性能好，是我国保护地设施的主要形式之一。目前主要用于喜温蔬菜的提早、延后栽培，也可以用于育苗、花卉和食用菌的生产。为了提高塑料大棚的保温性能，进一步提早和延晚栽培时期，采用大棚内套小棚、小棚外套中棚、大棚两侧加草苫，以及固定式双层大棚、大棚内加活动式保温幕等多层覆盖方法，都有较明显的保温效果。温室增温可以用人工加温的方法，使其内维持一定的温度。主要方法有：一是燃油热风机直接加热空气，通过通风孔直接吹出热空气进行加热；二是土壤加温，使用专业的电热线，埋设土壤中进行加温，一般用于苗床；三是空调加温，在温室中配置空调，启用加热功能为温室加温。

(2) 设施降温。在高温季节，需要进行降温，塑料大棚降温最简单途径是通风，可以打开塑料大棚两侧覆盖的塑料薄膜，也可全部揭膜。对于温室来说，在温度过高时，依靠自然通风（打开天窗）不能满足植物生长发育要求时，必须施行人工降温。一是遮光降温，在温室屋顶相距 40cm 处张挂遮阳网，对温室降温很有效。二是细雾降温，在室内高处喷以直径小于 0.05mm 浮游性细雾，用强制通风气流使细雾蒸发，达到温室内均匀降温。三是湿帘排风，在温室进风口内设 10cm 厚的纸垫窗或棕毛垫窗（湿帘），不断用水将其淋湿，温室另一端用排风扇抽风，使进入室内的空气先通过湿帘被冷却再进入室内，起到降温效果。四是空调降温，利用空调制冷功能进行室内降温。

2.2.3.3　物理化学制剂应用

农业上使用的温度调节剂多数是用工业副产品生产的高分子化合物，如石油剂、造纸副产品等。在不同的季节使用的化学制剂类型不同，在低温季节使用增温剂，在高温季节使用降温剂。

(1) 增温剂。增温剂主要是一些工业副产品中的高分子化合物，如造纸副产品或石油剂等。这种物质稀释后喷洒于地面，与土壤颗粒结合形成一层黑色的薄膜，这种薄膜也称液体地膜。液体地膜由于颜色深，吸光性较好，同时具有保水性，减少蒸发，从而保存热量，提高温度。一般可使 5～10cm 地温增加 1～4℃；提高土壤含水量，特别是蒸发量大于 30%的土壤，含水量可提高 10%～20%。液体地膜不仅保温，提高含水量，还可以提高土壤中的微生物及生物酶的活性，促进土壤养分转化和利用率提高。这种膜降解后可以转化成有机肥，改善土壤结构特性，一般 60d 就可以降解，减少了“白色污染”。使用时将地面耙平，将原液稀释 3～5 倍后用喷雾器均匀地喷洒于地面，一般每公顷用量为 750kg。

(2) 降温剂。在高温季节为了避免植物灼伤，要用降温剂。降温剂实质上是白色反光物质，它具有反射强、吸收弱、导热差，以及化学物质结合的水分释放出来时吸收热量而降温的特性。一般可使晴天 14 时的地面温度降低 10～14℃，有效期可维持 20～30d，可有效防止热害、旱害和高温逼熟的现象发生[199]。

2.2.4　养分调控措施

氮肥和水分是农业生产最为重要的两大投入要素，如何制定合理的农田水、肥管理制度，既最大限度地保持农业的高产稳产，又最有效地提高肥料的利用率，减少化肥的流失，避免生态环境的破坏和恶化，有着十分重要的意义。

2.2.4.1　水肥耦合调控

水肥耦合对作物产量的影响主要反映在水肥供应水平上，不同肥水条件下作物的产量表现不同。在水肥不足的情况下，补充水分可增加产量，施肥的增产效果大于水分的增产效果。当土壤自然肥力水平低时，施肥的增产效果显著。而随着自然肥力提高，水分作用越来越大，并且水肥对产量有耦合效应。施肥有明显的调水作用，灌水也有显著的调肥作用。灌水量少时，水肥的交互作用随肥料用量增高而增高，灌水量高则有相反趋势。

王磊等[200]研究发现水肥协同对葡萄产量的影响不显著，但灌水量和施氮量对葡萄产量均具有极显著影响。相同施氮量条件下，灌水量过多过少均会影响氮素的有效利用，使得产量达不到预期；高的灌水量需要更多的施氮量来促进葡萄的生长，而低的灌水量无论施氮量多少均不利于葡萄高产。所以适宜的水肥用量是提高葡萄产量的保证，在一定范围内增加葡萄水肥用量可以提高葡萄产量，但随着水肥用量的不断增加，葡萄产量不会继续提高，反而会降低。

宋翔、沈新磊等[201-202]研究发现水肥耦合调控能明显提高冬小麦叶片最大光化学量子产量、叶片净光合速率，并显著提高冬小麦籽粒产量、单位面积穗数和每穗粒数；同时，随着施氮量的增加，籽粒产量和单位面积穗数均极显著增加，千粒重则极显著降低；而随着灌水量增加，籽粒产量和单位面积穗数均持续增加，每穗粒数和基本穗随灌水量增加呈增加趋势，但是过量灌水则会导致穗粒数下降。

2.2.4.2　有机-无机配施调控

有研究表明增施有机肥可以提高土壤中不同形态碳的含量，并且有机物是土壤活性有机碳的主要贡献者。由于施肥直接增加根系生物量及根系分泌物，促进了微生物生长，同时施用有机肥不但增加了土壤养分，同时也为微生物提供充足的碳源，促进微生物生长繁殖，使土壤微生物碳氮量明显高于单施化肥的处理，因此有机无机结合施肥下会显著影响土壤微生物量的变化。

长期施用化肥会导致土壤酸化，消耗土壤中可交换性钙离子与镁离子，降低速效铜和速效锌的含量，同时也会增加土壤硝态氮含量。单一施用有机肥也存在一定问题，有机肥的养分释放缓慢，无法完全满足作物养分需求，并且长期大量施加有机肥，会导致土壤养分过剩，通过各种方式损失，导致水体污染。虽然有机无机肥配施可以增加土壤有机碳密度、有机碳含量，但在人为长期干预下，土壤大团聚体遭到破坏，土壤结构固碳能力变差会导致土壤有机碳的损失。

2.2.4.3　微量元素调控

作物对微量元素的需求很少，往往只需补充一小部分，就可以提高与改善植物的产量与品质。土壤缺乏某些微量元素时，无法满足植物生长对微量元素的需求，导致植物生长缓慢、产量低和品质差。铁、铜、硼、锌、锰、钼、镍、氯是植物生长发育所需的微量营养元素，这些微量元素可以改善植物细胞原生质的胶体化学性质，增强作物的抗逆性[43]。

1. 铁对植物生长发育的作用

铁是细胞色素和非血红素铁蛋白的组成元素，因此铁能参与植物的光合和呼吸过程。

植物叶片中铁元素营养浓度的正常含量为 50～100mg/kg，若含量为 30～40mg/kg 时，可能出现缺铁症状。铁参与植物叶绿素的形成，很难在植物内部转移。因此缺铁的失绿现象先出现在幼叶中，当铁长期缺乏时，叶脉也会失去绿色，出现整个白化叶。

2. 锌对植物生长发育的作用

锌是多种酶的组成成分，植物生长素的合成离不开锌。锌是植物必需的微量元素之一，一般植物叶片中的锌正常含量为 10～125mg/kg。植物缺锌时，茎节缩短，植株变矮，叶片呈小且群生的状态，叶脉变黄。

3. 硼对植物生长发育的作用

硼作为植物必需的微量元素，能促进碳水化合物运输，促进根的生长发育，还能提高植物的抗逆性。植物缺硼时常表现为子叶不能正常发育，生育期推迟，雌雄花蕊发育不良，不能正常授粉，最后枯萎不结实，从而影响产量。喷施硼肥，能够提高植物叶绿素含量，提高光合速率，增强硝酸还原酶的活性，提高可溶性糖和可溶性蛋白的含量，从而促进碳水化合物的合成以及碳水化合物转化成蛋白质。

2.2.5　生物调控措施

研究发现，植物根际促生菌可提高作物产量以及作物抗旱、抗碱、抗病等逆境生存能力。枯草芽孢杆菌作为一种自然界广泛存在的植物根际促生菌，能促进作物生长，改善作物根际环境，防治病虫害，可有效缓解逆境胁迫，逐渐被应用于农业生产。

由于枯草芽孢杆菌可以在土壤中产生各类有机酸和无机酸，而这种低分子量有机酸通过羟基、羧基与土壤发生作用，螯合作用使矿物表面的金属离子溶出，导致矿物质形成的微孔以及矿物质与有机质之间的微孔受到破坏，部分有机质由于失去矿物质的支撑而溶出，导致其微孔减少，改善土壤结构，促进土壤形成良好的团粒结构，进而大大改善黏性土壤的保水能力；然而枯草芽孢杆菌产生的低分子有机酸，不仅通过静电作用被土壤颗粒所吸附，还能与土壤中的铁铅等多种金属离子形成络合物而被土壤吸附，而这种吸附会增加可变电荷土壤表面的负电荷，并减少表面的正电荷量，导致土壤孔隙增大。

同时，枯草芽孢杆菌亦能产生具有良好絮凝性能的絮凝剂 γ-聚谷氨酸（γ-PGA），而 γ-PGA 对土壤水分的入渗特性和保水性能影响较大，具有明显的减少土壤水分入渗和增强土壤持水的效果。

土壤剖面施加枯草芽孢杆菌菌剂后，可以促进土壤对硝态氮的固留能力，尤其在高度盐胁迫环境下，土壤施加枯草芽孢杆菌菌剂对于土壤养分持留可产生积极影响，为作物根系营养吸收提供更多的养分来源[44]。

2.3　作物生境要素多元信息感知技术

随着淡水资源短缺和生态环境问题的日益突出，农业生产方式的选择不仅取决于当地自然条件和社会经济状况，还需考虑区域水土资源现状，同时也要充分利用现代科学技术手段。研究发现只有综合调控水、肥、气、热、盐、微生物等土壤要素功能，改善土壤水、盐、热、气、肥、微生物的传输和分布特征，才能为作物生长创造优良环境，提高土壤水肥利用效率，为旱区农业的绿色发展提供有效途径。

2.3.1　气象环境感知

农田气象是指农田贴地气层、土层与作物群体之间的物理过程和生物过程相互作用所形成的小范围气象环境，常以农田贴地气层中的辐射、空气温度和湿度、风、二氧化碳等农业气象要素的量值表示。农田气象是影响农作物生长发育和产量的重要环境条件。研究农田气象的理论及其应用，对作物的气象鉴定，农业气候资源的调查、分析和开发，农田技术措施效应的评定，病虫害发生滋长的预测和防治，农业气象灾害的防御以及农田环境的监测和改良等，均有重要意义。

农田自动气象观测系统可以实时测量农田小气候内的土壤温度和湿度、田间空气温度和湿度、贴地层与作物层中的辐射和光照、风速和二氧化碳浓度等要素，是基于GPRS/CDMA无线数据交换网络、PSTN有线传输网络、局域网等网络系统组成的一个观测系统，通过中心站软件可以对位于不同地点的农田小气候自动气象站通过网络进行统一调度和气象数据的汇总，便于资料的分析、处理、发布，为农业生产提供指导。

2.3.1.1　农田自动气象观测系统

1. 农田自动气象观测系统构成

农田自动气象观测系统由数据中心站和农田小气候自动气象站两部分组成。数据中心站由计算机、中心站软件、通信设备（如网卡、调制解调器等）组成。该部分主要功能是进行数据收集、数据显示、数据存储、数据传输等。农田小气候自动气象站安装于观测现场，负责实时采集当前的各气象要素，并将数据实时发送到数据中心站。数据中心站和农田小气候自动气象站通过GPRS等无线通信网络组成观测网络系统。该系统的功能是完成对分布在不同位置的农田小气候自动气象站的气象观测要素数据进行收集、分析、处理、信息发布及相关研究。

2. 农田小气候自动气象站组成

农田小气候自动气象站（图2.4）由数据采集器、用于梯度观测的多层温湿风测量单元、总辐射传感器、直接辐射传感器、光合有效传感器、净辐射传感器、冠层温度（红外）传感器、二氧化碳传感器、电源（太阳能）部件、无线传输模块、机箱、观测杆体（或观测塔）等组成，主要用于完成所在站点多层温度、湿度、风速的梯度观测，辐射（总辐射、净辐射、反射辐射、光合有效辐射）测量，降水观测，叶面温度、二氧化碳的测量及其计算、存储、数据上传。

3. 农田小气候自动气象站主要技术指标

在逻辑结构中，数据采集器是便携式自动气象站的核心，它由中央处理器、时钟电路、数据存储器、接口、控制电路等部分构成，实现了对传感器数据的采集、处理、质量控制和存储，并提供RS-232接口完成数据传输。采集器提供传感器接口，用于接入符合《地面气象观测规范》要求的气象要素传感器，主要气象指标有温度、湿度、风向、风速、降水量、冠层温度、总辐射、直接辐射、光合有效辐射、二氧化碳等。

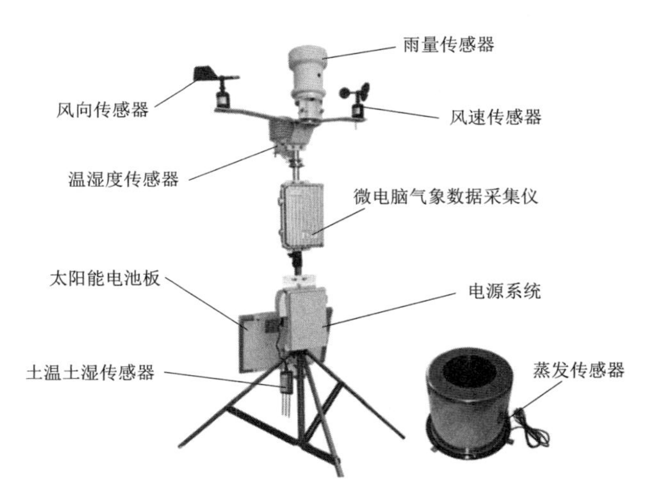

图 2.4　农田小气候自动气象站组成示意

2.3.1.2　数据处理软件

气象观测系统是基于 GPRS 无线数据交换网络，它将位于不同地点的农田小气候自动气象站通过无线通信网络进行统一调度和数据的汇总。数据中心站软件安装在农田小气候气象观测系统的中心站计算机上，作为气象观测系统的控制枢纽，主要完成观测系统的数据接收、存储、自动站状态监控等功能。

农田气象站数据处理中心一般包括以下功能。

(1) 参数设置。可以随时设置各外站的通信时间间隔、数据存储目录、台站位置，设置站号、台站名称、地址、经度、纬度等信息；可随时设置各外站的传感器接入种类和数量，以及各传感器的系数或参数。

(2) 远程监控。自动检查各外站的通信、电源等运行状态，并可以对各外站进行时间校正、修改外站参数、复位、清空存储区等操作。

(3) 数据接收。根据用户设置的时间间隔，自动接收外站数据，并进行显示，存储瞬时数据，每小时自动存储整点数据；软件每小时定时检查所有台站数据是否缺少，如有缺少自动补收；每天自动检查最近 3 天数据是否缺少，如有缺少自动补收。在系统没有出现大的故障的情况下，一般不需人工检查和干预系统运行，减少工作量。

(4) 数据存储。可以以文本方式和数据库方式存储数据，文件格式及数据库结构按照用户的要求设计。

(5) 数据补收。若中心站数据丢失，可手动补收一定时间段的数据，并存盘；可以单站补要，也可以多站补要。

(6) 数据查询。可按时段查询各台站的数据。

2.3.2　土壤环境感知

精准农业利用信息技术和农业进行结合，将数据采集技术应用于农业领域，获取土壤的信息，间接地获取农作物的生长状况，将数据进行存储和分析，对农作物的生长做出合理的预测和控制。

1. 采集系统总体结构

农田土壤信息智能化采集系统是面向现代农业应用领域的智能化农田土壤信息研究系统，主要由农田土壤信息采集终端与上位机信息管理平台组成。农田土壤信息采集终端既可作为便携式设备，也可作为车载式设备，用于实现农田土壤的现场信息采集，并能通过网络连接到实现与上位机信息管理平台之间的数据收发；上位机信息管理平台可以接收远程终端发送的农田土壤现场信息，实现对土壤数据的分析、存储以及管理，并通过查询与管理实现信息发布。图 2.5 所示为农田土壤信息智能化采集系统的总体结构。

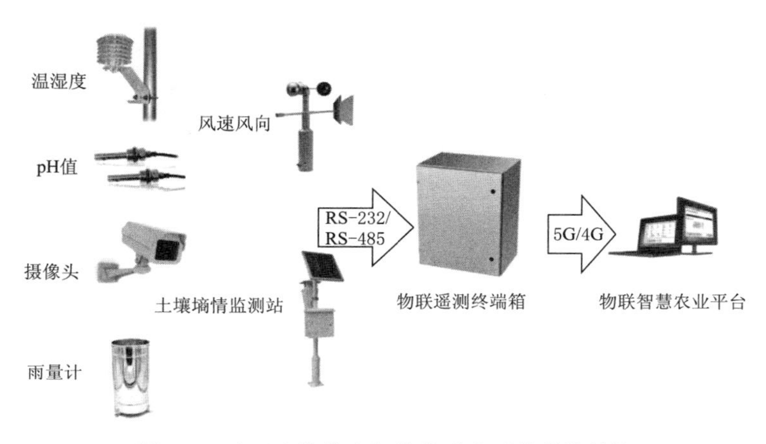

图 2.5 农田土壤信息智能化采集系统总体结构

2. 土壤信息采集模块

土壤信息采集模块包括土壤水分、温度、电导率、pH 值、氮磷钾含量信息采集传感器，传感器置于土壤中，能够采集土壤的对应参数，并进行测试记录。所有传感器都与主控芯片相连，实现采集系统信息的采集。土壤参数的传感器包含温湿度、电导率、盐度、氮磷钾含量各个信息，使用的是土壤信息采集传感器，要求能够直接插入土壤中进行检测，检测的时间短，精度和量程能够满足野外土壤信息的采集要求。如图 2.6 所示为土壤水分、温度、电导率、pH 值和氮磷钾含量传感器实物图，传感器可测量土壤体积含水量、温度、电导率、pH 值和氮磷钾含量。该土壤传感器技术参数见表 2.5。

表 2.5　　土壤水热盐传感器参数

参数	量　程	分 辨 率	精　度
水分	0～100%	0.05%	1%
温度	−40～80℃	0.1℃	±0.1℃
电导率	0～20000μS/cm	10μS/cm	±3%
pH 值	3～9	0.1	±0.3
氮磷钾含量	0.5～2000mg/kg	1mg/kg	±2%

3. GPRS 通信模块

GPRS 的全名是通用分组无线服务，GPRS 分组交换允许多个用户一起使用同一传输通道，并且该通道在用户使用时将被占用，如果不使用它将不被占用。GPRS 可以让带宽

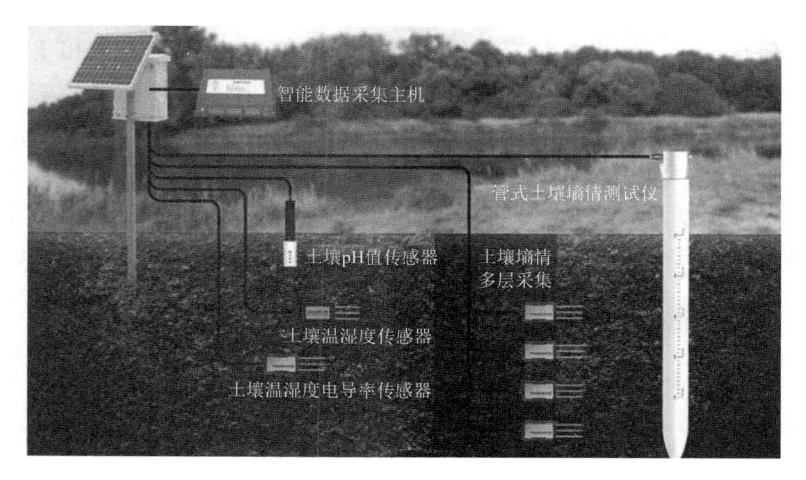

图 2.6　土壤水热盐传感器实物

使用得尽可能高效，并且所有可用带宽可以分配给当前正在发送数据的用户；可以有效地利用带宽的间歇传输数据的服务，将有限的带宽发挥出巨大的价值；具有高速和费用低的优点，也能时刻保持在线。GPRS 通信原理如图 2.7 所示。首先用户连接 GPRS 终端，向其传输数据，然后 GPRS 与 GSM 建立连接进行数据通信，数据送达到服务器支持节点 SGSN，然后再与网络关节支持点 GGSN 进行数据通信，待数据经过对应的处理后，发送到它最终的目的地。

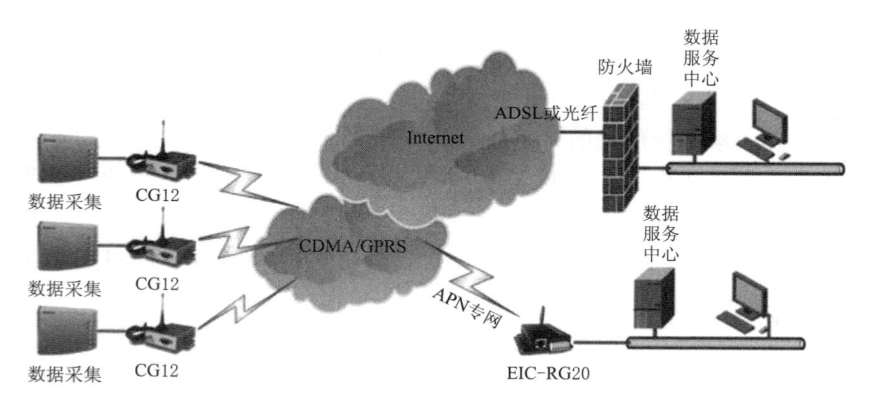

图 2.7　无线通信原理

4. 数据存储与处理模块

目前常用的数据库很多，包括层次式数据库、网络式数据库和关系型数据库。对于作物环境信息的存储，应要求数据库具有零配置、无须安装和支持平台等特性，对于数据的类型可以是数据的属性而不是限定列的类型，可以满足多种类型数据的存储。允许用户将任何数据类型的任何值存储到任何列中，而与该列的声明类型无关。存储信息的空间要求小，长度记录是可变的，能够使得数文件变小，查询和调取数据的速度变快。土壤环境数据的处理方法与农田气象数据的处理方法相同。

2.3.3 地下水环境感知

地下水监测系统由地下水自动监测站监测设备和监测中心平台软件组成。监测设备自动采集并存储地下水水位、水温、水量、水质数据，通过无线通信网络定时传输至监测中心平台，平台自动接收和存储数据，并对地下水变化规律进行动态分析。它是掌握地下水变化规律、了解地下水开采状况、指导地下水资源保护的重要手段。

1. 系统组成

地下水监测系统主要由现场数据采集和中心数据接收两部分组成，其中各部分包括设备如下：

(1) 现场部分：一体化水位监测装置、井口保护装置。

(2) 中心数据接收部分：固定IP/短信接收机、数据接收计算机、数据接收软件、数据查询分析软件（数据传输部分利用移动网络进行数据传输）。

(3) 现场参数设置部分：无线手持参数设置仪。

2. 系统功能

地下水监测系统应该具有以下功能：

(1) 采集功能。采集地下水井水位数据，且监测站点的数据采集周期，可根据需要进行远程设置或现场人工配置。

(2) 发送功能。一体化水位测量装置支持数据一发五收，即可同时向五个数据中心/分中心发送数据。

(3) 管理功能。具有数据分级管理功能，监测点管理等功能。

(4) 查询功能。信息接收系统软件可对所有地下水井位置进行显示，并可查询各地下水井的实时或历史水位信息。

(5) 分析功能。水位数据可以生成水位标高等值图、过程曲线及报表，供趋势分析。

(6) 扩展功能。系统软件具备良好的系统扩展功能，地下水位监测站可根据实际需要随时添加。

3. 数据采集与传输模块

一体化智能水位采集装置应是基于GPRS/CDMA无线数据传输的新一代远程水位数据采集与传输为一体的自动化智能采集设备，能轻松实现与Internet的无线连接通信；实现水位信号采集、数字化处理和数据的存储、传输；便于实现远程、无线、网络化的通信与控制；具有覆盖范围广（移动网络覆盖范围，能使用移动电话的地方就可以使用）、组网方便快捷（安装即可使用）、运行成本低（按流量计费）、安全性能高（采用高防水防爆设计）、安装简便等优点。

一体化地下水自动监测采用无人值守的管理模式，实现水井水位信息的自动采集与传输。一体化自动监测站采用自报式、查询-应答式相结合的遥测方式和定时自报、事件加报和招测兼容的工作体制。地下水监测系统由若干个地下水位监测站和五个中心站/分中心站组成，数据通过移动网络直接发送到中心站。水位信息采用一站多发的形式发送至相关中心站（图2.8）。

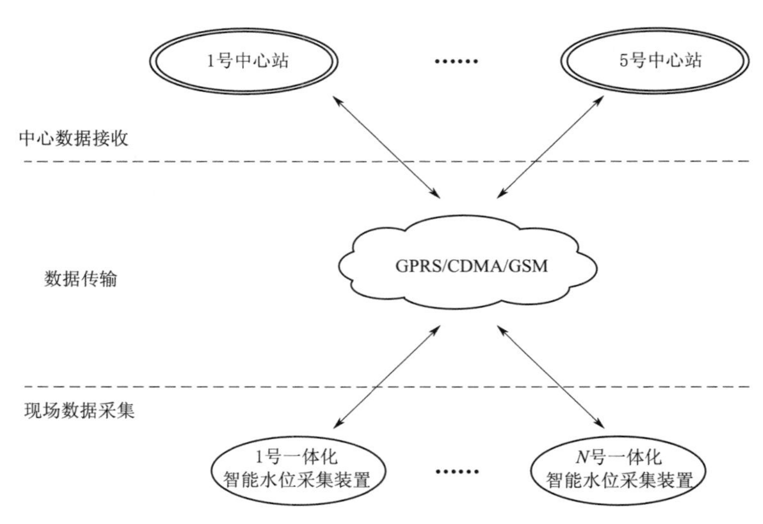

图 2.8　地下水采集系统数据传输流程

2.3.4　作物生长感知

2.3.4.1　基于物联网技术的作物生长信息感知系统

目前，物联网技术的发展比较快速，实现“全面感知-稳定传输-智能应用”在诸多领域中具有广泛的发展空间。我国农业物联网的应用研究还处于初步探索与示范阶段，尤其在大田作物生产中的研究相对较少。因此，构建基于物联网技术的作物远程智能感知系统，可以对作物生长过程进行综合监管，进而满足对试验田进行远程监测、远程控制、在线管理和服务的要求，为作物进行科学管理提供辅助决策支持。

1. 系统结构设计

从技术框架上，作物远程智能感知系统主要分为三个层次（图 2.9），包括感知层，用于信息的获取感知；传输层，用于信息的无线传输；应用层，用于对所获取信息的智能处理和综合应用。

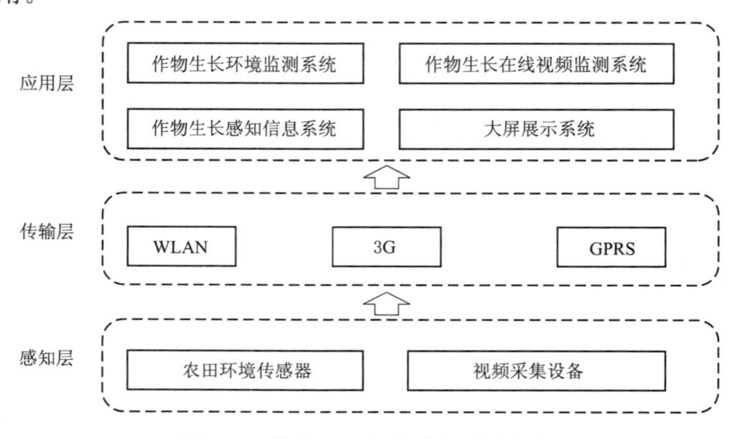

图 2.9　作物远程智能感知系统框架

（1）感知层。感知层主要包括农田环境传感器和视频采集设备两部分。农田环境传感器主要采集传感数据，包括风速传感器、风向传感器、辐射传感器、空气温湿度传感器、土壤温湿度传感器和降雨量传感器等；可同时监测大气温度、大气湿度、土壤温度、土壤湿度、雨量、风速、风向、辐射等诸多气象要素，具有气象数据采集、气象数据定时存储、参数设定等功能。视频采集设备主要负责视频画面采集，通过摄像头对作物现场实时画面抓拍，采集方式为连续采集。

（2）传输层。传输层主要应用 GPRS、3G 和 WLAN 等网络传输技术，实现从田间实时传输环境参数和视频到监控中心，为开展大田粮食作物试验、研究机构与县级单位合作提供监控预警和诊断管理的科学依据和支撑平台。

（3）应用层。应用层主要包括作物生长环境监测系统、作物生长在线视频监测系统、作物生长感知信息系统和大屏展示系统四部分。作物生长环境监测系统主要是利用传感网络、物联网技术，远程实时感知作物生长过程中的空气温湿度、光照以及土壤温湿度等关键环境因子。该系统实现了远程、多目标、多参数的环境信息实时采集、显示、存储和查询等功能，并通过终端操作，实现智能化识别和管理。作物生长在线视频监测系统利用大田的视频监控系统，建设作物生产过程专家远程指导系统，集中农业专家，采用信息技术手段辅助实现即时病虫害诊断，播前栽培方案设计与指导、产中适宜生育指标预测以及基于实时苗情信息的作物生长精确诊断与动态调控，提高大田生产管理水平，降低生产成本，从而提高经济效益。作物生长感知信息系统主要包括传感信息采集、视频监控和远程控制，按照农业物联网建设的标准和规范，通过统一的数据资源接口、资源描述元数据及共享协议，Web Service 服务访问数据资源，将分散的作物生长感知数据和设备控制有效集成，建立全省作物生长智能感知信息综合管理系统。大屏展示系统主要实现对示范区域粮食作物生长情况以及墒情数据的集中展现。

2. 功能模块

作物生长感知系统包括系统首页、监控站点、数据分析、实时影像、配置管理和关于我们六个主要功能模块，系统整体框架如图 2.10 所示。

（1）系统首页，主要包括地图窗口的放大、缩小、底图切换、区域数据浏览、区域点数据切换、视频影像浏览等，在平台界面响应区域中可对应操作。

（2）监控站点模块，主要展示所有站点列表及其对应采集的实时数据。该数据包括风速、风向、降水量、土壤温度、土壤湿度、空气温湿度和辐射量等信息，以便让用户及时地了解当前作物生长的环境信息，并根据这些信息确定自己的种植和管理方案。

（3）数据分析模块，包括数据浏览、统计分析、对比分析、墒情分析、墒情数据、图像浏览、图像对比和视频播放。

（4）实时影像模块，包括长势 360°监测和长势定向监测。

（5）配置管理模块，包括区域配置、节点配置、类型配置和用户配置。

（6）关于我们模块，主要介绍开发本系统的单位，重点介绍本科室的科研方向和科研任务，并且留有相关的版权信息。

2.3.4.2 基于遥感的作物生长信息感知系统

利用遥感技术快速、无损、实时地监测作物生长、产量和品质是精确农作管理的重要

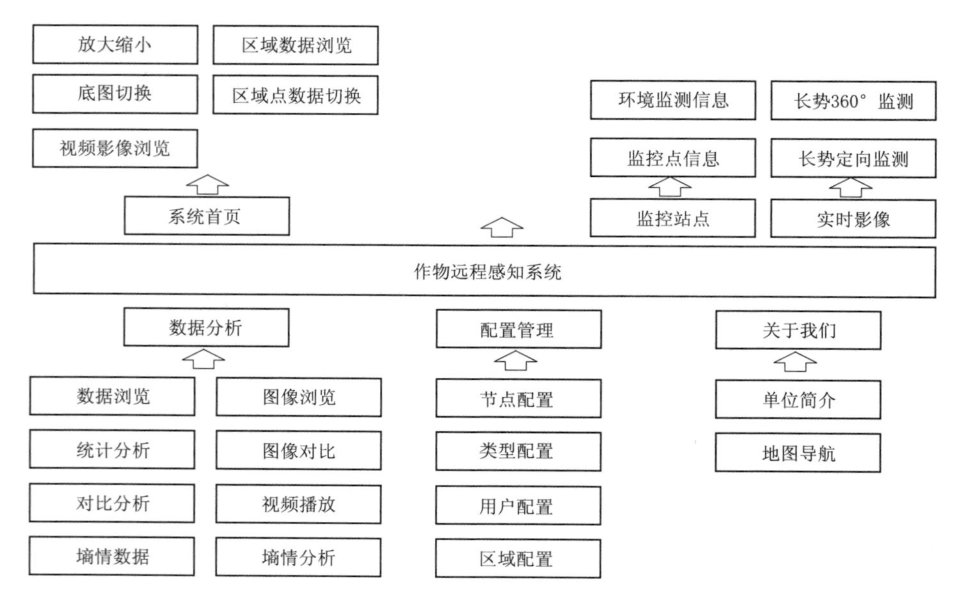

图 2.10　作物生长感知系统功能模块

内容之一。自 20 世纪 70 年代以来，欧美一些国家及机构分别建立了自己的农作物长势遥感监测系统，以便及时提供作物生长信息。中国已经形成了一系列农作物遥感监测的技术方法，构建了许多有关作物长势监测、产量及品质预测的业务运行系统。

1. 系统的结构与组成

该系统由知识模型库、监测模型库、数据库和人机接口等组成（图 2.11），人机接口读入的数据经监测模型与知识模型计算与融合，结果存入数据库或从人机接口输出。

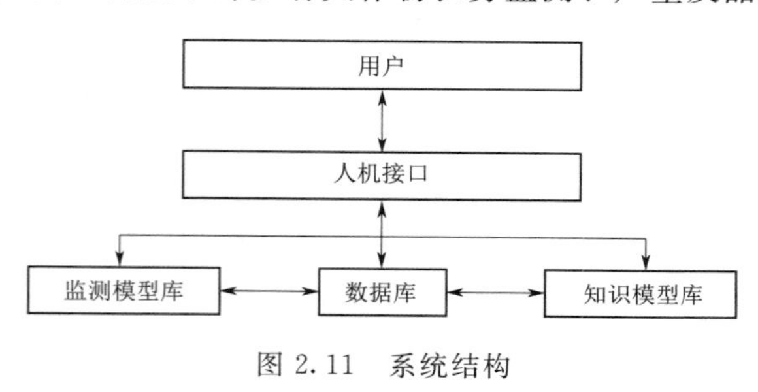

图 2.11　系统结构

（1）数据库。它包括遥感和知识模型数据。遥感数据分遥感影像和地物光谱反射率。遥感图像主要采用 IMG 格式，在其被系统处理之前可在系统内部进行图像格式转换（如将 TIFF、TXT 转换为 IMG 格式）；地面遥感可获取多光谱和高光谱数据，由于高光谱波段范围为 350～2500nm，简单的数据库不能满足其存储要求，故本系统采用文本数据库，便于数据的读取与存储。知识模型数据主要利用矢量数据库存储，包括地理空间数据及相应属性数据（气象、土壤、品种及其他参数）。

（2）监测模型库。遥感监测模型主要包括生长与生理指标监测模型、产量及品质指标预测模型。它提供了包括基于多光谱、高光谱图像的多种模型算法，用户可根据不同遥感信息源灵活选择波段和模型。

（3）知识模型库。本系统借鉴和集成了作物管理知识模型中的适宜生长与营养指标动态模型（如叶面积指数、干物质积累动态、氮磷钾养分积累量与养分含量动态）以及生长过程动态调控模型（包括氮素与水分调控等），以进行作物生长的实时诊断与管理调控。

（4）人机接口。系统的人机交互界面由主窗口、子窗口、对话框、窗体控件等组成。主窗口引导用户选择功能菜单；子窗口接收用户信息输入和显示结果；对话框主要给用户提供系统运行的错误信息；窗体控件提供的下拉菜单、工具条、表格和图形等可与用户交互，用户只要根据屏幕提示，通过简单的鼠标点击或快捷键操作就可逐级选择菜单，完成系统界面的参数输入、模型运行结果的生成与输出。

2. 系统主要功能与技术原理

系统主要用于实现多光谱及高光谱遥感图像的处理、反射率反演和光谱信息提取，以及作物生长状况和主要生化组分动态的定量反演。在快速准确提取光谱特征参数（如各类植被指数、红边特征参数等）的同时，能实时、快速、无损、准确地反演作物生长信息（如叶面积指数、生物量等）、生理生化指标（如全氮含量、碳氮比、含水量等）、籽粒产量及品质指标（如籽粒产量、蛋白质含量和淀粉含量等），并在耦合遥感监测模型和管理知识模型的基础上，实现作物养分和水分的实时调控与管理等功能。

（1）影像预处理及光谱参数提取。影像预处理功能包括图像几何纠正、拼接与裁剪、辐射定标、大气校正、图像分类、图像增强等功能。若研究区超过单幅遥感图像覆盖的范围，则需要将两幅或多幅图像拼接形成一幅完整覆盖研究区的图像；反之，若研究区小于单幅遥感图像覆盖的范围，则可裁剪影像以提高影像处理效率。光谱参数提取包括植被指数计算和高光谱信息提取等功能。可利用反射率遥感图像计算归一化植被指数（NDVI）、比值植被指数（RVI）、土壤调整植被指数（SAVI）以及结构不敏感色素指数（SIPI）等，同时还可计算红边位置、吸收峰特征面积以及反射峰高度等高光谱参数。

（2）农学参数的反演和预测。遥感监测中常用具有特定物理学意义的植被指数及基于波形特征的高光谱特征参数估测各种农学参数。系统中作物农学参数反演的遥感监测模型来自地空遥感结合试验构建的适用于地面或航天遥感反演作物农学参数的监测模型，包括生长指标、生理指标、品质与产量指标的估测等。其中，生长指标主要包括绿色叶面积指数和叶片生物量估算。生理指标主要包括氮素营养、碳素营养、水分状况、C/N状况和光合色素等的估算。籽粒产量主要包括水稻和小麦产量、籽粒蛋白质含量与积累量、淀粉含量与积累量的预测。基于农学参数反演的遥感监测模型算法，采用系统化和组件化设计思想建立遥感监测模型组件库。

（3）作物生长状况的诊断与调控。建立矢量化知识模型数据库，使遥感监测模型与知识模型有机融合，构建作物生长状况诊断与调控模块，实现从点到区域不同尺度的作物生长诊断与调控。该模块主要功能是利用遥感实时获取的作物生理指标，并结合知识模型库中的生长与营养指标动态模型和生长过程动态调控模型，对作物生长状况进行诊断与调控，包括小尺度单点调控和大尺度区域农区作物生长调控两方面。

第3章　玉米适宜生境营造模式

玉米是世界上最具潜力的粮饲兼用作物，人均占有玉米数量也被视为衡量一个国家畜牧业发展和人民生活水平的重要标志之一。根据新疆维吾尔自治区发展改革委2021年的调查报告，粮食作物占户均预计播种面积的41.29%，其中玉米是新疆仅次于小麦的主要粮食作物之一。因此，发展粮饲兼用玉米也是我国农业结构转型的必然选择。然而，我国玉米生产仍以追求籽粒产量为重，忽视了秸秆饲用品质的培育和开发，影响了粮饲兼用玉米饲用价值。因此，粮饲兼用玉米生产必须在保证籽粒产量的前提下，提高玉米的秸秆饲用价值，实现籽粒产量与饲用品质的同步提高，对解决我国粮食安全才有重要的实践意义。

3.1　玉米生长适宜环境与调控措施

合理的光照条件，充分的水肥供给、适宜的环境温度是保证农作物优质高产的必备条件，但我国新疆南疆地区土壤肥力贫瘠、水资源短缺、次生盐渍化严重等问题，严重制约了该地区玉米的产量和品质。农田调控措施是提高作物产量和品质的重要手段，本章考虑将磁电活化水、植物生长调节剂、生物刺激素、微生物菌剂、土壤改良剂等调控技术进行综合应用，揭示多措施耦合对玉米产量和饲用品质的调控效应，为实现南疆沙区玉米产量、饲用品质的同步提高提供理论依据。

3.1.1　玉米生长适宜环境

玉米属于喜温、短日照作物，整个生育期都要求较高的温度，在短日照条件下发育较快。玉米对土壤的适应性很强，砂壤土、壤土、黏重土壤均能生长，但对土壤空气状况非常敏感，要求土壤通气保水性好。

3.1.1.1　玉米生长适宜温湿度

玉米是对温度反应敏感的作物。目前应用的玉米品种生育期要求总积温在1800～2800℃。不同生育时期对温度的要求不同，在土壤水、气条件适宜的情况下，玉米种子在10℃能正常发芽，以24℃发芽最快。拔节温度为18℃，适宜温度为20℃，最高温度为25℃。开花期是玉米一生中对温度要求反应敏感的时期，适宜温度为25～28℃。温度高于35℃，大气相对湿度低于30%时，花粉粒因失水失去活力，花柱易枯萎，难以授粉、受精。所以，只有调节播期和适时浇水降温，提高大气相对湿度保证授粉、受精、籽粒的形成。花粒期要求日平均温度为20～24℃，如遇低于16℃或高于25℃，影响淀粉酶活性，养分合成、转移减慢，积累减少，成熟延迟，粒重降低减产。

玉米需水较多，除苗期应适当控水外，其他生育期都必须满足玉米对水分的要求，才能获得高产。由于春、夏玉米的生育期长短和生育期间的气候变化的不同，春、夏玉米各生育时期耗水量也不同。试验证明，播种时土壤田间持水量应保持在60%～70%，才能保持全苗；出苗至拔节，需水增加，土壤水分应控制在田间持水量的60%，为玉米苗期促根生长创造条件；拔节至抽雄需水剧增，抽雄至灌浆需水达到高峰，从开花前8～10天开始，30天内的耗水量约占总耗水量的一半。该期间田间水分状况对玉米开花、授粉和籽粒的形成有重要影响，要求土壤保持田间持水量的80%左右为宜，是玉米的水分临界期；灌浆至成熟仍耗水较多，乳熟以后逐渐减少。因此，要求在乳熟以前土壤仍保持田间持水量的80%，乳熟以后则保持60%为宜。

3.1.1.2　玉米生长需肥规律

春玉米对氮的吸收量苗期占总氮量的2.14%，拔节孕穗期占32.21%，抽穗开花期占18.95%，籽粒形成期占46.7%；对磷的吸收量苗期占总量的1.12%，拔节孕穗期占45.04%，抽穗受精和籽粒形成期占53.84%。夏玉米由于生育期短，吸收氮的时间较早，吸收速度较快，苗期占9.7%、拔节孕穗期占76.19%、抽穗至成熟占14.11%，对磷的吸收苗期占10.16%、拔节孕穗期占62.60%、抽穗受精期占17.73%、籽粒形成期占9.51%。春、夏玉米对钾的吸收比较相似，在抽穗前有70%以上被吸收，抽穗受精时吸收30%。不同土壤肥力水平的推荐施肥量见表3.1。

表3.1　　青贮玉米推荐施肥量　　单位：kg/亩❶

土壤肥力水平	目标产量	N	P_2O_5	K_2O
低	2000～2500	14～15	7～8	14～15
中	2500～3000	13～14	6～7	12～14
高	3000～3500	12～13	5～6	10～12

3.1.1.3　玉米常见病虫害及防止措施

玉米纹枯病主要危害的是叶鞘、叶片、苞叶和果穗，从玉米的拔节期开始发病率较高，田间温度高、湿度大，发病较重。当青贮玉米的叶鞘受害后，则叶片会发生萎蔫，严重时会导致整株死亡；当果穗受害后，则会导致果穗腐烂，严重影响产量。防治该病主要是做好农业防治，及时清除病株残体，在秋收后进行深翻整地，发病初期及时将病片剥除，防止病害扩大，加强田间管理，合理密植，及时排水，降低田间的湿度，减轻病害程度。在发病初期可以使用50%的托布津、多菌灵，或65%的可湿性代森锌500倍液喷于发病部位，效果显著。

玉米大斑病发生后主要危害叶片，会导致叶片干枯，严重时会导致全株枯死，轻者也会导致植株生长不良，严重影响青贮玉米种植的产量。在发病初期会在病处形成水渍状的青灰色斑点，然后沿叶脉向两端扩展，在潮湿的天气，发病较为严重，病斑增多，最后连成片，导致整株死亡。对于该病的防治首先选择高抗病品种，清除病株残体，实行倒茬轮作，适当早播，合理密植，加强田间管理，多雨季节要及时排出田间

❶　1亩≈666.67m^2。

积水，避免田间湿度过大。在发病初期可以使用65%的可湿性代森锌400～500倍液喷雾，效果显著。

玉米粗缩病是由于�象传播的一种病毒病，苗期受害会导致植株矮化、生长迟缓、叶片浓绿和浅绿相间，并且扭曲，不能伸展开，发病严重时甚至会腐烂死亡。由于节间缩短，分蘖簇生，大多数病株不能抽穗结实，抽雄后雄花发育不良，果穗小，产量低。对于该病的防治目前还没有十分有效的药剂可以大面积使用，最重要的是提前进行农业防治，要适时早播，气候允许的情况下，播种越早，苗龄则越大，发病越轻。另外，还要根据蟓象的发生规律选择合适的播种时间，让玉米患病的敏感期与蟓象的传毒期错开，也可以很大程度上降低该病害的发生。

钻心虫的防治，首先要将玉米秸秆等进行严格处理，避免钻心虫在此越冬，尤其在春季播种前，要将玉米秸秆彻底清理干净，最大限度减少虫源。在此期间要及时对田间情况进行严格观察，若发现花叶株率达不到合格标准，要对整片种植区进行治理，可采用浓度为48%的毒死蜱乳油进行2000倍稀释，进行喷雾处理。

3.1.2 玉米生长环境调控措施

3.1.2.1 研究区概况

昆玉市是新疆维吾尔自治区直辖县级市，与新疆生产建设兵团第十四师实行师市合一的管理体制，由新疆生产建设兵团管理。昆玉市位于昆仑山北麓和塔里木盆地的西南部，东距和田地区的和田市约70km、西距喀什地区的喀什市约380km，地处北纬37°12′39.87″、东经79°17′28.73″，总面积1781.43km²。昆玉市33.3%为山地，63%为沙漠戈壁，绿洲面积仅占3.7%，且被沙漠和戈壁分割成300多个大小不等的区域。

昆玉市属于干旱荒漠性气候，年均降水量仅有36mm，年均蒸发量2430mm。四季分明，夏热冬冷，光照充足，热能丰富，无霜期长，昼夜温差较大。历年平均气温为12.3℃，无霜期历年平均为245d，冻土深度最大达0.67m。师市大于10℃的积温4205.1℃，年日照总量为2768.5h，日照率为62%。昆玉市地表水以高山冰川、积雪融水及山区降水为主。试验区土壤质地为壤砂土，具体土壤颗粒级配见表3.2。

表3.2 试验地土壤颗粒级配

深度/cm	黏粒含量/%	粉粒含量/%	砂粒含量/%	土壤质地
0～5	0	13.07	86.94	壤砂土
5～10	0.15	10.51	89.33	壤砂土
10～20	0	13.67	86.35	壤砂土
20～40	0	14.17	85.83	壤砂土
40～60	0	14.60	85.40	壤砂土
60～80	1.27	24.23	74.50	壤砂土

3.1.2.2 调控方案

试验地为自压灌溉区，种植作物为粮饲兼用玉米，品种为新玉77号，中熟品种。采用一膜一管两行的膜下滴灌种植模式，膜宽70cm，膜间距40cm，株间距20cm，种植密度约为 9 万株/hm^2。

试验设计为通过多调控措施的方法，探究在磁电活化水灌溉下不同调控措施对粮饲兼用玉米产量和品质的影响，其中包括在磁电活化水的灌溉下基施羧甲基纤维素钠（CMC）、施加优美柯（U）、施加微生物菌剂（B）、喷施黄腐酸（H）、在基施 CMC 20g/m^2 的基础上追施优美柯（CU）、在基施 CMC 20g/m^2 的基础上追施微生物菌剂（CB）和同时施加优美柯和 70mL/亩的微生物菌剂（UB）六种调控处理，并在每个大处理下划分四个浓度梯度和磁化 CK，另设有常规灌溉下的非磁化 CK 处理，共 26 个小区。其中，优美柯为陕西某公司生产的生物刺激素产品，主要成分有腐殖酸、黄腐酸等；微生物菌剂主要成分为枯草芽孢杆菌和地衣芽孢杆菌；黄腐酸的配施浓度为 1g/L，具体处理见表 3.3。

表 3.3　粮饲兼用玉米不同调控措施设置与处理梯度

处理	CMC /(g/m^2)	U /(kg/亩)	B /(mL/亩)	H /(kg/亩)	CU /(kg/亩)	CB /(mL/亩)	UB /(kg/亩)
CK	0	0	0	0	—	—	0
处理一	10	1.5	500	10	1.5	500	1.5
处理二	20	2	750	20	2	750	2
处理三	30	2.5	1000	30	2.5	1000	2.5
处理四	40	3	1250	40	3	1250	3

表 3.3 各处理梯度中，除 CMC 处理外，其余均为全生育期的施肥用量，CMC 为玉米种植前一次性施入地中，其他调控处理的肥料均在玉米关键生育期（拔节期、大喇叭口期和抽雄期）施用，每次用量基本一致，通过田间布置的施肥罐随灌水施入地中，以 U 处理为例，施肥时期与用量见表 3.4，其余处理同理。

表 3.4　U 处理下不同梯度施肥时期与施肥量

生育期	U1/(kg/亩)	U2/(kg/亩)	U3/(kg/亩)	U4/(kg/亩)
播种	0	0	0	0
出苗期	0	0	0	0
拔节期	0.5	0.6	0.8	1
大喇叭口期	0.5	0.7	0.9	1
抽雄期	0.5	0.7	0.8	1
吐丝期	0	0	0	0
总计	1.5	2	2.5	3

基于当地常规的灌水安排确定试验灌溉制度，得到玉米生育期计划灌水量，全生育期氮磷钾肥的施用同常规大田管理；试验地长宽分别为 70m 和 33.3m，各小区为 0.1 亩大小，另外在右上方布置了一个 7.2m×13.7m 的非磁化处理小区，具体见表 3.5。

表 3.5 生育期试验田计划灌水量安排

生育期	日期	灌水量/mm
出苗期	4月25日—5月13日	30
拔节期	5月13日—6月18日	82
大喇叭口期	6月18日—7月7日	88
抽雄期	7月7日—7月23日	88
吐丝期	7月23日—8月10日	76
灌浆期	8月10日—8月30日	76
总计	灌水12次	440

试验地各小区施以相同量的氮肥、磷肥和钾肥，整个生育期施用氮肥（尿素）50kg/亩、磷肥（二胺）25kg/亩和钾肥8kg/亩。试验调控处理的施肥时间同灌水时间，具体时间安排根据大田情况进行调整。

3.2 调控措施对玉米生长特性的影响

株高、叶面积指数、根长和地上生物量是玉米生长的主要性状，对玉米生长、光合作用、抗倒伏性和农机收割都有重要影响，是决定玉米产量的关键因素。

3.2.1 株高

株高主要取决于玉米茎秆节间数和节间长度，合理的株高才能促进玉米丰收高产，图3.1所示为不同调控处理下玉米株高生育期变化。由图3.1可知，在CMC调控处理中，玉米抽雄期前，4组施量梯度下的玉米株高并无明显差距，在这段时期均迅速增长，其中CMC3和CMC4处理的玉米株高处理效果较好，与磁化CK相比玉米株高增加15.78%。在U调控处理中，U4和U3处理的玉米株高差异不明显，处理效果均较好，与磁化CK相比增加10.25%；在B调控处理中，B3和B4处理的玉米株高处理效果较好，与磁化CK相比增加10.54%；在H调控处理中，H3和H4处理的玉米株高处理效果较好，与磁化CK相比增加5.3%；在CU调控处理中，CU4处理的玉米株高处理效果最好，与磁化CK相比增加10.95%；在CB调控处理中，CB3处理的玉米株高处理效果最好，与磁化CK相比增加14.92%；在UB调控处理中，UB4处理的玉米株高处理效果最好，与磁化CK相比增加16.13%。

如图3.1所示，玉米株高随着生育期的向后推移表现出先增加后平稳，随后出现缓慢衰退的现象。在玉米生育前期各处理株高间差异较小，在拔节期开始差距拉大，在灌浆期又出现减小趋势。各处理株高的最大值均出现在吐丝时期，CMC、U、B、H、CU、CB和UB处理的株高最大值分别为201cm、191.4cm、191.9cm、184.3cm、192.6cm、199.5cm和201.6cm。相同的灌水量、氮磷钾施肥量及灌水方式，随着处理施量的增加最大株高相比对照处理变化效果显著，与非磁化CK相比，各处理的最大株高分别高出了19.3%、13.6%、13.9%、9.4%、14.3%、18.4%和19.7%。可以看出，磁电活化水灌

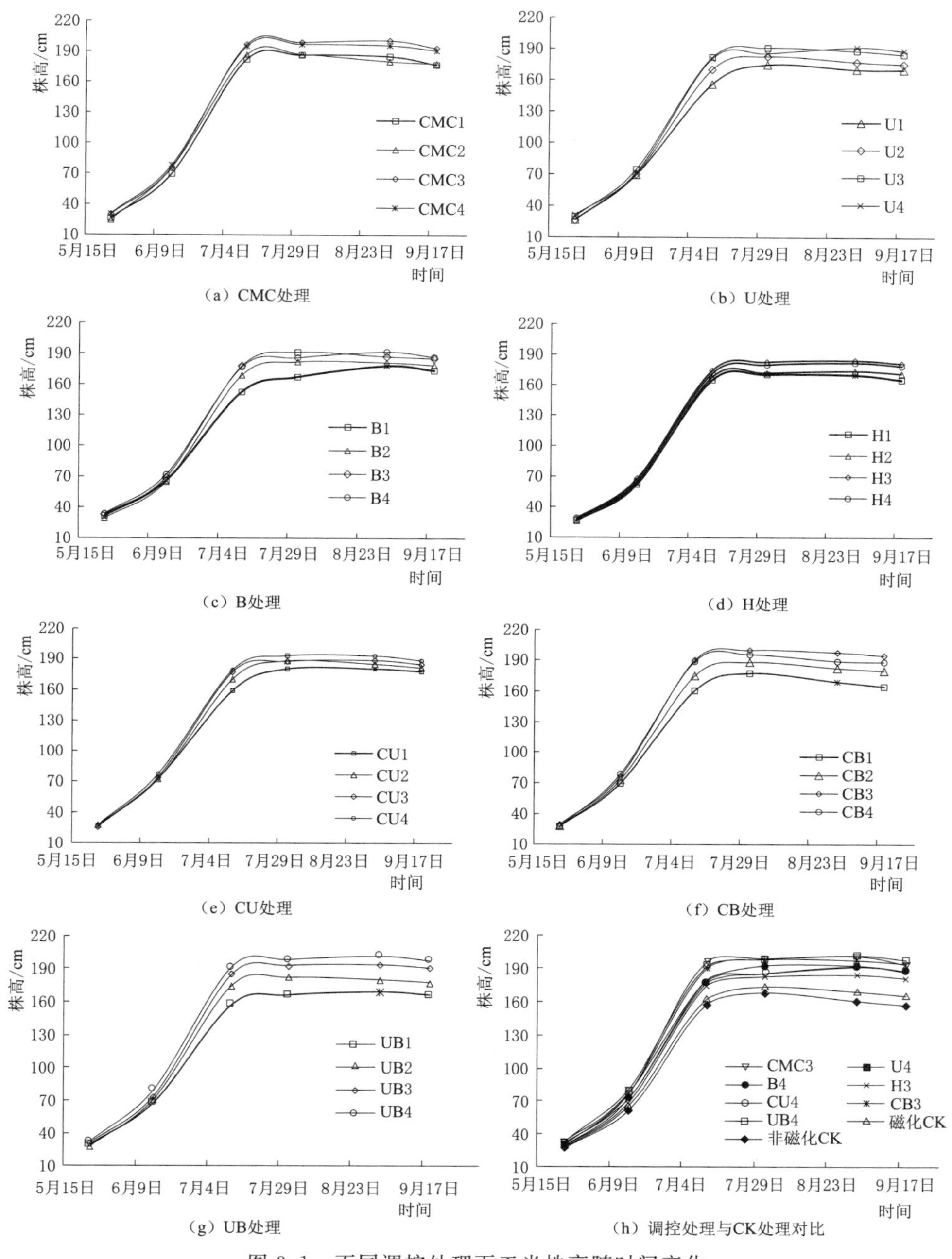

(a) CMC处理 (b) U处理 (c) B处理 (d) H处理 (e) CU处理 (f) CB处理 (g) UB处理 (h) 调控处理与CK处理对比

图 3.1 不同调控处理下玉米株高随时间变化

溉下，玉米整个生育期最大株高依次出现在 UB4、CMC3 和 CB3 处理。

3.2.2 叶面积指数

图 3.2 给出了不同调控处理下玉米叶面积指数随时间变化过程，从图中可以看出，玉米拔节期前，不同施量梯度下的玉米叶面积指数并无明显差距，进入拔节期后差异逐渐增

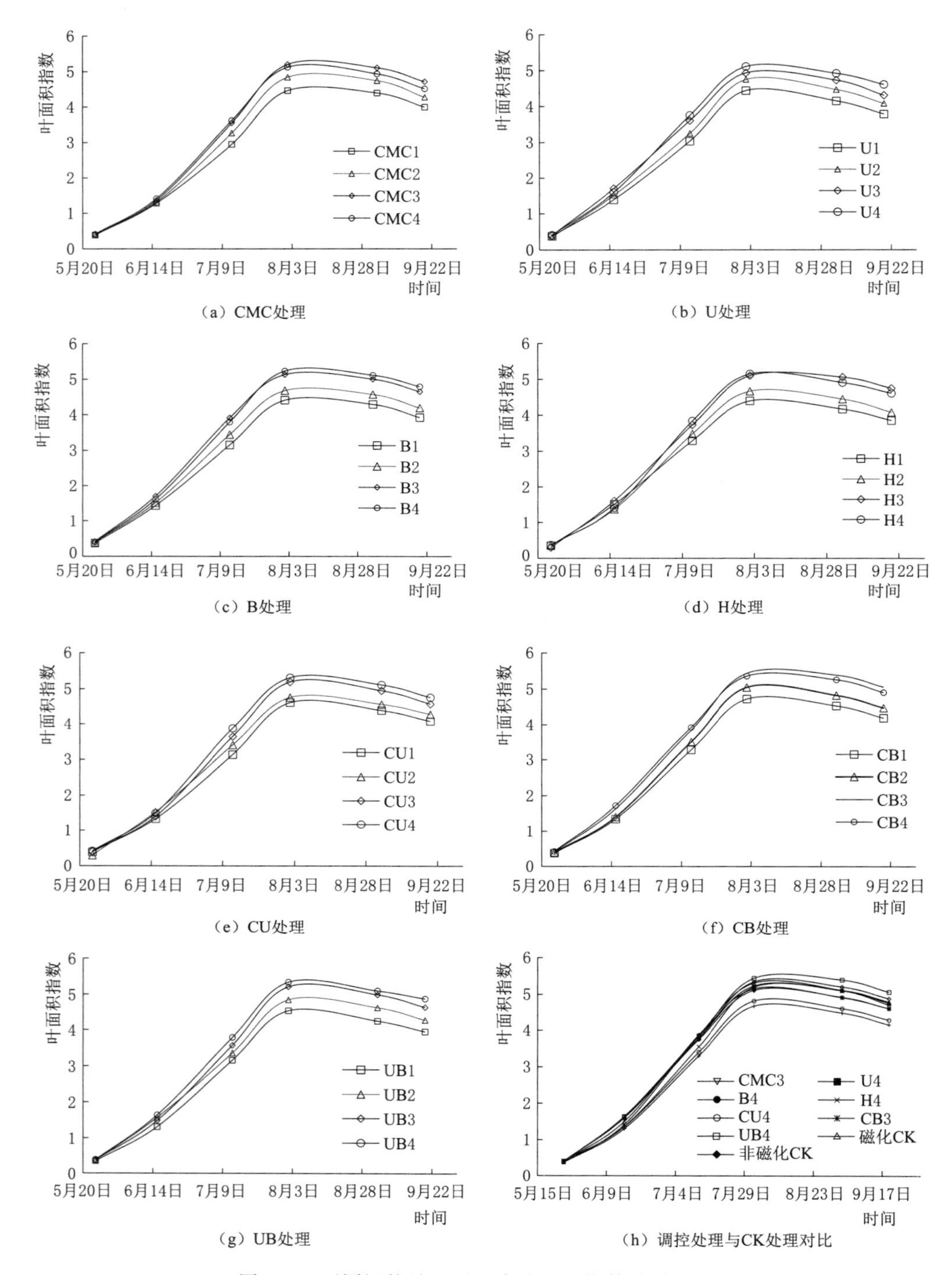

图 3.2　不同调控处理下玉米叶面积指数随时间变化

大，在灌浆期前玉米叶面积指数达到最大值。比较不同调控措施处理的叶面积指数，可知随着施量的增加，对叶面积指数的调控效果越好，但施量达到一定程度后，叶面积指数的增加不明显，如各调控措施的处理三和处理四的叶面积指数在各个生育期差异不明显，且均高于处理一和处理二。相较于磁化 CK 处理，CMC4、U4、B4、H4、CU4、CB4、UB4 各处理的叶面积指数分别增加了 9.1%、6.0%、8.5%、6.8%、11.2%、12.8% 和 8.7%。

叶面积指数在玉米吐丝期达到最大值，CMC、U、B、H、CU、CB 和 UB 处理的叶面积指数最大值分别为 5.2cm^2/cm^2、5.11cm^2/cm^2、5.23cm^2/cm^2、5.15cm^2/cm^2、5.31cm^2/cm^2、5.44cm^2/cm^2 和 5.34cm^2/cm^2。相同的灌水量、氮磷钾施肥量及灌水方式，随着处理施量的增加最大株高相比对照处理变化效果显著，与非磁化 CK 相比，各处理的最大叶面积指数分别高出了 11.11%、9.19%、11.75%、10.42%、13.46%、16.24%和 14.1%。磁电活化水灌溉下，玉米整个生育期最大叶面积指数出现在 CB3 和 CU4 处理，生育后期叶面积指数最大出现在 CB3 处理。

3.2.3　根长

根系是作物的主要吸收器官，玉米根系对水分、养分的吸收与其他地上部生理过程密切相关。根长是评价根系的重要指标，图 3.3 分别给出了磁电活化水灌溉下，不同调控措施，玉米根长随时间的变化。由图 3.3 可以得出，随着调控处理用量的增加，CMC 处理玉米根系长度的增长效果不显著，而其他调控措施下的玉米根系长度的增长效果明显。在各个处理中，CMC4、U4、B4、H4、CU3、CB4 和 UB4 处理的玉米根长最长，分别为 37cm、34cm、32.3cm、29.8cm、33.8cm、36.8cm 和 37.9cm，与非磁化对照组进行对比，分别增长了 41.22%、29.77%、23.28%、13.74%、29.01%、40.46%和 44.66%。处理后的玉米根长均高于非磁电活化水处理，其中玉米整个生育期最大根长依次出现在

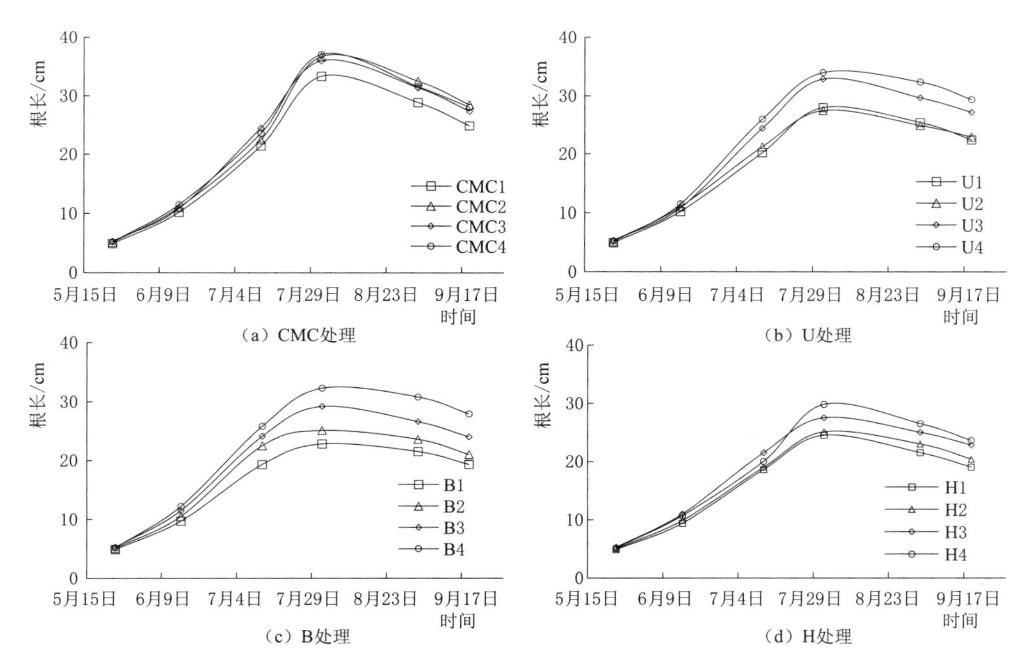

(a) CMC处理　(b) U处理　(c) B处理　(d) H处理

图 3.3（一）　不同调控处理下玉米根长与根重

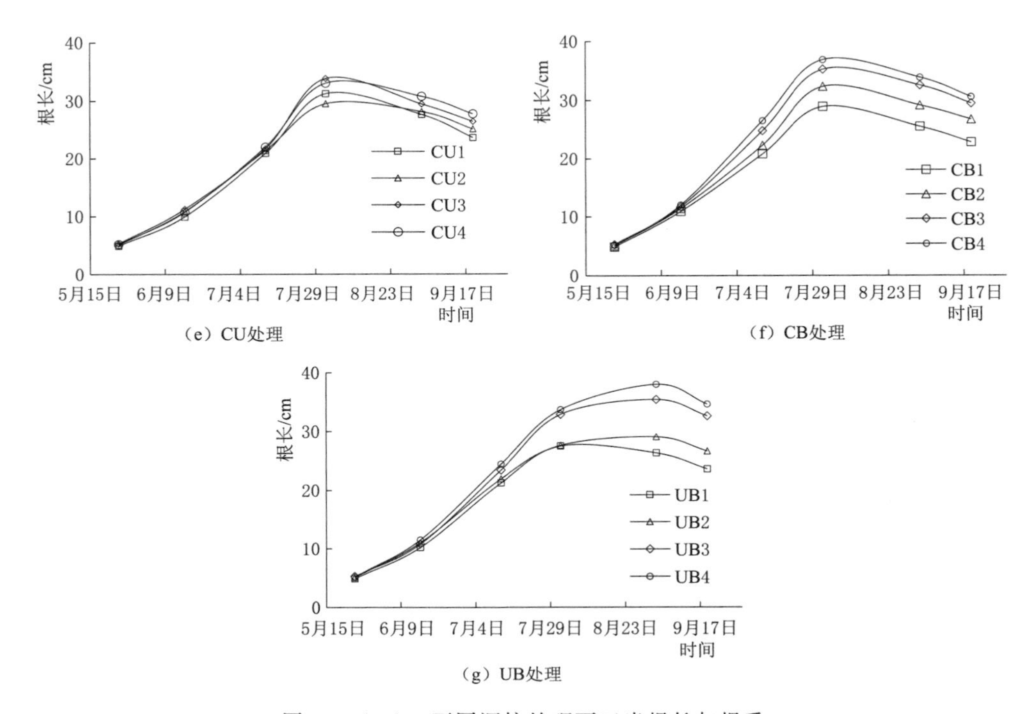

(e) CU处理

(f) CB处理

(g) UB处理

图 3.3(二) 不同调控处理下玉米根长与根重

UB4 处理，优美柯作为生物刺激素和微生物菌剂同时具有促进根系生长的作用[75,95]，可见两者的混合施用对玉米根长增加更为显著。

3.2.4 地上生物量

地上生物量是评价作物生长特征的一个重要指标，一般通过作物地上生物量的变化可以预估不同处理最终地上干物质量的大小关系。图 3.4 描述了磁电活化水灌溉下，不同调控措施处理玉米地上生物量随时间的变化。从图中可以看出，在生育前期处理之间差异较小，且增长较缓慢，拔节后期开始出现差异，增长速率快速上升，在灌浆期拉开差距，在吐丝期达到最大值，后期又逐渐下降。比较不同调控措施处理的地上生物量，可知随着施量的增加，对地上生物量的调控效果越好，但施量达到一定程度后，地上生物量的增加不明显，如各调控措施的处理三和处理四的地上生物量在各个生育期差异不明显，且均高于处理一和处理二。相较于磁化 CK 处理，CMC4、U4、B4、H4、CU4、CB4、UB4 各处理的地上生物量分别增加了 26.2%、16.1%、14%、5.7%、28.2%、32.8%和 33.1%。

不同调控措施下使玉米地上生物量最大量的处理分别为 CMC3、U4、B4 和 H3、CU4、CB3 和 UB4，最大值分别为 750g/株、690g/株、677g/株、628g/株、762g/株、789g/株和 791g/株。与非磁化 CK 相比，分别增长了 29.3%、18.9%、16.7%、8.3%、31.3%、36.0%和 36.3%，可以看出调控处理后的玉米地上生物量均高于非磁电活化水处理，其中玉米整个生育期最大地上生物量出现在 UB4 和 CB3 处理。

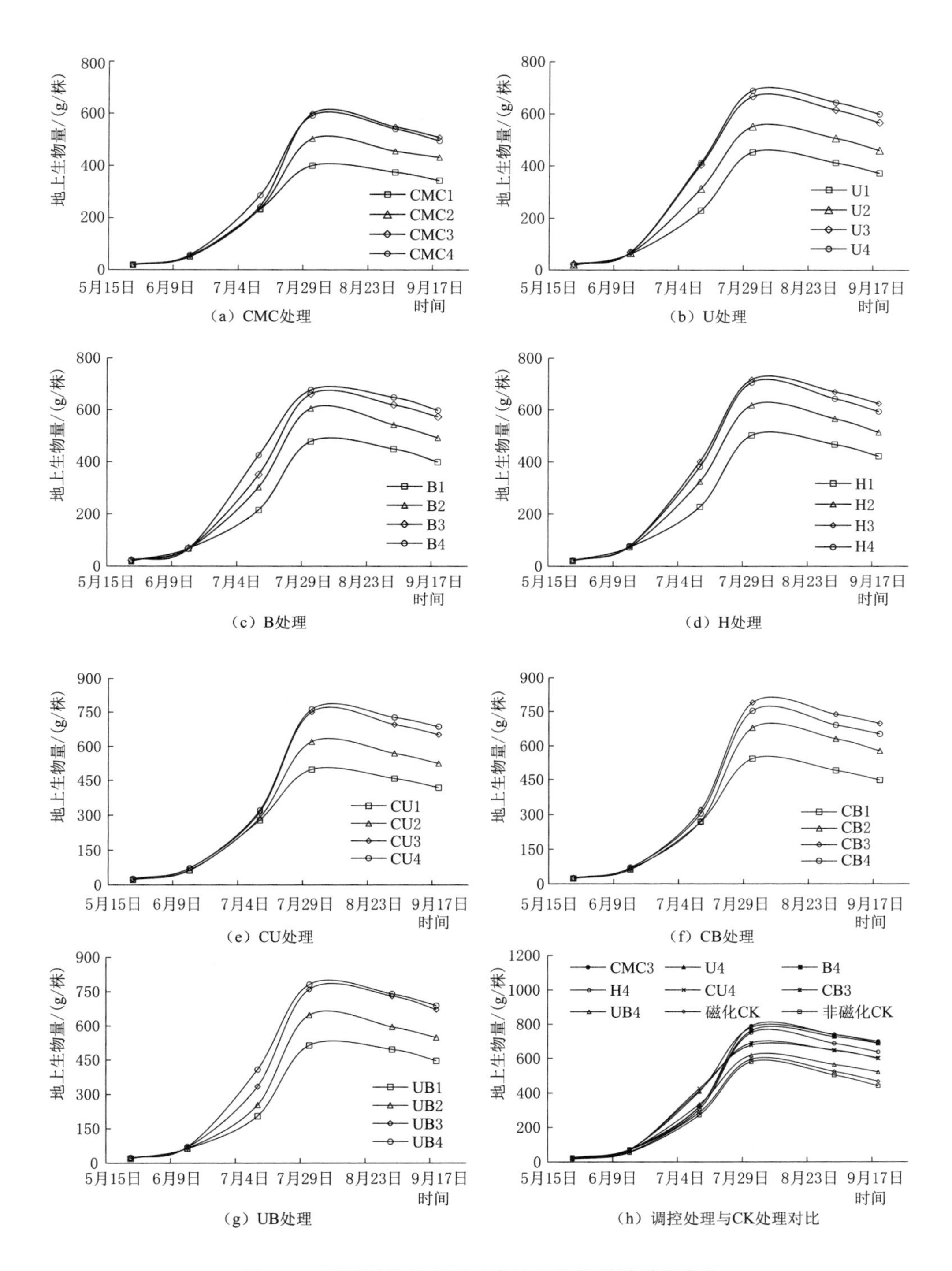

图 3.4　不同调控处理下玉米地上生物量随时间变化

3.3　调控措施对玉米光合生理特性的影响

在农业生态系统中，光被认为是自养高等植物的关键限制性资源，也是影响作物生长的重要非生物因子，对作物生长和产量的形成起着重要的支撑作用。目前，净光合速率、气孔导度、胞间 CO_2 浓度及蒸腾速率为评价光合效果的四个评定指标，因此本节以玉米的光合特性指标为分析对象，研究不同调控措施对玉米光合特性的影响，为确定玉米合理调控模式提供理论依据与指导。

3.3.1　叶绿素含量

叶绿素含量（SPAD）的多少直接影响作物的光合作用，所以叶绿素含量对玉米生长具有重要的意义，它可以反映植物的健康状况，比如植物一旦产生病害或缺肥会出现叶黄的现象，从而使叶绿素解体，导致叶绿素含量下降，各调控处理不同时期的叶绿素含量见表 3.6。可以看出，各调控处理下玉米的叶绿素含量均在 7 月 30 日时为最大值，且不同施量梯度的最优处理，分别为 CMC3、CU4、CB4、UB4、U3、B4 和 H4 处理。在磁电活化水灌溉下，玉米整个生育期最大 SPAD 出现在 CB4 和 B4 处理，与磁化 CK 相比各调控处理 SPAD 依次分别提高了 24.56%、19.47%、24.03%、5.6%、21.75%、24.03% 和 20.0%，与非磁化 CK 相比各调控处理 SPAD 依次分别提高了 29.09%、23.81%、28.54%、9.45%、26.18%、28.54%和 24.36%。

表 3.6　　不同处理叶绿素含量随时间变化

处理	6 月 5 日	6 月 25 日	7 月 30 日	8 月 20 日
CMC1	31.4	41.3	60.1	31
CMC2	32.3	42.5	64.4	30.5
CMC3	30.48	44.2	71	28.7
CMC4	32.4	43.4	70.7	31.3
CU1	28.9	39.4	59.4	29.4
CU2	30.1	40.9	63.8	31.3
CU3	31.9	41.7	68.9	33.1
CU4	30.3	42.3	69.4	33.7
CB1	30.6	40	61.1	29.5
CB2	31.8	39.5	59.3	30.4
CB3	33.1	42.5	68.6	31.9
CB4	32.8	41.2	70.7	34.5
UB1	30.6	37.8	57.5	29.9
UB2	31.4	39.6	64.3	32.3
UB3	32.8	42.1	66	33.6
UB4	32.7	43.1	68.4	32.8

续表

处理	6月5日	6月25日	7月30日	8月20日
U1	28	38.6	54.5	28.2
U2	28.1	38.7	62.6	31
U3	29.1	40.4	68.1	32
U4	29.4	40.7	67.5	32.6
B1	28.7	38.1	59.1	30.4
B2	30.1	39.5	62.2	32
B3	32.2	41	70.6	33.1
B4	33.1	41.3	70.7	33.7
H1	30.6	37.3	54	28.2
H2	30.8	37.1	57.1	29.4
H3	32.4	39.5	55.5	28.7
H4	31.3	38.8	60.2	30.5
磁化CK	26.3	35.5	57.2	27.6
非磁化CK	25.2	35.1	55	26.1

3.3.2 气孔导度

气孔是植物叶片与外界进行气体交换的主要通道，它在控制水分损失和获得碳素即生物量产生之间的平衡中起着关键的作用。图3.5给出了各调控处理气孔导度与光合有效辐射之间的关系，从图中可以看出气孔导度随光合有效辐射、调控措施施量的增加而增大，与光合有效辐射之间近似呈线性关系。CMC3、U4、B4、H3、CU4、CB3和UB4处理分别在各调控措施中气孔导度最大，光合有效辐射为2000μmol/mol时气孔导度为0.15～0.18mmol/(m^2·s)。磁电活化水对玉米气孔导度有一定的提升效果，各调控处理的气孔导度均优于对照处理。与磁化CK相比，最大气孔导度分别增大了36.3%、27.2%、36.3%、36.3%、45.4%、63.6%、54.5%，与非磁化CK相比分别增大了50%、40%、50%、50%、60%、80%、70%。

3.3.3 玉米蒸腾速率

植物蒸腾速率是指水分通过植物体内时，经过植物叶片以气体的方式散发到大气中的速度。蒸腾作用的正常进行有利于CO_2的同化，这是因为叶片进行蒸腾作用时，气孔是开放的，开放的气孔便成为CO_2进入叶片的通道。因此植物蒸腾速率的测量对于玉米生长研究具有一定意义。图3.6给出了各调控处理蒸腾速率与光合有效辐射之间的关系，从图中可以看出蒸腾速率随光合有效辐射、调控措施施量的增加而增大，与光合有效辐射之间近似呈线性关系。与气孔导度变化规律基本一致，CMC3、U4、B4、H3、CU4、CB3和UB4处理分别在各调控措施中蒸腾速率最大，光合有效辐射为2000μmol/mol时蒸腾

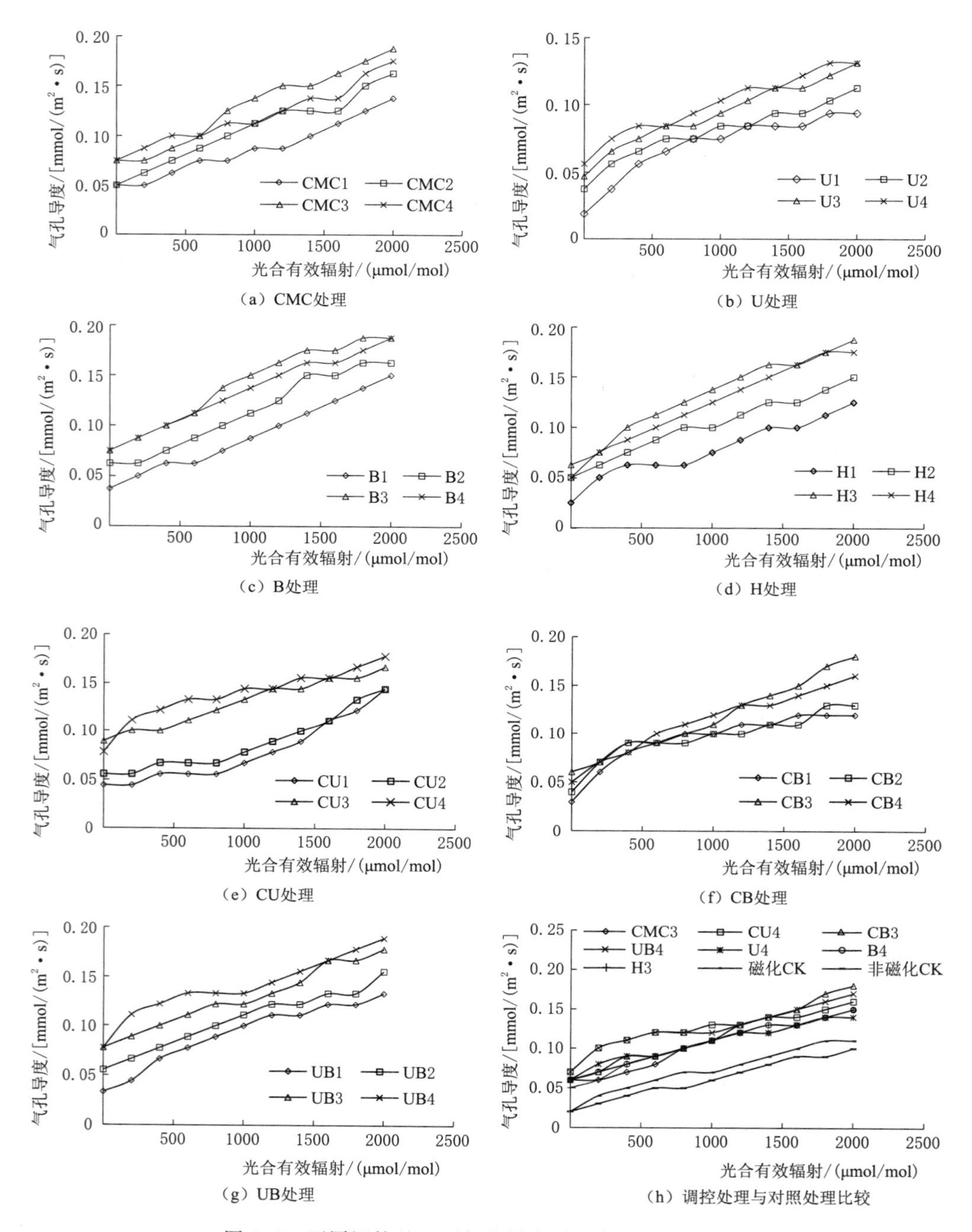

(a) CMC处理 (b) U处理

(c) B处理 (d) H处理

(e) CU处理 (f) CB处理

(g) UB处理 (h) 调控处理与对照处理比较

图 3.5 不同调控处理下气孔导度随光合有效辐射变化

速率为 8～11.9mmol/(m^2·s)。同时，磁电活化水对玉米蒸腾速率有一定的提升效果，各调控处理的蒸腾速率均优于对照处理。与磁化 CK 相比，最大蒸腾速率分别增大了 24.0%、30.3%、29.1%、24.05%、48.1%、50.6%和 56.4%，与非磁化 CK 相比分别增大了 36.1%、43.0%、41.6%、36.1%、62.5%、65.2%和 75%。

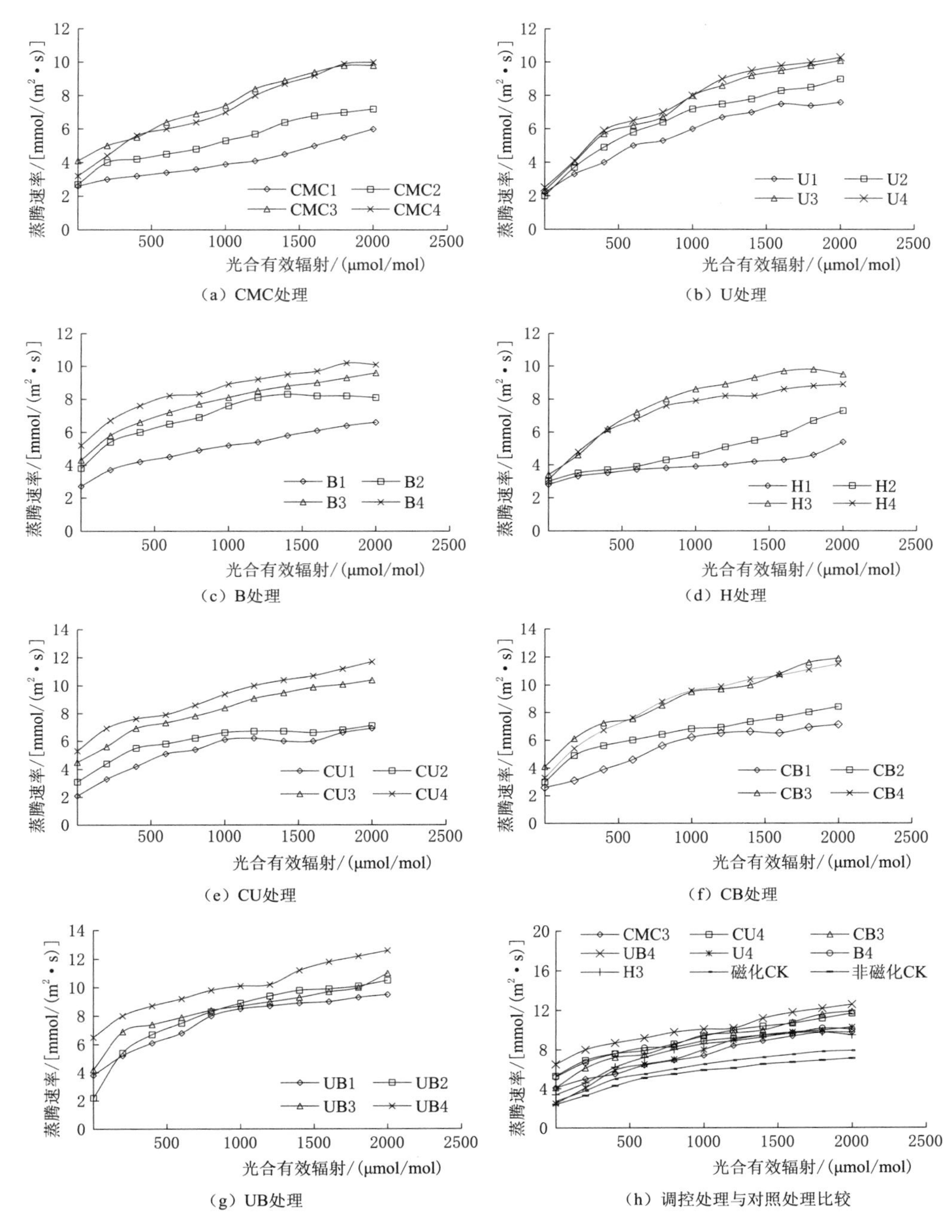

图 3.6 不同调控处理下蒸腾速率随光合有效辐射变化

3.3.4 胞间 CO_2 浓度

胞间 CO_2 浓度是光合生理生态研究中经常用的一个参数。在光合作用的气孔限制分析中，胞间 CO_2 浓度的变化方向是确定光合速率变化的主要原因和是否为气孔因素的必不可少的判断依据。图3.7给出了各调控处理玉米叶片胞间 CO_2 浓度与光合有效辐射之间的关系，从图中可以看出胞间 CO_2 浓度随光合有效辐射、调控措施施量的增加而降低，低光合有效辐射时随光合有效辐射增大，各处理的胞间 CO_2 浓度迅速降低，当光合有效辐射大于 1000μmol/mol 后，胞间 CO_2 浓度缓慢下降后趋于平缓。CMC3、U4、B4、

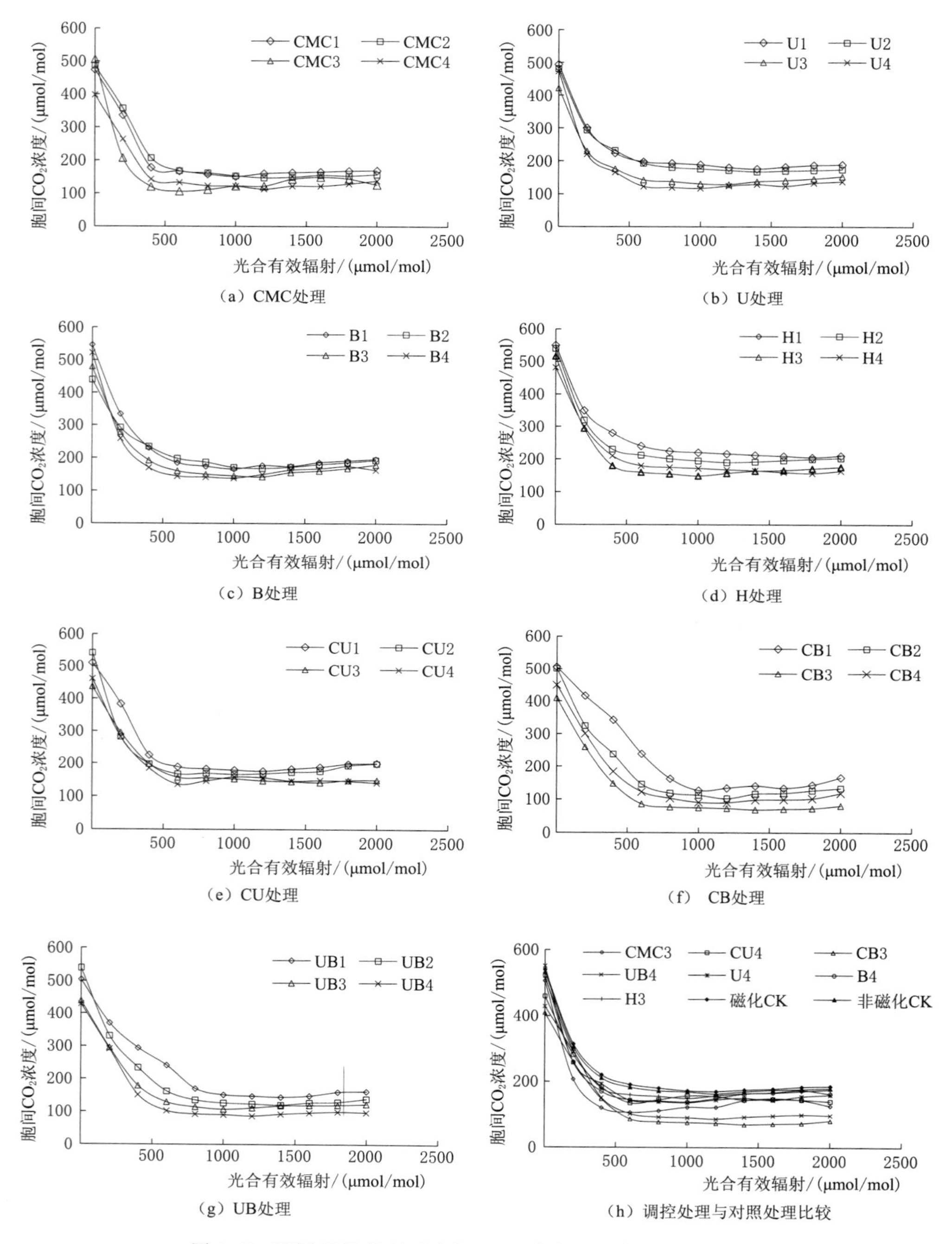

图3.7 不同调控处理下胞间 CO_2 浓度随光合有效辐射变化

H3、CU4、CB3 和 UB4 处理分别在各调控措施中胞间 CO_2 浓度最低，光合有效辐射为 2000μmol/mol 时胞间 CO_2 浓度为 69～149μmol/mol。同时，磁电活化水对玉米的胞间 CO_2 消耗有一定的提升效果，从而其胞间 CO_2 浓度更小，各调控处理的最小胞间 CO_2 浓度均优于对照处理。与磁化 CK 相比，最小胞间 CO_2 浓度分别减小了 34.9%、16.5%、15.3%、8.6%、17.1%、57.6%、47.2%，与非磁化 CK 相比分别减小了 37.6%、20%、18.8%、12.3%、20.5%、59.4%和 49.4%。

3.3.5 光响应曲线模型

光响应曲线是指其他环境因子不变，改变光合有效辐射所测定的净光合速率。植物叶片的光补偿点与光饱和点反映了植物对光照条件的要求，是判断植物有无耐阴性和对强光的利用能力的一个重要指标。一般来说，光补偿点和饱和光合有效辐射均较低是典型的耐阴植物，能充分地利用弱光进行光合作用；光补偿点和光饱和点均较高的是典型阳性植物，必须在无庇荫处才能生长良好。光补偿点越低，植物利用低光合有效辐射的能力越强。

图 3.8 给出了各调控处理玉米叶片净光合速率与光合有效辐射之间的关系，从图中可以看出净光合速率随着光合有效辐射的增加先迅速上升，达到极值后又缓慢下降，光合有效辐射为 1400～1800μmol/mol 时各调控处理净光合速率最大。其中 CMC3、U4、B4、H3、CU4、CB3 和 UB4 处理分别在各调控措施中净光合速率最大，最大净光合速率为 18.67～25.63μmol/(m^2·s)。同时，净光合速率随调控措施施量的增加而增大，因此一定范围内的调控措施施量增加可以较为明显地提高玉米最大净光合速率。磁电活化水对玉米的叶片净光合速率有一定的促进效果，各调控处理的净光合速率均优于对照处

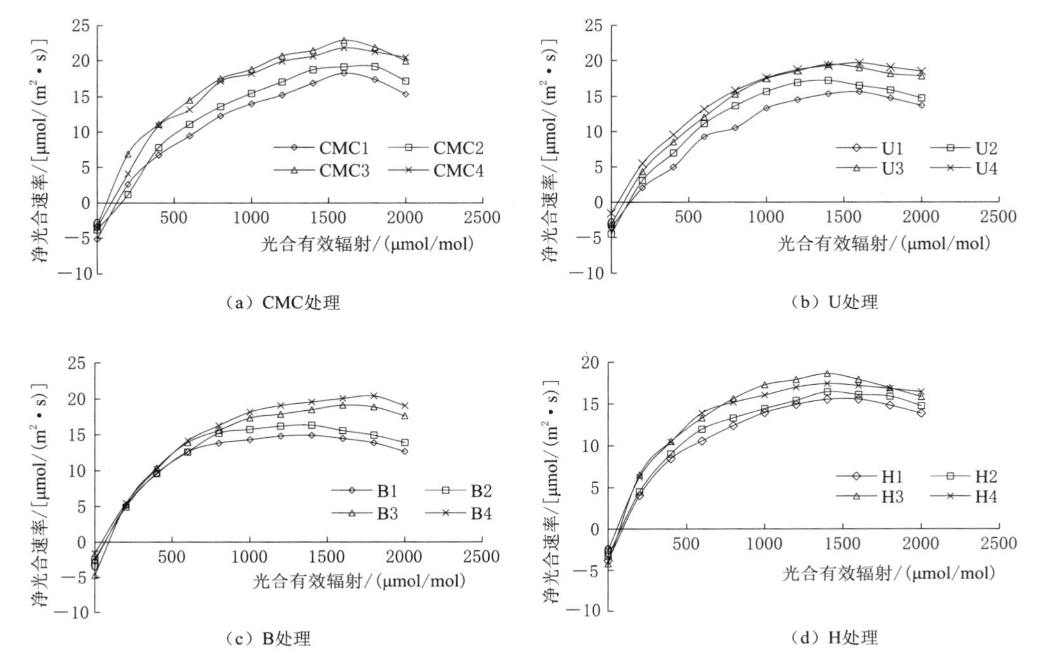

图 3.8（一） 不同调控处理下玉米光响应曲线

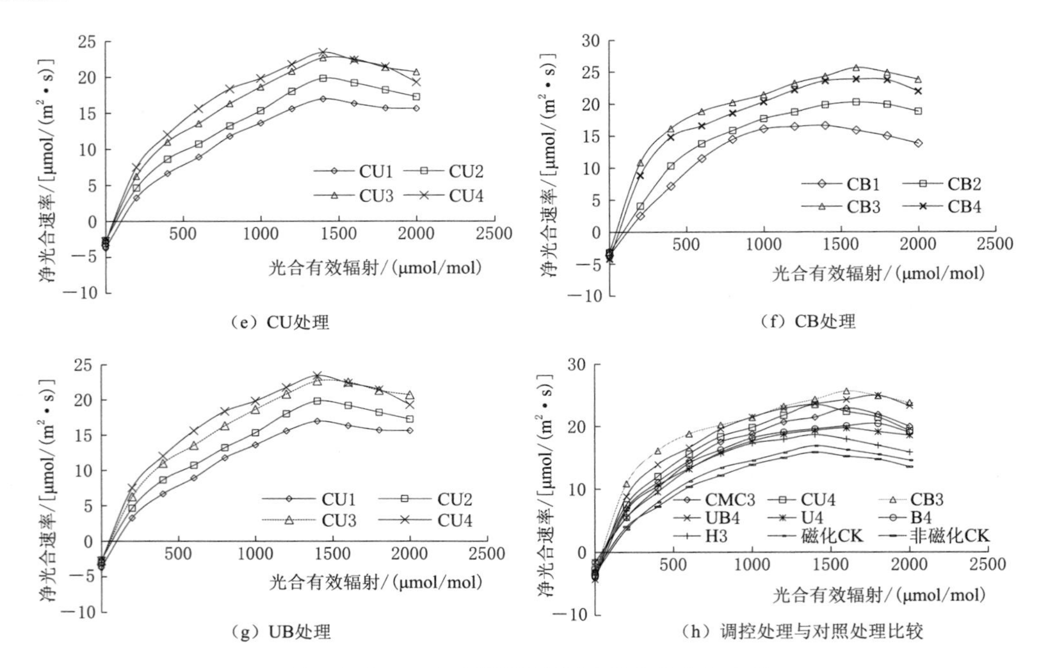

图 3.8（二）　不同调控处理下玉米光响应曲线

理。与磁化 CK 相比，最大净光合速率分别增大了 43.9%、24.1%、28.5%、17.4%、47.5%、61.2%和 56.8%，与非磁化 CK 相比分别增大了 49.5%、28.9%、33.4%、22.0%、53.2%、67.5%和 62.8%。

直角双曲线修正模型可以较为准确地模拟光响应曲线，因此采用该模型对所有调控处理和对照处理的光响应过程进行拟合，参数拟合结果见表 3.7。由表可以看出，磁电活化水对提升玉米的光合速率起到了一定效果，所有调控处理不同施量对比来看，最大净光合速率表现最好的为 CB3 处理，较磁化 CK 增大 80.77%，较非磁化 CK 增大 84.01%，其次为 UB4 处理，但 UB4 处理的光饱和点过高，不适于实际大田情况中。CB3 处理的光饱和点较磁化 CK 增大 26.1%，较非磁化 CK 增大 29.8%。光补偿点从小到大的处理依次表现为：CB3＜B4＜U4＜CU4＜H4＜UB4＜CMC3。

表 3.7　　不同调控处理的光拟合参数

处理	光饱和点 /[μmol/(m² · s)]	光补偿点 /[μmol/(m² · s)]	最大光合速率 /[μmol/(m² · s)]	暗呼吸速率 /[μmol/(m² · s)]
CMC1	1649.66	143.00	16.97	−4.52
CMC2	1604.78	128.59	18.81	−3.93
CMC3	1656.79	56.20	21.50	−2.71
CMC4	1704.72	79.35	21.15	−3.46
U1	1531.31	137.06	15.45	−3.29
U2	1407.16	122.58	17.06	−4.22
U3	1500.02	81.69	19.21	−2.85

续表

处理	光饱和点 /[μmol/(m² · s)]	光补偿点 /[μmol/(m² · s)]	最大光合速率 /[μmol/(m² · s)]	暗呼吸速率 /[μmol/(m² · s)]
U4	1560.92	38.97	19.48	−1.39
B1	1219.23	57.15	14.86	−2.71
B2	1262.55	58.15	16.31	−2.45
B3	1601.21	81.46	18.54	−4.62
B4	1607.58	38.95	19.98	−1.54
H1	1487.86	88.38	15.09	−3.61
H2	1515.50	72.79	15.87	−3.20
H3	1339.63	70.05	17.85	−3.83
H4	1476.71	46.38	17.15	−2.48
CU1	1622.44	113.07	16.30	−3.12
CU2	1565.35	62.03	18.93	−1.63
CU3	1639.94	51.61	21.77	−2.01
CU4	1410.14	45.24	22.10	−2.08
CB1	1336.56	111.65	16.74	−3.82
CB2	1596.01	75.67	19.81	−3.24
CB3	1931.72	28.37	27.93	−3.06
CB4	2739.42	46.86	23.75	−4.09
UB1	1634.23	157.63	18.40	−5.48
UB2	1611.08	87.32	20.57	−2.48
UB3	2031.13	77.83	22.77	−5.03
UB4	2744.51	51.20	24.86	−4.15
磁化 CK	1531.31	88.38	15.45	−3.61
非磁化 CK	1487.86	137.06	15.09	−3.29

3.4 调控措施对玉米产量和品质的影响

生境要素调控措施对玉米生长和生理特征有着较为显著的影响，相对于常规灌溉施肥处理，能够提高玉米的株高、叶面积指数、生物量以及光合速率，从而影响玉米的产量和品质。

3.4.1 籽粒产量

株高、叶面积、根系及生物量等指标均与玉米产量的形成存在密不可分的关系，生物量是决定玉米产量与品质的关键性因素。不同调控施量处理的玉米最终籽粒产量结果如图

3.9所示，在不同调控措施处理中，产量均随着调控剂施量的增大而增加，各调控措施的最大产量处理为CMC3、U4、B4、H3、CU4、CB3和UB4处理，产量分别为9861.5kg/hm²、10200.8kg/hm²、9953.2kg/hm²、9439.6kg/hm²、10478.4kg/hm²、11342.2kg/hm²、10910.3kg/hm²。与磁化CK相比，产量分别增长了36.05%、39.08%、37.31%、30.23%、52.34%、41.81%和47.76%，与非磁化CK相比分别增长了38.24%、41.32%、39.53%、32.33%、54.80%、40.10%和50.15%。可以看出磁电活化水灌溉下，调控处理后的玉米产量均高于非磁电活化水处理，其中玉米整个生育期最大产量出现在CB3（20g/m²+1000mL/亩）处理，第二是UB4（3kg/亩+750mL/亩）处理。

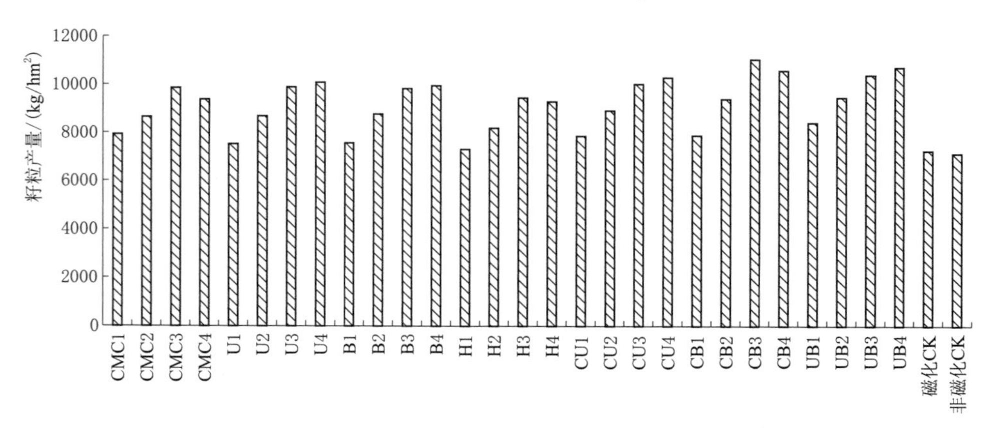

图3.9　调控处理对产量的影响

3.4.2　干物质量

玉米干物质量或生物量是指玉米叶、茎、果实等所有地上部分器官的干重之和，玉米生物量越高表明玉米生长越好，有利于获得较高的产量，不同调控施量处理的玉米最终干物质量结果如图3.10所示。在CMC调控处理中，干物质量随施量增加，呈现先增大后减小的变化趋势，并在CMC3处理（30g/m²）达到最大值21471kg/hm²；在U调控处理中，干物质量随施量增加，呈现先增大后趋于稳定的变化趋势，并在U4处理（3kg/亩）

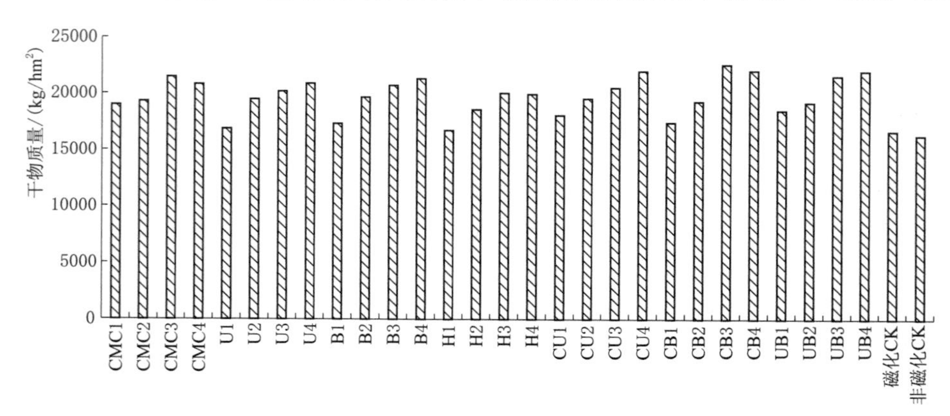

图3.10　调控处理对干物质量的影响

达到最大值 20872kg/hm^2；在 B 调控处理中，干物质量随施量增加，呈现先增大后趋于稳定的变化趋势，并在 B4 处理（1250mL/亩）达到最大值 21310kg/hm^2；在 H 调控处理中，干物质量随施量增加，呈现先增大后趋于稳定的变化趋势，并在 H4 处理（40kg/亩）达到最大值 20024kg/hm^2；在 CU 调控处理中，干物质量随施量增加，呈现逐渐增大的趋势，并在 CU4 处理（20g/m^2＋3kg/亩）达到最大值 22134kg/hm^2；在 CB 调控处理中，干物质量随施量增加，呈现先增大后减小的变化趋势，并在 CB3 处理（20g/m^2＋1000mL/亩）达到最大值 22886kg/hm^2；在 UB 调控处理中，干物质量随施量增加，呈现先增大后趋于稳定的变化趋势，并在 UB4 处理（3kg/亩＋750mL/亩）达到最大值 22060kg/hm^2。

整体而言，不同调控措施下的最优处理分别为 CMC3、U4、B4、H3、CU4、CB3 和 UB4，与磁化 CK 相比干物质量分别增长了 29.0%、25.4%、28.1%、20.3%、33.0%、37.5%和 32.5%，与非磁化 CK 相比干物质量分别增长了 32.1%、28.4%、31.1%、23.2%、36.1%、40.8%和 35.7%。可以看出磁电活化水灌溉下，调控处理后的玉米干物质量均高于非磁电活化水处理，其中玉米整个生育期最大产量出现在 CB3（20g/m^2＋1000mL/亩）处理，第二是 CU4（20g/m^2＋3kg/亩）处理。

3.4.3　品质

玉米品质指标同产量一样是评价玉米优质好坏的重要评价标准之一，除了高产，提高普通玉米营养品质，推广优质蛋白玉米、高油玉米，降低饲料生产成本同样具有特别重要的意义。不同的调控处理会改变土壤水盐变化，作物光合作用变化和生长发育变化等，从而玉米品质也会随之改变，本节以粗蛋白、粗纤维和淀粉含量三个重要的玉米品质指标来分析不同调控处理对玉米品质的影响。

3.4.3.1　粗蛋白含量

粗蛋白含量是玉米的一个重要的质量指标，提高粮饲玉米的粗蛋白含量有利于其碳氮比的平衡，有助于提高反刍动物对粮饲玉米的消化率。粗蛋白是饲料中含氮物质的总称，含有各种必需的氨基酸，是决定玉米饲用营养价值的重要基础，针对不同调控处理玉米粗蛋白含量的研究具有重要意义。图 3.11 给出了玉米籽粒粗蛋白含量与调控剂施量之间的关系，从图中可以看出调控剂施量增加到一定程度后，籽粒粗蛋白含量近似趋于平稳并不再增加。不同调控措施下的粗蛋白含量最大处理分别为 CMC3、U3、B3、H3、CU2、CB3 和 UB4，含量分别为 8.38%、8.36%、8.4%、8.25%、8.37%、8.42%和 8.47%。总体而言，调控处理后的玉米籽粒粗蛋白含量均优于对照处理，与磁化 CK 相比不同调控下玉米粗蛋白含量分别增大了 0.92%、0.90%、0.94%、0.79%、0.91%、0.96%和 1.01%，与非磁化 CK 相比分别增大了 0.95%、0.93%、0.97%、0.82%、0.94%、0.99%和 1.04%。

3.4.3.2　粗纤维含量

粗纤维是膳食纤维的旧称，是植物细胞壁的主要组成成分，包括纤维素、半纤维素、木质素及角质等成分。玉米粗纤维含量不仅是玉米作为饲用植物营养价值评价的指标，也是评定浓缩饲料、配合饲料及单一饲料营养价值的重要依据。图 3.12 给出了玉米籽粒粗

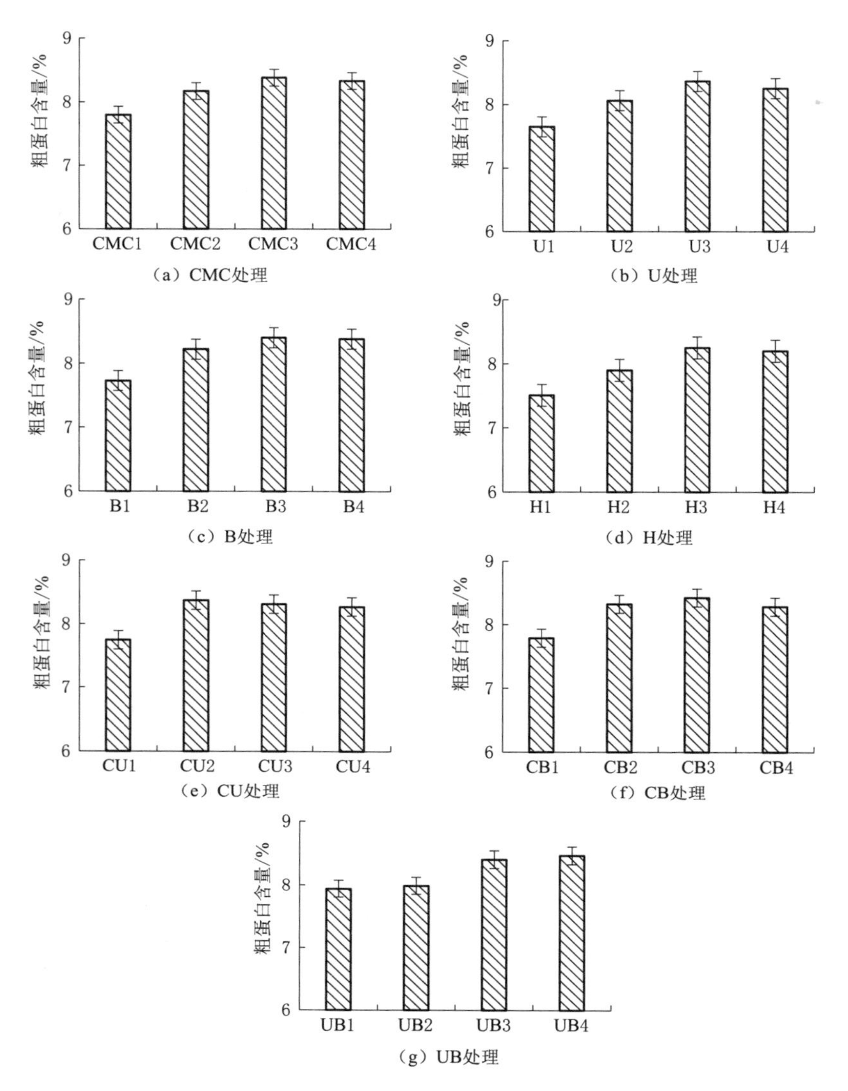

图 3.11　调控处理对玉米籽粒粗蛋白的影响

纤维含量与调控剂施量之间的关系，从图中可以看出调控剂施量增加到一定程度后，籽粒粗纤维含量近似趋于平稳并不再增加。不同调控措施下的粗纤维含量最大处理分别为CMC3、U3、B3、H3、CU3、CB3和UB4，含量分别为2.75%、2.62%、2.76%、2.79%、2.75%、2.86%和2.89%。总体而言，相比磁化CK和非磁化CK，各调控处理下的粗纤维含量均有一定程度提升，这也可以说明调控措施适当提升了玉米籽粒的粗纤维含量。与磁化CK相比，各调控处理的粗纤维绝对值含量最大分别提升了0.75%、0.62%、0.76%、0.79%、0.75%、0.86%和0.89%，与磁化CK相比分别提升了0.79%、0.66%、0.80%、0.83%、0.79%、0.90%和0.93%。

3.4.3.3　淀粉含量

淀粉含量是评价玉米品质的重要指标之一。我国淀粉总量90%以上都是玉米淀粉，

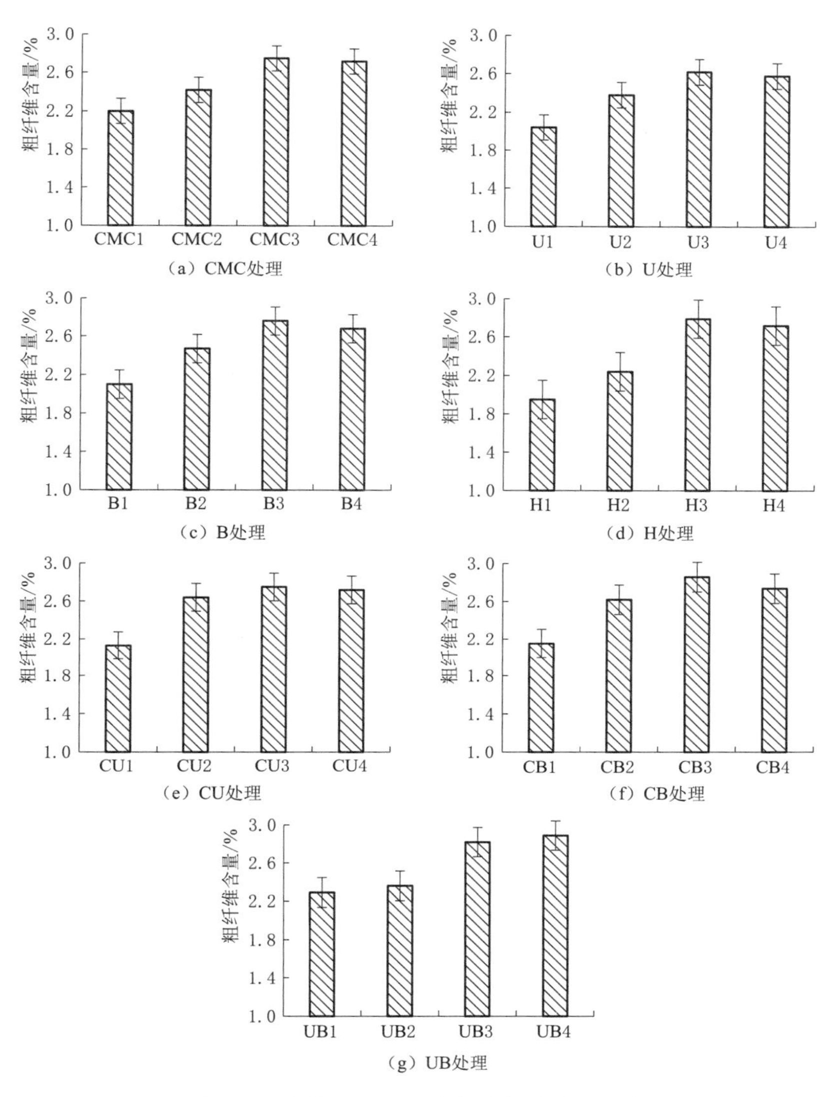

图 3.12 调控处理对玉米籽粒粗纤维的影响

这也体现了其重要性。玉米淀粉的主要成分是直链淀粉和支链淀粉，不同调控处理下所得到的玉米淀粉含量有所不同。图 3.13 给出了玉米籽粒淀粉含量与调控剂施量之间的关系，从图中可以看出调控剂施量增加到一定程度后，籽粒淀粉含量近似趋于平稳并不再增加。不同调控措施下的淀粉含量最大处理分别为 CMC3、U4、B4、H3、CU4、CB3 和 UB4，含量分别为 64.2%、64.3%、65.1%、65.3%、64.7%、66.0%和 65.9%。总体而言，在一定范围内施加调控剂，有助于增加玉米的淀粉含量，当继续增大施量时，效果便不再明显。另外从图中可以看出，施加了 CU、CB 和 UB 处理玉米的淀粉含量整体上要优于 U、B 和 H 处理，均优于磁化 CK 和非磁化 CK 处理。与磁化 CK 相比，各调控处理的玉米淀粉绝对值含量最大分别提升了 3.7%、3.8%、4.9%、4.8%、4.2%、5.5%和 5.4%，与非磁化 CK 相比分别提升了 4.1%、4.2%、5.3%、5.2%、4.6%、5.9%和 5.8%。

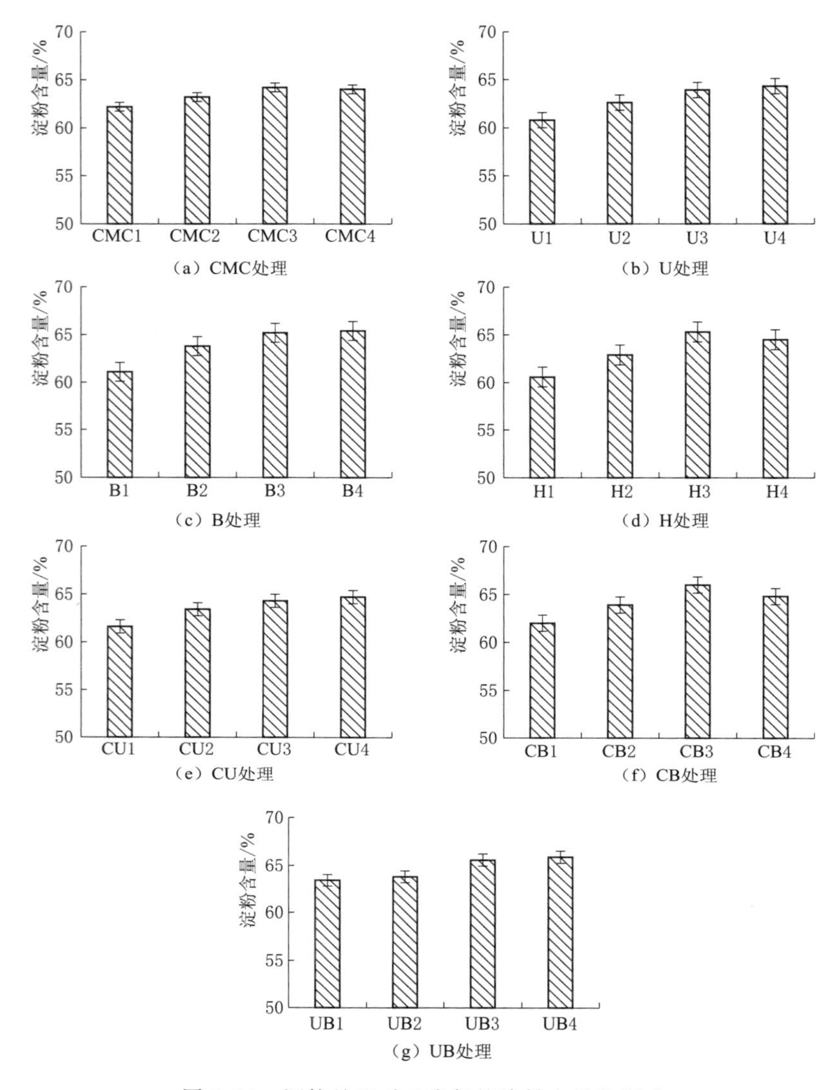

图 3.13　调控处理对玉米籽粒淀粉含量的影响

3.5　多调控措施下玉米生长模型及综合评价

3.5.1　玉米生长指标模型

3.5.1.1　叶面积指数增长模型

叶面积指数随时间变化过程符合修正 Logistic 模型。叶面积指数的修正 Logistic 模型公式如下：

$$\mathrm{LAI}=\frac{\mathrm{LAI}_{\max}}{1+e^{a+bt+ct^2}} \tag{3.1}$$

式中：LAI 为叶面积指数；LAI_{max} 为理论上棉花叶面积指数可达到的最大值。

利用式（3.1）对各调控处理的玉米叶面积指数数据进行拟合，拟合结果列于表 3.8。从表中可以得出，利用模型所推求出的各处理的叶面积指数理论最大值有一定差异，并且模型拟合的 R^2 均在 0.92 以上，说明 Logistic 模型的拟合结果较好。

表 3.8　叶面积指数 Logistic 模型参数拟合

处理	Logistic 模型参数				RMSE	R^2
	LAI_{max}	a	b	c		
CMC1	4.50	2.233	0.012	−0.00068	0.228	0.947
CMC2	4.92	2.228	0.017	−0.00075	0.244	0.949
CMC3	5.27	2.283	0.017	−0.00076	0.224	0.964
CMC4	5.17	2.561	0.006	−0.00070	0.240	0.955
U1	4.44	2.623	0.005	−0.00058	0.263	0.922
U2	4.98	2.967	0.017	−0.00049	0.280	0.925
U3	5.11	3.443	0.037	−0.00035	0.255	0.942
U4	5.18	3.172	0.021	−0.00048	0.215	0.963
B1	4.37	3.042	0.020	−0.00046	0.216	0.949
B2	4.90	3.188	0.024	−0.00045	0.210	0.958
B3	5.25	3.552	0.036	−0.00038	0.202	0.968
B4	5.27	3.195	0.022	−0.00046	0.213	0.967
H1	4.39	3.580	0.039	−0.00036	0.213	0.949
H2	4.75	2.986	0.010	−0.00062	0.213	0.957
H3	5.14	3.850	0.044	−0.00028	0.203	0.970
H4	5.10	3.032	0.007	−0.00065	0.203	0.969
CU1	4.68	2.425	0.006	−0.00067	2.425	0.947
CU2	5.00	3.665	0.039	−0.00033	3.665	0.954
CU3	5.30	2.544	0.008	−0.00072	2.544	0.956
CU4	5.35	2.892	0.006	−0.00063	2.892	0.966
CB1	4.77	2.625	0.001	−0.00064	2.625	0.953
CB2	5.18	2.605	0.003	−0.00067	2.605	0.955
CB3	5.52	3.066	0.017	−0.00047	3.066	0.969
CB4	5.40	3.349	0.030	−0.00039	3.349	0.966
UB1	4.61	2.682	0.001	−0.00064	2.682	0.944
UB2	5.04	3.072	0.021	−0.00044	3.072	0.939
UB3	5.42	2.700	0.001	−0.00062	2.700	0.952
UB4	5.37	3.151	0.020	−0.00047	3.151	0.962

基于 Logistic 模型拟合结果，建立生育期理论最大叶面积指数与调控剂施量之间的关系，如图 3.14 所示。从图中可以看出，玉米生育期理论最大叶面积指数随着调控剂施量

的增大呈现出先增大后减小的趋势，采用二次多项式进行回归分析，结果如下：

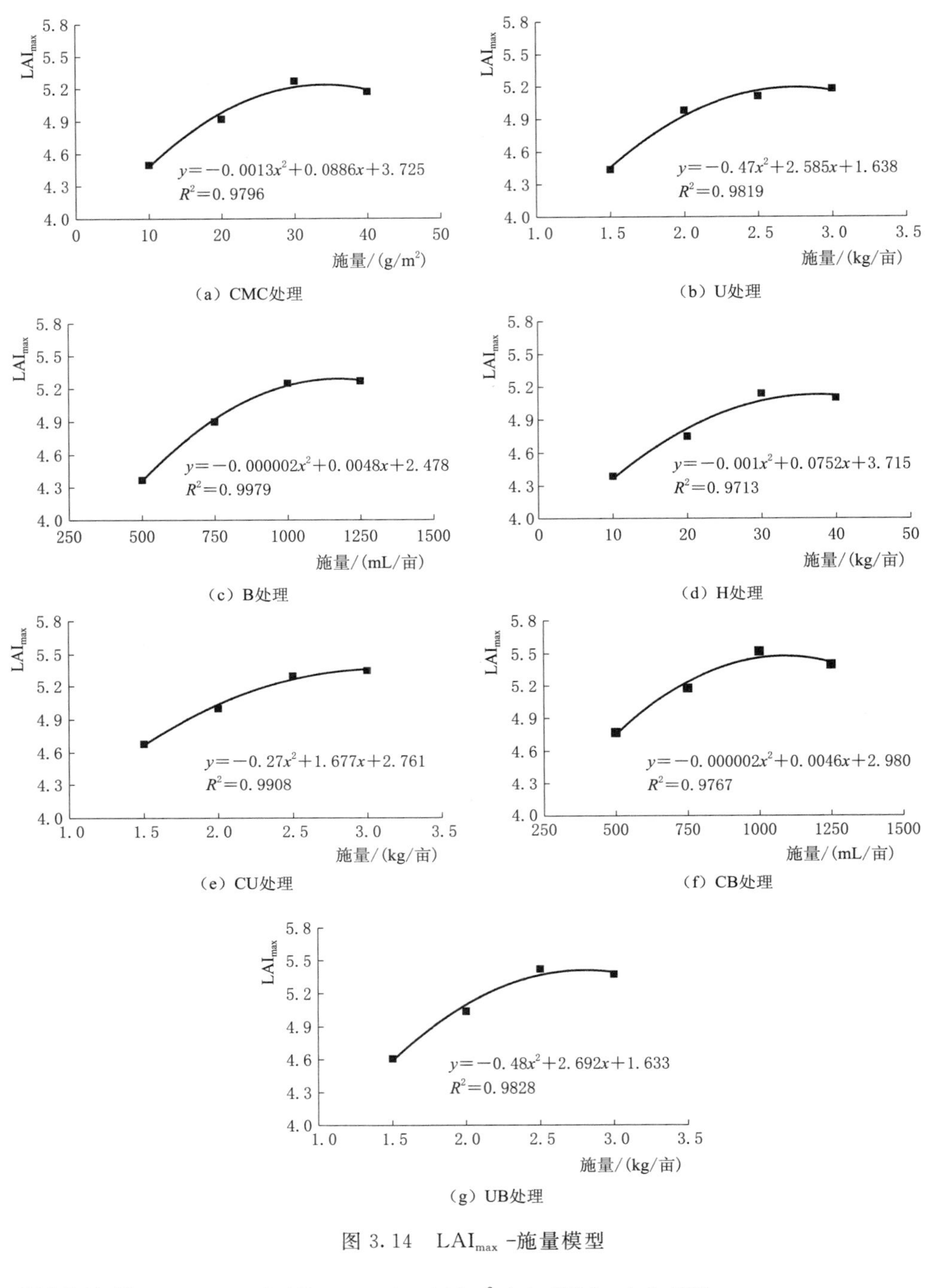

图 3.14 LAI_{max} -施量模型

CMC 处理 $LAI_{max}=-0.0013x^2+0.0886x+3.725$

U 处理 $LAI_{max}=-0.47x^2+2.585x+1.638$

B 处理 $LAI_{max}=-0.000002x^2+0.0048x+2.478$

H 处理　　$LAI_{max}=-0.001x^2+0.0752x+3.715$

CU 处理　　$LAI_{max}=-0.27x^2+1.667x+2.761$

CB 处理　　$LAI_{max}=-0.000002x^2+0.0046x+2.980$

UB 处理　　$LAI_{max}=-0.48x^2+2.692x+1.633$

式中：x 为各处理调控剂施量。

对二次多项式取极值可知，当 CMC 施量约为 34.01g/m² 时，叶面积指数最优为 5.23；当优美柯施量约为 2.75kg/亩时，叶面积指数最优为 5.19；当微生物菌剂施量约为 1125mL/亩时，叶面积指数最优为 5.26；当黄腐酸施量约为 37.6kg/亩时，叶面积指数最优为 5.13；当 CMC 施量为 20g/m²、优美柯施量为 3kg/亩时，叶面积指数最优为 5.33；当 CMC 施量为 20g/m²、微生物菌剂施量为 1100mL/亩时，叶面积指数最优为 5.49；当微生物菌剂施量为 750mL/亩、优美柯施量为 2.80kg/亩时，叶面积指数最优为 5.41。

3.5.1.2 地上生物量增长模型

可以利用 Logistic 模型描述玉米地上生物量随时间的变化过程，地上生物量的 Logistic 模型公式如下：

$$G=\frac{G_{max}}{1+e^{a+bt+ct^2}} \tag{3.2}$$

式中：G 为地上生物量，g/株；G_{max} 为理论上玉米地上生物量可达到的最大值，g/株。

利用式（3.2）对各调控处理的玉米地上生物量数据进行拟合，拟合结果列于表 3.9。从表中可以得出，利用模型所推求出的各处理的 G_{max} 有不同的差异，并且模型拟合的 R^2 均在 0.92 以上，说明 Logistic 模型的拟合结果较好。

表 3.9　　地上生物量 Logistic 模型参数拟合

处理	Logistic 模型参数				RMSE /(g/株)	R^2
	G_{max}/(g/株)	a	b	c		
CMC1	497	−0.327	−0.127	−0.00178	24.882	0.957
CMC2	646	−1.622	−0.226	−0.00265	32.688	0.955
CMC3	766	−2.801	−0.289	−0.00321	40.140	0.953
CMC4	753	−1.344	−0.218	−0.0026	41.084	0.948
U1	462	−0.242	−0.152	−0.00196	29.000	0.927
U2	573	−0.201	−0.141	−0.00193	30.637	0.947
U3	680	−0.598	−0.134	−0.00192	32.070	0.961
U4	688	−0.607	−0.135	−0.00193	29.434	0.970
B1	479	−1.039	−0.188	−0.00224	30.901	0.928
B2	602	−0.809	−0.188	−0.00232	37.809	0.931
B3	699	−0.293	−0.170	−0.00218	30.805	0.964
B4	700	−0.849	−0.126	−0.00187	25.847	0.977

续表

处理	Logistic 模型参数				RMSE /(g/株)	R^2
	G_{max}/(g/株)	a	b	c		
H1	460	−0.658	−0.170	−0.00208	27.976	0.930
H2	557	−0.091	−0.155	−0.00203	31.282	0.942
H3	655	−0.265	−0.146	−0.00198	28.420	0.966
H4	649	−0.092	−0.160	−0.00211	33.364	0.950
CU1	501	−0.039	−0.143	−0.00192	27.204	0.947
CU2	640	−1.526	−0.221	−0.00259	33.918	0.950
CU3	761	−2.355	−0.264	−0.00297	37.111	0.961
CU4	770	−2.019	−0.250	−0.00284	31.586	0.974
CB1	555	−1.049	−0.193	−0.00234	32.490	0.937
CB2	697	−2.833	−0.285	−0.00314	37.083	0.952
CB3	798	−2.788	−0.291	−0.00323	35.080	0.969
CB4	759	−2.671	−0.283	−0.00315	37.930	0.959
UB1	524	−1.996	−0.239	−0.00269	28.980	0.949
UB2	661	−2.846	−0.290	−0.00321	36.369	0.949
UB3	780	−1.654	−0.239	−0.00277	33.652	0.970
UB4	793	−0.395	−0.182	−0.00231	32.388	0.973

基于 Logistic 模型拟合结果，建立玉米生育期 G_{max} 与调控措施施量之间的关系，如图 3.15 所示。从图中可以看出，玉米生育期 G_{max} 随着调控措施施量的增大呈现出先增大后减小的趋势，采用二次多项式进行回归分析，结果如下：

CMC 处理 $G_{max}=-0.405x^2+29.13x+241$

U 处理 $G_{max}=-113x^2+663.5x-282.3$

B 处理 $G_{max}=-0.0005x^2+1.158x+18.5$

H 处理 $G_{max}=-0.2575x^2+19.525x+285.3$

CU 处理 $G_{max}=-130x^2+770.6x-367.1$

CB 处理 $G_{max}=-0.0007x^2+1.5522x-45.1$

UB 处理 $G_{max}=-124x^2+743.2x-316.2$

对二次多项式取极值可知，当 CMC 施量为 35.96g/m^2 时，玉米地上生物量最优为 764.80g/株；当优美柯施量约为 2.94kg/亩时，地上生物量最优为 691.66g/株；当微生物菌剂施量约为 1016mL/亩时，地上生物量最优为 698.9g/株；当黄腐酸施量约为 37.9kg/亩时，地上生物量最优为 658.37g/株；当 CMC 施量为 20g/m^2、优美柯施量为 2.96kg/亩时，地上生物量最优为 774.87g/株；当 CMC 施量为 20g/m^2、微生物菌剂施量为 1108mL/亩时，地上生物量最优为 815.42g/株；当微生物菌剂施量为 750mL/亩、优美柯施量为 3kg/亩时，地上生物量最优为 797.40g/株。

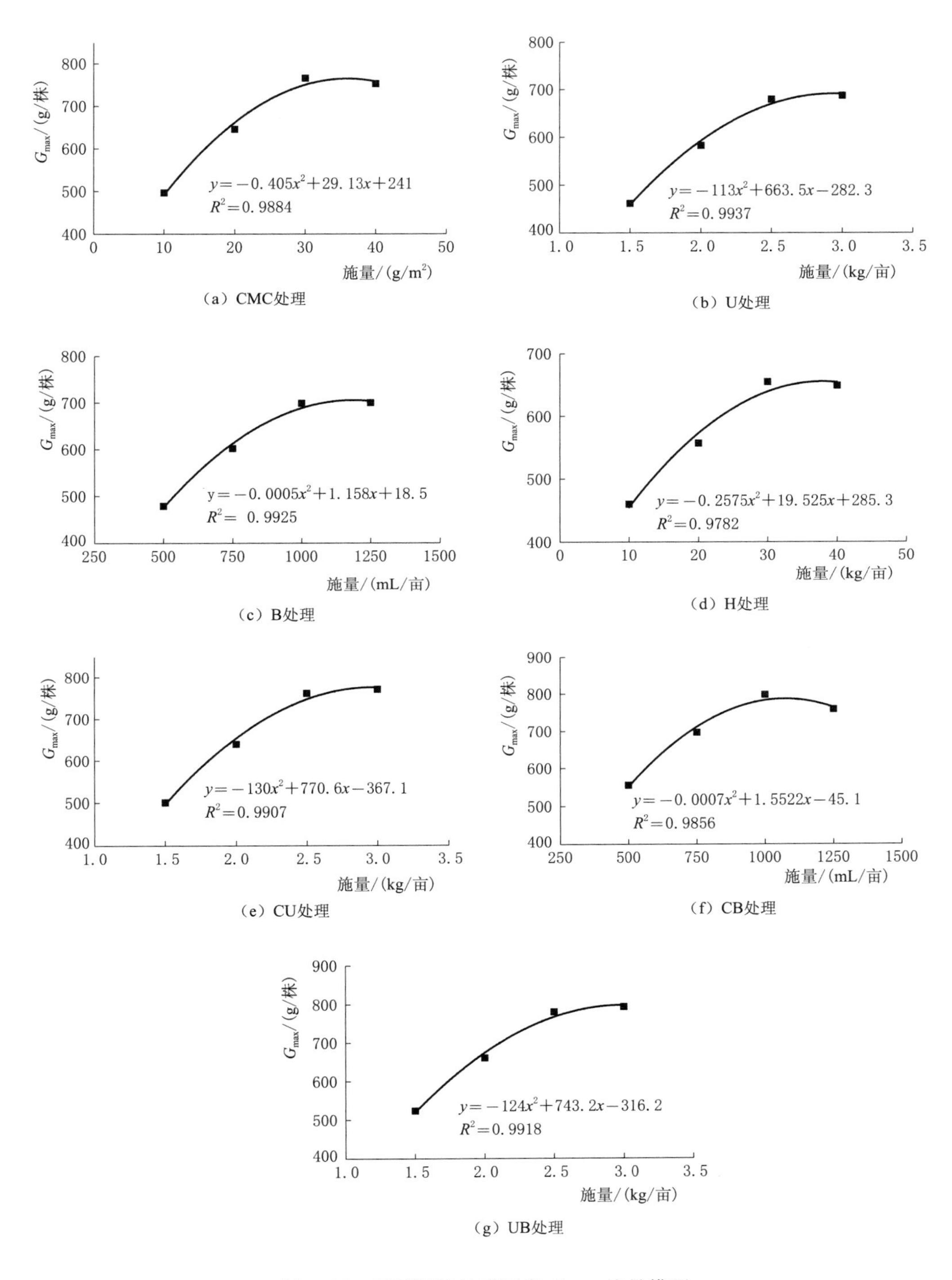

图 3.15 不同调控处理玉米 G_{max} -施量模型

3.5.2　玉米耗水、产量和品质模型

3.5.2.1　耗水模型

为了分析不同调控处理对玉米全生育阶段耗水量的影响，通过水量平衡式（3.3）求出各处理对应的玉米耗水量。

$$\mathrm{ET}=I+P+U-R-S-(W_{i+1}-W_i)\rho_i \tag{3.3}$$

式中：ET为实际蒸散量，即作物生育期内实际耗水量，mm；I为实际灌水量，mm；P为实际降水量，mm；U为地下水补给量，mm；R和S分别为作物生育期内的地表径流量和深层渗漏量，mm；W_i、W_{i+1}分别为第i层土壤在计算时段初末的平均质量含水量，g/g；ρ_i为第i层土壤平均容重，g/cm^3。

玉米膜下滴灌1m内土层几乎不产生深层渗漏和地表径流，故R、S可以忽略，新疆玉米试验区生育期内几乎无降水，地下水位超过了6m，可以忽略降水和地下水对玉米生长的补给，因此式（3.3）可简化为

$$\mathrm{ET}=I-(W_{i+1}-W_i)\rho_i \tag{3.4}$$

表3.10给出了玉米全生育期不同调控处理下的耗水量。从表中可以看出，玉米全生育期内土层耗水量均小于实际灌水量。可见在玉米生长过程中没有全部消耗完灌溉水量，为充分灌溉条件，未利用的灌溉水量储存在土壤中。在七种调控措施中，选择每组耗水最大的施量处理分别为CMC3、U3、B3、H3、CU3、CB3和UB4，与磁化CK相比耗水量分别增大了3.95%、2.05%、2.86%、4.46%、5.43%、3.98%和3.39%，与非磁化CK相比耗水量分别增大了4.27%、2.36%、3.18%、4.78%、5.75%、4.30%和3.71%，而在玉米不同生育阶段，喇叭口、抽雄期耗水量最大。在此生育期上述七组处理耗水量分别占全生育期的42.1%、42.9%、43.0%、43.2%、41.8%、42.4%和42.7%，不同调控制度下玉米在此生育期耗水量占全生育期耗水量相差不大。

表3.10　不同调控处理下玉米全生育期耗水量

水质	土层深度/cm	调控	实际灌水量/mm	苗期/mm	拔节期/mm	喇叭口、抽雄期/mm	吐丝期、灌浆期/mm	耗水量/mm
磁电活化水	0～100	CMC1	440	16.88	72.32	168.34	140.05	397.59
		CMC2		17.25	72.23	169.28	141.54	400.30
		CMC3		18.71	74.89	172.93	144.32	410.85
		CMC4		18.25	74.98	171.95	143.79	408.97
		U1	433.1	16.55	70.78	170.35	135.98	393.66
		U2		18.78	72.47	172.52	136.47	400.24
		U3		20.08	72.12	173.24	137.89	403.33
		U4		20.33	73.66	171.78	136.44	402.21
		B1	436.9	18.66	69.38	171.42	134.79	394.25
		B2		20.52	70.10	173.78	137.49	401.89

续表

水质	土层深度/cm	调控	实际灌水量/mm	苗期/mm	拔节期/mm	喇叭口、抽雄期/mm	吐丝期、灌浆期/mm	耗水量/mm
磁电活化水	0～100	B3	436.9	20.88	71.23	174.93	139.50	406.54
		B4		21.52	71.72	174.63	137.14	405.01
		H1	440.5	16.32	68.78	171.39	136.21	392.70
		H2		16.78	70.46	174.41	137.12	398.77
		H3		20.52	72.43	178.30	141.63	412.88
		H4		20.12	71.02	175.52	138.88	405.54
磁电活化水	0～100	CU1	438.2	15.85	70.80	168.54	139.82	395.01
		CU2		16.50	71.69	173.43	142.14	403.76
		CU3		19.88	77.53	174.15	145.11	416.67
		CU4		18.74	76.23	173.92	143.56	414.45
		CB1	436.7	17.78	70.85	169.85	137.73	396.21
		CB2		20.98	75.05	174.70	137.95	408.68
		CB3		21.21	76.89	174.33	138.52	410.95
		CB4		21.82	73.11	175.45	138.63	409.01
		UB1	434.0	20.05	77.25	168.44	133.44	399.18
		UB2		20.88	77.40	171.20	136.12	405.60
		UB3		21.65	78.03	172.57	134.76	407.01
		UB4		21.47	77.84	174.45	134.87	408.63
		磁化 CK	432.9	18.88	69.25	169.54	137.55	395.22
		非磁化 CK	433.5	18.31	68.96	169.33	137.42	394.02

图 3.16 给出了不同调控处理耗水量与调控剂施用量之间的关系，从图中可以看出，不同调控处理耗水量随着调控剂施量的增大呈现出先增大后减小的趋势，采用二次多项式进行回归分析，结果如下：

CMC 处理　　$ET=-0.0165x^2+1.2506x+386.02$

U 处理　　$ET=-7.7x^2+40.398x-350.35$

B 处理　　$ET=-0.00004x^2+0.079x+363.78$

H 处理　　$ET=-0.031x^2+2.0875x+373.80$

CU 处理　　$ET=-10.97x^2+63.611x+323.31$

CB 处理　　$ET=-0.00006x^2+0.1171x+352.25$

UB 处理　　$ET=-4.8x^2+27.552x+368.91$

对二次多项式取极值可知，当 CMC 施量为 37.9g/m^2 时，预测最大耗水量为 409.10mm；当优美柯施量约为 2.62kg/亩时，预测最大耗水量为 403.48mm；当微生物菌剂施量约为 1025mL/亩时，预测最大耗水量为 406.03mm；当黄腐酸施量约为 33.67kg/亩时，预测最大耗水量为 408.94mm；当 CMC 施量为 20g/m^2、优美柯施量为

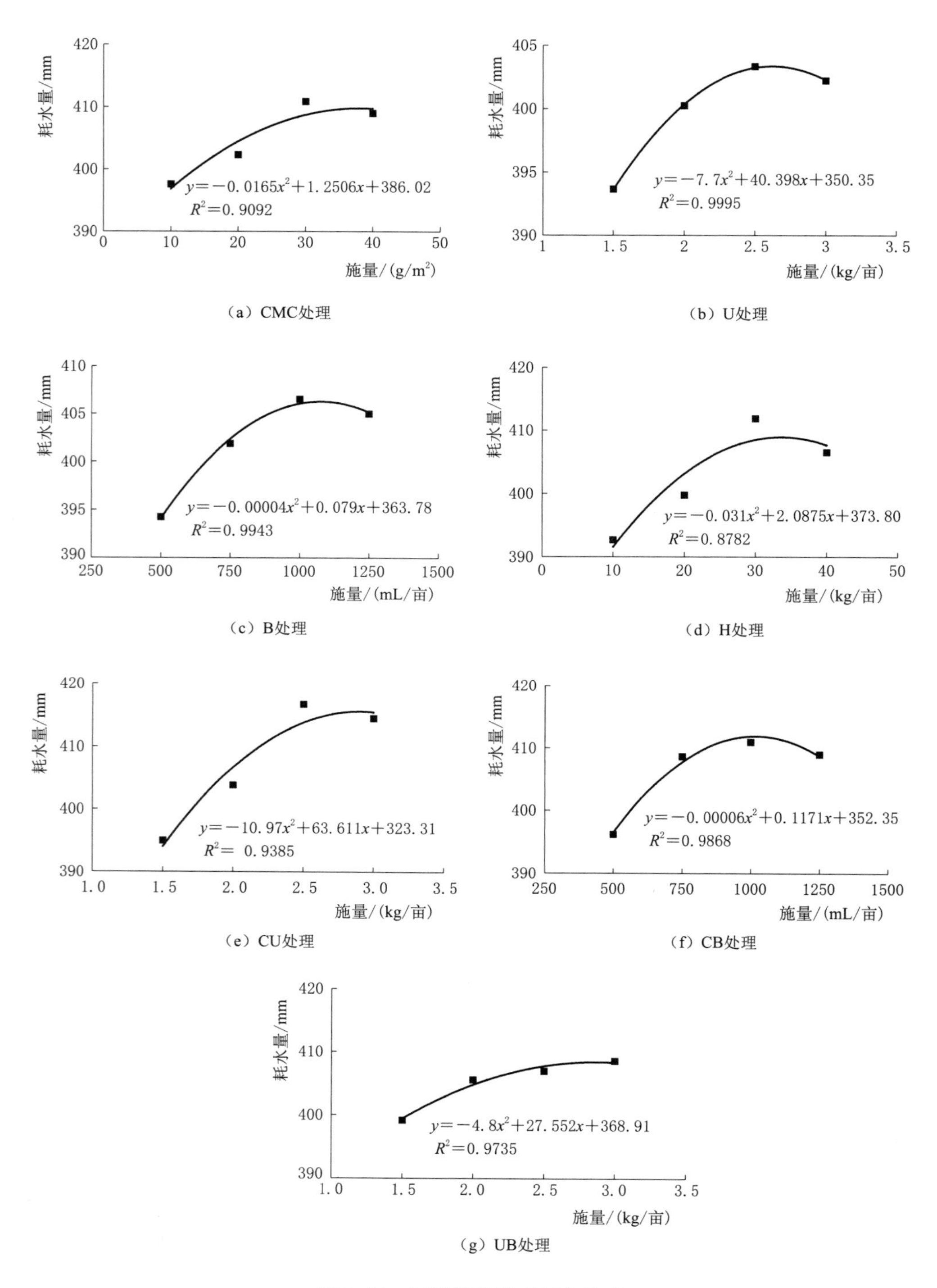

图3.16 不同调控处理耗水模型

2.90kg/亩时，预测最大耗水量为415.52mm；当CMC施量为20g/m^2、微生物菌剂施量为1000mL/亩时，预测最大耗水量为411.35mm；当微生物菌剂施量为750mL/亩、优美柯施量为2.87kg/亩时，预测最大耗水量为408.45mm。

3.5.2.2　玉米耗水-产量模型

1. 耗水-籽粒产量

图3.17给出了不同调控处理耗水量与籽粒产量之间的关系，从图中可以看出籽粒产量随着耗水量的增加呈现出先增大后减小的趋势，可采用二次多项式拟合两者之间的关系，拟合结果如下：

$$Y_1=-7.4588\mathrm{ET}^2+6160.3\mathrm{ET}-1.2618\times10^6 \tag{3.5}$$

式中：Y_1 为籽粒产量，kg/hm^2。

令 $dY_1/d\mathrm{ET}=0$，求出耗水-籽粒产量函数的极值点，可知耗水量为412.96mm时，可获得玉米籽粒产量最大值。

2. 耗水-干物质量

图3.18给出了不同调控处理耗水量与干物质量之间的关系，从图中可以看出干物质量随着耗水量的增加呈现出先增大后减小的趋势，可采用二次多项式拟合两者之间的关系，拟合结果如下：

$$Y_2=-13.034\mathrm{ET}^2+10736\mathrm{ET}-2.1895\times10^6 \tag{3.6}$$

式中：Y_2 为干物质量，kg/hm^2。

令 $dY_2/d\mathrm{ET}=0$，求出耗水-干物质量函数的极值点，可知耗水量为411.85mm时，可获得玉米干物质量最大值。

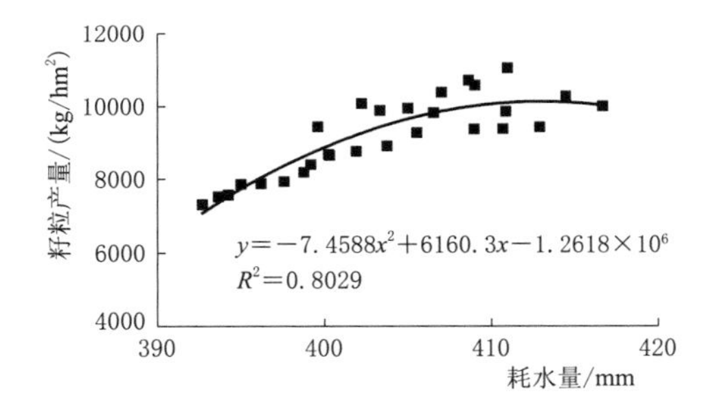

图3.17　不同调控处理耗水-籽粒产量模型

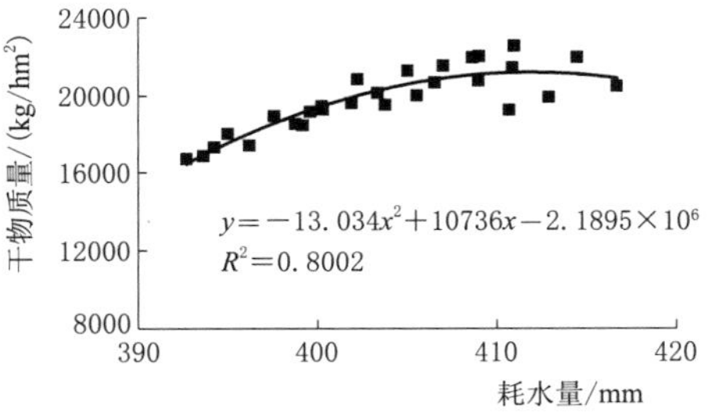

图3.18　不同调控处理耗水-干物质量模型

3.5.2.3　玉米耗水品质模型

1. 耗水-粗蛋白含量

图3.19给出了不同调控处理耗水量与粗蛋白含量之间的关系，从图中可以看出粗蛋白含量随着耗水量的增加呈现出先增大后减小的趋势，可采用二次多项式拟合两者之间的关系，拟合结果如下：

$$P_r=-0.003\mathrm{ET}^2+2.4217\mathrm{ET}-487.92 \tag{3.7}$$

式中：P_r 为粗蛋白含量，%。

令 $dP_r/d\mathrm{ET}=0$，求出耗水-粗蛋白含量函数的极值点，可知耗水量为410.45mm时，玉米粗蛋白含量最大值为8.39%。

2. 耗水-粗纤维含量

图3.20给出了不同调控处理耗水量与粗纤维含量之间的关系，从图中可以看出粗纤维含量随着耗水量的增加呈现出先增大后减小的趋势，可采用二次多项式拟合两者之间的关系，拟合结果如下：

$$C_r = -0.0022ET^2 + 1.7793ET - 364.57 \tag{3.8}$$

式中：C_r 为粗纤维含量，%。

令 $dC_r/dET=0$，求出耗水-粗纤维含量函数的极值点，可知耗水量为413.98mm时，玉米粗纤维含量最大值为2.80%。

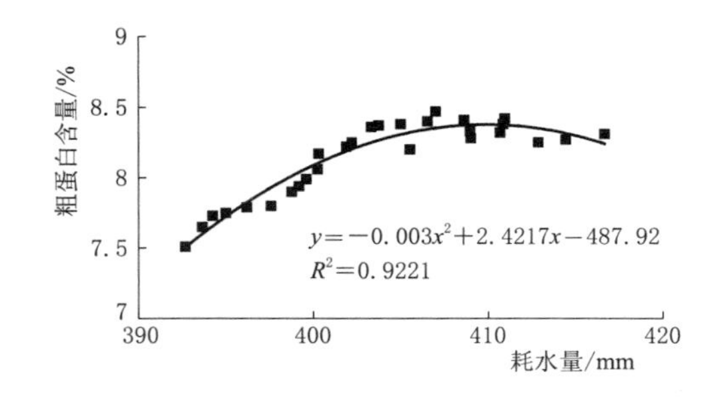

图3.19　不同调控处理耗水-粗蛋白含量模型

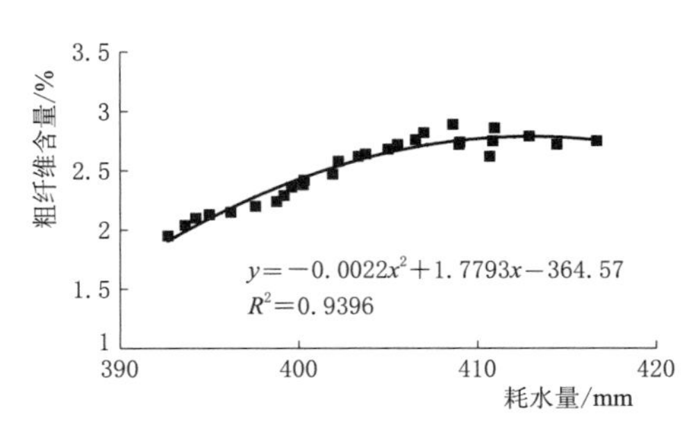

图3.20　不同调控处理耗水-粗纤维含量模型

3. 耗水-淀粉含量

图3.21给出了不同调控处理耗水量与玉米淀粉含量之间的关系，从图中可以看出淀粉含量随着耗水量的增加呈现出先增大后减小的趋势，可采用二次多项式拟合两者之间的关系，拟合结果如下：

$$S_t = -0.0146ET^2 + 11.951ET - 2387.9 \tag{3.9}$$

式中：S_t 为淀粉含量，%。

令 $dS_t/dET=0$，求出耗水-淀粉含量函数的极值点，可知耗水量为411.25mm时，玉米淀粉含量最大值为65.1%。

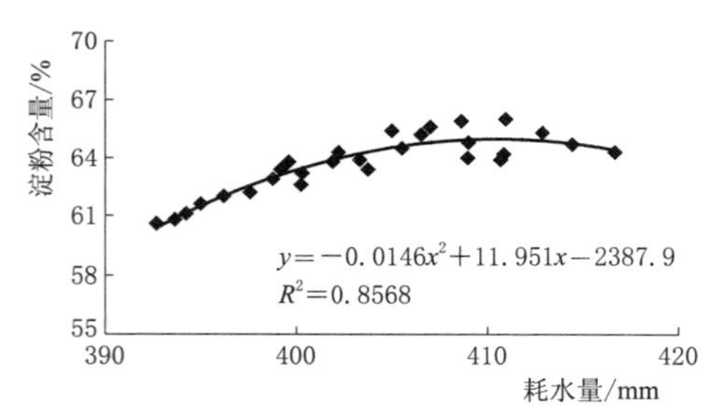

图3.21　不同调控处理耗水-淀粉含量模型

3.5.3　基于灰色关联法对玉米适宜调控施量综合评价

采用灰色关联分析法对玉米调控适宜用量进行综合评价，旨在对玉米响应指标（玉米籽粒产量、玉米干物质量、玉米粗蛋白累积量、玉米粗纤维累积量、玉米淀粉含量及水分利用效率）进行综合量化分析，评价出最优的调控处理。以试验采集的玉米不同调控处理的监测指标数据（株高、叶面积指数、根长、叶绿素含量等）作为评价指标，不同调控处理下各响应指标的最大值组成参考指标。计算评价指标与参考指标间的关联系数，详见表3.11。

表 3.11　　评价指标与参考指标间的关联系数

处理	籽粒产量	干物质量	粗蛋白累积量	粗纤维累积量	淀粉含量	WUE
CMC1	0.486	0.447	0.921	0.761	0.942	0.743
CMC2	0.552	0.472	0.965	0.837	0.958	0.805
CMC3	0.713	0.725	0.989	0.952	0.973	0.893
CMC4	0.639	0.622	0.983	0.941	0.970	0.854
U1	0.455	0.339	0.903	0.706	0.921	0.711
U2	0.555	0.485	0.952	0.824	0.948	0.808
U3	0.718	0.548	0.987	0.907	0.968	0.913
U4	0.753	0.631	0.974	0.893	0.974	0.933
B1	0.458	0.358	0.913	0.727	0.926	0.715
B2	0.564	0.499	0.970	0.855	0.967	0.812
B3	0.708	0.609	0.992	0.955	0.988	0.900
B4	0.729	0.697	0.989	0.927	0.991	0.915
H1	0.440	0.333	0.887	0.675	0.918	0.693
H2	0.507	0.421	0.933	0.775	0.953	0.764
H3	0.647	0.534	0.974	0.965	0.989	0.851
H4	0.625	0.526	0.968	0.941	0.977	0.852
CU1	0.480	0.392	0.915	0.737	0.933	0.741
CU2	0.580	0.491	0.988	0.913	0.961	0.822
CU3	0.739	0.586	0.981	0.952	0.974	0.894
CU4	0.793	0.834	0.976	0.941	0.980	0.923
CB1	0.481	0.362	0.920	0.744	0.939	0.740
CB2	0.640	0.469	0.982	0.907	0.968	0.851
CB3	1.000	1.000	0.994	0.990	1.000	1.000
CB4	0.863	0.846	0.978	0.948	0.982	0.962
UB1	0.526	0.416	0.937	0.792	0.961	0.783
UB2	0.648	0.463	0.943	0.817	0.967	0.867
UB3	0.817	0.743	1.000	0.976	0.994	0.950
UB4	0.898	0.831	0.993	1.000	0.998	0.975

根据关联系数计算各评价指标的平均关联度及进行排名，见表 3.12。从表 3.12 可以看出，玉米不同调控处理基于各响应指标综合评价后，其关联度排序表现为：CB3＞UB4＞CB4＞CU4＞UB3＞CMC3＞B4＞U4＞CU3＞B3＞U3＞CMC4＞H3＞H4＞UB2＞CB2＞CU2＞B2＞U2＞CMC2＞UB1＞CMC1＞H2＞CU1＞CB1＞B1＞U1＞H1。其中 CB3 处理关联处理最高，说明该处理玉米综合响应指标最好。

表 3.12　　基于玉米各响应指标的不同水肥处理综合评价

调控处理	关联度	排　名	调控处理	关联度	排　名
CMC1	0.821	22	H3	0.863	13
CMC2	0.837	20	H4	0.858	14
CMC3	0.906	6	CU1	0.811	24
CMC4	0.876	12	CU2	0.845	17
U1	0.798	27	CU3	0.887	9
U2	0.839	19	CU4	0.938	4
U3	0.877	11	CB1	0.806	25
U4	0.897	8	CB2	0.851	16
B1	0.802	26	CB3	1	1
B2	0.843	18	CB4	0.951	3
B3	0.886	10	UB1	0.823	21
B4	0.904	7	UB2	0.852	15
H1	0.795	28	UB3	0.927	5
H2	0.821	23	UB4	0.955	2

第4章 棉花适宜生境营造模式

4.1 棉花生长适宜环境与调控措施

我国西北地区干旱、少雨、蒸发量大的气候特征使得棉花生长发育过程对灌溉、施肥有着巨大需求。西北地区水资源短缺，但微咸水资源丰富，具有巨大的应用潜力。目前，微咸水已在棉花种植方面得到有效应用。国内外学者在微咸水和去电子水灌溉、滴灌水盐运移及作物对土壤水分和盐分的响应以及水肥利用效率等方面已进行了大量的研究。前人的研究主要集中在去电子水对土壤水盐运移以及作物生长等方面，去电子微咸水在盐碱地以及对棉花的作用机制与效果鲜少研究。此外，前人的研究侧重于去电子水对作物产量的影响，而去电子微咸水对作物生长、生理、土壤环境、产量、品质和水氮利用效率等方面的影响还不够全面、系统。对去电子微咸水灌溉下作物的适宜灌水量和施氮量尚未明确。针对上述问题，通过田间灌溉试验分析去电子微咸水灌溉对土壤和棉花生长的作用机制与效果，可为微咸水膜下滴灌棉花适宜的土壤环境营造提供指导。

4.1.1 棉花生长适宜环境

棉花生育时期一般为155～175d，共经历五个生育期：①播种出苗期，需经历10～15d；②苗期，需经历40～45d；③蕾期，需经历25～30d；④花铃期，需经历50～60d；⑤吐絮期，需经历30～70d。棉花喜温好光，最适宜气温为25～30℃，每日最佳光照时间为12h。适宜土壤条件对棉花生长非常重要，棉花喜爱土层深厚、土质肥沃、质地疏松的土壤。一般土壤温度以18～25℃为宜，土壤水分含量为田间持水量的60%～70%为宜，适宜的土壤pH值为6.5～8.5。

4.1.1.1 土壤水分

膜下滴灌棉田常用的干旱诊断方式和指标主要有：

(1) 田间持水量指标。以土壤含水量作为灌溉控制指标，苗期为田间持水量的55%～70%，蕾期为田间持水量的60%～80%，花铃期为田间持水量的65%～85%，吐絮期为田间持水量的60%～75%，按照各次的上、下限作为控制参数。

(2) 滴灌湿润层深度指标。苗期为20～30cm，蕾期为30～40cm，花铃期为50～55cm，吐絮期为30～40cm。

4.1.1.2 土壤盐分

棉花是一种比较耐盐碱的非盐生植物，也是盐渍土地区栽培的主要经济作物，一般认为幼苗阶段和开花结铃期对盐分比较敏感。国内外学者对棉花的耐盐阈值做了大量研究：Sharma等认为降低棉花产量的起始盐度（即耐盐阈值）为7.7dS/m（1dS/m相当于

NaCl的质量分数0.064%），每超过耐盐阈值1dS/m，产量降低5.2%；贾玉珍认为在土壤含水量适宜的条件下，土壤含盐量达到0.5%时，棉花生长严重受抑。

目前普遍认为在新疆盐碱地棉花的耐盐度为0.5%，然而随着外界环境条件的改变及棉花品种的不断改进，棉花的耐盐性可能有一定的改变。部分研究认为0～20cm土层和0～40cm土层含盐量分别为0.42%、0.33%，可作为西北灌区棉花产量的影响阈值。

4.1.1.3 土壤养分

棉花产量不同，需要的氮N、磷P、钾K数量也不同，一般每生产100kg皮棉，需吸收N12～18kg，$P_2O_5$4～6kg，K_2O12～16kg，其N：P_2O_5：K_2O≈100：33：100。随产量的提高，该需肥量有减少的趋势。因此，提高产量不是单纯依靠肥料因素，而是各项栽培措施综合作用的结果。

不同生育时期，棉花吸收氮、磷、钾的数量也不同。棉花对氮的吸收，在出苗至现蕾期占全生育期氮吸收的5%左右，现蕾至开花期占10%左右，开花期最多，占55%左右。对磷、钾的吸收量，则表现为前期少、中后期多，开花后磷、钾吸收量分别约占全生育期的70%和80%。

4.1.2 棉花生长环境调控措施

合理的水肥管理措施可以有效促进棉花生长过程及生理活动，提高有效铃数和单铃重，增加籽棉产量和水肥利用效率，为微咸水膜下滴灌棉花适宜的土壤环境营造提供参考。

4.1.2.1 研究区概况

大田试验于2019年在新疆维吾尔自治区巴音郭楞蒙古自治州库尔勒市塔里木河流域水利科研所（41°45′20.24″N，86°8′51.16″E）进行。该研究区位于西北干旱半干旱地区，属于温带大陆性干旱气候，该研究区海拔901m，年不低于10℃的积温为2360.3℃，年日照时数3036h，年平均降水量为58mm。无霜期226d，年平均蒸散量2278.2mm。多年棉花生育期（4—9月）日平均气温为23.9℃。

在试验区取0～100cm土层的土壤进行分析，每隔20cm土层取样；将土样风干碾碎，过2mm筛，采用马尔文激光粒度仪（MS2000）测定砂粒、粉粒和黏粒的含量，根据美国农业部土壤质地分类。同时用环刀法测定各层土壤容重，测得田间持水量和饱和含水量。试验区土壤主要物理性质见表4.1，试验地土壤养分状况见表4.2。

表4.1 试验区土壤主要物理性质

年份	土层深度/cm	颗粒质量分数/%			土壤质地	容重/(g/cm³)	θ_{WP}/(cm³/cm³)	θ_{FC}/(cm³/cm³)	θ_s/(cm³/cm³)
		砂粒	粉粒	黏粒					
2019	0～20	83.1	15.3	1.6	砂壤土	1.47	0.04	0.25	0.39
	20～40	89.5	9.7	0.8	砂土	1.64	0.04	0.17	0.34
	40～60	88.6	10.5	0.9	砂土	1.54	0.04	0.20	0.37
	60～80	85.0	13.3	1.7	砂壤土	1.53	0.04	0.21	0.37
	80～100	82.0	16.2	1.8	砂壤土	1.55	0.04	0.21	0.36

注 θ_{WP}—凋萎系数；θ_{FC}—田间持水量；θ_s—饱和含水量。

表 4.2　　试验区土壤 0～100cm 养分状况

年份	有机质含量/%	全氮含量/(g/kg)	速效磷含量/(mg/kg)	速效钾含量/(mg/kg)	硝态氮含量/(mg/kg)
2019	0.89	0.487	30.8	79.5	25.3

4.1.2.2　调控方案

田间试验设两种灌溉水类型［未去电子微咸水（NI）和去电子微咸水（I）］，在每种灌溉水类型设灌水量（5个灌水水平）和施肥量（6个施肥水平）调控处理。研究区传统棉花生育期的灌水量为525mm，传统灌水量为充分灌水量。根据充分灌水量设置5个灌水量水平W1～W5（262.5mm、337.5mm、412.5mm、487.5mm、562.5mm）和两种类型的灌溉水（未去电子微咸水和去电子微咸水），共计10个处理（NIW1、NIW2、NIW3、NIW4、NIW5，IW1、IW2、IW3、IW4、IW5），各处理均重复3次。各处理播种前施加底肥，底肥氮肥选用尿素（46%N），磷肥选用磷酸氢二铵（46%P_2O_5和18%N），钾肥选用硫酸钾（45%K_2O），施肥量（N－P_2O_5－K_2O）为225－375－300kg/hm^2。棉花生育期内追肥氮肥选用尿素（46%N），磷肥选用磷酸一铵（61.7%P_2O_5和12.2%N），钾肥选用硫酸钾（45%K_2O），施肥量（N－P_2O_5－K_2O）为300－100－100kg/hm^2。2019年不同灌水量处理棉花灌溉和施肥制度如图4.1所示。

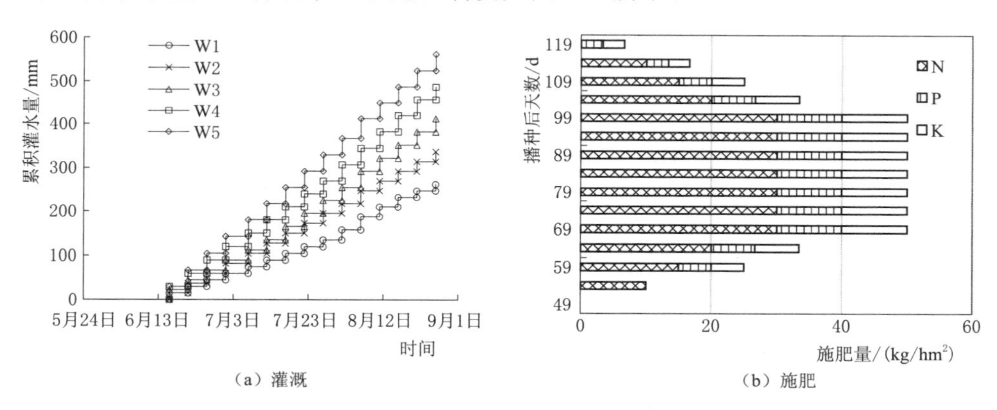

图 4.1　2019年棉花生育期灌溉和施肥制度

在棉花生育期设置6个施肥水平F0（N－P_2O_5－K_2O：0kg/hm^2）、F1～F5（N－P_2O_5－K_2O：150－100－100kg/hm^2、250－100－100kg/hm^2、300－100－100kg/hm^2、350－100－100kg/hm^2、450－100－100kg/hm^2）和两种类型的灌溉水（未去电子微咸水和去电子微咸水），共计12个处理（NIF0、NIF1、NIF2、NIF3、NIF4、NIF5，IF0、IF1、IF2、IF3、IF4、IF5），各处理均重复3次。各处理播种前施加底肥，底肥氮肥选用尿素（46%N），磷肥选用磷酸氢二铵（46%P_2O_5和18%N），钾肥选用硫酸钾（45%K_2O），施肥量（N－P_2O_5－K_2O）为225－375－300kg/hm^2。棉花生育期灌水施肥制度见表4.3。

棉花采用“一膜两管四行”种植模式。灌水采用直径为1.6cm的薄壁迷宫式滴灌带，灌水器的平均距离为30cm。试验小区长10m、宽7m，灌水量由水表和球阀控制。滴灌

表 4.3　　施氮量处理棉花生育期灌水施肥制度

时间	播种后天数/d	灌水量/mm	施肥量/(kg/hm²)						
			氮					磷	钾
			N150	N250	N300	N350	N450		
6 月 16 日	49	30	0	0	0	0	0	0	0
6 月 21 日	54	30	5	8	10	11.5	15	0	0
6 月 26 日	59	30	7.5	12.5	15	18	22.5	5.0	5.0
7 月 1 日	64	30	10	17	20	23	30	6.7	6.7
7 月 7 日	69	30	15	25	30	35	45	10.0	10.0
7 月 12 日	74	30	15	25	30	35	45	10.0	10.0
7 月 17 日	79	30	15	25	30	35	45	10.0	10.0
7 月 22 日	84	30	15	25	30	35	45	10.0	10.0
7 月 27 日	89	30	15	25	30	35	45	10.0	10.0
8 月 1 日	94	37.5	15	25	30	35	45	10.0	10.0
8 月 6 日	99	37.5	15	25	30	35	45	10.0	10.0
8 月 11 日	104	37.5	10	17	20	23	30	6.7	6.7
8 月 16 日	109	37.5	7.5	12.5	15	18	22.5	5.0	5.0
8 月 21 日	114	37.5	5	8	10	11.5	15	3.3	3.3
8 月 26 日	119	30	0	0	0	0	0	3.3	3.3
合计		487.5	150	250	300	350	450	100	100

带灌水器的滴头流量为 2.0L/h。播种前进行春灌压盐，灌水量为 300mm。第一次灌水和最后一次灌水不进行施肥，其余生育期灌水前将肥料溶解于 15L 的压差式施肥罐。滴灌施肥系统运行时采用肥料利用效率较高的 1/4 - 1/2 - 1/4 模式，即前 1/4 灌水时间灌清水，中间 1/2 时间施肥，后 1/4 时间再灌清水冲洗管道。

去电子水装置由去电子器、接地铜棒和导线构成。去电子器安装在 63mm 的滴灌系统的主管道上，并通过接地螺栓连接到接地电极上。去电子系统的接地电阻为 5Ω，水流通过去电子器时，由于强磁场和微电流的作用，电子附着在管壁上，电子通过接地导线被输送到地下，从而产生去电子水。

4.2　调控措施对土壤水-盐-肥-酶分布特征的影响

土壤是植物根系锚固、获取生长发育所需要的水分、盐分、养分、酶活性等物质的主要场所，其环境影响了棉花对水肥资源的获取、适应性生存以及生产潜力的发挥。

4.2.1　土壤水分

土壤水是棉花吸收水分的主要来源，是影响棉花正常生长发育、产量和品质的关键因素。

4.2.1.1　灌水量调控

膜下滴灌条件下灌溉制度、滴灌带布置位置和覆膜是影响土壤水分分布的主要因素。覆膜会降低土壤水分蒸发，与膜间裸地土壤相比，覆膜区域的土壤水分大于膜间裸地部分。滴灌灌水量的大小直接影响土壤湿润体的形状和土壤水分的分布状况。图 4.2 所示为

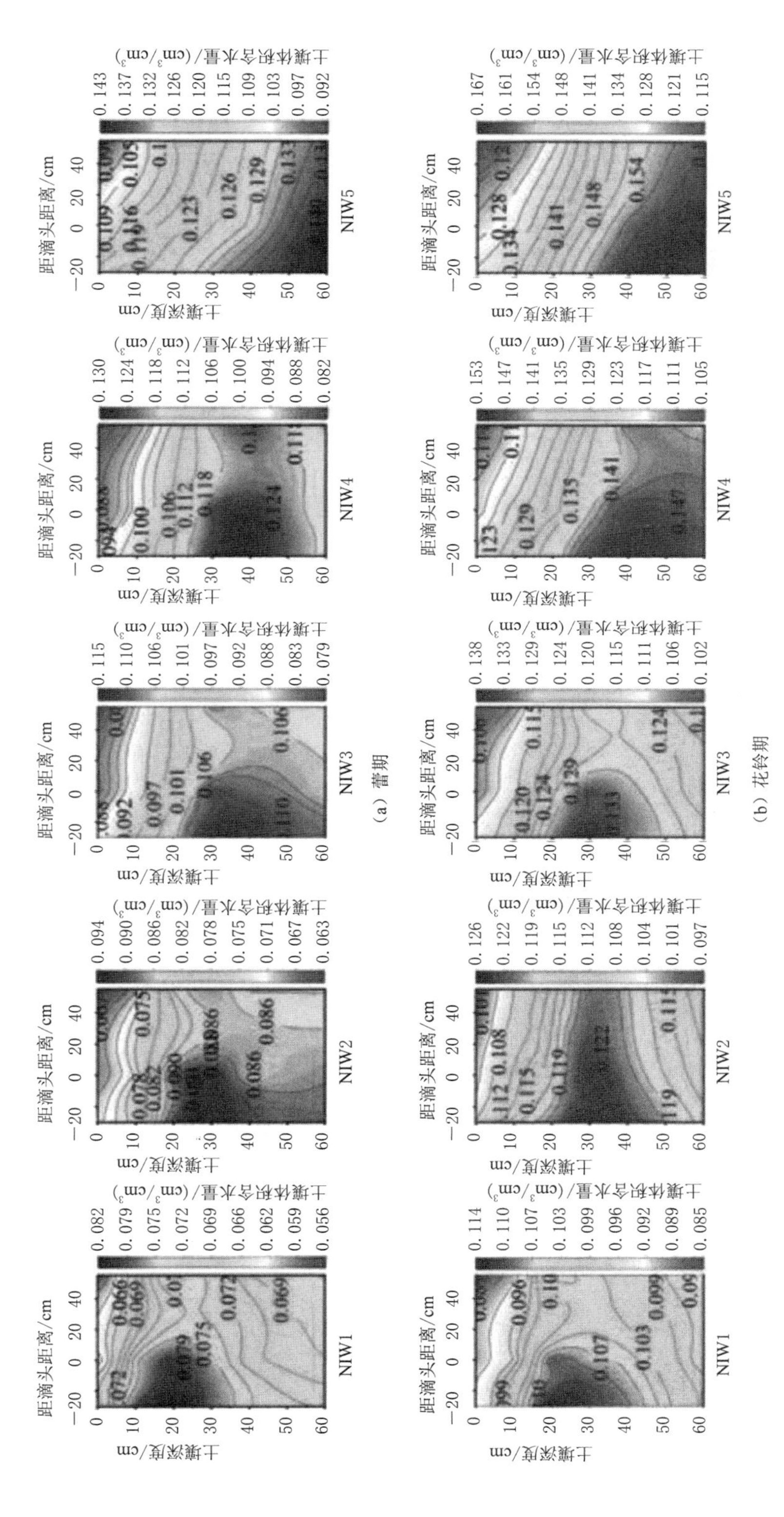

图 4.2（一）　2019 年未去电子微咸水和去电子微咸水灌水量对不同生育阶段土壤水分二维分布的影响

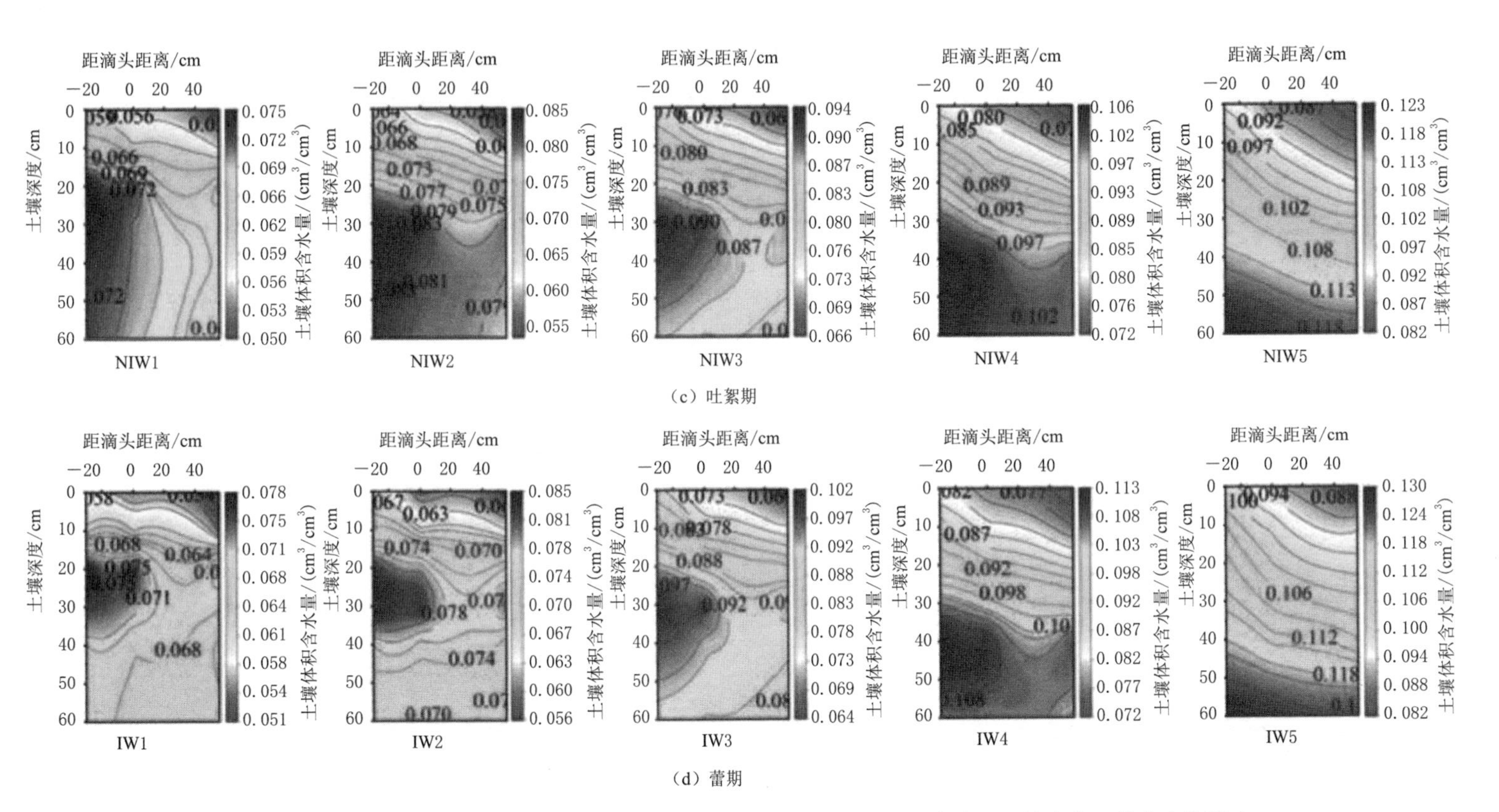

（c）吐絮期

（d）蕾期

图 4.2（二）　2019 年未去电子微咸水和去电子微咸水灌水量对不同生育阶段土壤水分二维分布的影响

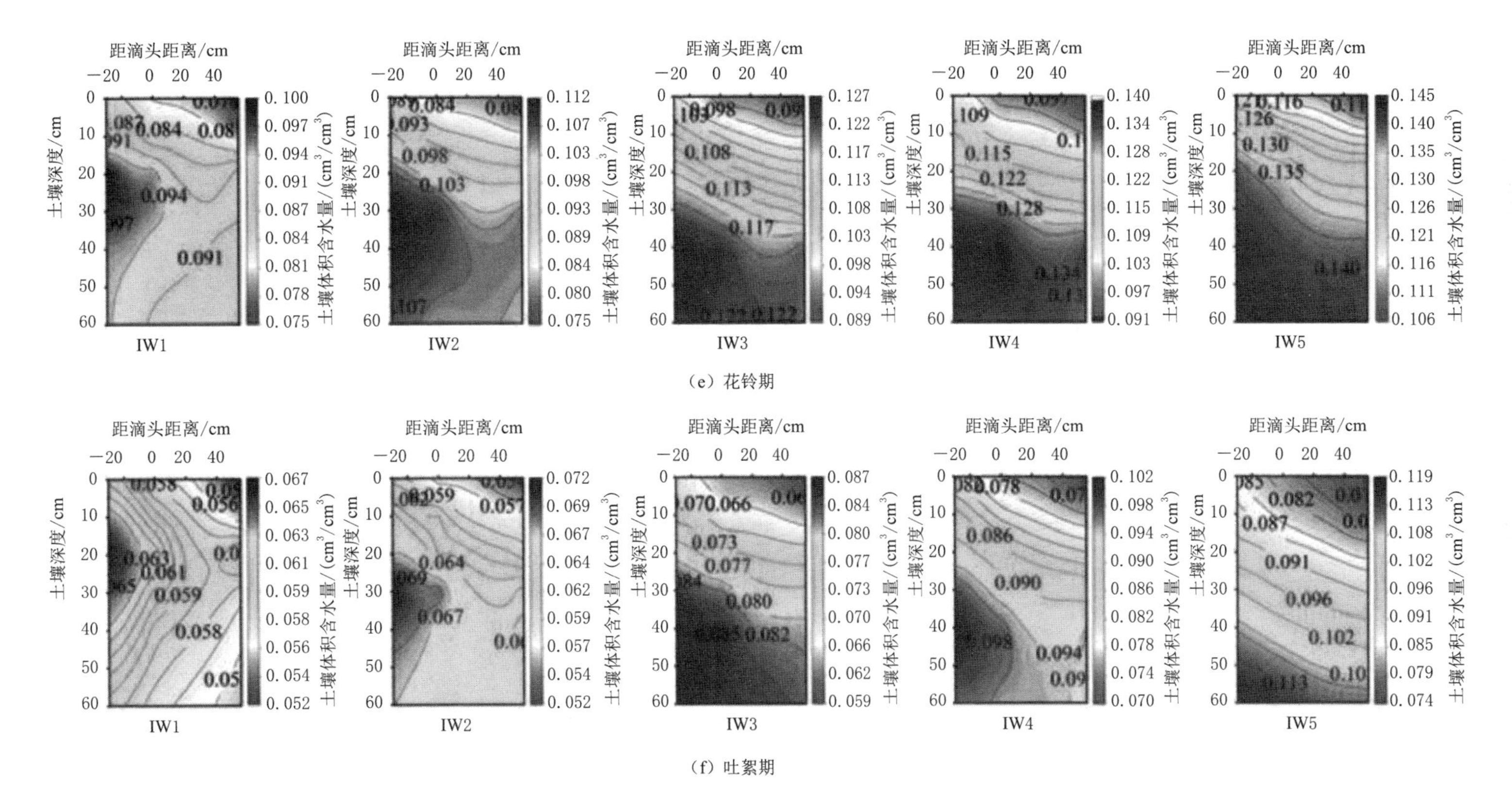

（e）花铃期

（f）吐絮期

图 4.2（三）　2019 年未去电子微咸水和去电子微咸水灌水量对不同生育阶段土壤水分二维分布的影响

2019年未去电子微咸水和去电子微咸水灌水量对不同棉花生长阶段（蕾期、花铃期和吐絮期）棉田0～60cm土壤含水量二维分布的影响。由图4.2可以看出，在0～60cm土层内，未去电子微咸水和去电子微咸水各处理土壤含水量随着灌水量的增加而增大。当灌水量相同时，去电子微咸水的土壤含水量小于未去电子微咸水。此结果说明去电子微咸水处理下棉花的耗水量增加。

4.2.1.2 施氮量调控

图4.3所示为未去电子微咸水和去电子微咸水施氮水平对棉花出苗期到成熟期土壤体积含水量的影响。由图分析可知，NIF灌溉下从蕾期到成熟期任一测定时期的土壤含水量均明显高于IF灌溉下的，2019年NIF灌溉下蕾期到成熟期0～40cm土层的平均土壤体积含水量的变化范围为0.116～0.162cm^3/cm^3，IF灌溉下为0.103～0.139cm^3/cm^3。NIF灌溉下蕾期至成熟期0～40cm土层的平均土壤体积含水量比IF灌溉下的高14.2%～16.7%。在蕾期，NIF灌溉下0～40cm土层的平均土壤体积含水量比IF灌溉提高12.6%；在花期，NIF灌溉下0～40cm土层的平均土壤体积含水量比IF灌溉提高14.2%；在铃期，NIF灌溉下0～40cm土层的平均土壤体积含水量比IF灌溉提高15.1%；在成熟期，NIF灌溉下0～40cm土层的平均土壤体积含水量比IF灌溉提高12.3%。

土壤体积含水量在不同施氮量间的变化趋势基本表现为：随施氮量的提高，从蕾期至成熟期的土壤体积含水量均有降低的趋势（图4.3）。在蕾期，NIF1处理的平均土壤体积含水量分别比NIF2、NIF3、NIF4和NIF5处理高6.0%～43.6%；在花期，NIF1处理的平均土壤体积含水量分别比NIF2、NIF3、NIF4和NIF5处理高26.1%～49.1%；在铃期，NIF1处理的平均土壤体积含水量分别比NIF2、NIF3、NIF4和NIF5处理高5.9%～26.5%；在成熟期，NIF1处理的平均土壤体积含水量分别比NIF2、NIF3、NIF4和NIF5处理高9.3%～40.6%。在IF灌溉下，在蕾期，IF1处理的平均土壤体积含水量分别比IF2、IF3、IF4和IF5处理高7.2%～39.0%；在花期，IF1处理的平均土壤体积含水量分别比IF2、IF3、IF4和IF5处理高7.0%～45.9%；在铃期，IF1处理的平均土壤体积含水量分别比IF2、IF3、IF4和IF5处理高12.7%～44.5%；在成熟期，IF1处理的平均土壤体积含水量分别比IF2、IF3、IF4和IF5处理高11.6%～50.7%。

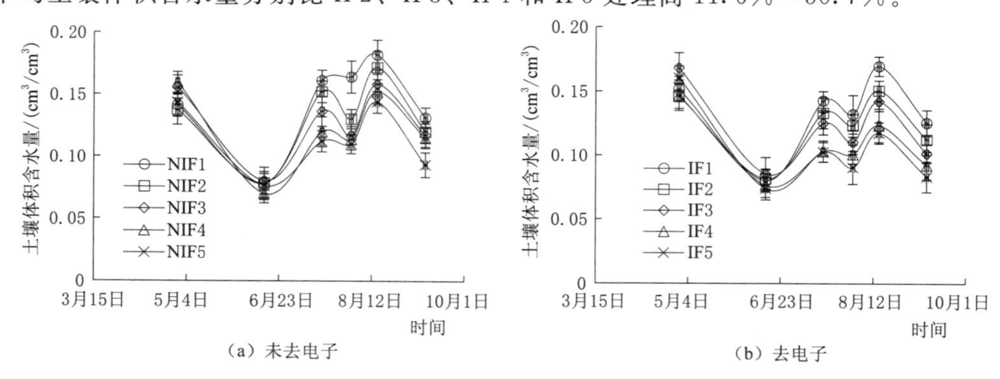

图4.3 2019年未去电子微咸水和去电子微咸水施氮量下棉花出苗期到成熟期0～40cm土层土壤体积含水量的动态变化

4.2.2 土壤盐分

棉花是一种比较耐盐碱的非盐生植物，也是盐渍土地区栽培的主要经济作物。土壤盐分过高时，对棉花生长产生渗透胁迫和干扰营养离子平衡，影响棉花的产量和品质。

4.2.2.1 灌水量调控

表4.4为未去电子微咸水和去电子微咸水灌水量对0～40cm和0～100cm土层深度土壤盐分累积的影响。从表中可以得出，未去电子微咸水和去电子微咸水处理的土壤盐分累积均随灌水量的增加而降低。2019年，当灌水量相同时，与NIW1和NIW2相比，IW1和IW2的0～40cm的土壤盐分累积量减小了12.9%和10.2%，与NIW3、NIW4和NIW5相比，IW3、IW4和IW5的0～40cm土壤脱盐量增加了65.2%、52.4%和23.9%。

表4.4 未去电子微咸水和去电子微咸水灌水量下不同土层深度盐分累积

处理	盐分累积量/(g/m²)					
	2017年		2018年		2019年	
	0～40cm	0～100cm	0～40cm	0～100cm	0～40cm	0～100cm
NIW1	504.3ab	510.7c	574.4a	597.5bc	408.7a	411.1cde
NIW2	546.7a	643.2b	515.8ab	524.9cde	361.4ab	428.6cd
NIW3	−87.3c	329.5e	−102.1d	349.4g	−81.4c	389.6cde
NIW4	−261.0d	404.1d	−236.8ef	487.5ef	−142.3c	438.8cd
NIW5	−315.2d	601.4b	−336.9g	640.8b	−278.4e	513.8b
IW1	438.9b	451.8cd	359.6c	403.3fg	356.2ab	362.3de
IW2	455.0b	506.6c	485.6b	530.6cde	324.4b	348.9e
IW3	−120.8c	586.1b	−172.0de	491.8def	−134.5c	441.7c
IW4	−389.9e	420.5d	−303.2fg	587.0bcd	−216.9d	518.3b
IW5	−438.7f	733.9a	−415.8h	742.0a	−345.0f	604.3a

注 “−”表示土壤为脱盐状态；同一列中不同字母表示处理间存在显著差异，显著水平为$P<0.05$。

4.2.2.2 施氮量调控

未去电子微咸水和去电子微咸水施氮量下0～40cm和0～100cm土层的盐分累积量见表4.5。由表4.5分析可知，NIF和IF灌溉下0～40cm土层的土壤盐分累积量随施氮量的增大呈现先减少后提高的趋势，0～100cm土壤盐分积累量随施氮量的增加而增大。NIF1、NIF2和NIF5处理的0～40cm土层的盐分累积量分别比IF1、IF2和IF5高50.8%～79.4%，NIF3和NIF4处理的0～40cm的土层盐分累积量分别比IF3和IF4高34.4%和48.4%。

表4.5 未去电子微咸水和去电子微咸水施氮量下不同土层深度盐分累积 单位：g/m²

处理	0～40cm	0～100cm	处理	0～40cm	0～100cm
NIF1	192.8a	211.3g	IF1	127.8b	269.6f
NIF2	125.4b	375.3e	IF2	69.9b	436.5d
NIF3	−142.3c	438.8d	IF3	−216.9d	518.3bc
NIF4	−104.1c	462.1cd	IF4	−201.7d	548.7b
NIF5	114.3b	632.5a	IF5	74.8b	664.1a

4.2.3 土壤氮素

氮素对棉花的生长发育、产量和品质起着至关重要的作用。合理施氮可以增加棉花快速积累期生物量积累的持续时间和速率，从而通过增加生物量提高棉花的产量，促进植株对氮素的吸收和利用，提高铃数和铃重，提高籽棉产量。土壤氮素影响棉花水分利用效率、生物量累积与产量的形成。

4.2.3.1 土壤硝态氮

图 4.4 所示为未去电子微咸水和去电子微咸水施氮水平对棉花出苗期、花铃期和吐絮期 0～40cm 土壤残留硝态氮含量的影响。从图 4.4 可以看出，0～40cm 土层的土壤残留硝态氮含量随棉花生育进程呈先增加后降低的趋势。花铃期的土壤残留硝态氮含量在 20.4～59.0mg/kg 范围内波动，成熟期降至 2.7～20.7mg/kg，降幅达 64.9%～86.8%。

在花铃期，相同施氮量下，NIF 灌溉下的土壤残留硝态氮含量大于 IF，提高了 25.3%～35.4%。NIF 下，土壤残留硝态氮含量随施氮量的增加而提高，与 NIF1 相比，NIF2、NIF3、NIF4 和 NIF5 处理土壤残留硝态氮含量提高了 17.9%～163.3%、54.8%～213.6%和 19.5%～129.8%。IF 下，土壤残留硝态氮含量随施氮量的增加而增大，与 IF1 相比，IF2、IF3、IF4 和 IF5 处理土壤残留硝态氮含量提高了 11.2%～119.4%。

在成熟期，相同施氮量下，NIF 下 0～40cm 土层的硝态氮含量均大于 IF。NIF 下，0～40cm 土层的土壤残留硝态氮含量随施氮量的增加呈增加趋势，与 NIF1 相比，NIF2、NIF3、NIF4 和 NIF5 处理土壤残留硝态氮含量提高了 22.6%～222.0%。IF 下，0～40cm 土层的土壤残留硝态氮含量随施氮量的增加呈增加趋势，与 IF1 相比，IF2、IF3、IF4 和 IF5 处理土壤残留硝态氮含量提高了 37.9%～603.9%。

4.2.3.2 土壤铵态氮

图 4.5 所示为未去电子微咸水和去电子微咸水施氮水平对棉花出苗期、花铃期和吐絮期 0～40cm 土壤铵态氮含量的影响。从图 4.5 可以看出，与土壤硝态氮含量相同，土壤铵态氮含量随棉花生育进程呈先增加后降低的趋势。花铃期土壤铵态氮含量在 7.5～31.4mg/kg 范围内波动，成熟期降至 5.6～13.7mg/kg。

相同施氮量下 NIF 下的土壤铵态氮含量在花铃期和成熟期均大于 IF 下的，NIF 下的土壤铵态氮含量与 IF 下的相比，花铃期提高了 30.7%～61.9%，成熟期提高了 21.2%～40.2%。NIF 下，花铃期和成熟期土壤铵态氮含量均随施氮量的增加而提高，花铃期 NIF1 处理的土壤铵态氮含量比其他处理降低了 5.5%～49.0%，成熟期 NIF1 处理的土壤铵态氮含量比其他处理降低了 19.6%～44.0%。IF 下，花铃期和成熟期土壤铵态氮含量均随施氮量的增加而提高，花铃期 IF1 处理的土壤铵态氮含量比其他处理降低了 23.7%～54.2%，成熟期 IF1 处理的土壤铵态氮含量比其他处理降低了 17.8%～50.0%。

4.2.4 土壤酶活性

酶是土壤组分中最活跃的有机成分之一，土壤中各种氧化-还原反应之所以能够持续进行，主要得益于土壤酶的催化作用。土壤酶在营养物质转化、有机质分解、污染物降解及修复等方面起着重要的作用。

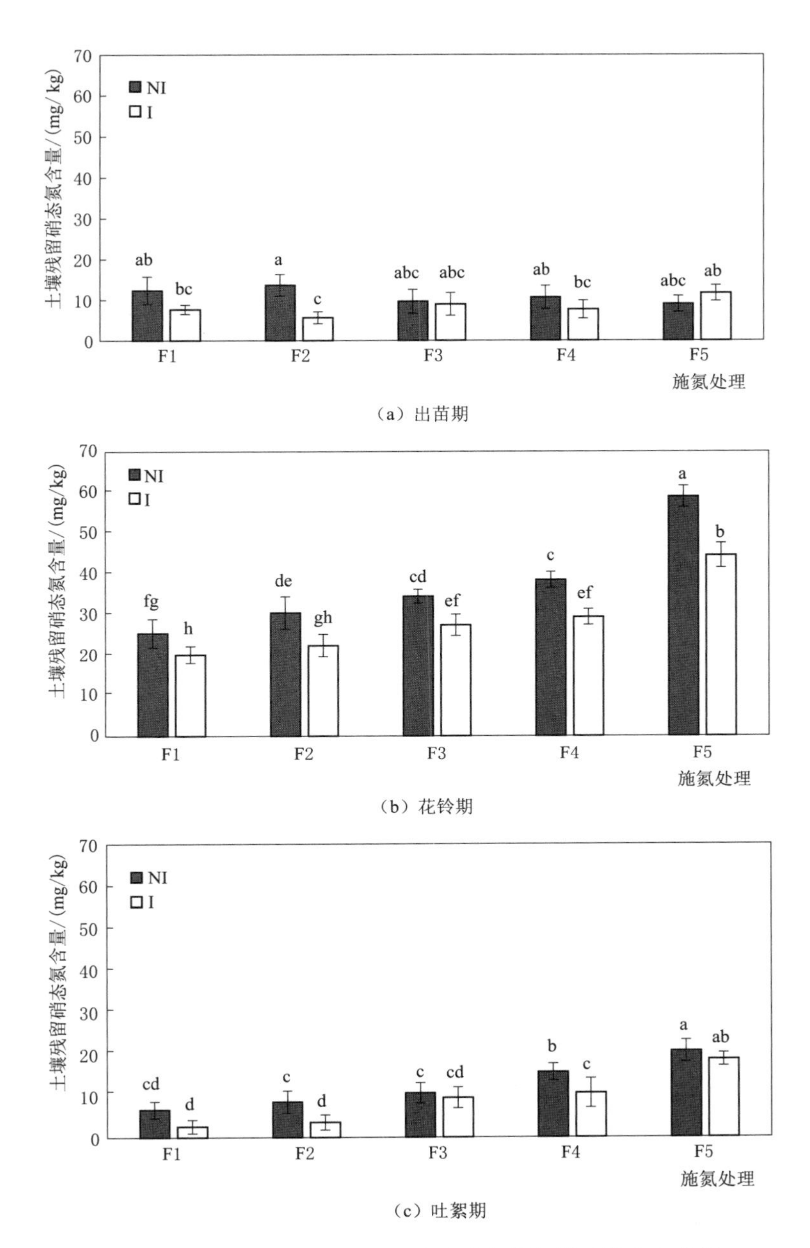

(a) 出苗期

(b) 花铃期

(c) 吐絮期

图 4.4 未去电子微咸水和去电子微咸水施氮量对棉花出苗期、花铃期和吐絮期 0～40cm 土壤残留硝态氮含量的影响

4.2.4.1 脲酶

尿素的水解程度与脲酶的活性密切相关，脲酶是决定氮转化的关键的一种酶，其活性高低表征了土壤媒介对酰胺态氮的转化能力和无机态氮的供应能力的强弱。图 4.6 所示为未去电子微咸水和去电子微咸水施氮水平对棉花花铃期 0～40cm 土壤脲酶活性的影响。由图 4.6 分析可知，在 IF4 处理下土壤脲酶活性最高，NIF1 处理的脲酶活性最低。在相

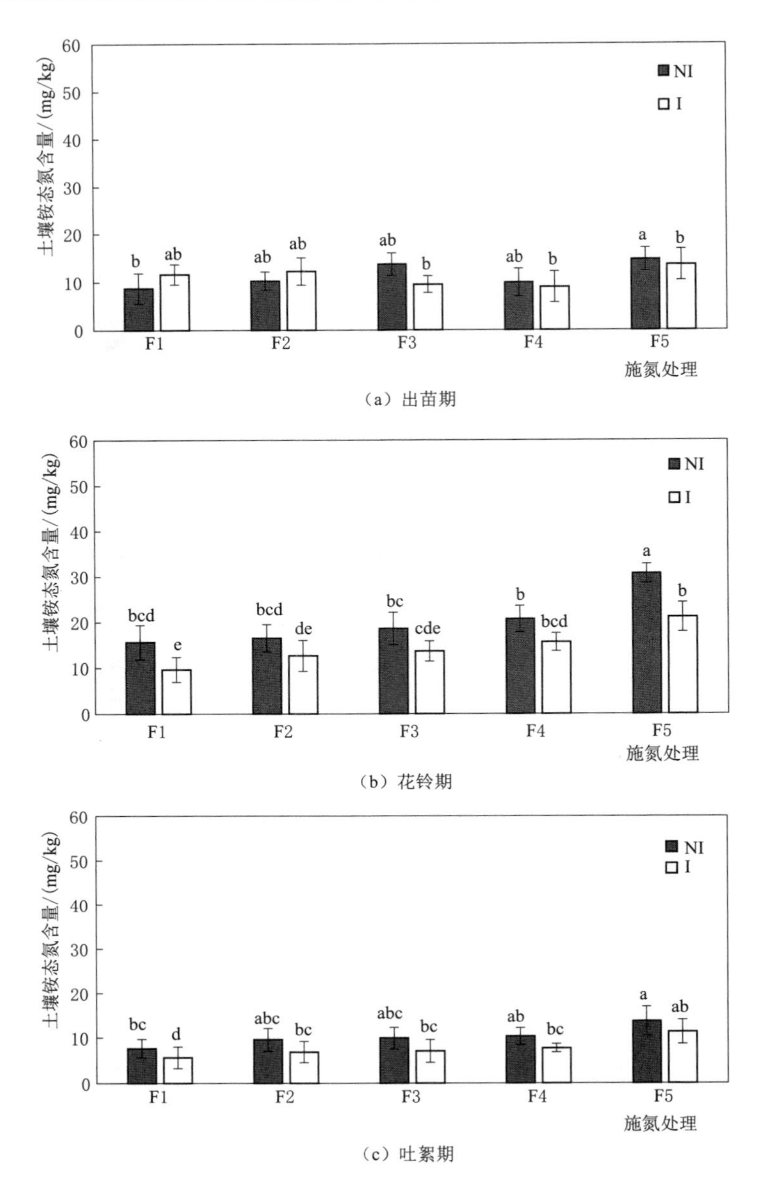

图4.5　未去电子微咸水和去电子微咸水施氮量对棉花出苗期、花铃期和吐絮期0～40cm土壤铵态氮含量的影响

同施氮量下，IF下的土壤脲酶活性高于NIF下，提高了3.1%～15.3%。在未去电子微咸水下，随施氮量的增加，土壤脲酶活性出现先升后降趋势，在NIF3处理下土壤脲酶活性最高，较其余处理分别提高了68.3%、27.0%、6.6%和9.1%。在去电子微咸水下，随施氮量的增加，土壤脲酶活性也呈先增大后减小的趋势，在IF4处理下土壤脲酶活性最高，分别比IF1、IF2、IF3和IF5处理提高了88.2%、26.0%、8.0%和13.9%。

4.2.4.2　蔗糖酶

蔗糖酶活性代表土壤熟化程度和肥力水平的高低，酶促作用产物葡萄糖是植物和微生

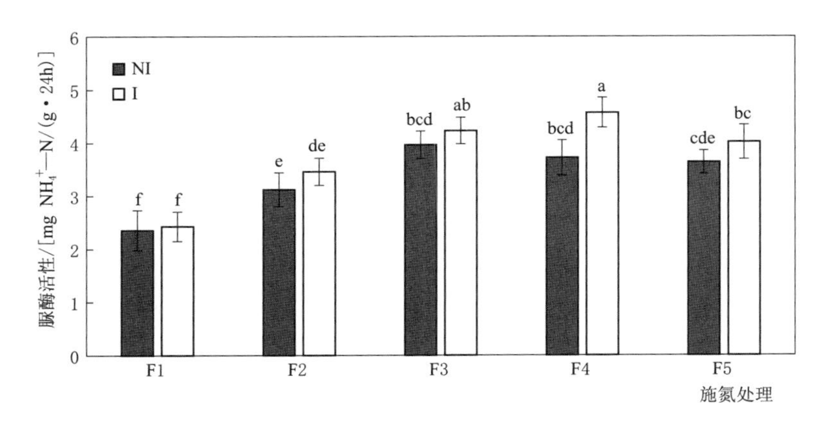

图 4.6 未去电子微咸水和去电子微咸水施氮量对棉花花铃期 0～40cm 土壤脲酶活性的影响

物的营养源。蔗糖酶对增加土壤中易溶性营养物质能起到重要作用，是土壤中参与有机碳循环的重要酶之一。图 4.7 所示为未去电子微咸水和去电子微咸水施氮水平对棉花花铃期 0～40cm 土壤蔗糖酶活性的影响。从图 4.7 可以看出，均在 IF4 下土壤蔗糖酶活性最高，NIF1 下土壤蔗糖酶活性最低。在相同施氮量下，IF 下的土壤蔗糖酶活性高于 NIF 下，分别提高了 1.3%～6.5%。在未去电子微咸水下，随施氮量的增加，土壤蔗糖酶活性出现先升后降趋势，NIF3 处理下的土壤蔗糖酶活性最高，分别比 NIF1、NIF2、NIF4 和 NIF5 处理提高了 22.5%、11.8%、1.2%和 6.0%。在去电子微咸水下，随施氮量的增加，土壤蔗糖酶活性也呈先增大后减小的趋势，IF4 处理下的土壤蔗糖酶活性最高，分别比 IF1、IF2、IF3 和 IF5 处理提高了 20.4%、6.8%、1.5%和 6.5%。

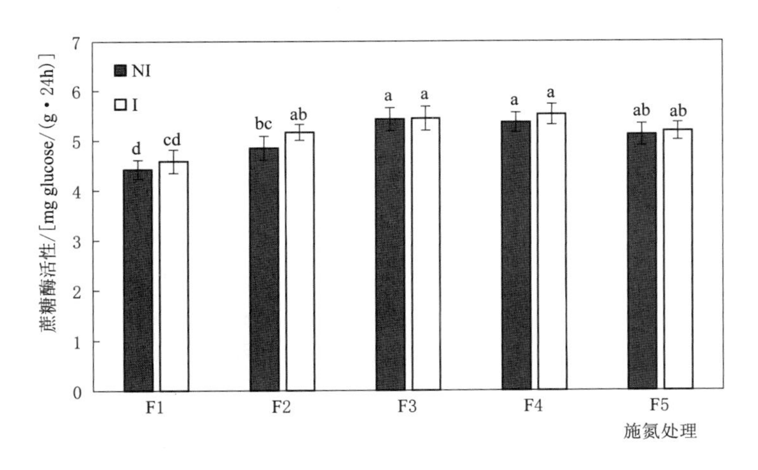

图 4.7 未去电子微咸水和去电子微咸水施氮量对花铃期 0～40cm 土壤蔗糖酶活性的影响

4.2.4.3 碱性磷酸酶

碱性磷酸酶能促进土壤有机磷的矿化，有助于作物对磷的吸收，其活性的高低直接影响土壤有机磷的分解转化及其生物有效性。图4.8所示为未去电子微咸水和去电子微咸水施氮水平对棉花花铃期0～40cm土壤碱性磷酸酶活性的影响。从图4.8可以看出，未去电子微咸水和去电子微咸水处理下土壤碱性磷酸酶活性均随施氮量的增加呈先升后降趋势。在施氮量相同下，IF下的土壤碱性磷酸酶活性高于NIF下，提高了2.6%～3.6%。

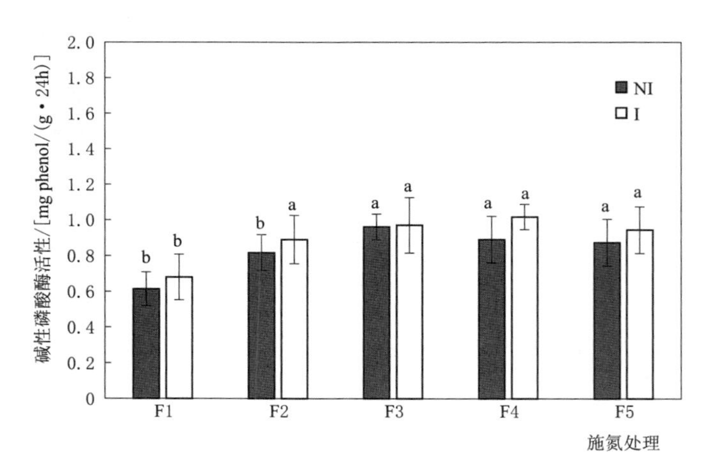

图4.8　未去电子微咸水和去电子微咸水施氮量对棉花花铃期0～40cm土壤碱性磷酸酶活性的影响

4.2.4.4　过氧化氢酶

图4.9所示为未去电子微咸水和去电子微咸水施氮水平对棉花花铃期0～40cm土壤过氧化氢酶活性的影响。对图4.9分析可知，在IF4下土壤过氧化氢酶活性最高，NIF1下土壤过氧化氢酶活性最低。在相同施氮量下，IF下的土壤过氧化氢酶活性高于NIF下，提高了1.0%～14.2%。

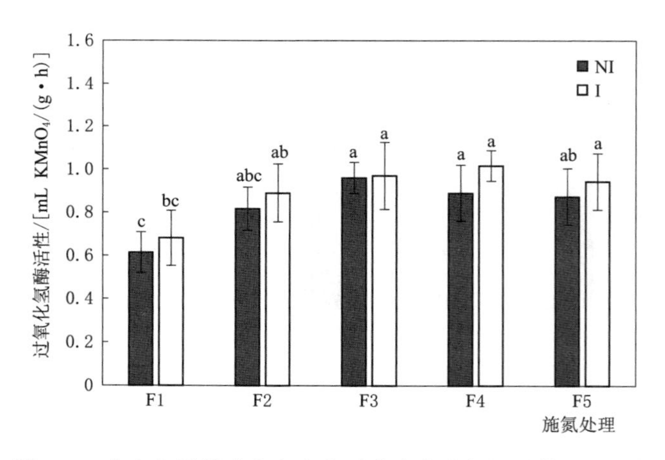

图4.9　未去电子微咸水和去电子微咸水施氮量对棉花花铃期0～40cm土壤过氧化氢酶活性的影响

4.3 调控措施对棉花生长及生理特征的影响

灌水量、施氮量显著影响作物根区微环境，进而影响作物生长和发育过程。棉花生育期过量灌溉和施肥，虽然根区盐分淋洗效果明显，但水肥渗漏量增加、地下水位抬高，导致土壤次生盐碱化和水肥利用效率降低；棉花生育期灌水量较少会引起干旱、土壤盐分积聚在主根区的边缘，导致作物生长受到盐分胁迫，降低棉花生长和纤维品质，减少产量。

4.3.1 株高

4.3.1.1 灌水量调控

图 4.10 给出了未去电子微咸水和去电子微咸水灌水量对棉花整个生育期株高 H 动态的影响。由图 4.10 可知，随着生育期的推进，棉花株高生长速率先增加后趋于稳定。在各生育期，未去电子微咸水和去电子微咸水下株高随灌水量的增加而增大，表现为 W5＞W4＞W3＞W2＞W1。与 NIW5 灌水水平相比，NIW1、NIW2、NIW3 和 NIW4 分别减小了 32.2%、26.0%、17.6%和 4.0%。

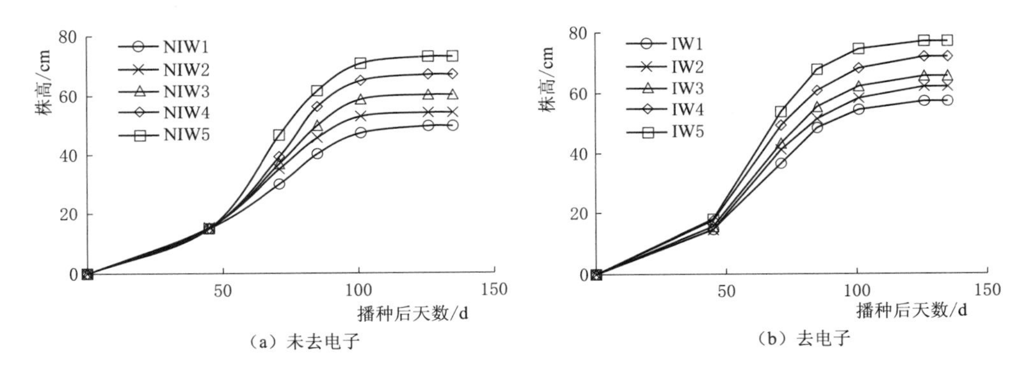

图 4.10 未去电子微咸水和去电子微咸水灌水量水平下棉花株高动态变化

与 IW5 灌水水平相比，IW1、IW2、IW3 和 IW4 分别减小了 25.9%、20.7%、14.8%和 6.5%。去电子微咸水处理在灌水量水平 W1、W2、W3、W4 和 W5 下促进棉花株高的增长。与 NIW1、NIW2、NIW3、NIW4 和 NIW5 相比，2019 年 IW1、IW2、IW3、IW4 和 IW5 株高分别增加了 15.5%、15.0%、9.2%、7.3%和 5.6%。

表 4.6 为未去电子微咸水和去电子微咸水灌水量水平下棉花株高与播种后天数 Logistic 函数的拟合结果。由表 4.6 可知，各处理 Logistic 函数拟合的决定系数 R^2 均在 0.90 以上，拟合效果较好，均达到极显著水平（$P<0.01$），说明在统计上拟合精度较高。

4.3.1.2 施氮量调控

图 4.11 展示了未去电子微咸水和去电子微咸水施氮量对棉花整个生育期株高动态变化的影响。从图中可以看出，各处理株高均随生育期的推进先增大后趋于稳定；未去电子

微咸水棉花株高的变化范围为 56.1～84.0cm，而去电子微咸水棉花株高的变化范围则为 60.6～88.7cm。

表 4.6 未去电子微咸水和去电子微咸水灌水量水平下棉花株高与播种后天数的 Logistic 函数拟合

处理	H_{max}/cm	a	b	回 归 方 程	R^2	P
NIW1	48.4	34.530	0.0628	$y=48.4/(1+34.530e^{-0.0628t})$	0.985	<0.01
NIW2	53.6	34.331	0.0631	$y=53.6/(1+34.331e^{-0.0631t})$	0.987	<0.01
NIW3	58.9	34.389	0.0632	$y=58.9/(1+34.389e^{-0.0632t})$	0.980	<0.01
NIW4	65.4	34.021	0.0629	$y=65.4/(1+34.021e^{-0.0629t})$	0.970	<0.01
NIW5	71.6	35.687	0.0639	$y=71.6/(1+35.687e^{-0.0639t})$	0.976	<0.01
IW1	56.7	34.691	0.0621	$y=56.7/(1+34.691e^{-0.0621t})$	0.987	<0.01
IW2	60.9	34.091	0.0627	$y=60.9/(1+34.091e^{-0.0627t})$	0.984	<0.01
IW3	64.3	34.417	0.0638	$y=64.3/(1+34.417e^{-0.0638t})$	0.985	<0.01
IW4	70.4	34.785	0.0649	$y=70.4/(1+34.785e^{-0.0649t})$	0.985	<0.01
IW5	76.5	35.198	0.0648	$y=76.5/(1+35.198e^{-0.0648t})$	0.985	<0.01

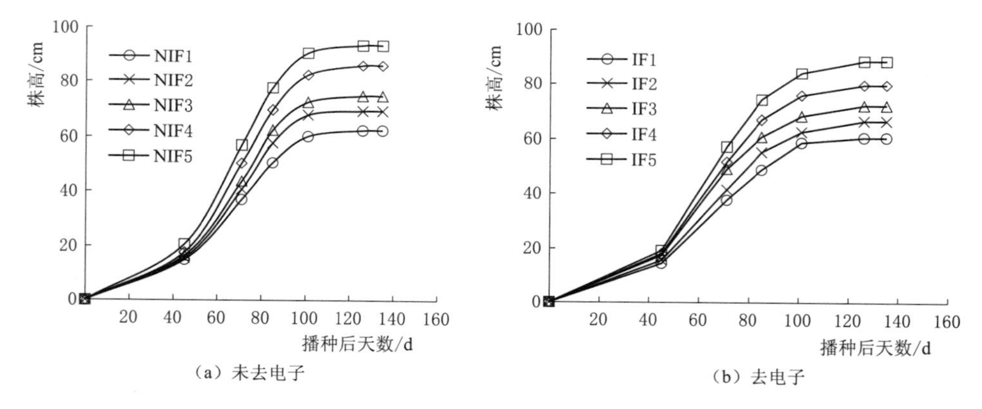

图 4.11 2019 年未去电子微咸水和去电子微咸水施氮量下棉花株高的动态变化

未去电子微咸水下，棉花的株高随施氮量的增加呈升高趋势。NIF5 处理的株高均大于其他 4 个施氮量水平。NIF5 处理棉花株高分别比 NIF1、NIF2、NIF3 和 NIF4 处理高出 39.6%～49.8%、27.4%～34.9%、13.9%～25.2%和 7.8%～8.6%。去电子微咸水下，棉花的株高随施氮量的增加也呈升高趋势。IF5 处理的株高均大于其他 4 个施氮量水平。IF5 处理棉花株高分别比 IF1、IF2、IF3 和 IF4 处理高出 42.6%～49.1%、31.6%～33.8%、19.8%～23.1%和 5.3%～11.3%。

表 4.7 为未去电子微咸水和去电子微咸水施氮量下棉花株高与播种后天数 Logistic 函数的拟合结果。由表 4.7 可知，各处理 Logistic 函数拟合的决定系数 R^2 均在 0.90 以上，拟合效果较好，均达到极显著水平（$P<0.01$），说明在统计上拟合精度较高。

表 4.7　　未去电子微咸水和去电子微咸水施氮量水平下棉花株高与播种后天数的 Logistic 函数拟合

处理	H_{max}/cm	a	b	回归方程	R^2	P
NIF1	54.8	34.697	0.0623	$y=54.8/(1+34.697e^{-0.0623t})$	0.979	<0.01
NIF2	61.5	34.776	0.0628	$y=61.5/(1+34.776e^{-0.0628t})$	0.977	<0.01
NIF3	65.4	34.021	0.0629	$y=65.4/(1+34.021e^{-0.0629t})$	0.970	<0.00
NIF4	76.0	35.457	0.0611	$y=76.0/(1+35.457e^{-0.0611t})$	0.979	<0.01
NIF5	82.0	35.842	0.0638	$y=82.0/(1+35.842e^{-0.0638t})$	0.976	<0.01
IF1	59.1	34.397	0.0630	$y=59.1/(1+34.397e^{-0.0630t})$	0.980	<0.01
IF2	65.5	35.330	0.0620	$y=65.5/(1+35.330e^{-0.0620t})$	0.987	<0.01
IF3	70.4	34.785	0.0649	$y=70.4/(1+34.785e^{-0.0649t})$	0.985	<0.01
IF4	79.0	35.354	0.0622	$y=79.0/(1+35.354e^{-0.0622t})$	0.988	<0.01
IF5	86.7	35.001	0.0635	$y=86.7/(1+35.001e^{-0.0635t})$	0.981	<0.01

4.3.2　叶面积指数

叶面积指数是作物群体结构的重要指标之一，直接影响干物质的积累值，适宜的叶面积指数是植株充分利用光能、提高产量的重要途径之一。

4.3.2.1　灌水量调控

图 4.12 所示为 2019 年未去电子微咸水和去电子微咸水灌水量水平下棉花叶面积指数（LAI）动态变化。由图可知，在 2019 年随着生育期的推进，棉花叶面积指数呈现先增加后降低的趋势。棉花叶面积指数在苗期到花期之间快速增加，花期到铃期增长较慢，直至盛铃期叶面积指数达到最大值，而铃期到吐絮期叶面积指数开始下降。与 NIW1 相比，NIW2、NIW3、NIW4 和 NIW5 处理最大叶面积指数分别增大了 114.3%、178.6%、214.3%和 228.6%，与 IW1 相比，IW2、IW3、IW4 和 IW5 处理最大叶面积指数分别增大了 52.4%、114.3%、138.1%和 166.7%。未去电子微咸水和去电子微咸水处理下，叶面积指数均随灌水量的增加而增大。与未去电子微咸水相比，去电子微咸水显著提高了棉花的叶面积指数，其中 IW5 处理的叶面积指数最大，2019 年棉花叶面积指数最低值均为未去电子微咸水处理下灌水量最小的处理（NIW1）。

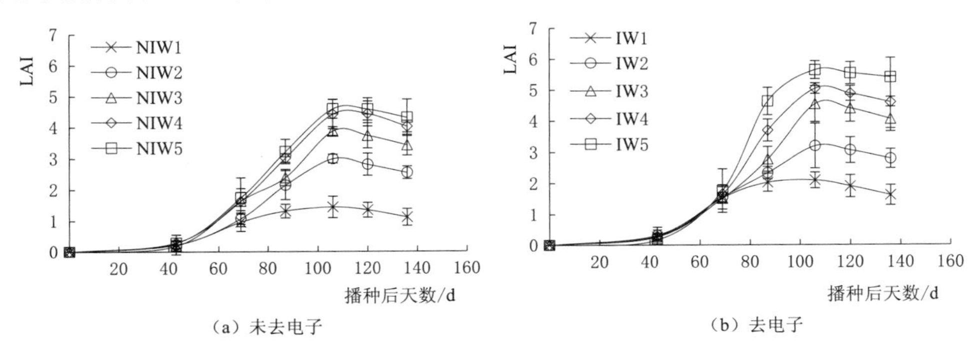

图 4.12　未去电子微咸水和去电子微咸水灌水量水平下棉花叶面积指数动态变化

表4.8为未去电子微咸水和去电子微咸水灌水量水平下棉花叶面积指数与播种后天数修正的Logistic模型的拟合结果。由表4.8可知，各处理修正的Logistic函数拟合的决定系数R^2均在0.95以上，拟合结果较好。NIW1～NIW5叶面积指数理论最大值LAI_{max}在1.5～4.6之间，IW1～IW5叶面积指数理论最大值LAI_{max}在2.3～5.8之间。

表4.8　未去电子微咸水和去电子微咸水灌水量水平下棉花叶面积指数与播种后天数的修正Logistic函数拟合

处理	LAI_{max}	a	b	c	回归方程	R^2	RMSE
NIW1	1.5	6.75	−0.142	0.00056	$y=1.5/[1+\exp(6.75-0.142t+0.00056t^2)]$	0.996	0.05
NIW2	2.8	6.76	−0.142	0.00058	$y=2.8/[1+\exp(6.76-0.142t+0.00058t^2)]$	0.999	0.06
NIW3	4.0	6.75	−0.142	0.00058	$y=4.0/[1+\exp(6.75-0.142t+0.00058t^2)]$	0.998	0.09
NIW4	4.3	6.74	−0.136	0.00057	$y=4.3/[1+\exp(6.74-0.136t+0.00057t^2)]$	0.997	0.10
NIW5	4.6	6.77	−0.146	0.00057	$y=4.6/[1+\exp(6.77-0.146t+0.00057t^2)]$	0.998	0.08
IW1	2.3	6.78	−0.141	0.00057	$y=2.3/[1+\exp(6.78-0.141t+0.00057t^2)]$	0.999	0.03
IW2	3.3	6.77	−0.141	0.00057	$y=3.3/[1+\exp(6.77-0.141t+0.00057t^2)]$	0.990	0.12
IW3	4.4	6.78	−0.140	0.00057	$y=4.4/[1+\exp(6.78-0.140t+0.00057t^2)]$	0.999	0.06
IW4	4.9	6.77	−0.141	0.00057	$y=4.9/[1+\exp(6.77-0.141t+0.00057t^2)]$	0.988	0.21
IW5	5.8	6.78	−0.140	0.00058	$y=5.8/[1+\exp(6.78-0.140t+0.00058t^2)]$	0.999	0.05

4.3.2.2 施氮量调控

图4.13显示了2019年未去电子微咸水和去电子微咸水下施氮量对叶面积指数动态变化的影响。由图可知，随着生育期进程的推进，各处理LAI呈现先增加后降低的趋势。2019年NIF1、NIF2、NIF3、NIF4和NIF5处理最大叶面积指数分别为3.4、3.8、4.4、4.6和4.5，IF1、IF2、IF3、IF4和IF5处理最大叶面积指数分别为3.9、4.3、5.0、5.2和4.8。未去电子微咸水和去电子微咸水处理下，生育前期叶面积指数均随施氮量的增加而增大，生育后期随施氮量的增大先增加后降低，未去电子微咸水和去电子微咸水施氮量处理分别在NIF4和IF4处获得最大值。与未去电子微咸水相比，去电子微咸水提高了棉花的叶面积指数，其中IF4处理的叶面积指数最大，2019年棉花叶面积指数最小值均为未去电子微咸水处理下施氮最少的处理（NIF1）。

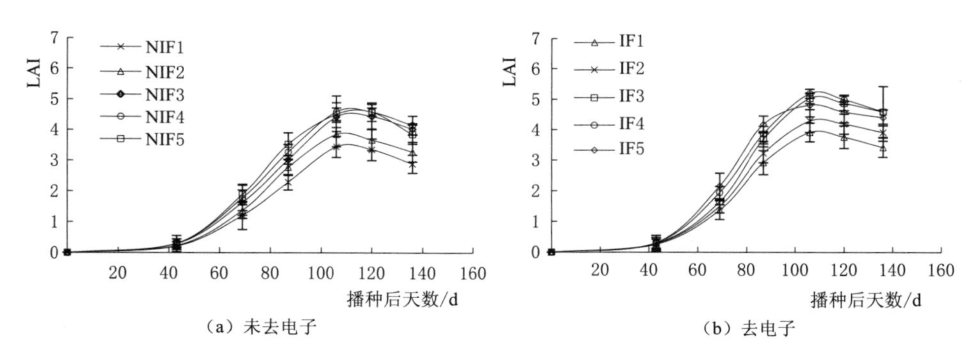

图4.13　2019年未去电子微咸水和去电子微咸水施氮量下叶面积指数（LAI）的动态变化

表 4.9 为 2019 年未去电子微咸水和去电子微咸水施氮量水平下棉花叶面积指数与播种后天数修正 Logistic 函数拟合结果。各处理的修正 Logistic 函数拟合的决定系数 R^2 均在 0.90 以上。NIF1～NIF5 叶面积指数理论最大值 LAI_{max} 在 3.7～4.8 之间，IF1～IF5 叶面积指数理论最大值 LAI_{max} 在 4.0～5.2 之间。

表 4.9　未去电子微咸水和去电子微咸水施氮量水平下叶面积指数与播种后天数的修正 Logistic 函数拟合

处理	LAI_{max}	a	b	c	回归方程	R^2	RMSE
NIF1	3.7	6.76	−0.143	0.00057	$y=3.7/[1+\exp(6.76-0.143t+0.00057t^2)]$	0.987	0.17
NIF2	3.9	6.77	−0.144	0.00058	$y=3.9/[1+\exp(6.77-0.144t+0.00058t^2)]$	0.999	0.07
NIF3	4.3	6.74	−0.136	0.00057	$y=4.3/[1+\exp(6.74-0.136t+0.00057t^2)]$	0.997	0.10
NIF4	4.8	6.76	−0.147	0.00054	$y=4.8/[1+\exp(6.76-0.147t+0.00054t^2)]$	0.998	0.08
NIF5	4.5	6.75	−0.142	0.00057	$y=4.5/[1+\exp(6.75-0.142t+0.00057t^2)]$	0.998	0.07
IF1	4.0	6.74	−0.142	0.00057	$y=4.0/[1+\exp(6.74-0.142t+0.00057t^2)]$	0.997	0.05
IF2	4.5	6.75	−0.142	0.00057	$y=4.5/[1+\exp(6.75-0.142t+0.00057t^2)]$	0.998	0.07
IF3	4.9	6.77	−0.141	0.00057	$y=4.9/[1+\exp(6.77-0.141t+0.00057t^2)]$	0.988	0.21
IF4	5.2	6.75	−0.142	0.00057	$y=5.2/[1+\exp(6.75-0.142t+0.00057t^2)]$	0.995	0.11
IF5	4.4	6.77	−0.142	0.00057	$y=4.4/[1+\exp(6.77-0.142t+0.00057t^2)]$	0.978	0.14

4.3.3 地上干物质量

4.3.3.1 灌水量调控

图 4.14 给出了未去电子微咸水和去电子微咸水不同灌水量水平下棉花地上干物质量在整个生育期的动态变化规律。从图中可以看出，各处理棉花地上干物质量先快速增长，后缓慢增长，最后干物质累积逐渐停止，呈现 S 形分布。这是由于在苗期到花期，营养生长占主导地位，在花期到铃期之间为了控制棉花徒长，通过人工打顶以及喷施缩节胺生长延缓剂，因而生殖生长占主导地位，协调同化产物向生殖器官分配，而生育后期，棉花叶

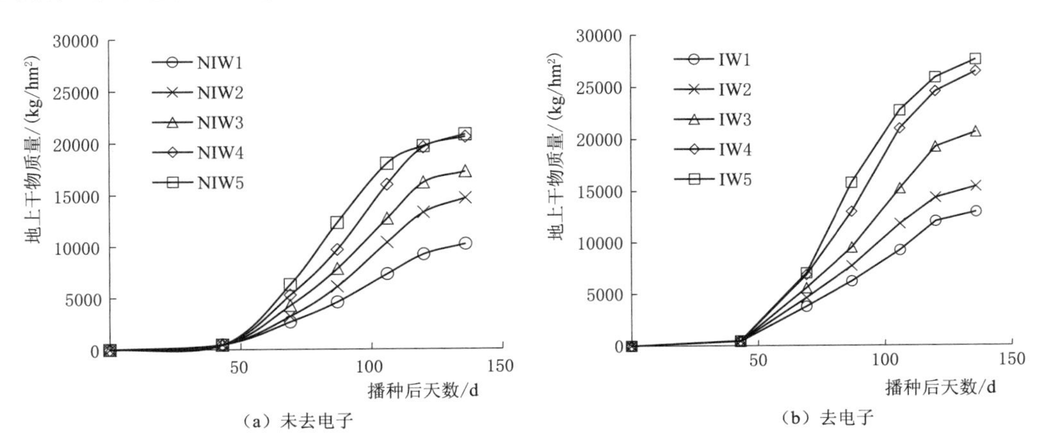

图 4.14　未去电子微咸水和去电子微咸水灌水量对棉花各生育期地上干物质量的影响

片衰老，生长缓慢。未去电子微咸水和去电子微咸水灌水量处理，各生育期地上干物质量均表现为随着灌水量的增大而增加，表现为 W5＞W4＞W3＞W2＞W1。当灌水量水平相同时，去电子微咸水处理的地上干物质量均高于未去电子微咸水。

表 4.10 展示了未去电子微咸水和去电子微咸水灌水量水平下棉花地上干物质量（DMA）与播种后天数 Logistic 函数拟合结果。各处理的 Logistic 函数拟合决定系数均在 0.90 以上，且均达到极显著水平（$P<0.01$），说明在统计上拟合精度较高。

表 4.10 未去电子微咸水和去电子微咸水灌水量水平下棉花地上干物质量与播种后天数的 Logistic 函数拟合

处理	DMA_{max} /(kg/hm²)	a	b	回归方程	R^2	P
NIW1	9347.9	54.403	0.0524	$y=9347.9/(1+54.403e^{-0.0524t})$	0.937	<0.01
NIW2	13277.8	54.504	0.0522	$y=13277.8/(1+54.504e^{-0.0522t})$	0.916	<0.01
NIW3	15834.2	54.373	0.0532	$y=15834.2/(1+54.373e^{-0.0532t})$	0.924	<0.01
NIW4	19629.1	54.378	0.0522	$y=19629.1/(1+54.378e^{-0.0522t})$	0.940	<0.01
NIW5	20964.5	53.298	0.0508	$y=20964.5/(1+53.298e^{-0.0508t})$	0.974	<0.01
IW1	12041.9	54.458	0.0528	$y=12041.9/(1+54.458e^{-0.0528t})$	0.943	<0.01
IW2	15253.6	54.402	0.0504	$y=15253.6/(1+54.402e^{-0.0504t})$	0.969	<0.01
IW3	19589.1	54.439	0.0516	$y=19589.1/(1+54.439e^{-0.0516t})$	0.944	<0.01
IW4	24757.7	54.468	0.0536	$y=24757.7/(1+54.468e^{-0.0536t})$	0.937	<0.01
IW5	26894.1	54.398	0.0528	$y=26894.1/(1+54.398e^{-0.0528t})$	0.955	<0.01

4.3.3.2 施氮量调控

图 4.15 显示了 2019 年未去电子微咸水和去电子微咸水施氮量对棉花地上干物质量的影响。从图中可以看出，各处理棉花地上干物质量随着生育进程的推移均呈增加趋势。未去电子微咸水条件下，生育期前期棉花地上干物质量随着施氮量的增加而增加，生育后期则随施氮量的增加呈先增加后降低的趋势，在 NIF4 处理获得最大值。去电子微咸水条件下也呈现相同的规律，在 IF4 处理获得最大值。

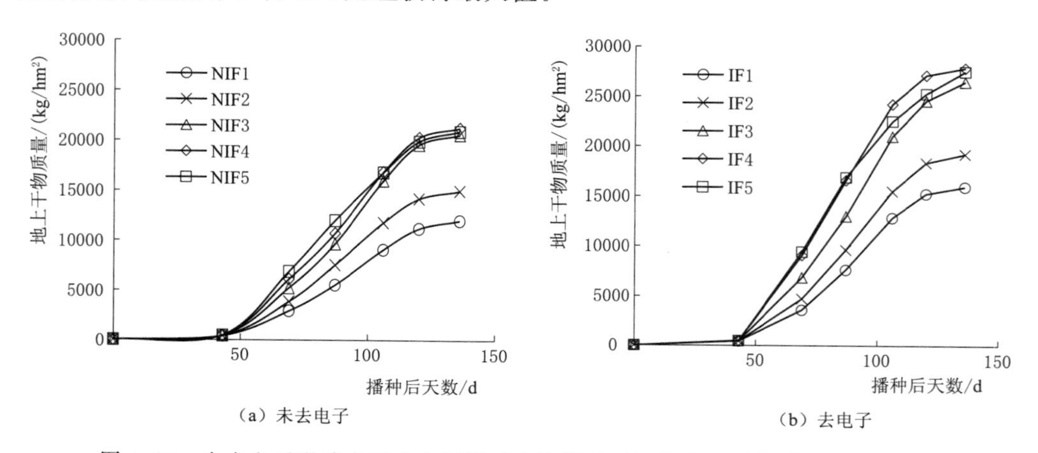

(a) 未去电子

(b) 去电子

图 4.15 未去电子微咸水和去电子微咸水施氮量下棉花地上干物质量的动态变化

未去电子微咸水和去电子微咸水施氮量水平下棉花地上干物质量与播种后天数的 Logistic 函数拟合结果见表 4.11。由表 4.11 分析可知，各处理 Logistic 函数拟合的决定系数 R^2 均在 0.90 以上，且均达到极显著水平（$P<0.01$），在统计上说明拟合精度较高。

表 4.11　2019 年未去电子微咸水和去电子微咸水施氮量水平下棉花地上干物质量与播种后天数的 Logistic 函数拟合

处理	DMA_{max} /(kg/hm^2)	a	b	回归方程	R^2	P
NIF1	11391.5	54.508	0.0518	$y=11391.5/(1+54.508e^{-0.0518t})$	0.943	<0.01
NIF2	14440.2	54.367	0.0522	$y=14440.2/(1+54.367e^{-0.0522t})$	0.951	<0.01
NIF3	19629.1	54.378	0.0522	$y=19629.1/(1+54.378e^{-0.0522t})$	0.940	<0.01
NIF4	20856.7	54.458	0.0516	$y=20856.7/(1+54.458e^{-0.0516t})$	0.959	<0.01
NIF5	20535.9	54.467	0.0529	$y=20535.9/(1+54.467e^{-0.0529t})$	0.970	<0.01
IF1	15303.4	54.388	0.0523	$y=15303.4/(1+54.388e^{-0.0523t})$	0.935	<0.01
IF2	19027.4	54.428	0.0510	$y=19027.4/(1+54.428e^{-0.0510t})$	0.954	<0.01
IF3	24757.7	54.468	0.0536	$y=24757.7/(1+54.468e^{-0.0536t})$	0.937	<0.01
IF4	28782.4	54.472	0.0516	$y=28782.4/(1+54.472e^{-0.0516t})$	0.974	<0.01
IF5	28362.9	54.478	0.0504	$y=28362.9/(1+54.478e^{-0.0504t})$	0.983	<0.01

4.3.4　SPAD

4.3.4.1　灌水量调控

图 4.16 所示为未去电子微咸水和去电子微咸水灌水量水平下棉花各生育期 SPAD 值的动态变化。由图 4.16 可知，未去电子微咸水和去电子微咸水灌水量水平下，SPAD 值从苗期到铃期逐渐增加，在铃期达到最大值，铃期到吐絮期逐渐减少。与 NIW1、NIW2、NIW3、NIW4 和 NIW5 相比，IW1、IW2、IW3、IW4 和 IW5 铃期的 SPAD 值分别增加了 14.3%、34.3%、25.8%、11.9%和 8.0%。

4.3.4.2　施氮量调控

图 4.17 所示为未去电子微咸水和去电子微咸水施氮量对棉花生育期 SPAD 值的影响。对图 4.17 分析可知，未去电子微咸水和去电子微咸水各施氮量处理下，SPAD 值随着生育进程的推进呈现先升高后降低的趋势。未去电子微咸水下，SPAD 值随着施氮量的增加而增大，SPAD 最大值表现为 NIF1<NIF2<NIF3<NIF4<NIF5；与 NIF1 相比，NIF2、NIF3、NIF4 和 NIF5 的 SPAD 值分别提高了 8.2%、28.7%、39.9%和 50.8%。去电子微咸水下，SPAD 值随着施氮量的增加而提高，SPAD 最大值表现为 IF1<IF2<IF3<IF4<IF5；与 IF1 相比，IF2、IF3、IF4 和 IF5 的 SPAD 值分别提高了 8.0%、21.5%、33.4%和 43.4%。当施氮量相同时，与 NIF1、NIF2、NIF3、NIF4 和 NIF5 相比，IF1、IF2、IF3、IF4 和 IF5 的 SPAD 值分别提升了 18.5%、18.3%、11.9%、13.0%和 12.7%。

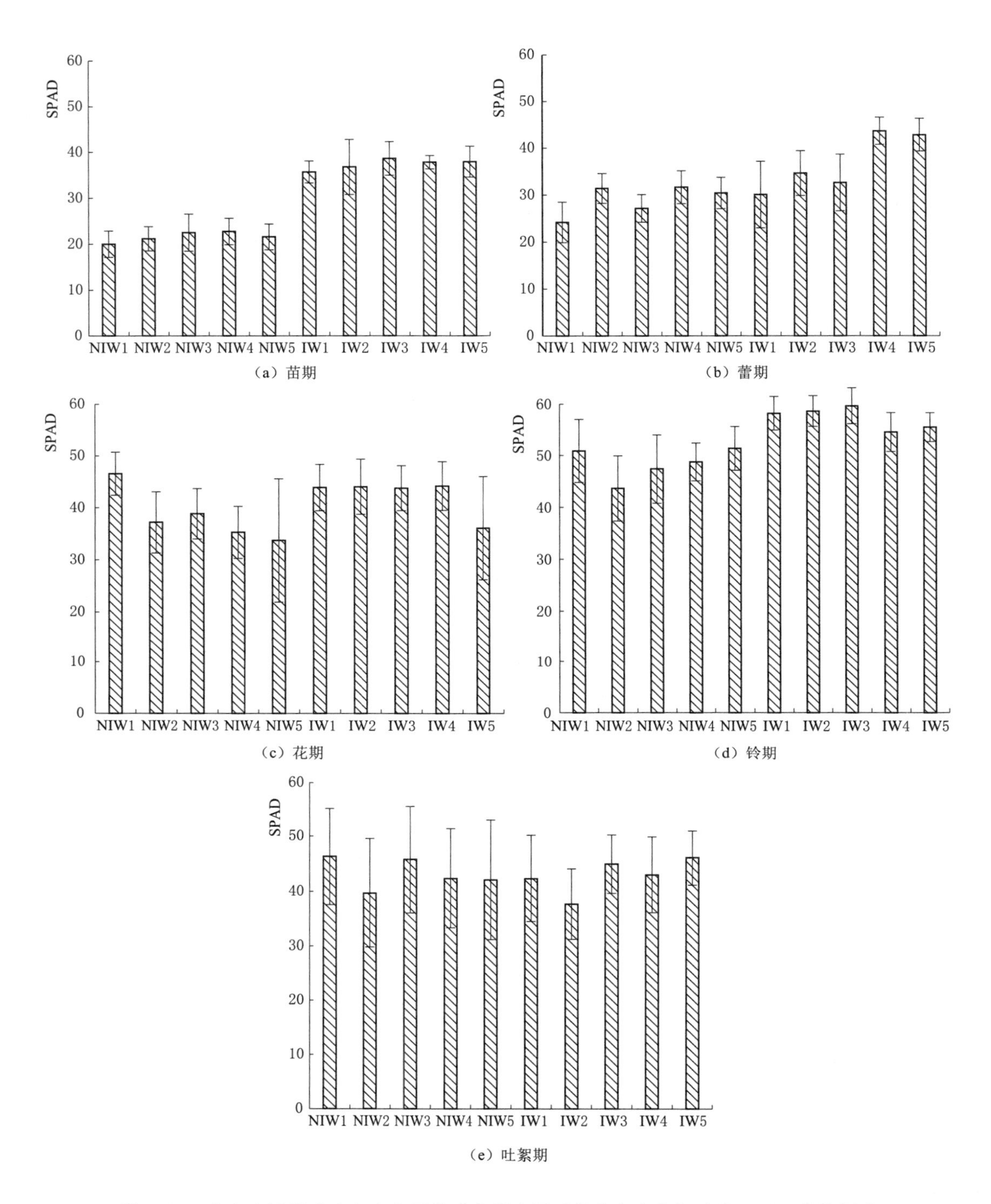

图4.16　未去电子微咸水和去电子微咸水灌水量对棉花各生育期叶片SPAD值的影响

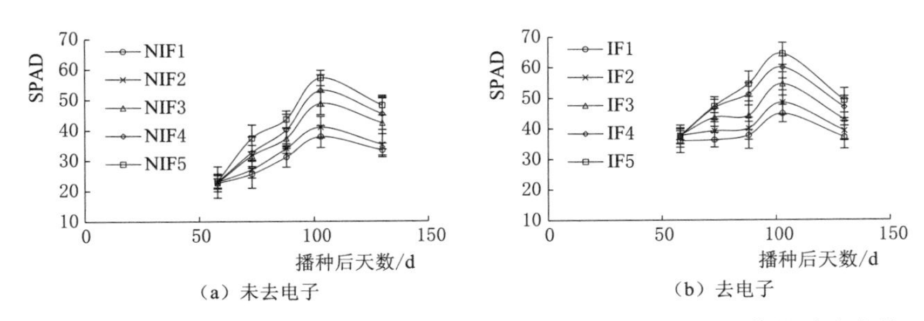

图 4.17 未去电子微咸水和去电子微咸水施氮量下棉花 SPAD 值的动态变化

4.4 调控措施对棉花产量和品质及水分利用效率的影响

衡量棉田生境调控措施的优劣，主要还要看棉花生殖生长的结果，即棉花产量、产量构成和品质与水分利用效率等指标。

4.4.1 棉花产量、产量构成及水分利用效率

4.4.1.1 单株有效铃数

1. 灌水量调控

图 4.18 所示为未去电子微咸水和去电子微咸水灌水量对棉花单株有效铃数的影响。从图中可以看出，未去电子微咸水和去电子微咸水处理，单株有效铃数随着灌水量的增大先增加后减少，表现为 W1＜W2＜W3＜W5＜W4。与 NIW5 相比，NIW1、NIW2 和 NIW3 的单株有效铃数减小了 63.0%、36.1%和 33.3%，NIW4 的单株有效铃数增加了 7.8%。与 IW5 相比，IW1、IW2 和 IW3 的单株有效铃数减小了 57.8%、34.5%和 18.2%，IW4 的单株有效铃数增加了 17.3%。当灌水量相同时，与 NIW1、NIW2、NIW3、NIW4 和 NIW5 相比，IW1、IW2、IW3、IW4 和 IW5 的单株有效铃数分别增加了 30.5%、17.2%、40.2%、24.6%和 14.4%。

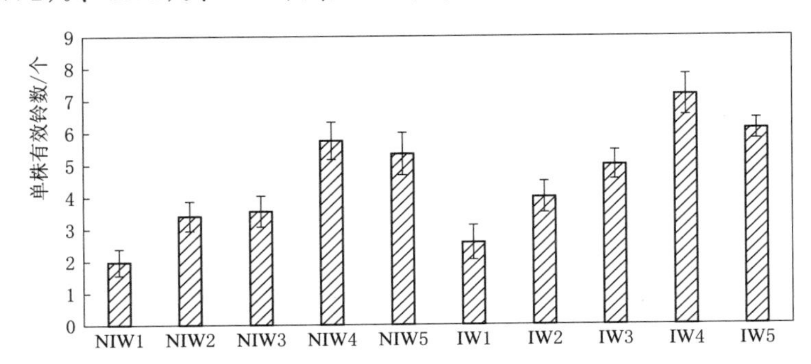

图 4.18 未去电子微咸水和去电子微咸水灌水量对棉花单株有效铃数的影响

2. 施氮量调控

图 4.19 所示为未去电子微咸水和去电子微咸水施氮量对棉花单株有效铃数的影响。未去电子微咸水下，单株有效铃数均随施氮量的增加先增多后减少，在处理 NIF4 下获得

最大值，单株有效铃数为6.5个。去电子微咸水下，单株有效铃数均随施氮量的增加先增加后减小，在处理IF4下获得最大值，单株有效铃数为7.2个。当施氮量相同时，与NIF1、NIF2、NIF3、NIF4和NIF5相比，IF1、IF2、IF3、IF4和IF5的单株有效铃数分别提升了0.1%、11.7%、24.6%、10.4%和11.7%。

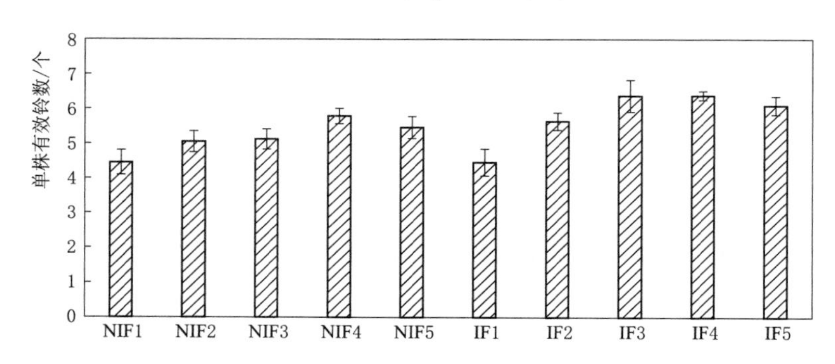

图4.19 未去电子微咸水和去电子微咸水施氮量对棉花有效铃数的影响

4.4.1.2 单铃重

1. 灌水量调控

图4.20所示为未去电子微咸水和去电子微咸水灌水量对棉花单铃重的影响。从图中可以看出，各处理单铃重随着灌水量的增大先增加后减小，表现为W1＜W2＜W3＜W5＜W4。与NIW5相比，NIW1、NIW2和NIW3的单铃重减小了10.6%、9.2%和3.5%，NIW4单铃重增加了9.2%。与IW5相比，IW1、IW2和IW3的单铃重减小了11.9%、6.7%和2.9%，IW4单铃重增加了14.4%。当灌水量相同时，与NIW1、NIW2、NIW3、NIW4和NIW5相比，IW1、IW2、IW3、IW4和IW5的单铃重分别增加了2.5%、7.0%、4.8%、9.0%和4.1%。

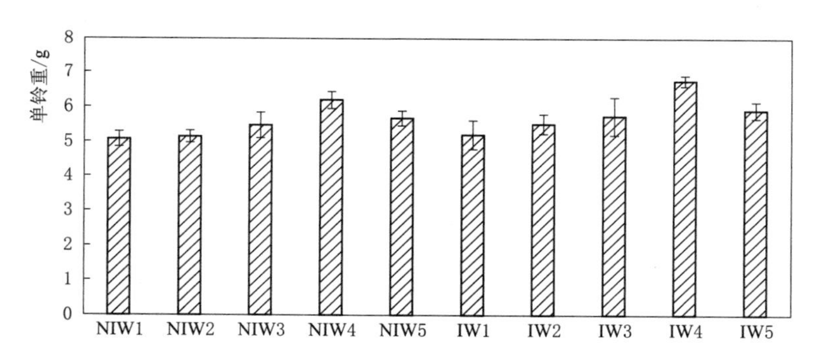

图4.20 未去电子微咸水和去电子微咸水灌水量对棉花单铃重的影响

2. 施氮量调控

图4.21所示为未去电子微咸水和去电子微咸水施氮量对棉花单铃重的影响。未去电子微咸水下，单铃重均随着施氮量的增加呈先增大后减小的趋势，在NIF4处理下获得最大值，比其他4个施氮量处理分别高出了3.2%～32.3%。去电子微咸水下，单铃重也随施氮量的增加呈先增加后降低的趋势，在IF4处理下获得最大值，比其他4个施氮量处理

分别高出了1.5%～23.9%。当施氮量相同时，与NIF1、NIF2、NIF3、NIF4和NIF5相比，IF1、IF2、IF3、IF4和IF5的单铃重分别提升了11.7%、10.3%、9.0%、4.7%和6.4%。

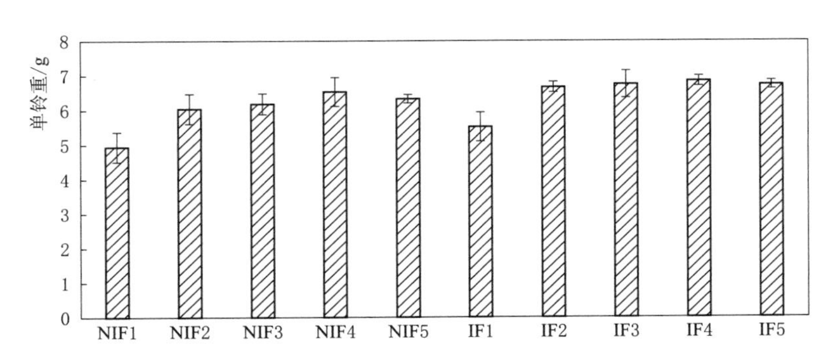

图4.21 未去电子微咸水和去电子微咸水施氮量对棉花单铃重的影响

4.4.1.3 产量

1. 灌水量调控

表4.12为未去电子微咸水和去电子微咸水灌水量对棉花产量及水分利用效率的影响。在未去电子微咸水条件下，与NIW5相比，NIW1、NIW2和NIW3的产量分别减少了57.3%、37.2%和22.9%，NIW4的产量提高了24.9%；在去电子微咸水条件下，与IW5相比，IW1、IW2和IW3的产量分别减少了48.0%、24.6%和19.5%，IW4的产量提高了30.4%，各灌水水平之间的产量存在显著性差异。当灌水量相同时，与NIW1、NIW2、NIW3、NIW4和NIW5相比，IW1、IW2、IW3、IW4和IW5的产量分别提高了50.7%、48.4%、29.1%、22.6%和23.7%。

表4.12 未去电子微咸水和去电子微咸水灌水量对棉花产量及水分利用效率的影响

处理	产量/(kg/hm^2)	P/mm	I/mm	ΔW/mm	ET_c/mm	WUE/[kg/(hm^2·mm)]
NIW1	2209.7f	19.0	262.5	101.0b	382.4j	5.8i
NIW2	3252.8e	19.0	337.5	84.0c	440.4h	7.4h
NIW3	3993.8d	19.0	412.5	75.1d	506.4f	7.9g
NIW4	6464.4b	19.0	487.5	57.8e	564.1d	11.5b
NIW5	5177.3c	19.0	562.5	41.6f	623.9b	8.3f
IW1	3330.5e	19.0	262.5	170.1a	451.5g	8.5e
IW2	4826.5c	19.0	337.5	140.8b	497.1f	10.6c
IW3	5156.2c	19.0	412.5	82.3c	513.6e	10.0d
IW4	8352.1a	19.0	487.5	71.0d	577.3c	14.5a
IW5	6404.1b	19.0	562.5	55.0e	637.2a	10.1d

注 P表示降水量，I表示灌水量，ΔW表示土壤储水量的变化量，ET_c表示作物蒸散量，WUE表示水分利用效率。IW1、IW2、IW3、IW4和IW5分别表示去电子微咸水处理灌水量为262.5mm、337.5mm、412.5mm、487.5mm和562.5mm。NIW1、NIW2、NIW3、NIW4和NIW5分别表示未去电子微咸水处理灌水量为262.5mm、337.5mm、412.5mm、487.5mm和562.5mm。不同字母表示根据LSD检验处理之间在$P<0.05$水平差异显著。

试验结果说明增加灌水量能够有效地提高籽棉产量，但当灌水量超过487.5mm后，继续增加灌水量对籽棉产量的增加没有促进作用甚至降低产量。从结果可以看出，去电子微咸水灌溉能够增加籽棉产量。

2. 施氮量调控

表4.13为未去电子微咸水和去电子微咸水施氮量对棉花产量和水分利用效率的影响。对表4.13分析可知，未去电子微咸水和去电子微咸水下产量随施氮量的增加呈先升高后降低的趋势，未去电子微咸水处理在NIF4处理下获得最大棉花产量，去电子微咸水处理在IF4处理下获得最大棉花产量。与NIF1相比，NIF2、NIF3、NIF4和NIF5产量分别提高了38.7%、56.7%、71.7%和57.1%。与IF1相比，IF2、IF3、IF4和IF5产量分别提高了52.5%、80.8%、82.0%和71.1%。当施氮量相同时，与NIF1、NIF2、NIF3、NIF4和NIF5相比，IF1、IF2、IF3、IF4和IF5的产量分别提高了12.0%、23.1%、29.2%、18.8%和22.0%。

表4.13 未去电子微咸水和去电子微咸水施氮量对棉花产量及水分利用效率的影响

处理	产量/(kg/hm²)	P/mm	I/mm	ΔW/mm	ET_c/mm	WUE/[kg/(hm²·mm)]
NIF1	4124.1d	19	487.5	42.3f	548.8f	7.5e
NIF2	5720.2c	19	487.5	48.9e	555.4e	10.3cd
NIF3	6464.6bc	19	487.5	57.8d	564.3d	11.5bc
NIF4	7080.5b	19	487.5	62.9c	569.4c	12.4b
NIF5	6480.5bc	19	487.5	60.3cd	566.8cd	11.4bc
IF1	4619.8d	19	487.5	51.2e	557.7e	8.3de
IF2	7043.6b	19	487.5	63.1c	569.6c	12.4bc
IF3	8352.5a	19	487.5	70.9b	577.4b	14.5a
IF4	8408.2a	19	487.5	76.6a	583.1a	14.4a
IF5	7903.7a	19	487.5	71.9b	578.4b	13.7a

4.4.1.4 水分利用效率

1. 灌水量调控

灌水量对水分利用效率WUE具有显著影响。与未去电子微咸水各灌水量处理相比，去电子微咸水处理水分利用效率提高了21.7%～46.6%。随着灌水量的增加，水分利用效率表现为先增大后减小的趋势，其中IW4处理的水分利用效率最大。灌水量与耗水量呈现正相关关系。试验结果表明灌水量过多，会增加棉花全生育期耗水量，降低产量和水分利用效率。

2. 施氮量调控

未去电子微咸水和去电子微咸水下水分利用效率随着施氮量的增大呈先增大后减小的趋势，未去电子微咸水在NIF4下WUE获得最大值，去电子微咸水在IF3下WUE获得最大值。与未去电子微咸水各施氮量处理相比，去电子微咸水处理WUE提高了10.7%～26.1%。

4.4.2 棉花品质

4.4.2.1 断裂伸长率、短纤维指数、成熟度指数和纺织均匀性指数

1. 灌水量调控

断裂伸长率表示棉花纤维在抵抗外力拉伸时形变的程度，与纺纱的强力和条干均匀度密切相关。表 4.14 给出了未去电子微咸水和去电子微咸水灌水量下棉花断裂伸长率、短纤维指数、成熟度指数、纺织均匀性指数的变化。IW4 处理获得最大断裂伸长率，为 11.1%。在灌水量小于 W4 时，断裂伸长率随灌水量的增加而增大。当灌水量相同时，去电子微咸水下断裂伸长率比未去电子微咸水分别高出 4.7%～19.8%。

从表 4.14 可以看出，短纤维指数随灌水量的增大而减小。当灌水量相同时，去电子微咸水处理显著减小了短纤维指数。IW5 处理下获得最小的短纤维指数，为 5.1。未去电子微咸水和去电子微咸水灌水量各处理对成熟度指数均没有影响。纺织均匀性指数随着灌水量的增加而增加，当灌水量相同时，去电子微咸水促进了纺织均匀性指数的增加。当灌水量由 W1 增加至 W5 时，未去电子微咸水的纺织均匀性指数由 98 增加至 133，去电子微咸水的纺织均匀性指数由 99 增加至 133。

表 4.14 未去电子微咸水和去电子微咸水灌水量对棉花断裂伸长率、短纤维指数、成熟度指数和纺织均匀性指数的影响

处理	断裂伸长率 ELG/%	短纤维指数 SFI	成熟度指数 MAT	纺织均匀性指数 SCI
NIW1	7.5g	10.7a	0.89a	98f
NIW2	8.5f	9.5cd	0.88a	108e
NIW3	8.6f	7.7e	0.88a	113de
NIW4	9.7d	6.5f	0.86a	124bc
NIW5	9.6d	6.7f	0.86a	133a
IW1	8.6f	10.0b	0.88a	99f
IW2	8.9e	8.8d	0.89a	118cd
IW3	10.3c	6.7f	0.85a	120c
IW4	11.1a	6.1g	0.85a	129ab
IW5	10.8b	5.1h	0.85a	133a

2. 施氮量调控

表 4.15 给出了未去电子微咸水和去电子微咸水施氮量对棉花断裂伸长率、短纤维指数、成熟度指数和纺织均匀性指数的影响。未去电子微咸水和去电子微咸水下断裂伸长率均随施氮量的增加呈先增加后降低的趋势。IF4 下获得最大断裂伸长率，其值为 11.6%。当施氮量相同时，与 NIF 相比，IF 断裂伸长率提高了 3.6%～14.4%。未去电子微咸水和去电子微咸水施氮量下，短纤维指数均随施氮量的增加而减小。未去电子微咸水和去电子微咸水施氮量均对成熟度指数未出现显著影响。

表 4.15 未去电子微咸水和去电子微咸水施氮量对棉花断裂伸长率、短纤维指数、成熟度指数和纺织均匀性指数的影响

年份	处理	断裂伸长率 ELG/%	短纤维指数 SFI	成熟度指数 MAT	纺织均匀性指数 SCI
2019	NIF1	9.2f	7.7a	0.85a	116d
	NIF2	9.5ef	7.3ab	0.85a	119cd
	NIF3	9.7def	6.5cd	0.86a	124abcd
	NIF4	11.2ab	6.0de	0.85a	126abc
	NIF5	10.5bcd	5.5ef	0.85a	121bcd
	IF1	10.2cde	7.3ab	0.84a	122bcd
	IF2	10.6bc	6.9bc	0.85a	124bcd
	IF3	11.1ab	6.1de	0.85a	129ab
	IF4	11.6a	5.4fg	0.85a	131a
	IF5	11.0ab	5.0g	0.86a	128abc

未去电子微咸水和去电子微咸水施氮量下，纺织均匀性指数随施氮量的增加呈先增大后降低的趋势。当施氮量超过 350kg/hm^2，增加施氮量会降低纺织均匀性指数。未去电子微咸水下，施氮量由 N150 增加至 N350，纺织均匀性指数由 116 增加到 126。去电子微咸水下，施氮量由 N150 增加至 N350，纺织均匀性指数由 122 增加至 131。当施氮量相同时，与 NIF 相比，IF 的纺织均匀性指数提高了 4.0%～5.8%。

4.4.2.2 纤维均匀度（长度整齐度指数）和纤维细度

1. 灌水量调控

图 4.22 给出了未去电子微咸水和去电子微咸水灌水量下棉花长度整齐度指数和纤维细度的变化。从图 4.22（a）可以看出，各处理之间长度整齐度指数变化较小，未去电子微咸水处理下为 82.5～84.5%，去电子微咸水处理下为 83.1～85.9%。未去电子微咸水和去电子微咸水灌水量对长度整齐度指数影响较小。棉花纤维的纤维细度（马克隆值）分为 5 个级别：C1 级（＜3.5）、B1 级（3.5～3.7）、A 级（3.7～4.2）、B2 级（4.2～4.9）和 C2 级（＞4.9）。由图 4.22（b）可知，纤维细度与灌水量呈显著的负相关关系。未去电子微咸水的纤维细度从 6.4 下降至 5.4，去电子微咸水的纤维细度从 6.1 下降至 4.8。试验结果说明在 W4 和 W5 灌水量下，去电子微咸水显著降低了纤维的纤维细度。

2. 施氮量调控

图 4.23 给出了未去电子微咸水和去电子微咸水施氮量对棉花长度整齐度指数和纤维细度的影响。从图 4.23 可以看出，未去电子微咸水和去电子微咸水下，长度整齐度指数随施氮量的增加呈先增大后降低的趋势，纤维细度随施氮量的增加而降低。未去电子微咸水下，当施氮量从 F1 增加到 F5 时，纤维细度从 6.3 降低到 5.0；去电子微咸水下，当施氮量从 F1 增加到 F5 时，纤维细度从 5.9 降低至 4.6。当施氮量相同时，与 NIF1、NIF2、NIF3、NIF4 和 NIF5 相比，IF1、IF2、IF3、IF4 和 IF5 纤维细度分别降低了 6.4%、7.3%、7.3%、11.7%和 6.7%。

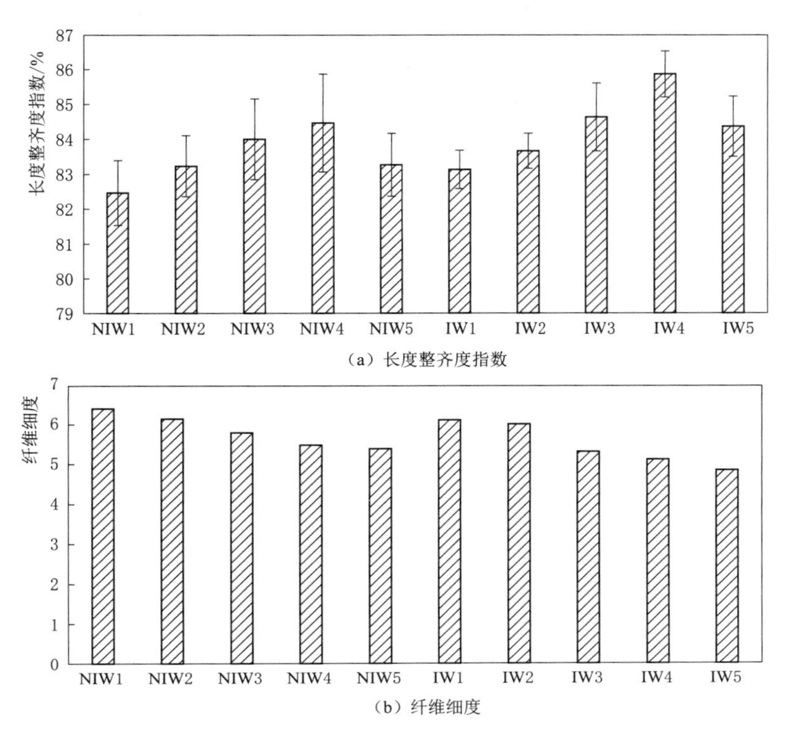

图 4.22　未去电子微咸水和去电子微咸水灌水量对棉花长度整齐度指数和纤维细度的影响

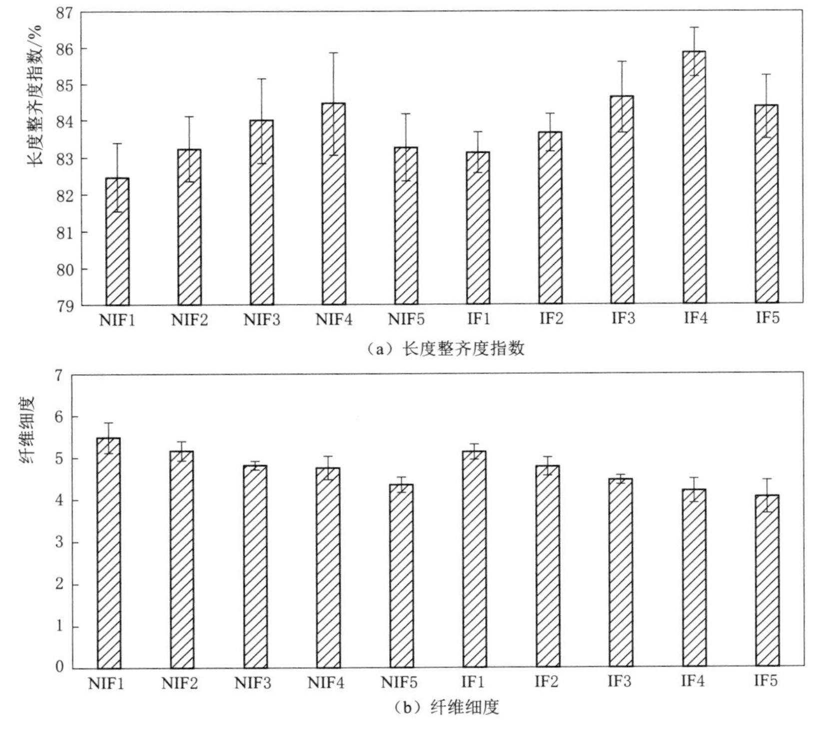

图 4.23　未去电子微咸水和去电子微咸水施氮量对棉花长度整齐度指数和纤维细度的影响

4.5　多调控措施下棉花耗水、产量和品质模型及综合评价

4.5.1　籽棉产量、地上干物质量和水分利用效率与灌水量之间关系

图 4.24 所示为未去电子微咸水和去电子微咸水籽棉产量、地上干物质量和水分利用效率与灌水量之间的关系。在未去电子微咸水灌溉条件下，棉花籽棉产量、地上干物质量

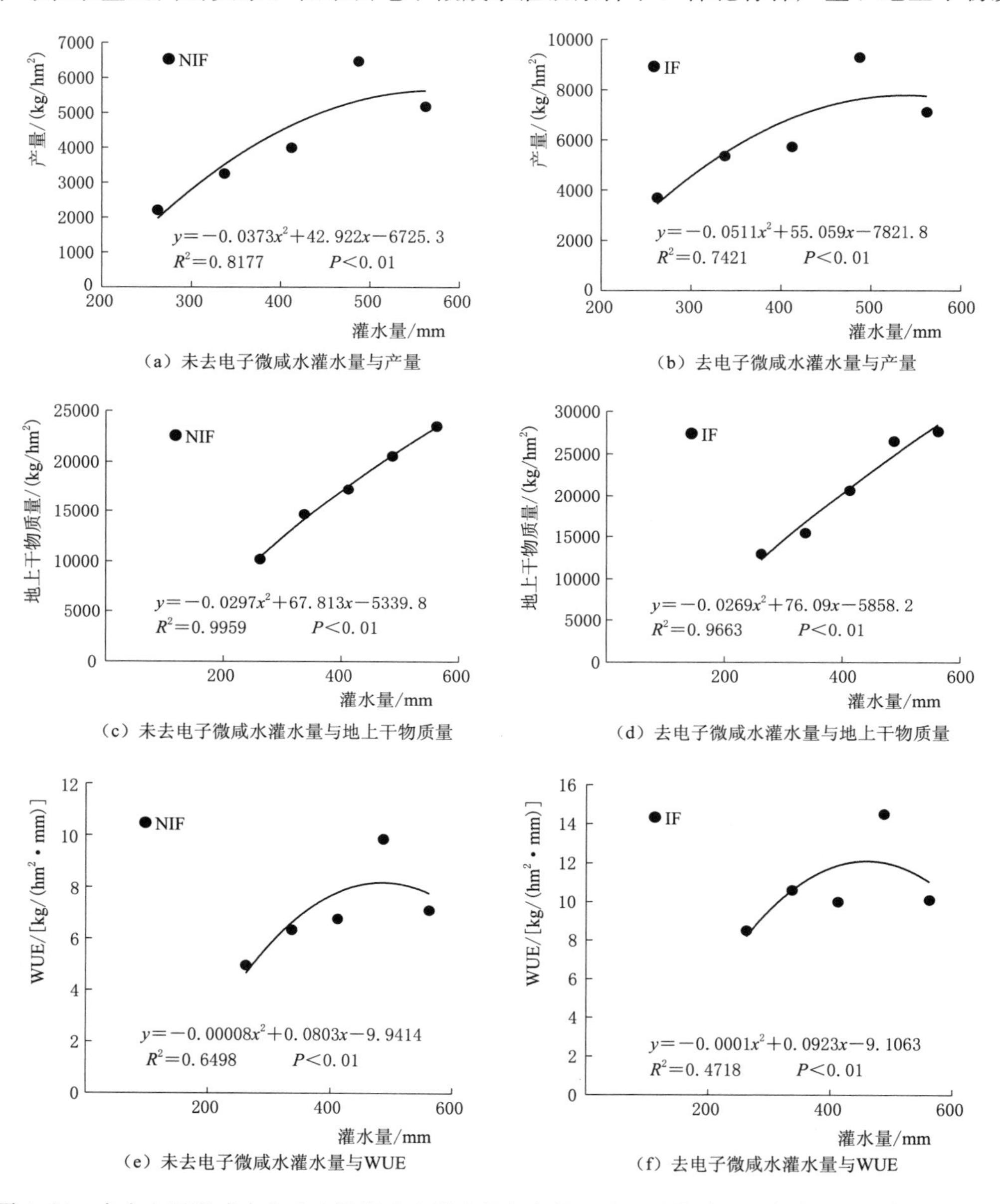

图 4.24　未去电子微咸水和去电子微咸水灌水量与产量、地上干物质量和水分利用效率的相关性

注　点为试验值，线为模型计算值。

和水分利用效率与灌水量（$R^2=0.8177$，$P<0.01$；$R^2=0.9959$，$P<0.01$；$R^2=0.6498$，$P<0.01$）均存在显著的二次相关关系。在去电子微咸水灌溉条件下，棉花籽棉产量、地上干物质量和水分利用效率与灌水量（$R^2=0.7421$，$P<0.01$；$R^2=0.9663$，$P<0.01$；$R^2=0.4718$，$P<0.01$）也均存在显著的二次相关关系。

4.5.2 籽棉产量、地上干物质量和水分利用效率与施氮量之间关系

图 4.25 所示为未去电子微咸水和去电子微咸水施氮量与产量、地上干物质量和水分利用效率的相关性。对图 4.25 分析可知，在未去电子微咸水灌溉条件下，棉花籽棉产量、地上干物质量和水分利用效率与施氮量（$R^2=0.9708$，$P<0.01$；$R^2=0.8793$，$P<$

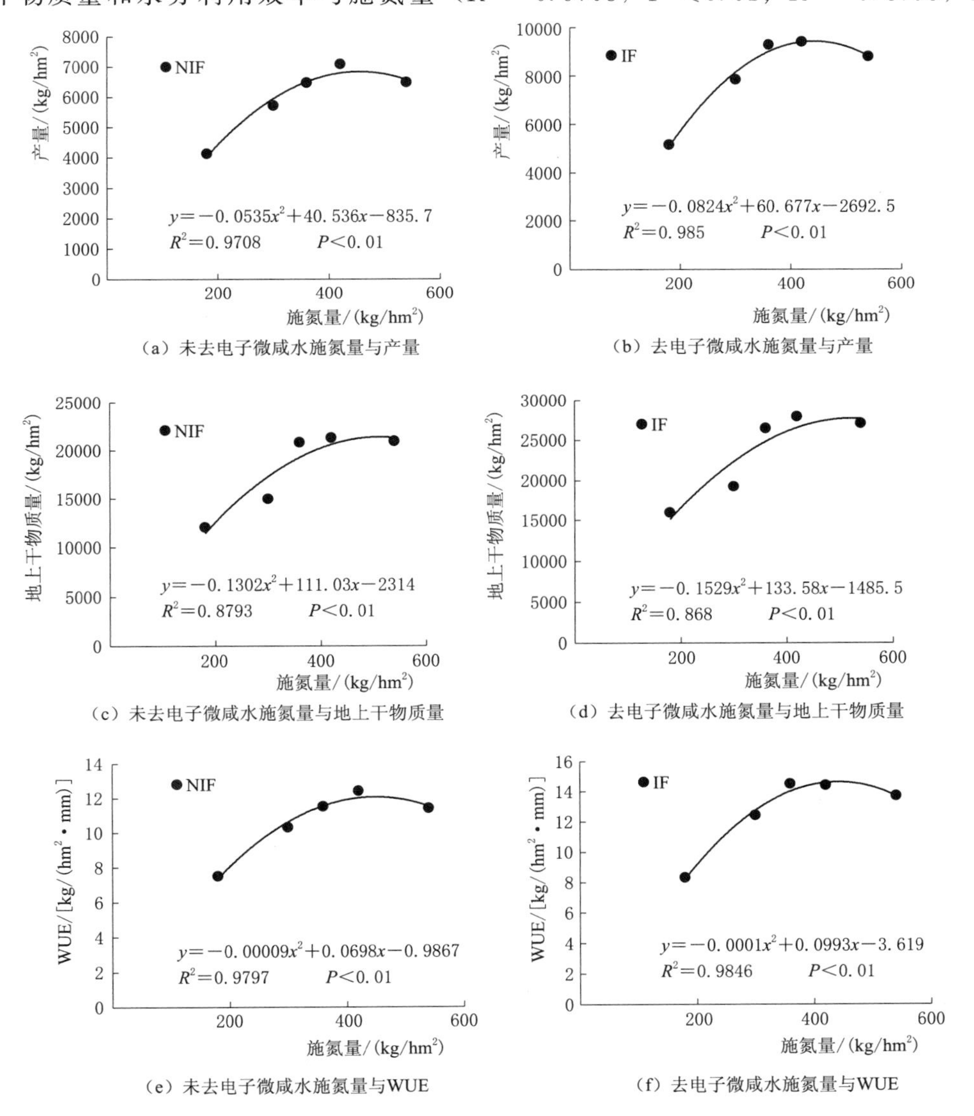

图 4.25 未去电子微咸水和去电子微咸水施氮量与产量、地上干物质量和水分利用效率的相关性

注 点为试验值，线为模型计算值。

0.01；$R^2=0.9797$，$P<0.01$）均存在显著的二次相关关系。在去电子微咸水灌溉条件下，棉花籽棉产量、地上干物质量和水分利用效率与施氮量（$R^2=0.985$，$P<0.01$；$R^2=0.868$，$P<0.01$；$R^2=0.9846$，$P<0.01$）也均存在显著的二次相关关系。

4.5.3 基于灰色关联法对棉田适宜调控施量综合评价

利用灰色关联度法对不同灌水类型、灌水量和施氮量下棉花的生长（地上干物质量）、生理指标（SPAD值和最大净光合速率）、产量、耗水量、水分利用效率、纤维质量指数和氮肥偏生产力等参数进行分析评价，客观评估不同灌水类型、灌水量和施氮量对棉花的作用效果，为西北地区棉花的水肥管理提供理论参考。

1. 比较数列和参考数列的确定

不同灌水类型、灌水量和施氮量下棉花各指标参数为比较数列，X0为参考数列（X0由不同灌水类型、灌水量和施氮量下棉花各指标参数的最大值组成），比较数列和参考数列见表4.16。

表4.16 未去电子微咸水和去电子微咸水下灌水量和施氮量棉花各项指标的比较数列和参考数列

处理	地上干物质量/(kg/hm²)	SPAD	最大净光合速率/[μmol/(m² · s)]	产量/(kg/hm²)	耗水量/mm	水分利用效率/[kg/(hm² · mm)]	纤维质量指数	氮肥偏生产力/(kg/kg)
X0	27870.8	64.4	28.1	8408.2	637.2	14.5	17101.3	30.8
NIW1	10203.0	50.9	15.1	2209.7	382.4	5.8	8731.6	7.4
NIW2	14671.5	43.6	17.1	3252.8	440.4	7.4	9625.4	10.8
NIW3	17242.5	47.4	20.1	3993.8	506.4	7.9	11197.2	13.3
NIW4	20566.5	48.7	23.8	6464.6	564.1	11.5	12508.1	21.5
NIW5	23490.0	51.4	24.9	5177.3	623.9	8.3	14507.7	17.3
IW1	12953.3	58.2	17.1	3330.5	451.5	8.5	9548.6	11.1
IW2	15430.5	58.6	19.1	4826.5	497.1	10.6	10969.6	16.1
IW3	20670.8	59.6	22.1	5156.2	513.6	10.0	12992.9	17.2
IW4	26491.5	54.5	24.8	8352.1	577.3	14.5	14196.7	27.8
IW5	27619.5	55.5	27.9	6404.1	637.2	10.1	16447.5	21.3
NIF1	12003.0	37.9	18.5	4124.1	548.8	7.5	9858.7	27.5
NIF2	14971.5	41.0	21.7	5720.2	555.4	10.3	10852.3	22.2
NIF3	20566.5	48.7	23.8	6464.6	564.3	11.5	12508.1	21.5
NIF4	21242.5	53.0	25.0	7080.5	569.4	12.4	13864.4	20.2
NIF5	20890.0	57.1	26.1	6480.5	566.8	11.4	12899.6	14.4
IF1	15953.3	44.9	19.5	4619.8	557.7	8.3	11129.8	30.8
IF2	19230.5	48.5	22.0	7043.6	569.6	12.4	12564.1	28.2
IF3	26491.5	54.5	24.8	8352.5	577.4	14.5	14196.7	27.8
IF4	27870.8	59.9	26.9	8408.2	583.1	14.4	17101.3	24.0
IF5	27019.5	64.4	28.1	7903.7	578.4	13.7	15295.0	17.6

2. 原始数据进行无量纲化处理

由于原始数据中不同指标参数有不同的计量单位，因而存在量纲和数量级上的差别，为了便于比较不同量纲和数量级的指标参数，通常需要将原始数据进行无量纲化处理，采用最大值化变换法进行无量纲处理，结果见表 4.17，计算公式如下：

$$f[x(k)]=\frac{x(k)}{X_0}=y(k) \tag{4.1}$$

表 4.17　各项指标的无量纲化值

处理	地上干物质量/(kg/hm²)	SPAD	最大净光合速率/[μmol/(m²·s)]	产量/(kg/hm²)	耗水量/mm	水分利用效率/[kg/(hm²·mm)]	纤维质量指数	氮肥偏生产力/(kg/kg)
X0	1.000	1.000	1.000	1.000	1.000	1.000	1.000	1.000
NIW1	0.366	0.791	0.538	0.263	0.600	0.400	0.511	0.239
NIW2	0.526	0.678	0.609	0.387	0.691	0.510	0.563	0.352
NIW3	0.619	0.736	0.713	0.475	0.795	0.545	0.655	0.432
NIW4	0.738	0.757	0.846	0.769	0.885	0.793	0.731	0.700
NIW5	0.843	0.798	0.885	0.616	0.979	0.572	0.848	0.560
IW1	0.465	0.904	0.609	0.396	0.709	0.586	0.558	0.360
IW2	0.554	0.910	0.680	0.574	0.780	0.731	0.641	0.522
IW3	0.742	0.926	0.784	0.613	0.806	0.690	0.760	0.558
IW4	0.951	0.847	0.882	0.993	0.906	1.000	0.830	0.904
IW5	0.991	0.862	0.992	0.762	1.000	0.697	0.962	0.693
NIF1	0.431	0.588	0.656	0.490	0.861	0.517	0.576	0.893
NIF2	0.537	0.636	0.770	0.680	0.872	0.710	0.635	0.721
NIF3	0.738	0.757	0.846	0.769	0.886	0.793	0.731	0.698
NIF4	0.762	0.824	0.890	0.842	0.894	0.855	0.811	0.656
NIF5	0.750	0.887	0.929	0.771	0.890	0.786	0.754	0.468
IF1	0.572	0.697	0.692	0.549	0.875	0.572	0.651	1.000
IF2	0.690	0.753	0.781	0.838	0.894	0.855	0.735	0.916
IF3	0.951	0.847	0.882	0.993	0.906	1.000	0.830	0.903
IF4	1.000	0.930	0.955	1.000	0.915	0.993	1.000	0.779
IF5	0.969	1.000	1.000	0.940	0.908	0.945	0.894	0.571

3. 计算关联系数

关联系数的计算公式如下：

$$\xi_i(k)=\frac{\min\limits_i\min\limits_k|x_0(k)-x_i(k)|+\rho\max\limits_i\max\limits_k|x_0(k)-x_i(k)|}{|x_0(k)-x_i(k)|+\rho\max\limits_i\max\limits_k|x_0(k)-x_i(k)|} \tag{4.2}$$

式中：ρ 为分辨系数，$\rho\in[0,\ 1]$，一般取 $\rho=0.5$；$\min\limits_i\min\limits_k|x_0(k)-x_i(k)|$ 和 $\max\limits_i\max\limits_k|x_0(k)-x_i(k)|$ 分别为两级最小差和两级最大差。

一般来讲，分辨系数 ρ 越大，分辨率越大；反之亦然。关联系数计算结果见表4.18。

表4.18　评价指标和参考指标的关联系数

处理	地上干物质量/(kg/hm²)	SPAD	最大净光合速率/[μmol/(m²·s)]	产量/(kg/hm²)	耗水量/mm	水分利用效率/[kg/(hm²·mm)]	纤维质量指数	氮肥偏生产力/(kg/kg)
X0	1.000	1.000	1.000	1.000	1.000	1.000	1.000	1.000
NIW1	0.333	0.998	0.999	0.588	0.972	0.999	0.513	0.997
NIW2	0.401	0.998	0.999	0.631	0.978	0.999	0.542	0.998
NIW3	0.454	0.998	0.999	0.667	0.985	0.999	0.599	0.998
NIW4	0.547	0.998	1.000	0.820	0.992	1.000	0.658	0.999
NIW5	0.668	0.999	1.000	0.732	0.998	0.999	0.773	0.998
IW1	0.372	0.999	0.999	0.635	0.979	0.999	0.539	0.998
IW2	0.415	0.999	0.999	0.712	0.984	1.000	0.590	0.998
IW3	0.551	0.999	0.999	0.731	0.986	0.999	0.683	0.998
IW4	0.865	0.999	1.000	0.994	0.993	1.000	0.753	1.000
IW5	0.972	0.999	1.000	0.815	1.000	1.000	0.931	0.999
NIF1	0.358	0.997	0.999	0.673	0.990	0.999	0.549	1.000
NIF2	0.406	0.997	0.999	0.767	0.991	1.000	0.586	0.999
NIF3	0.547	0.998	1.000	0.820	0.992	1.000	0.658	0.999
NIF4	0.571	0.999	1.000	0.869	0.992	1.000	0.732	0.999
NIF5	0.559	0.999	1.000	0.821	0.992	1.000	0.678	0.998
IF1	0.426	0.998	0.999	0.700	0.991	0.999	0.597	1.000
IF2	0.506	0.998	0.999	0.866	0.992	1.000	0.661	1.000
IF3	0.865	0.999	1.000	0.994	0.993	1.000	0.753	1.000
IF4	1.000	0.999	1.000	1.000	0.994	1.000	1.000	0.999
IF5	0.912	1.000	1.000	0.946	0.993	1.000	0.830	0.999

4. 计算关联度及关联系数排序

将各数列下的关联系数求平均值，即可得到关联度，可用来比较不同处理之间的优劣，关联度见表4.19。根据灰色系统理论中关联度分析原则，选取的参考数列的各项指标参数是最高的，因而，评价指标的关联度越大，则其与参考指标越接近，即该处理越佳。由表4.19得出，IF4处理的关联度最高，IW5处理的关联度次之，IF5处理的关联度排名第3。NIW1处理的关联度为倒数第一，IW1处理的关联度为倒数第二。可知，无论是未去电子微咸水或者去电子微咸水，灌水量为W1时均不能使得棉花高产高效。当灌水量和施氮量相同时，去电子微咸水处理的关联度均大于未去电子微咸水。可知，去电子微咸水灌溉对棉花的生长以及增产增效更为有利。

表 4.19 未去电子微咸水和去电子微咸水灌水量和施氮量下棉花各项指标参数的关联度

处理	关联度	排名	处理	关联度	排名
NIW1	0.800	20	NIF1	0.821	17
NIW2	0.818	18	NIF2	0.843	13
NIW3	0.837	15	NIF3	0.877	10
NIW4	0.877	11	NIF4	0.895	7
NIW5	0.896	6	NIF5	0.881	8
IW1	0.815	19	IF1	0.839	14
IW2	0.837	16	IF2	0.878	9
IW3	0.868	12	IF3	0.950	4
IW4	0.950	5	IF4	0.999	1
IW5	0.964	2	IF5	0.960	3

第5章　高丹草适宜生境营造模式

新疆地区是我国畜牧业发展的重点区域，畜牧业作为新疆人民的主要收入来源之一，目前进入快速发展阶段，已然成为新疆的优势产业。新疆区域独特的地理和气候条件，导致了水资源短缺的同时，还存在大量的盐碱地，这就造成这一区域的农业生产存在水肥供给不足的问题。在我国畜牧业的高速转型及发展之下，对于优质饲草需求越来越大，加之草场退化和自然灾害频发，优质高效牧草种植调控模式研究迫在眉睫。因此，以高丹草为研究对象，通过设置不同生境调控措施，研究饲草关键生育期的各项生理特征，以探究饲草对水肥的需求规律，明确饲草产量、水肥利用效率和品质对不同生境调控措施的响应，以期为新疆干旱地区饲草优质高产节水节肥栽培提供理论与技术支持。

5.1　高丹草生长适宜环境与调控措施

高丹草是苏丹草与高粱相组配，通过人工授粉育成的优质杂交牧草，其结合了苏丹草和高粱的诸多优点，饲草品质好、产量高、抗逆性和适应性强，具有较高的饲用价值。高丹草可多次刈割，适口性好，是农区畜牧业发展的重要一年生饲草。

5.1.1　高丹草生长适宜环境

高丹草系近年来引入的杂交品种，它综合了高粱茎粗、叶宽和苏丹草分蘖力、再生力强的优点，杂种优势非常明显。其耐高温，怕霜冻，较耐寒，适宜生长温度为24～33℃，抗旱，适应性强，对土壤环境要求不严，一般砂质壤土、黏壤土或弱酸性土壤均可种植，对氮、磷肥料需要量高。

5.1.1.1　高丹草生物学特征

高丹草植株高达2.5～4m，分蘖能力强，叶量丰富，属于喜温植物，已长成的植株具有一定抗寒能力。高丹草根系发达，抗旱力强，单位面积的须根量大约为玉米的2倍，其根系的吸水能力较玉米强，但叶面蒸腾面积只有玉米的1/2，比种植玉米节约1/3的用水。遇到严重的干旱，高丹草可以进入休眠状态，干旱解除会马上恢复生长，而玉米多会枯死。因此，在年降雨量仅250mm地区种植高丹草，仍可获得较高产量，但最适合种植于降雨量在500～800mm的地区。雨水过多或土壤过湿对生长不利，容易遭受病害。

高丹草生育期通常在100～120d，要求积温在2200～2300℃。种子发芽最适温度为20～30℃，最低温度为8～10℃，在适宜条件下，播后4～5d即可萌发，7～8d出苗，幼苗在低于3℃会受到冻害；苗期根系生长快而茎叶生长慢，当根系入土50cm时，植株地上部分高度在20cm左右；播种后5～6周，生长到5或6片叶时，开始分蘖，且整个生育期均能不断形成分蘖。分蘖开始后，茎生长旺盛，出苗后 80～90d 进入开花期，开花顺序是由圆锥花序顶端向下延伸，每个花序的平均开花期为 7～8d，开花要求的最适温度为 20℃，相对湿度为 80%～90%。在气候比较冷凉的地区，干物质量为 $10t/hm^2$ 左右，而在气温比较高的地区，干物质量为 $27t/hm^2$ 左右。其可以放牧或刈割后青饲，也可用作青贮饲料或加工成干草。

5.1.1.2　高丹草的种植与管理

1. 精细整地

高丹草前茬最好为豆科作物或中耕作物。高丹草喜水肥，由于其根系强大，吸收水肥能力强，对氮、磷肥料需要量高，所以，在种植前应对土壤进行深翻，并在整地时多施厩肥作基肥，施加量为每公顷 15～22.5t。在干旱地区和盐碱地带，为减少土壤水分蒸发和防止盐渍化，也可以进行深松或不翻动土层的重耙灭茬，次年早春及时耙耱或直接开沟播种。

2. 播种

播前要平整土地，使种床紧实，种子和土壤充分接触，才能使种子迅速而整齐地萌发。土壤温度达 18～21℃时开始播种，黏土的播深为 2～3cm，沙土的播深为 5cm。旱地播量为 $7.5～15.0kg/hm^2$，水浇地播量为 $22.5kg/hm^2$。播量太低，一方面会影响前期的产量，另一方面会使茎秆加粗。行距为 15～30cm 时能很好地控制地面杂草，但干旱地区行距可加大到 50～70cm。

3. 中耕除草

高丹草苗期生长缓慢，杂草危害重，一般夏季中耕 2 次即可。在苗高 10～20cm 时中耕除草 1 次，以后生长加快，封垄或出现分蘖后便不受杂草抑制。三叶期浅锄 3～6cm，定苗后深锄 10cm。苗间草可采取手拔，以避免用锄不慎伤苗。中耕深度应遵循两头浅、中间深，苗侧浅、行间深的原则。同时还要耙松土壤，消除板结，以保蓄土壤水分。

4. 施肥

高丹草虽然能适应多种土壤而且耐瘠薄，但只有在土层较厚和水肥充足的情况下才能获得最高产量。高丹草对肥料的需求量与玉米类似，每公顷底施 97.5～120.0kg 的氮肥，并结合一定量的磷钾肥作基肥（磷钾肥的用量根据土壤的磷钾含量确定）。每次刈割后每公顷追施 75.0～150.0kg 的氮肥（氮肥要距离种子 5cm 或在种子下面 5cm，以免烧苗），以促进高丹草的再生。

5. 收割

高丹草具有更强的耐刈割能力，更适合干草生产和青刈，能在较短时期内生产大量的草产品。生产干草或青饲应在高丹草抽穗前或其高度达 100cm 时刈割，此时调制的干草粗蛋白含量比苜蓿干草低一些，但能量与好的天然草地的干草和苜蓿干草一样。青贮时应在半乳熟期刈割，饲草质量比较好，水分含量也降低到了适宜青贮的水平。放牧时应进行重牧，使其高度在几天内就降低到 15～20cm，这样最有利于其再生。

6. 病虫害防治

高丹草易发生蚜虫危害，不仅影响当茬生长，还可能因养分损失过多而不能再发造成死穴。在蚜虫发生初期（通称窝子蜜）进行施药操作，可以收到好的防治效果。可选用

50%对硫磷乳油2000倍液喷雾，每公顷喷药液量750～1050kg；40%乐果乳油1000倍液喷雾；50%抗蚜威可湿性粉剂2500倍喷雾；4.5%高效氯氢菊酯乳油或5%凯速达乳油1000～1500倍液喷雾等。

5.1.2 高丹草生长环境调控措施

研究饲草光合特征变化规律，明确水氮施量对饲草干物质积累、营养品质和水肥利用效率的影响，探究生境调控措施对饲草的调控机理，定量表征调控措施对饲草产量和营养品质的影响，能够为优质高产饲草种植管理提供理论支持。

5.1.2.1 研究区概况

本试验在新疆维吾尔自治区阿拉尔市开展。阿拉尔市位于塔里木河上游，塔克拉玛干沙漠的西北边缘，海拔1011m，属暖温带大陆干旱荒漠气候区。年平均气温10.7℃，≥10℃积温4113℃，无霜期220d，年均日照2556.3～2991.8h，4—10月平均日照9.5h，年均太阳辐射133.7～146.3kcal/cm^2。垦区雨量稀少，冬季少雪，地表蒸发强烈，年均降水量40.1～82.5mm，年均蒸发量1876.6～2558.9mm。试验农田土壤为砂质壤土，0～20cm耕层有机质含量4.30g/kg、全氮2.42g/kg、碱解氮13.46mg/kg、速效磷5.88mg/kg、速效钾67.0mg/kg。试验田0～100cm土壤的物理性质见表5.1。

表5.1 土壤物理性质

土层深度/cm	砂粒含量/%	粉粒含量/%	黏粒含量/%	土壤质地
0	67.6	26.77	5.63	砂质壤土
10	71.99	23.45	4.56	砂质壤土
20	72.12	23.31	4.57	砂质壤土
30	70.17	24.7	5.13	砂质壤土
40	74.81	21.05	4.14	砂质壤土
60	77.52	18.81	3.67	砂质壤土
80	71.74	23.07	5.19	砂质壤土
100	80.72	16.06	3.22	砂质壤土

5.1.2.2 试验方案

本试验于2022年3—8月进行，供试高丹草品种为SX19。高丹草采用一膜两管三行植模式，种植密度120000株/hm^2，灌溉方式为滴灌。试验处理有水氮调控处理和生化调控处理。

1. 水氮调控处理

分别设置4个水分处理梯度——270mm、320mm、370mm、420mm，分别记为W1、W2、W3、W4，其中W4（420mm）为当地农户灌水水平，作为对照；5个氮素处理梯度——180kg/hm^2、230kg/hm^2、280kg/hm^2、330kg/hm^2、380kg/hm^2，分别记为N1、N2、N3、N4、N5，其中N5（380kg/hm^2）为当地农户施氮水平，作为对照。具体灌水、施肥时期和灌水量、施肥量见表5.2和表5.3。

表 5.2 高丹草灌水时期和灌水量

灌水时期	W1/mm	W2/mm	W3/mm	W4/mm
播种	50	50	50	50
苗期	62.9	77.1	91.4	105.7
分蘖期	62.9	77.1	91.4	105.7
拔节期	62.9	77.1	91.4	105.7
抽穗期	31.4	38.6	45.7	52.9
总计	270.1	319.9	369.9	420

表 5.3 高丹草施肥时期和施肥量

施肥时期	N1/(kg/hm^2)	N2/(kg/hm^2)	N3/(kg/hm^2)	N4/(kg/hm^2)	N5/(kg/hm^2)
苗期	108	138	168	198	228
拔节期	36	46	56	66	76
抽穗期	36	46	56	66	76
总计	180	230	280	330	380

2. 生化调控处理

在当地的灌水施肥（W4N5）水平下，设置生物刺激素+根际促生菌处理试验，选用的生物刺激素为优美柯，根际促生菌为枯草芽孢杆菌。对高丹草分别设置4个生物刺激素梯度——7.5kg/hm^2、15kg/hm^2、22.5kg/hm^2、30kg/hm^2，分别记为BT1、BT2、BT3、BT4；5个根际促生菌梯度——7.5kg/hm^2、15kg/hm^2、22.5kg/hm^2、30kg/hm^2、37.5kg/hm^2，分别记为BS1、BS2、BS3、BS4、BS5。以不施生物刺激素和根际促生菌作为空白对照，记为CK处理。具体施用时期和施用量见表5.4和表5.5。

表 5.4 高丹草生物刺激素施用时期和施用量

施用时期	BT1/(kg/hm^2)	BT2/(kg/hm^2)	BT3/(kg/hm^2)	BT4/(kg/hm^2)
苗期	2.5	5	7.5	10
拔节期	2.5	5	7.5	10
抽穗期	2.5	5	7.5	10
总计	7.5	15	22.5	30

表 5.5 高丹草根际促生菌施用时期和施用量

施用时期	BS1/(kg/hm^2)	BS2/(kg/hm^2)	BS3/(kg/hm^2)	BS4/(kg/hm^2)	BS5/(kg/hm^2)
苗期	2.5	5	7.5	10	12.5
拔节期	2.5	5	7.5	10	12.5
抽穗期	2.5	5	7.5	10	12.5
总计	7.5	15	22.5	30	37.5

5.2 调控措施对高丹草生长特性的影响

本章节研究了水肥调控、生化调控措施对高丹草株高、叶面积指数和干物质量的影响，定量表征了各生长指标与灌水量、施氮量、生物刺激素施量、根际促生菌施量之间的关系，以期为调控措施合理施量的制定提供依据。

5.2.1 株高

5.2.1.1 水氮调控措施

水氮处理下高丹草各生育期株高如图5.1所示。由图5.1可以看出，各灌水水平下高丹草株高变化趋势基本一致，均呈现持续增加的趋势。拔节期为高丹草株高增速最快的生育期，进入孕穗期和抽穗期后株高增速放缓，其中苗期株高增长率为0.77～1.8cm/d、分蘖期株高增长率为0.94～1.72cm/d、拔节期株高增长率为5.35～7.30cm/d、孕穗期株高增长率为5.17～5.58cm/d、抽穗期株高增长率为1.15～3.85cm/d。各生育期株高增长率最大的处理均为W3N4处理。除孕穗期株高增长率最小的处理为W2N1处理外，其他生育期株高增长率最小的处理均为W1N1处理。在低灌水水平（W1、W2）下，苗期和拔

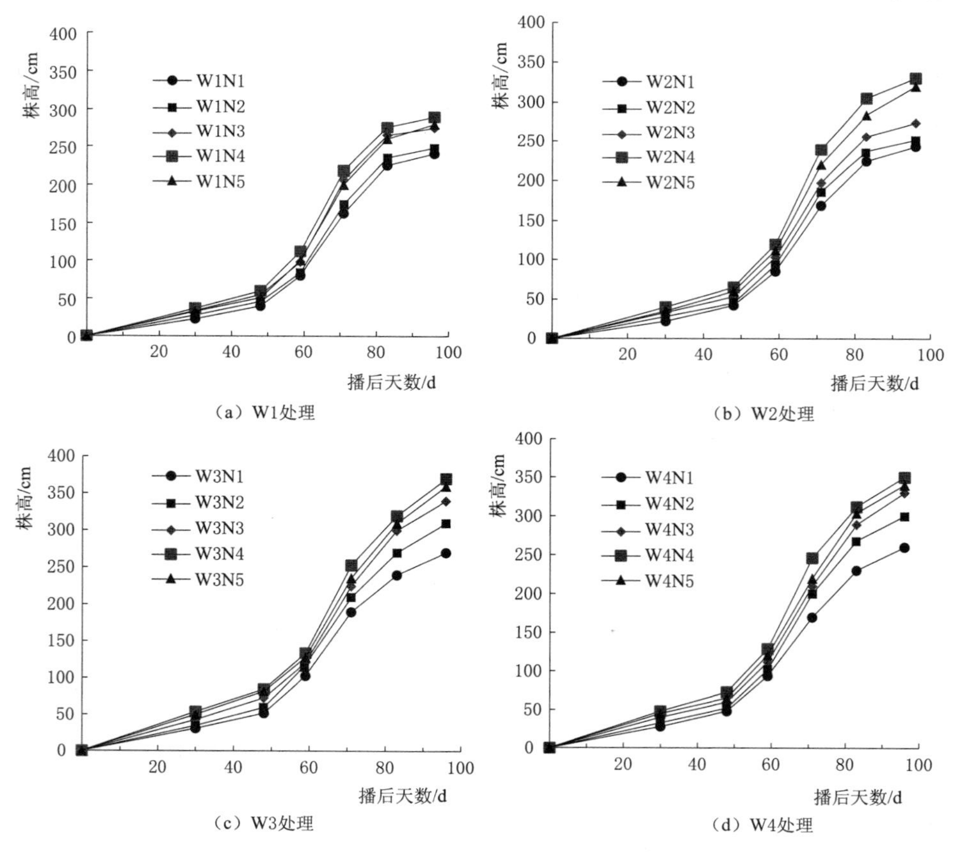

图5.1 水氮处理下高丹草株高变化

节期需水关键时期水分供应不足造成植株生长发育缓慢，且在低灌水水平下增大施氮量对株高增长率的提高并不显著。

由图5.1可知，高丹草收获期株高最大值的处理为W3N4，最大株高为370cm，除W3N3、W3N5、W4N4处理外显著高于其他处理，在同一灌水水平下，随着施氮量增加，高丹草收获期株高逐渐增大到N4施氮水平达到最大值，继续增加施氮量至N5，收获期株高反而下降。这说明在一定范围内增施氮肥，能显著增加高丹草收获期株高，但是过量地施加氮肥不仅不能继续增加株高反而会降低收获期株高。在各施氮水平上，低灌水水平下（W1、W2）高丹草收获期株高显著低于高水处理（W3、W4），而在各施氮水平下，灌水量由W3增至W4水平时，高丹草收获期株高反而下降3.7%、3.2%、2.9%、5.7%、5.6%。因此灌水量也存在一个最佳区间，超过此区间继续增加灌水量，收获期株高不增反降。高丹草收获期株高与灌水量和施氮量均呈现较好的二次关系，如图5.2所示，拟合方程如下：

$$y=-0.006x^2+4.58x-512.2 \quad (R^2=0.9486) \tag{5.1}$$

式中：y为收获期株高，cm；x为灌水量，mm。

$$y=-0.003x^2+2.1521x-23.022 \quad (R^2=0.9737) \tag{5.2}$$

式中：y为收获期株高，cm；x为施氮量，kg/hm^2。

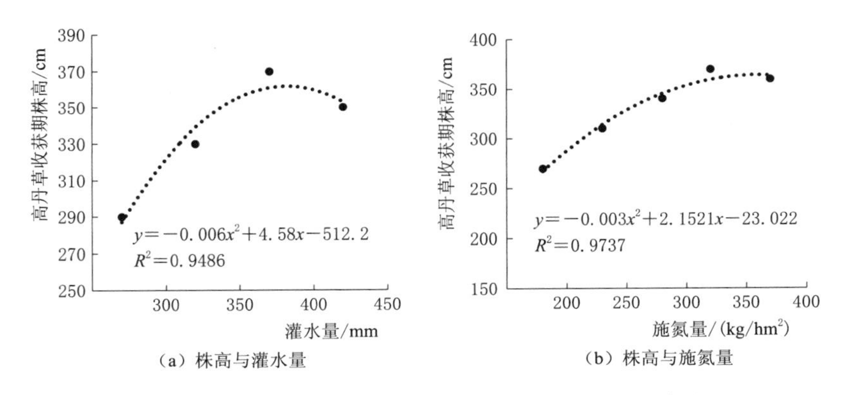

（a）株高与灌水量　　（b）株高与施氮量

图5.2　高丹草收获期株高与灌水量和施氮量的关系

5.2.1.2　生化调控措施

生物刺激素+根际促生菌处理的高丹草各生育期株高如图5.3所示。由图可知，生物刺激素+根际促生菌处理中，高丹草收获期株高最大处理为BT3BS3处理，最大株高为387cm，除BT2BS4、BT3BS4、BT4BS3处理外显著高于其他处理，在同一生物刺激素施量下，随着根际促生菌施量的增加，高丹草收获期株高逐渐增大到BS3处达到最大值，继续增加根际促生菌施量至BS4、BS5，收获期株高反而下降。这说明在一定范围内施加根际促生菌，能显著增加高丹草收获期株高，但是过量地施加根际促生菌不仅不能继续增加株高反而会降低收获期株高。在各根际促生菌水平上，随着生物刺激素施量的增加，高丹草收获期株高逐渐增大，到BS3施量时达到最大值，继续增加生物刺激素施量至BS4，收获期株高下降，在各根际促生菌施量水平上分别下降了4.8%、5.1%、2.3%、3.2%、5.3%。因此生物刺激素施量也存在一个最佳区间，超过此区间继续增加，收获期株高不增反降。

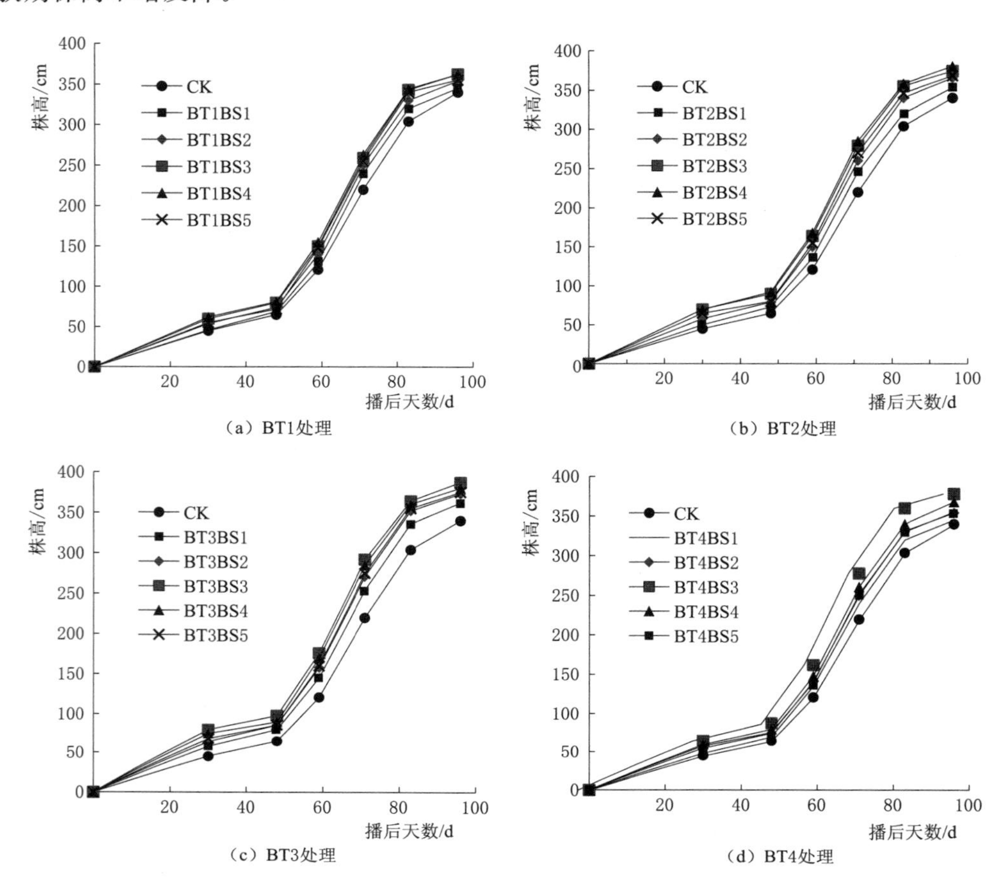

（a）BT1处理　（b）BT2处理　（c）BT3处理　（d）BT4处理

图 5.3　生化调控措施处理下高丹草株高变化

高丹草收获期株高与生物刺激素和根际促生菌施量均呈现较好的二次关系，如图 5.4 所示，拟合方程如下：

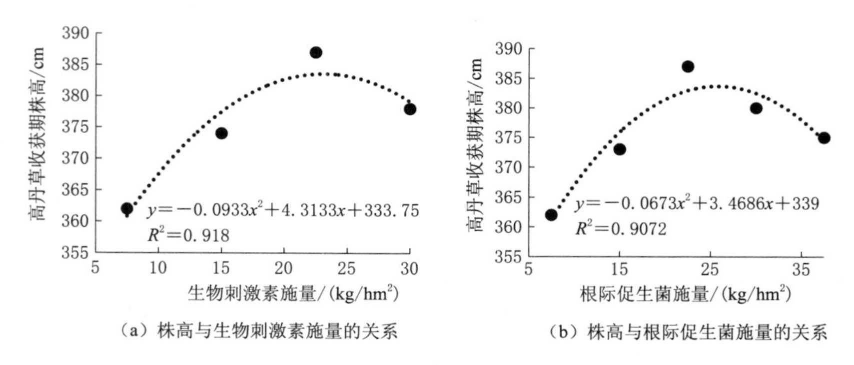

（a）株高与生物刺激素施量的关系　（b）株高与根际促生菌施量的关系

图 5.4　高丹草收获期株高与生物刺激素施量和根际促生菌施量的关系

$$y=-0.0933x^2+4.3133x+333.75\quad (R^2=0.918) \tag{5.3}$$

式中：y 为收获期株高，cm；x 为生物刺激素施量，kg/hm^2。

$$y=-0.0673x^2+3.4686x+339 \quad (R^2=0.9072) \tag{5.4}$$

式中：y 为收获期株高，cm；x 为根际促生菌施量，kg/hm^2。

5.2.2　叶面积指数

5.2.2.1　水氮调控措施

水氮处理的高丹草各生育期叶面积指数如图 5.5 所示。由图可以看出，各灌水水平下高丹草叶面积指数变化趋势基本一致，均呈现持续增加的趋势。拔节期为高丹草叶面积指数增速最快的生育期。

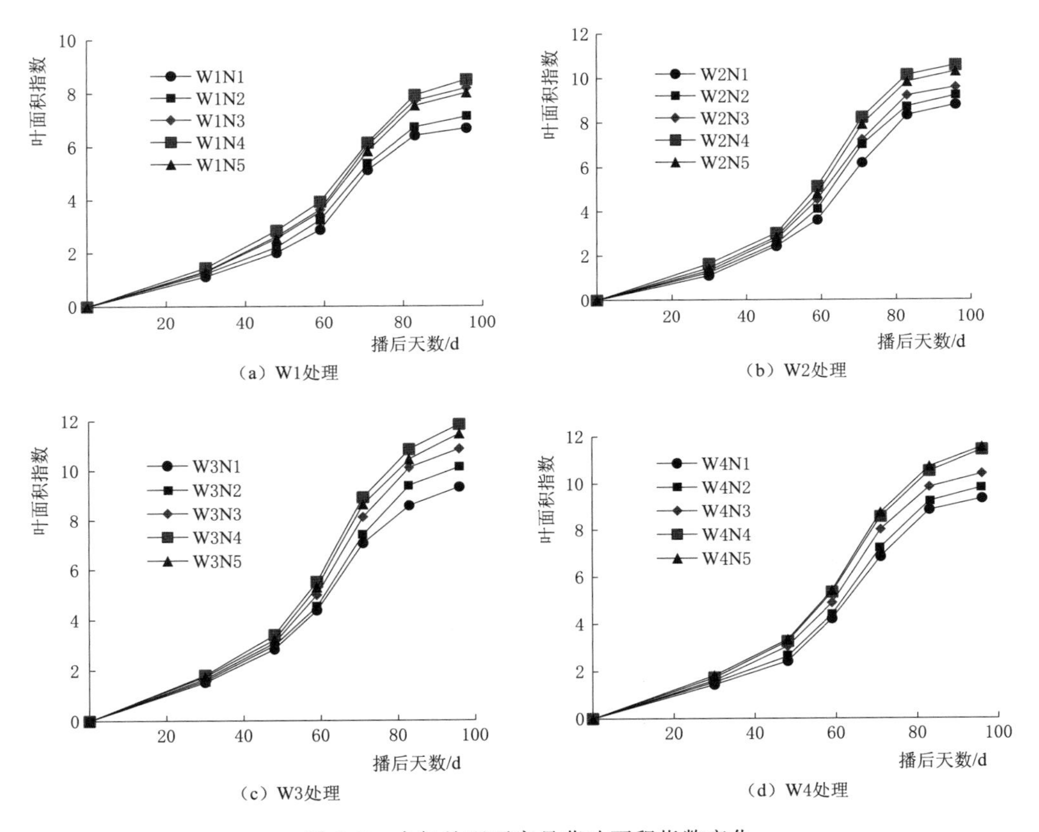

图 5.5　水氮处理下高丹草叶面积指数变化

由图 5.5 可知，各水氮处理的高丹草均在收获期达到最大叶面积指数，最大叶面积指数的最大值为 11.84，出现在 W3N4 处理，除 W3N5、W4N4、W4N5 处理外显著高于其他处理。除 W4 灌水外，在同一灌水水平下（W1、W2、W3），随着施氮量增加，高丹草最大叶面积指数逐渐增大到 N4 施氮水平达到最大值，继续增加施氮量至 N5，最大叶面积指数反而下降。在 W4 灌水下，随着施氮量的增加，最大叶面积指数逐渐增加，但是施氮水平由 N4 增加到 N5 时，最大叶面积指数仅增加了 0.9%。这说明在一定范围内增施氮肥，能显著增加高丹草最大叶面积指数，但是过量施加氮肥不仅不能继续增加最大叶面积指数反而会降低。

在各施氮水平上，低灌水水平下（W1、W2）高丹草最大叶面积指数显著低于高水处理（W3、W4）。而除N1和N5施氮水平外，灌水量由W3增至W4水平时，高丹草最大叶面积指数反而下降，N2、N3、N4施氮水平的最大叶面积指数分别下降了3.2%、4.0%、3.4%。且N1和N5施氮水平下，灌水量由W3增至W4，最大叶面积指数仅增加了0.1%和0.9%。因此灌水量也存在一个最佳区间，超过此区间继续增加灌水量，最大叶面积指数不增反降或者增加不显著。

高丹草最大叶面积指数与灌水量和施氮量均呈现较好的二次关系，如图5.6所示，拟合方程如下：

$$y=-0.0002x^2+0.1919x-25.182 \quad (R^2=0.9953) \tag{5.5}$$

式中：y 为最大叶面积指数；x 为灌水量，mm。

$$y=-0.00006x^2+0.0475x+2.746 \quad (R^2=0.9336) \tag{5.6}$$

式中：y 为最大叶面积指数；x 为施氮量，kg/hm^2。

因此，灌水量和施氮量直接影响高丹草最大叶面积指数，过多或者过少的水氮量都会降低最大叶面积指数，只有处在恰当范围内的水氮施量才能得到最大叶面积指数。

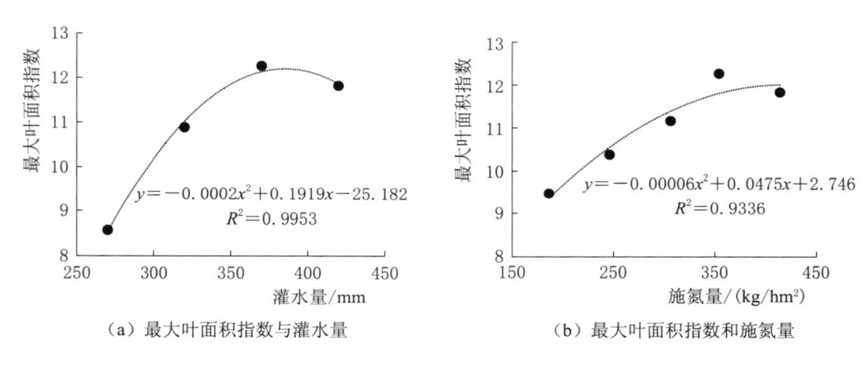

图5.6　高丹草最大叶面积指数与灌水量和施氮量的关系

5.2.2.2　生化调控措施

生物刺激素+根际促生菌处理的高丹草全生育期叶面积指数变化如图5.7所示，各处理下的高丹草叶面积指数变化趋势基本一致，均呈现持续增加的趋势，并在收获期达到最大叶面积指数。在BT1、BT2生物刺激素施用水平上，除BT1BS5处理在苗期的叶面积指数略低于BT1BS4之外，高丹草各生育期叶面积指数均随着根际促生菌施量的增加而增加，在BS5施量水平达到最大值。而在BT3、BT4生物刺激素施用水平上，高丹草各生育期叶面积指数随着根际促生菌施量的增加而增加，到BS4水平达到最大值，继续增加根际促生菌施量到BS5，各生育期的叶面积指数均下降。而在各个根际促生菌施用水平下，高丹草各生育期的叶面积指数随着生物刺激素施量的增加变化规律一致，均为随着生物刺激素施量的增加先增加后减小，在BT3施量水平处达到最大值，继续增加生物刺激素施量至BT4，各生育期的叶面积指数均减小。

高丹草的最大叶面积指数与生物刺激素施量呈现较好的二次关系，在高生物刺激素施用水平（BT3、BT4）上最大叶面积指数与根际促生菌施量也呈现较好的二次关

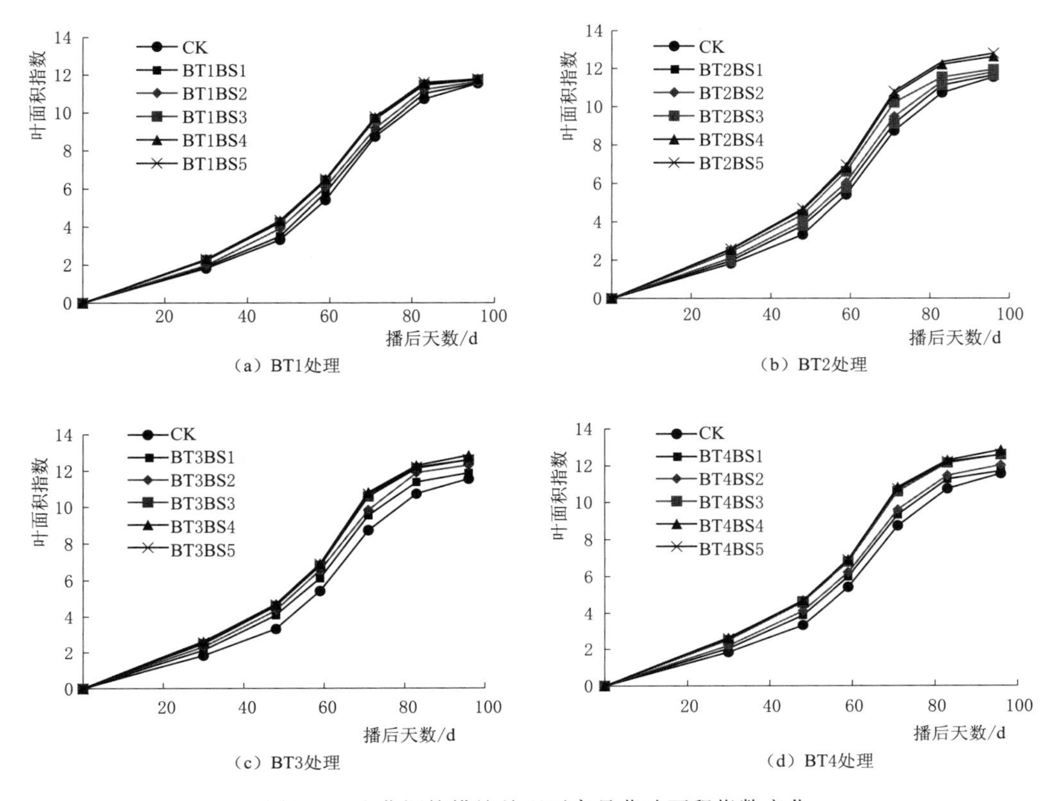

图 5.7　生化调控措施处理下高丹草叶面积指数变化

系，如图 5.8 所示，分别对最大叶面积指数与生物刺激素和根际促生菌施量进行二次拟合：

$$y=-0.0044x^2+0.2043x+10.518 \quad (R^2=0.9954) \tag{5.7}$$

式中：y 为最大叶面积指数；x 为生物刺激素施量，kg/hm^2。

$$y=-0.0018x^2+0.1064x+11.154 \quad (R^2=0.9683) \tag{5.8}$$

式中：y 为最大叶面积指数；x 为根际促生菌施量，kg/hm^2。

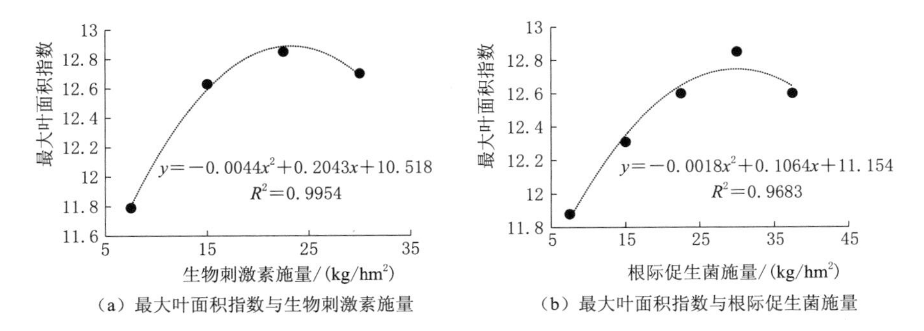

图 5.8　高丹草最大叶面积指数与生物刺激素施量和根际促生菌施量的关系

5.2.3　干物质量

5.2.3.1　水氮调控措施

图5.9显示了水氮处理下高丹草全生育期干物质量的变化趋势，由图可知，水氮各处理中，高丹草干物质量全生育期呈现增加的趋势，在收获期达到最大值。在各灌水水平下，随着施氮量的增加，高丹草干物质量呈现先增加后降低的趋势，在N4施氮量达到最大，继续增加施氮量，干物质量反而降低，即N4＞N5＞N3＞N2＞N1。在各灌水水平下，N4处理的成熟期干物质量分别大于N1处理1.2%～36.3%。在各施氮水平下，随着灌水量的增加，高丹草干物质量也呈现先增加后降低的变化趋势，在W3灌水下达到最大，继续增大灌水量，干物质量反而降低，即W3＞W4＞W2＞W1。在各施氮水平下，W3处理的收获期干物质量分别大于W1处理4.2%～39.5%。

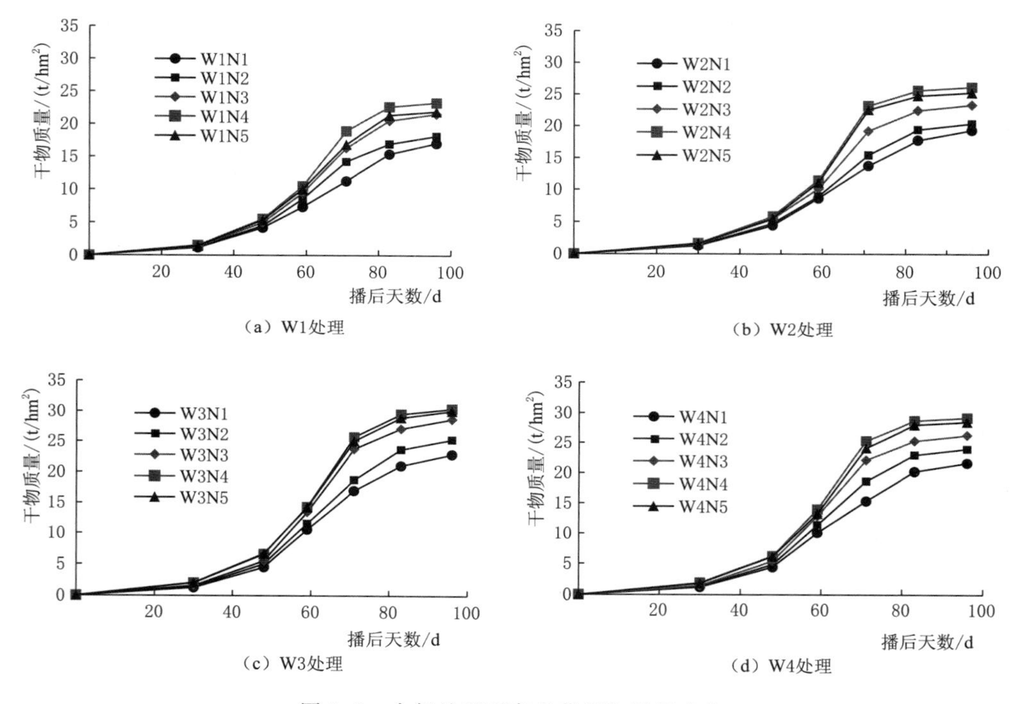

图5.9　水氮处理下高丹草干物质量变化

高丹草收获期干物质量与灌水量和施氮量均呈现较好的二次关系，如图5.10所示。

高丹草收获期干物质量与灌水量的关系：

$$y=-0.0004x^2+0.3282x-35.742 \quad (R^2=0.9229) \tag{5.9}$$

式中：y 为收获期干物质量，t/hm²；x 为灌水量，mm。

高丹草收获期干物质量与施氮量的关系：

$$y=-0.0002x^2+0.1564x+1.1727 \quad (R^2=0.9768) \tag{5.10}$$

式中：y 为收获期干物质量，t/hm²；x 为施氮量，kg/hm²。

过多或者过少的灌水量和施氮量都会降低收获期干物质量，只有处在恰当范围内的施

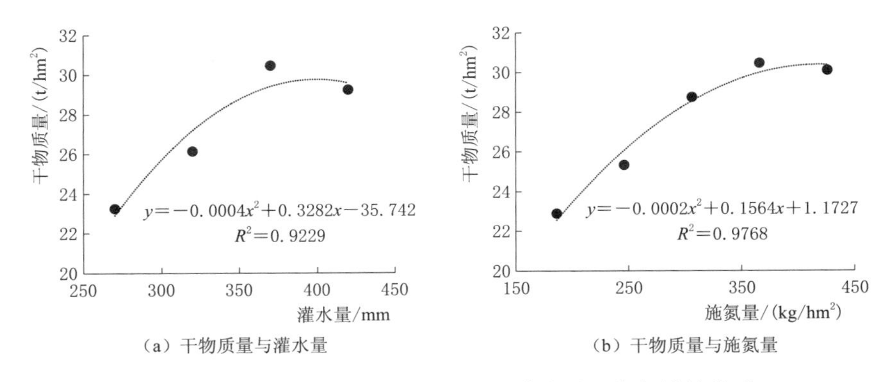

（a）干物质量与灌水量　　（b）干物质量与施氮量

图 5.10　高丹草收获期干物质量与灌水量和施氮量的关系

量才能得到最大干物质量。收获期干物质量即为高丹草产量，对灌水量、施氮量进行二元二次回归拟合，如图 5.11 所示，得到高丹草产量与灌水量、施氮量的回归模型：

$$Y=-54.02-0.0004W^2+0.3059W-0.0002N^2+0.1087N+0.0001WN \quad (R^2=0.9111) \tag{5.11}$$

式中：Y 为产量，t/hm^2；W 为灌水量，mm；N 为施氮量，kg/hm^2。

对上式求偏导，可得当灌水量 $W=429.8$mm，施氮量 $N=379.2$kg/hm^2 时，理论最大产量为 32.32t/hm^2。

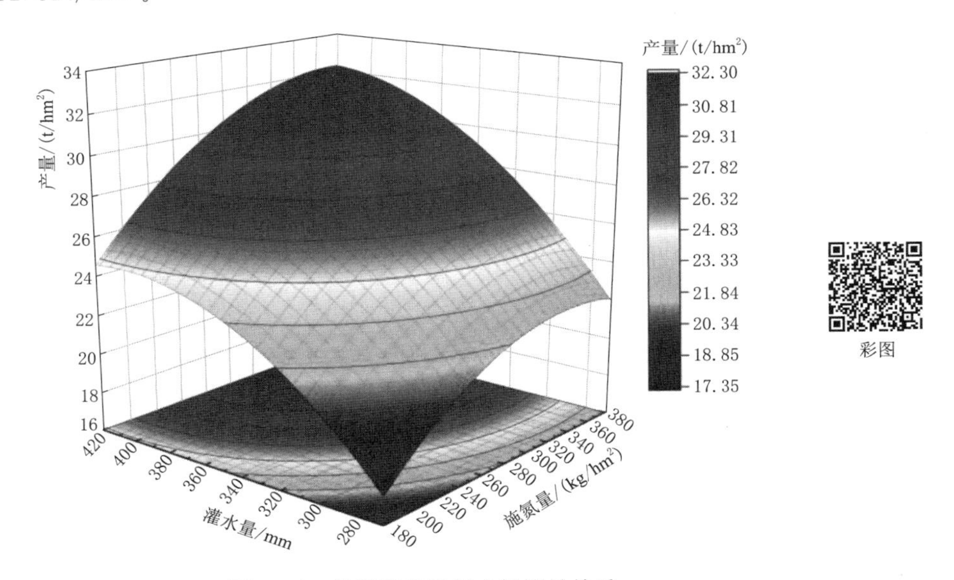

图 5.11　高丹草产量与水氮施量关系

5.2.3.2　生化调控措施

图 5.12 显示了生化调控措施下高丹草全生育期干物质量的变化趋势，由图可知，生物刺激素＋根际促生菌处理试验中，各处理的收获期干物质量均显著高于 CK 处理，各处理分别较 CK 处理增产 0.6%～7.4%。在同一生物刺激素施量下，青贮玉米干物质量随着根际促生菌施量增加而增加，在 BS4 处理达到最大值，继续增加根际促生菌施量，产

量减小，BS4处理较其他处理增产0.7%～5.1%。在同一根际促生菌施量下，随着生物刺激素施量的增加，青贮玉米干物质量呈现先增加后减小的变化趋势，即BT3>BT4>BT2>BT1，BT3处理较其他处理增产0.5%～3.9%。

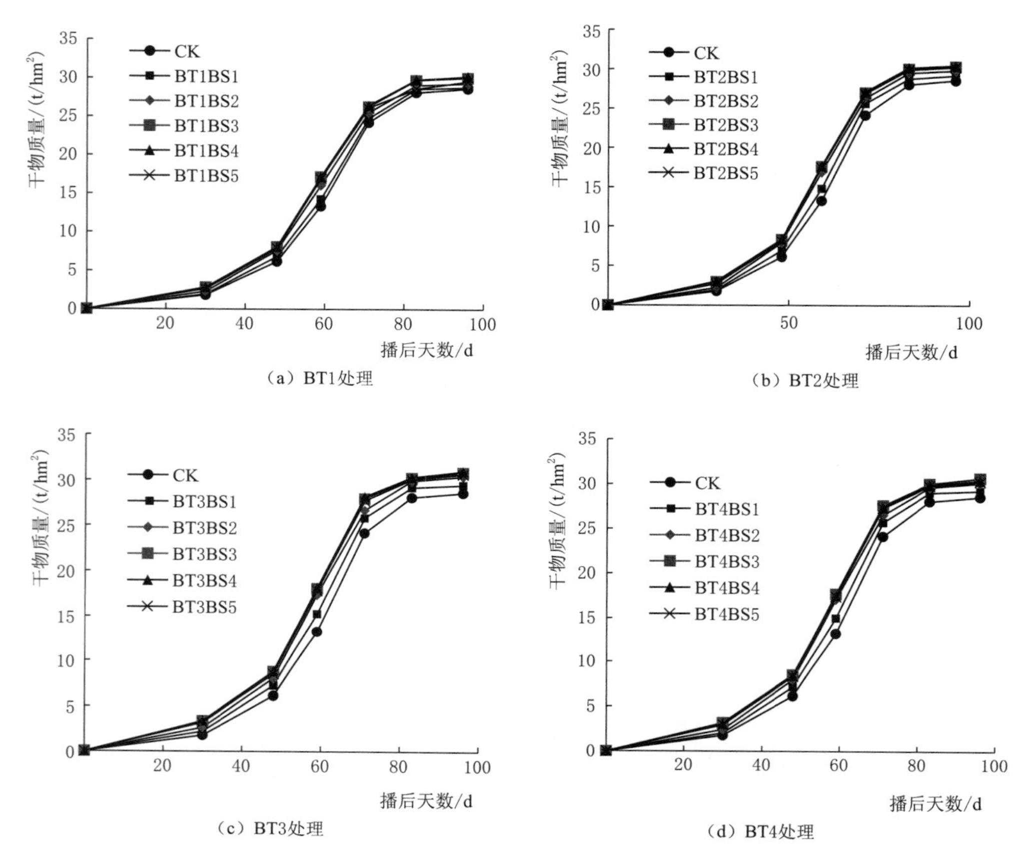

(a) BT1处理　(b) BT2处理　(c) BT3处理　(d) BT4处理

图5.12　生化调控措施处理下高丹草干物质量变化

高丹草收获期干物质量（产量）与生物刺激素和根际促生菌施量均呈现较好的二次关系，如图5.13所示。

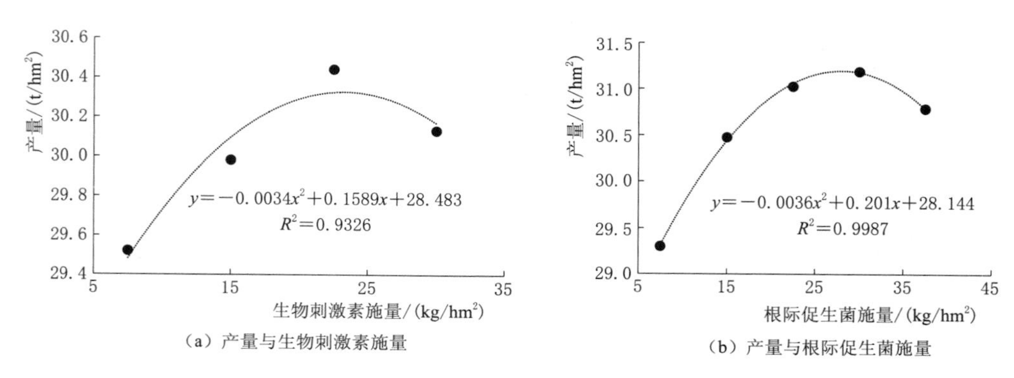

(a) 产量与生物刺激素施量　(b) 产量与根际促生菌施量

图5.13　高丹草产量与生物刺激素和根际促生菌施量的关系

收获期干物质量与生物刺激素施量的关系：

$$y=-0.0034x^2+0.1589x+28.483 \quad (R^2=0.9326) \tag{5.12}$$

式中：y 为收获期干物质量，t/hm^2；x 为生物刺激素施量，kg/hm^2。

收获期干物质量与根际促生菌施量的关系：

$$y=-0.0036x^2+0.201x+28.144 \quad (R^2=0.9987) \tag{5.13}$$

式中：y 为收获期干物质量，t/hm^2；x 为根际促生菌施量，kg/hm^2。

以产量对生物刺激素和根际促生菌施量进行二元二次回归拟合，如图 5.14 所示，得到高丹草产量与生物刺激素和根际促生菌施量的回归模型：

$$Y=26.323-0.0035T^2+0.1613T-0.0034S^2+0.1889S-0.0001TS \quad (R^2=0.9492) \tag{5.14}$$

式中：Y 为产量，t/hm^2；T 为生物刺激素施量，kg/hm^2；S 为根际促生菌施量，kg/hm^2。

对式（5.14）求偏导，可得当生物刺激素施量 $T=22.65kg/hm^2$，根际促生菌施量 $S=27.45kg/hm^2$ 时，理论最大产量为 $30.74t/hm^2$。

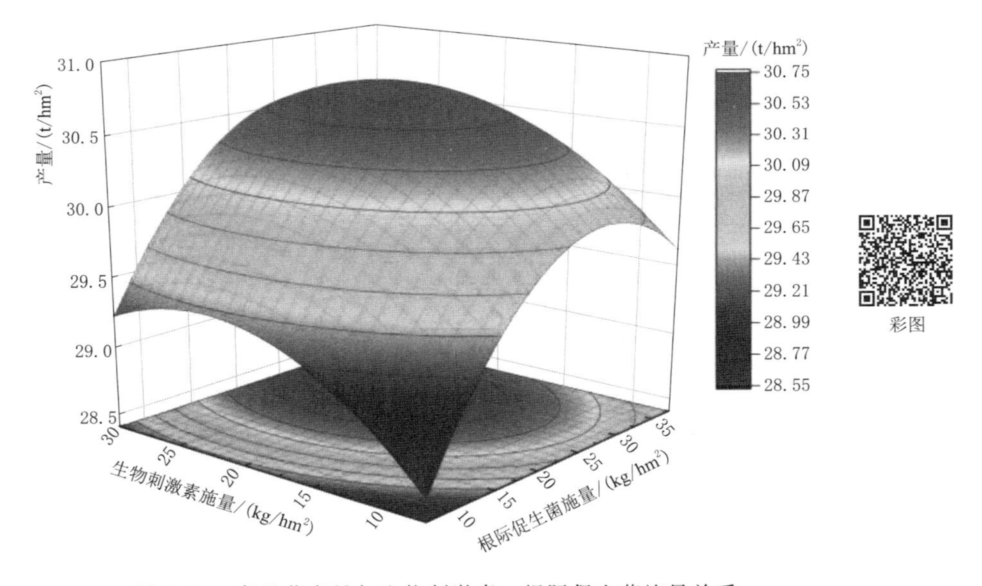

图 5.14　高丹草产量与生物刺激素、根际促生菌施量关系

5.3　调控措施对高丹草水肥利用率的影响

水分和养分是作物生长发育的重要因素，适当的水肥施量是保证作物产量和品质的基本条件。作物生境调控措施能够直接影响作物根区的水肥传输和分布特征，从而影响作物的产量，因此本节研究水肥调控和生化调控措施对高丹草水肥利用率的影响，为提高作物产量和水氮利用效率提供理论支撑。

5.3.1 耗水特征

5.3.1.1 水氮调控处理

水氮处理的高丹草各生育阶段耗水量见表5.6，各水氮处理下，高丹草全生育期耗水量均呈现逐渐增加的趋势，各处理中均为拔节—抽穗期耗水量最大（平均值180.91mm），其次为分蘖期（平均值136.11mm）和苗期（平均值103.90mm）。在同一灌水水平下，全生育期耗水量随施氮量的增大呈现先增大后减小的变化趋势（即N4＞N5＞N3＞N2＞N1），N2、N3、N4和N5处理的全生育期平均耗水量分别大于N1处理0.8％、1.5％、3.8％、2.4％。

表5.6　　水氮处理下高丹草各生育期耗水量

水氮处理	各生育期高丹草耗水量/mm			
	苗期	分蘖期	拔节—抽穗期	全生育期
W1N1	87.2	115.2	154.3	356.7
W1N2	88.4	115.7	155.8	359.9
W1N3	88.9	116.0	155.9	360.8
W1N4	92.5	120.8	162.4	375.7
W1N5	90.2	117.8	155.2	363.2
W2N1	98.2	128.1	169.4	395.7
W2N2	98.5	128.6	171.9	399.0
W2N3	98.6	128.9	173.7	401.2
W2N4	99.8	130.5	177.3	407.6
W2N5	100.5	129.6	173.2	403.3
W3N1	108.9	144.4	193.6	446.9
W3N2	110.6	145.9	194.5	451.0
W3N3	110.9	146.7	197.3	454.9
W3N4	113.5	153.8	199.2	466.5
W3N5	114.3	141.9	205.5	461.7
W4N1	113.2	148.2	195.0	456.4
W4N2	113.8	149.8	194.8	458.4
W4N3	115.6	152.4	196.4	464.4
W4N4	116.8	154.8	196.8	468.4
W4N5	117.5	153.1	196.0	466.6

注　W1、W2、W3、W4分别表示灌水量为270mm、320mm、380mm、420mm；N1、N2、N3、N4、N5分别表示施氮量为180kg/hm^2、230kg/hm^2、280kg/hm^2、330kg/hm^2、380kg/hm^2。

表5.7显示了水氮处理下高丹草各生育期耗水强度，由表可知，各水氮处理全生育期耗水强度均呈现逐渐增加的趋势，各处理中均为拔节—抽穗期耗水强度最大（平均值7.23mm/d），其次为分蘖期（平均值5.92mm/d）和苗期（平均值2.12mm/d）。在

同一灌水水平下，全生育期耗水强度随施氮量的增大呈现先增大后减小的变化趋势（即 N4>N5>N3>N2>N1），N2、N3、N4 和 N5 处理的全生育期平均耗水强度分别大于 N1 处理 0.7%、1.5%、3.7%、2.3%。

表 5.7 水氮处理下高丹草各生育期耗水强度

水氮处理	苗期		分蘖期		拔节—抽穗期		全生育期	
	耗水强度/(mm/d)	耗水模数/%	耗水强度/(mm/d)	耗水模数/%	耗水强度/(mm/d)	耗水模数/%	耗水强度/(mm/d)	耗水模数/%
W1N1	1.78	24.45	5.01	32.30	6.17	43.26	3.68	100
W1N2	1.80	24.56	5.03	32.15	6.23	43.29	3.71	100
W1N3	1.81	24.64	5.04	32.15	6.24	43.21	3.72	100
W1N4	1.89	24.62	5.25	32.15	6.50	43.23	3.87	100
W1N5	1.84	24.83	5.12	32.43	6.21	42.73	3.74	100
W2N1	2.00	24.82	5.57	32.37	6.78	42.81	4.08	100
W2N2	2.01	24.69	5.59	32.23	6.88	43.08	4.11	100
W2N3	2.01	24.58	5.60	32.13	6.95	43.30	4.14	100
W2N4	2.04	24.48	5.67	32.02	7.09	43.50	4.20	100
W2N5	2.05	24.92	5.63	32.13	6.93	42.95	4.16	100
W3N1	2.22	24.37	6.28	32.31	7.74	43.32	4.61	100
W3N2	2.26	24.52	6.34	32.35	7.78	43.13	4.65	100
W3N3	2.26	24.38	6.38	32.25	7.89	43.37	4.69	100
W3N4	2.32	24.33	6.69	32.97	7.97	42.70	4.81	100
W3N5	2.33	24.76	6.17	30.73	8.22	44.51	4.76	100
W4N1	2.31	24.80	6.44	32.47	7.80	42.73	4.71	100
W4N2	2.32	24.83	6.51	32.68	7.79	42.50	4.73	100
W4N3	2.36	24.89	6.63	32.82	7.86	42.29	4.79	100
W4N4	2.38	24.94	6.73	33.05	7.87	42.02	4.83	100
W4N5	2.40	25.18	6.66	32.81	7.84	42.01	4.81	100

5.3.1.2 生化调控措施

生化调控措施的高丹草各生育阶段耗水量见表 5.8，生物刺激素＋根际促生菌处理试验中，各处理全生育期耗水量均呈现先增后减的趋势，各处理中均为拔节—抽穗期耗水量最大（平均值 202.00mm），其次为分蘖期（平均值 158.84mm）和苗期（平均值 123.37mm）。各生育期的平均耗水量均显著高于 CK 处理，苗期、拔节期和抽穗期的平均耗水量分别高于 CK 处理 5.0%、4.4%、3.1%。在整体上，全生育期耗水量随着生物刺激素和根际促生菌施量的增加，呈现先增大后减小的变化趋势（即 BT3>BT4>BT2>BT1，BS4>BS3>BS5>BS2>BS1），在 BT3BS4 处理达到最大值（492.2mm），高于 CK 处理 5.5%。即生物刺激素和根际促生菌的施量不宜过大或者过小，否则都会导致高丹草全生育期的耗水量减小。

表 5.8　　　　　　生化调控措施处理下高丹草各生育期耗水量

生化调控措施	各生育期高丹草耗水量/mm			
	苗　期	分蘖期	拔节—抽穗期	全生育期
BT1BS1	120.6	157.4	197	475.0
BT1BS2	121.8	158.8	198.3	478.9
BT1BS3	123.2	159.4	200.7	483.3
BT1BS4	123.8	158.8	201.3	483.9
BT1BS5	124.5	156.4	201.3	482.2
BT2BS1	121.7	158.2	200.2	480.1
BT2BS2	122.4	159.9	201.1	483.4
BT2BS3	123.6	161.1	203.4	488.1
BT2BS4	124.4	158.4	206.5	489.3
BT2BS5	125.2	156.3	205.4	486.9
BT3BS1	120.6	159.4	202.1	482.1
BT3BS2	122.4	161.5	203.3	487.2
BT3BS3	123.8	163.4	204.1	491.3
BT3BS4	124.4	162.1	205.7	492.2
BT3BS5	125.8	160.4	203.8	490.0
BT4BS1	121.4	159.2	200.1	480.7
BT4BS2	122.1	160.8	200.7	483.6
BT4BS3	124.5	163.1	201.1	488.7
BT4BS4	125.2	161.8	202.8	489.8
BT4BS5	126.0	160.3	201.1	487.4

注　BT1、BT2、BT3、BT4 分别表示生物刺激素施量为 7.5kg/hm²、15kg/hm²、22.5kg/hm²、30kg/hm²；BS1、BS2、BS3、BS4、BS5 分别表示根际促生菌施量为 7.5kg/hm²、15kg/hm²、22.5kg/hm²、30kg/hm²、37.5kg/hm²。

表 5.9 显示了生化调控措施处理下高丹草各生育期耗水强度，由表可知，生物刺激素＋根际促生菌处理试验中，各处理全生育期耗水强度均呈现先增后减的趋势，各处理中均为拔节—抽穗期耗水强度最大（平均值 8.08mm/d），其次为分蘖期（平均值 6.95mm/d）和苗期（平均值 2.52mm/d）。各生育期的平均耗水强度均显著高于 CK 处理，苗期、拔节期和抽穗期的平均耗水强度分别高于 CK 处理 4.9％、4.3％、3.0％。在整体上，全生育期耗水强度随着生物刺激素和根际促生菌施量的增加，呈现先增大后减小的变化趋势（即 BT3＞BT4＞BT2＞BT1，BS4＞BS3＞BS5＞BS2＞BS1），在 BT3BS4 处理达到最大值（5.07mm/d），高于 CK 处理 5.4％。即生物刺激素和根际促生菌的施量不宜过大或者过小，否则都会导致高丹草全生育期的耗水强度减小。

表 5.9　　生化调控措施处理下高丹草各生育期耗水强度

生化调控措施	苗　期		分蘖期		拔节—抽穗期		全生育期	
	耗水强度/(mm/d)	耗水模数/%	耗水强度/(mm/d)	耗水模数/%	耗水强度/(mm/d)	耗水模数/%	耗水强度/(mm/d)	耗水模数/%
BT1BS1	2.46	25.39	6.84	33.14	7.88	41.47	4.90	100
BT1BS2	2.49	25.43	6.90	33.16	7.93	41.41	4.94	100
BT1BS3	2.51	25.49	6.93	32.98	8.03	41.53	4.98	100
BT1BS4	2.53	25.58	6.90	32.82	8.05	41.60	4.99	100
BT1BS5	2.54	25.82	6.80	32.43	8.05	41.75	4.97	100
BT2BS1	2.48	25.35	6.88	32.95	8.01	41.70	4.95	100
BT2BS2	2.50	25.32	6.95	33.08	8.04	41.60	4.98	100
BT2BS3	2.52	25.32	7.00	33.01	8.14	41.67	5.03	100
BT2BS4	2.54	25.42	6.89	32.37	8.26	42.20	5.04	100
BT2BS5	2.56	25.71	6.80	32.10	8.22	42.19	5.02	100
BT3BS1	2.46	25.02	6.93	33.06	8.08	41.92	4.97	100
BT3BS2	2.50	25.12	7.02	33.15	8.13	41.73	5.02	100
BT3BS3	2.53	25.20	7.10	33.26	8.16	41.54	5.06	100
BT3BS4	2.54	25.27	7.05	32.93	8.23	41.79	5.07	100
BT3BS5	2.57	25.67	6.97	32.73	8.15	41.59	5.05	100
BT4BS1	2.48	25.25	6.92	33.12	8.00	41.63	4.96	100
BT4BS2	2.49	25.25	6.99	33.25	8.03	41.50	4.99	100
BT4BS3	2.54	25.48	7.09	33.37	8.04	41.15	5.04	100
BT4BS4	2.56	25.56	7.03	33.03	8.11	41.40	5.05	100
BT4BS5	2.57	25.85	6.97	32.89	8.04	41.26	5.02	100

5.3.2　水分利用效率

高丹草各生育期地上干物质量的水分利用效率见表 5.10，由表可知，水氮各处理下的高丹草水分利用效率最大时期为拔节—抽穗期，水分利用效率为 8.33～12.04kg/m^3，其次为分蘖期和苗期，分别为 2.14～3.36kg/m^3、1.07～1.79kg/m^3。苗期阶段，除 W3 处理之外，在各灌水水平下，随着施氮量的增加水分利用效率呈现先增加后减小的变化趋势，在 W3 处理下，水分利用效率随着施氮量的增大而增大。分蘖期阶段，在同一灌水水平下，高丹草的水分利用效率随着施氮量的增大显著增大，说明增大施氮量能显著促进高丹草的分蘖，而在同一施氮水平下，随着灌水量的增大，高丹草在分蘖期的水分利用效率显著降低，这可能是因为，在分蘖期，高丹草的干物质量积累较少，生长发育速率较缓慢，因此在分蘖期可适当降低灌水量以获得更大的水分利用效率。在拔节—抽穗期，高丹草生长发育迅速，水分利用效率也达到全生育期的最大值，在同一灌水水平下，随着施氮量的增大，高丹草的水分利用效率呈现先增大后减小的变化趋势。在同一施氮水平下，随着灌水量的增大，水分利用效率也呈现先增大后减小的变化趋势。因此过高或过小的水肥施量都会影响高丹草在拔节—抽穗期的生长发育，在高丹草的生长关键期水肥施量应处在一个合适的范围。

表 5.10　　　　高丹草各生育期水分利用效率

水氮处理	各生育期高丹草水分利用效率/(kg/m^3)			生化调控处理	各生育期高丹草水分利用效率/(kg/m^3)		
	苗期	分蘖期	拔节—抽穗期		苗期	分蘖期	拔节—抽穗期
W1N1	1.35	2.63	8.33	BT1BS1	1.59	3.09	11.14
W1N2	1.39	2.84	8.75	BT1BS2	1.87	3.32	10.94
W1N3	1.51	3.16	6.46	BT1BS3	2.26	3.28	10.94
W1N4	1.66	3.30	10.91	BT1BS4	2.26	3.28	11.00
W1N5	1.59	3.36	10.64	BT1BS5	2.10	3.33	10.78
W2N1	1.31	2.44	8.80	BT2BS1	1.61	3.15	11.09
W2N2	1.35	2.64	9.11	BT2BS2	1.81	3.57	10.87
W2N3	1.50	3.05	10.32	BT2BS3	2.40	3.32	10.82
W2N4	1.64	2.41	12.04	BT2BS4	2.45	3.35	10.69
W2N5	1.56	3.02	11.42	BT2BS5	2.17	3.45	10.76
W3N1	1.18	2.24	9.48	BT3BS1	1.85	3.14	10.98
W3N2	1.26	2.47	10.45	BT3BS2	2.19	3.31	10.99
W3N3	1.44	2.66	11.78	BT3BS3	2.73	3.28	10.82
W3N4	1.77	2.97	11.99	BT3BS4	2.73	3.32	10.78
W3N5	1.79	3.23	11.42	BT3BS5	2.54	3.31	10.85
W4N1	1.07	2.14	8.85	BT4BS1	1.69	3.20	11.03
W4N2	1.15	2.32	9.87	BT4BS2	2.01	3.42	11.03
W4N3	1.25	2.55	10.69	BT4BS3	2.56	3.26	11.02
W4N4	1.61	2.80	11.70	BT4BS4	2.46	3.28	10.86
W4N5	1.53	2.83	11.44	BT4BS5	2.36	3.33	10.91

生物刺激素+根际促生菌处理试验中，高丹草水分利用效率最大时期为拔节—抽穗期，水分利用效率为10.69～11.14kg/m^3，其次为分蘖期和苗期，分别为3.09～3.57kg/m^3、1.59～2.73kg/m^3。生物刺激素+根际促生菌处理试验的各处理在各个生育期的水分利用效率与CK处理相比均显著增加，说明施用生物刺激素和根际促生菌能有效促进高丹草各个生育阶段的生长发育。在高丹草的苗期和分蘖期，各处理间存在显著性差异，而在拔节期—抽穗期，各处理间差异不显著，即生物刺激素和根际促生菌的施用应当放在高丹草的生育前期进行，在生育后期对高丹草的生长发育促进作用不明显。

高丹草全生育期水分利用效率见表5.11，由表可知，水氮各处理下的高丹草水分利用效率最大处理为W3N2的6.62kg/m^3，最小处理为W4N1的4.74kg/m^3，在各灌水水平下，随着施氮量的增加，高丹草水分利用效率呈现先增大后减小的变化趋势。在各施氮水平下，随着灌水量的增大，水分利用效率呈现先增大后减小的变化趋势。这可能是因为在低水条件下，增大施氮量，在一定程度上弥补了水分缺失对作物生长的抑制，而灌水量增大后，过多的氮肥被淋洗到根层之下，导致作物吸收水分和养分的短缺，从而导致高丹草的水分利用效率降低。在生物刺激素根际促生菌试验中，BT1BS1、BT1BS2、BT2BS1、BT3BS1 和 BT4BS1 处理的水分利用效率略低于 CK 处理，其余处理均高于 CK 处理，其中水分利用效率最大处理为 BT3BS4 的 6.29kg/m^3，高于 CK 处理 2.8%。

表 5.11 高丹草全生育期水分利用效率

水氮处理	水分利用效率/(kg/m^3)	生化调控处理	水分利用效率/(kg/m^3)
W1N1	4.78	BT1BS1	6.05
W1N2	5.05	BT1BS2	6.11
W1N3	5.97	BT1BS3	6.20
W1N4	6.19	BT1BS4	6.23
W1N5	6.03	BT1BS5	6.12
W2N1	4.89	BT2BS1	6.07
W2N2	5.11	BT2BS2	6.16
W2N3	5.82	BT2BS3	6.21
W2N4	6.41	BT2BS4	6.22
W2N5	6.26	BT2BS5	6.21
W3N1	5.12	BT3BS1	6.11
W3N2	6.62	BT3BS2	6.24
W3N3	6.32	BT3BS3	6.27
W3N4	6.53	BT3BS4	6.29
W3N5	6.52	BT3BS5	6.25
W4N1	4.74	BT4BS1	6.08
W4N2	5.24	BT4BS2	6.22
W4N3	5.67	BT4BS3	6.27
W4N4	6.24	BT4BS4	6.21
W4N5	6.12	BT4BS5	6.21

5.3.3 氮肥利用效率

水氮处理和生物刺激素+根际促生菌处理下的高丹草氮肥偏生产力见表 5.12。由表可知，水氮处理中氮肥偏生产力最大的处理为 W4N1，达到了 120.17kg/kg，氮肥偏生产力最低处理为 W1N5 的 57.63kg/kg。在同一灌水水平下，随着施氮量的增大氮肥偏生产力显著下降，各灌水水平下 N5 处理的氮肥偏生产力分别低于 N1 处理 39.2%、38.1%、37.7%、37.5%。各施氮水平下，随着灌水量的增大，氮肥偏生产力均呈现先增大后减小的变化趋势，即 W3>W4>W2>W1。因此想要增大氮肥偏生产力可以采取增大灌水量和降低氮肥施量的措施，但是要在合适的范围之内。因为灌水量过大可能反而降低氮肥偏生产力，而降低施氮量提高氮肥偏生产力是通过大幅度降低产量来获得的。

在生物刺激素＋根际促生菌处理试验中，各处理的氮肥偏生产力均高于CK处理，其中氮肥偏生产力最大的处理为BT4BS3的80.68kg/kg，高于CK处理7.3%，氮肥偏生产力最小的处理为BT1BS1的75.58kg/kg，高于CK处理0.6%。在各生物刺激素施量下，氮肥偏生产力随着根际促生菌施量的增大呈现先增大后减小的变化趋势，即BS4＞BS3＞BS5＞BS2＞BS1。在同一根际促生菌施量下，氮肥偏生产力随着生物刺激素施量的增大也呈现先增大后减小的变化趋势，因此想要提高氮肥偏生产力，生物刺激素和根际促生菌的施量均要处在一个合适的范围，过大或过小的施量均会导致氮肥偏生产力下降。

表5.12　高丹草全生育期氮肥偏生产力

水氮处理	氮肥偏生产力/(kg/kg)	生境调控处理	氮肥偏生产力/(kg/kg)
W1N1	94.78	BT1BS1	75.58
W1N2	78.96	BT1BS2	76.95
W1N3	76.89	BT1BS3	78.89
W1N4	70.45	BT1BS4	79.34
W1N5	57.63	BT1BS5	77.68
W2N1	107.39	BT2BS1	76.71
W2N2	88.61	BT2BS2	78.37
W2N3	83.32	BT2BS3	79.79
W2N4	79.21	BT2BS4	80.11
W2N5	66.47	BT2BS5	79.53
W3N1	127.11	BT3BS1	77.47
W3N2	110.13	BT3BS2	79.95
W3N3	102.68	BT3BS3	81.11
W3N4	92.30	BT3BS4	81.45
W3N5	79.21	BT3BS5	80.61
W4N1	120.17	BT4BS1	76.92
W4N2	104.39	BT4BS2	79.18
W4N3	94.07	BT4BS3	80.68
W4N4	88.61	BT4BS4	80.00
W4N5	75.16	BT4BS5	79.61

5.4　调控措施对高丹草品质的影响

种植饲草是为了收获地上全部营养物质，所以除了追求高产量之外，同时还要兼顾饲草的品质，保证其作为饲料的营养品质能够满足牲畜的饲用要求。高丹草的品质指标主要有粗蛋白、粗灰分、中性洗涤纤维、酸性洗涤纤维、粗脂肪、可溶性糖等，本节主要分析水氮调控和生化调控措施对粗蛋白、粗灰分、中性洗涤纤维、酸性洗涤纤维的作用效果。

5.4.1 粗蛋白

5.4.1.1 水氮调控措施

图 5.15 所示为水氮处理对高丹草收获期叶片粗蛋白含量的影响，由图可知，水氮处理中，W3N5 处理的高丹草收获期叶片粗蛋白含量最大，为 91.12g/kg，W1N1 处理的高丹草收获期叶片粗蛋白含量最小，为 75.32g/kg。由图 5.15（a）可知，在同一灌水处理下，收获期叶片粗蛋白含量随着施氮量的增大呈现逐渐增大的趋势，在 N5 施氮水平达到最大值（即 N5＞N4＞N3＞N2＞N1）。在 W2 灌水水平下，N1 和 N2、N4 和 N5 处理的叶片粗蛋白含量差异不显著，除此之外其余各处理间均存在显著性差异。在 W1、W2、W3、W4 灌水水平下，N5 处理下的收获期叶片粗蛋白含量分别高于 N1 处理 5.7%、8.3%、9.7%、10.8%。由图 5.15（b）可知，在同一施氮处理下，N3 施氮水平下的 W1 和 W2、W3 和 W4 处理的收获期叶片粗蛋白含量差异不显著，除此之外，灌水量显著影响收获期叶片粗蛋白含量。随着灌水量的增大，粗蛋白含量呈现先增大后减小的变化趋势，在 W3 达到最大值，继续增大灌水量到 W4 处理粗蛋白含量变小（即 W3＞W4＞W2＞W1）。W2、W3 和 W4 处理下的粗蛋白含量平均值分别高于 W1 处理 4.9%、8.8%、7.1%。

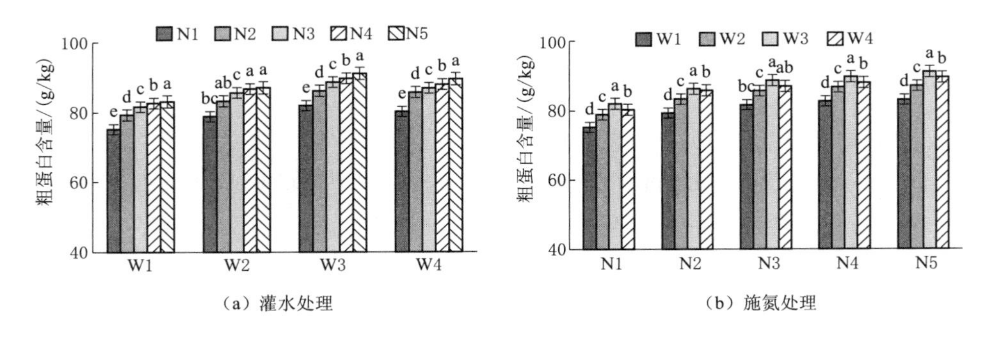

图 5.15 水氮处理下高丹草收获期叶片粗蛋白含量

注 不同小写字母表示差异显著（$P<0.05$）。

5.4.1.2 生化调控措施

图 5.16 所示为生物刺激素＋根际促生菌处理对收获期高丹草叶片粗蛋白含量的影响，由图可知，与 CK 相比，生物刺激素＋根际促生菌处理下高丹草收获期叶片粗蛋白含量显著增加，其中 BT3BS4 处理的收获期高丹草叶片粗蛋白含量最大，为 105.73g/kg，高于 CK 处理 18.1%，BT1BS1 处理的收获期高丹草叶片粗蛋白含量最小，为 93.76g/kg，高于 CK 处理 4.7%。

由图 5.16（a）可知，在同一生物刺激素施量下，不同根际促生菌施量对收获期叶片粗蛋白含量影响程度不同，其中，在 BT1 处理下，BS4 处理与 BS5 处理差异不显著，其余各处理间均存在显著性差异。在整体上，随着根际促生菌施量的增加，收获期叶片粗蛋白含量呈现先增大后减小的变化趋势（即 BS4＞BS5＞BS3＞BS2＞BS1）。BS1、BS2、BS3、BS4 和 BS5 处理下的收获期叶片平均粗蛋白含量分别高于 CK 处理 8.5%、11.3%、13.8%、15.6%、15.4%。

由图 5.16（b）可知，在同一根际促生菌施量下，不同生物刺激素施量对收获期叶片粗蛋白含量影响程度不同，各处理间均存在显著性差异。在整体上，随着生物刺激素施量的增加，收获期叶片粗蛋白含量呈现先增大后减小的变化趋势（即 BT3＞BT4＞BT2＞BT1）。BT1、BT2、BT3、BT4 处理下的收获期叶片平均粗蛋白含量分别高于 CK 处理 9.0％、12.6％、15.4％、14.8％。

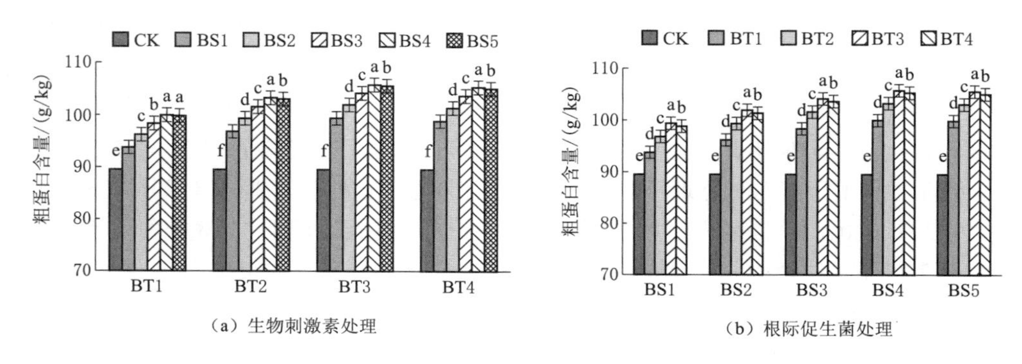

（a）生物刺激素处理　　（b）根际促生菌处理

图 5.16　生化调控措施处理下高丹草收获期叶片粗蛋白含量

注　CK 表示空白对照处理；不同小写字母表示差异显著（$P<0.05$）。

5.4.2　粗灰分

5.4.2.1　水氮调控措施

图 5.17 所示为水氮处理对高丹草收获期叶片粗灰分含量的影响，由图可知，水氮处理中，W4N3 处理的高丹草收获期叶片粗灰分含量最大，为 8.52％，W1N1 处理的玉米收获期叶片粗灰分含量最小，为 6.12％。

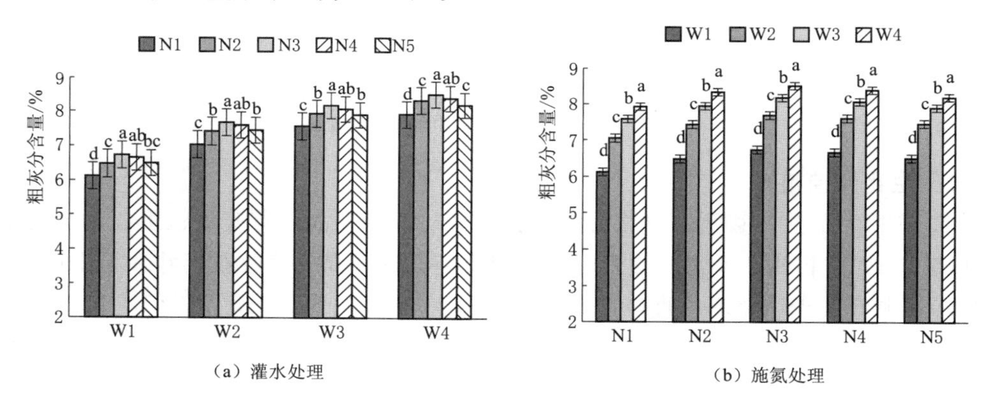

（a）灌水处理　　（b）施氮处理

图 5.17　水氮处理下高丹草收获期叶片粗灰分含量

由图 5.17（a）可知，在同一灌水处理下，收获期叶片粗灰分含量随着施氮量的增大呈现先增大后减小的变化趋势，在 N3 施氮水平达到最大值（即 N3＞N4＞N2＞N5＞N1）。在各灌水水平下，N3、N4 处理的叶片粗灰分含量差异不显著。在 W1、W2 和 W3 处理下，N4 和 N5 处理的叶片粗灰分含量差异不显著。N2、N3、N4、N5 处理下的收获期叶片平均粗灰分含量分别高于 N1 处理 5.3％、8.6％、7.3％、4.9％。

由图 5.17（b）可知，在各施氮处理下，灌水量均显著影响收获期叶片粗灰分含量。收获期叶片粗灰分含量随着灌水量的增大而增大，在 W4 达到最大值（即 W4＞W3＞W2＞W1）。因此，高丹草的灌水量不宜过大，否则收获期叶片粗灰分含量过大，降低了饲用品质。W2、W3 和 W4 处理下的粗灰分含量平均值分别高于 W1 处理 14.5%、22.1%、27.4%。

5.4.2.2 生化调控措施

图 5.18 所示为生物刺激素＋根际促生菌处理对收获期高丹草叶片粗灰分含量的影响，由图可知，与 CK 相比，生物刺激素＋根际促生菌处理下高丹草收获期叶片粗灰分含量显著增加，其中 BT3BS3 处理的收获期高丹草叶片粗灰分含量最大，为 9.22%，高于 CK 处理 12.4%，BT1BS1 处理的收获期高丹草叶片粗蛋白含量最小，为 8.42%，高于 CK 处理 2.7%。

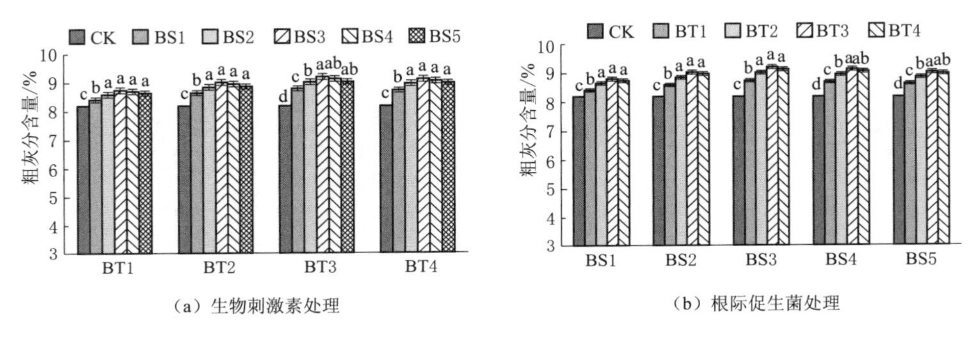

图 5.18 生化调控措施处理下高丹草收获期叶片粗灰分含量

由图 5.18（a）可知，在同一生物刺激素施量下，不同根际促生菌施量对收获期叶片粗灰分含量影响程度不同。其中，在 BT1、BT2 和 BT4 处理下，BS2、BS3、BS4 与 BS5 处理的差异均不显著，在 BT3 处理下，BS3、BS4 与 BS5 处理的差异均不显著。在整体上，随着根际促生菌施量的增加，收获期叶片粗灰分含量呈现先增大后减小的变化趋势（即 BS3＞BS4＞BS5＞BS2＞BS1）。BS1、BS2、BS3、BS4 和 BS5 处理下的收获期叶片平均粗灰分含量分别高于 CK 处理 5.6%、8.2%、10.2%、9.5%、8.5%。

由图 5.18（b）可知，在同一根际促生菌施量下，不同生物刺激素施量对收获期叶片粗灰分含量影响程度不同，在整体上，随着生物刺激素施量的增加，收获期叶片粗灰分含量呈现先增大后减小的变化趋势（即 BT3＞BT4＞BT2＞BT1）。在各根际促生菌施量下，BT3 和 BT4 处理的收获期叶片粗灰分含量差异均不显著，说明根际促生菌施量增加到一定量之后（BT3）继续增施根际促生菌对收获期叶片粗灰分含量影响不大。BT1、BT2、BT3、BT4 处理下的收获期叶片平均粗灰分含量分别高于 CK 处理 5.2%、8.3%、10.4%、9.7%。

5.4.3 中性洗涤纤维

5.4.3.1 水氮调控措施

图 5.19 所示为水氮处理对高丹草收获期叶片中性洗涤纤维含量的影响，由图可知，水氮处理中，W4N1 处理的高丹草收获期叶片中性洗涤纤维含量最大，为 50.28%，W1N5 处理的高丹草收获期叶片中性洗涤纤维含量最小，为 43.28%。

由图 5.19（a）可知，在同一灌水处理下，收获期叶片中性洗涤纤维含量随着施氮量的增大呈现逐渐减小的变化趋势，在 N5 施氮水平达到最小值（即 N1＞N2＞N3＞N4＞N5），且各处理间均存在显著性差异。N2、N3、N4、N5 处理下的收获期叶片平均中性洗涤纤维含量分别低于 N1 处理 2.4％、4.0％、5.0％、5.7％。

由图 5.19（b）可知，在各施氮处理下，灌水量均显著影响收获期叶片中性洗涤纤维含量。收获期叶片中性洗涤纤维含量随着灌水量的增大而增大，在 W4 达到最大值（即 W4＞W3＞W2＞W1）。因此，高丹草的灌水量不宜过大，否则收获期叶片中性洗涤纤维含量过大，降低饲用品质。W2、W3 和 W4 处理下的中性洗涤纤维含量平均值分别高于 W1 处理 1.0％、2.3％、10.1％。

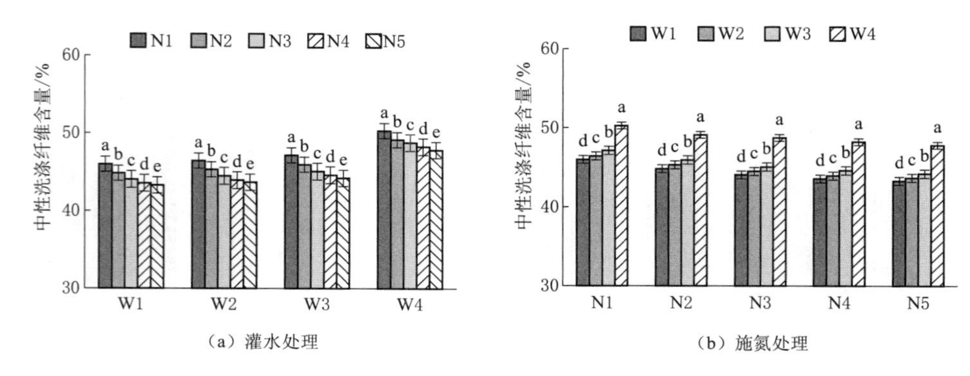

图 5.19　水氮处理下高丹草收获期叶片中性洗涤纤维含量

5.4.3.2　生化调控措施

图 5.20 所示为生物刺激素＋根际促生菌处理对收获期高丹草叶片中性洗涤纤维含量的影响，由图可知，与 CK 相比，生物刺激素＋根际促生菌处理下高丹草收获期叶片中性洗涤纤维含量显著减小，其中 BT4BS5 处理的收获期高丹草叶片中性洗涤纤维含量最小，为 39.3％，低于 CK 处理 17.8％，BT1BS1 处理的收获期高丹草叶片中性洗涤纤维含量最大，为 45.54％，低于 CK 处理 4.7％。说明施用生物刺激素和根际促生菌能显著降低高丹草收获期叶片中性洗涤纤维的含量，提高了青贮玉米的利用程度，增加动物的采食量，提高了饲用品质。

由图 5.20（a）可知，在同一生物刺激素施量下，不同根际促生菌施量对收获期叶片中性洗涤纤维含量影响程度不同，且各处理间差异显著。在整体上，随着根际促生菌施量的增加，收获期叶片中性洗涤纤维含量逐渐减小（即 BS1＞BS2＞BS3＞BS4＞BS5）。BS1、BS2、BS3、BS4 和 BS5 处理下的收获期叶片平均中性洗涤纤维含量分别低于 CK 处理 8.6％、11.2％、13.1％、14.2％、14.9％。

由图 5.20（b）可知，在同一根际促生菌施量下，不同生物刺激素施量对收获期叶片中性洗涤纤维含量影响程度不同，且各处理间差异显著。在整体上，随着生物刺激素施量的增加，收获期叶片中性洗涤纤维含量呈现逐渐减小的变化趋势（即 BT1＞BT2＞BT3＞BT4）。BT1、BT2、BT3、BT4 处理下的收获期叶片平均中性洗涤纤维含量分别低于 CK 处理 8.8％、11.7％、13.8％、15.4％。

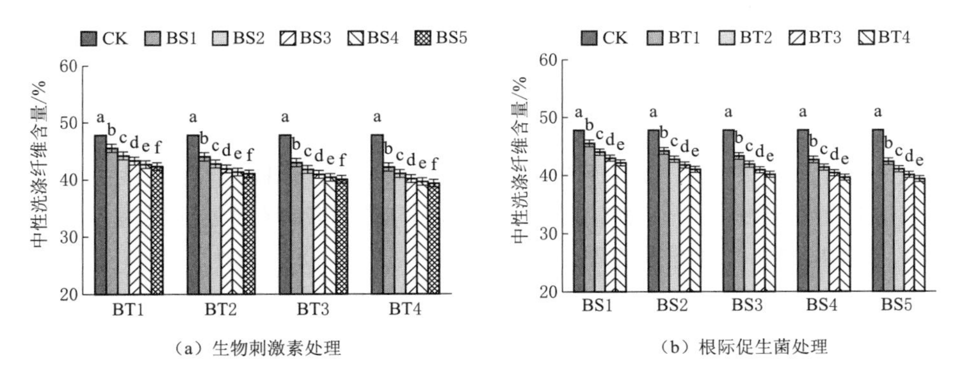

(a) 生物刺激素处理 (b) 根际促生菌处理

图 5.20 生化调控措施处理下高丹草收获期叶片中性洗涤纤维含量

5.4.4 酸性洗涤纤维

5.4.4.1 水氮调控措施

图 5.21 所示为水氮处理对高丹草收获期叶片酸性洗涤纤维含量的影响，由图可知，水氮处理中，W4N1 处理的高丹草收获期叶片酸性洗涤纤维含量最大，为 39.49%，W1N5 处理的高丹草收获期叶片酸性洗涤纤维含量最小，为 32.48%。

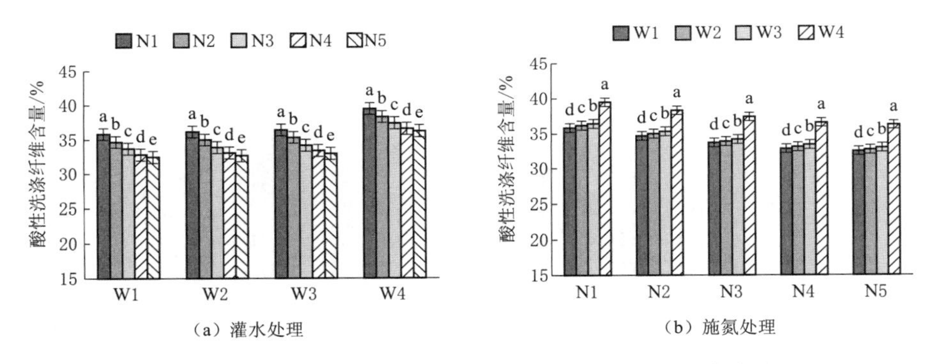

(a) 灌水处理 (b) 施氮处理

图 5.21 水氮处理下高丹草收获期叶片酸性洗涤纤维含量

由图 5.21 (a) 可知，在同一灌水处理下，收获期叶片酸性洗涤纤维含量随着施氮量的增大呈现逐渐减小的变化趋势，在 N5 施氮水平达到最小值（即 N1＞N2＞N3＞N4＞N5）。在各灌水水平下，各施氮处理的叶片酸性洗涤纤维含量均存在显著性差异。N2、N3、N4、N5 处理下的收获期叶片平均酸性洗涤纤维含量分别低于 N1 处理 3.1%、5.9%、8.1%、9.2%。

由图 5.21 (b) 可知，在各施氮处理下，灌水量均显著影响收获期叶片酸性洗涤纤维含量。收获期叶片酸性洗涤纤维含量随着灌水量的增大而增大，在 W4 达到最大值（即 W4＞W3＞W2＞W1）。因此，高丹草的灌水量不宜过大，否则收获期叶片酸性洗涤纤维含量过大，降低饲用品质。W2、W3 和 W4 处理下的酸性洗涤纤维含量平均值分别高于 W1 处理 0.8%、1.6%、10.9%。

5.4.4.2　生化调控措施

图5.22所示为生物刺激素+根际促生菌处理对收获期高丹草叶片酸性洗涤纤维含量的影响，由图可知，与CK相比，生物刺激素+根际促生菌处理下高丹草收获期叶片酸性洗涤纤维含量显著减小，其中BT4BS5处理的收获期高丹草叶片酸性洗涤纤维含量最小，为33.24%，低于CK处理8.3%，BT1BS1处理的收获期高丹草叶片酸性洗涤纤维含量最大，为35.13%，低于CK处理3.1%。说明施用生物刺激素和根际促生菌能显著降低高丹草收获期叶片酸性洗涤纤维的含量，提高了饲用品质。

由图5.22(a)可知，在同一生物刺激素施量下，不同根际促生菌施量对收获期叶片酸性洗涤纤维含量影响程度不同。其中，在各生物刺激素梯度下，BS4与BS5处理的差异均不显著，除此之外，各处理间差异显著。在整体上，随着根际促生菌施量的增加，收获期叶片酸性洗涤纤维含量逐渐减小(即BS1>BS2>BS3>B4>BS5)。BS1、BS2、BS3、BS4和BS5处理下的收获期叶片平均酸性洗涤纤维含量分别低于CK处理4.2%、5.3%、6.4%、7.1%、7.4%。

由图5.22(b)可知，在同一根际促生菌施量下，不同生物刺激素施量对收获期叶片酸性洗涤纤维含量影响程度不同，在整体上，随着生物刺激素施量的增加，收获期叶片酸性洗涤纤维含量呈现逐渐减小的变化趋势(即BT1>BT2>BT3>BT4)。在各根际促生菌处理下，BT3和BT4处理的收获期叶片酸性洗涤纤维含量差异不显著。BT1、BT2、BT3、BT4处理下的收获期叶片平均酸性洗涤纤维含量分别低于CK处理5.0%、5.9%、6.5%、6.9%。

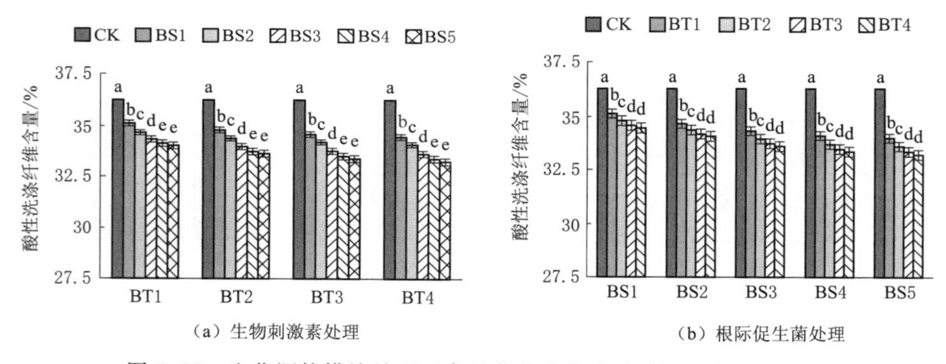

(a) 生物刺激素处理　　(b) 根际促生菌处理

图5.22　生化调控措施处理下高丹草收获期叶片酸性洗涤纤维含量

5.5　多调控措施下高丹草生长品质模型及综合评价

本节主要在分析不同生境调控措施下高丹草株高、叶面积指数和干物质量变化特征的基础上，定量表征调控措施对饲草产量和营养品质的影响，构建产量品质模型，提出高丹草的最佳综合调控模式。

5.5.1　株高增长模型

5.5.1.1　水氮调控措施

表5.13给出了水氮处理下Logistic模型高丹草株高拟合结果。水氮试验中，在同一

灌水量下，不同氮肥施量对高丹草株高理论最大值影响程度不同，高丹草株高理论最大值随着施氮量的增加整体上呈现先增大后减小的变化趋势（即 N4＞N5＞N3＞N2＞N1），N2、N3、N4 和 N5 处理下的株高理论最大值的平均值分别高于 N1 处理 7.9%、21.5%、33.2%、31.3%。在同一施氮水平下，高丹草株高理论最大值随着灌水量的增大呈现先增大后减小的变化趋势（即 W3＞W4＞W2＞W1），W2、W3 和 W4 处理下的株高理论最大值的平均值分别高于 W1 处理 5.1%、29.8%、21.9%。

表 5.13　水氮处理下 Logistic 模型高丹草株高拟合参数

水氮处理	模型参数			拟合效果	
	株高理论最大值 H_{max}/cm	a	b	RMSE/cm	R^2
W1N1	275.34	6.51	0.099	16.5	0.991
W1N2	266.99	6.31	0.097	21.1	0.986
W1N3	294.79	6.31	0.099	24.9	0.982
W1N4	311.11	5.92	0.093	24.5	0.985
W1N5	299.98	6.11	0.094	22.5	0.988
W2N1	258.59	6.34	0.098	14.0	0.994
W2N2	266.08	6.47	0.102	17.4	0.988
W2N3	295.02	5.87	0.091	21.8	0.988
W2N4	354.72	5.87	0.091	27.9	0.987
W2N5	347.44	5.65	0.086	25.3	0.991
W3N1	291.58	5.49	0.084	19.8	0.992
W3N2	341.33	5.20	0.078	22.6	0.994
W3N3	389.02	4.93	0.072	36.5	0.991
W3N4	430.35	4.57	0.067	52.5	0.986
W3N5	427.80	4.54	0.065	49.7	0.989
W4N1	288.41	5.39	0.080	19.0	0.994
W4N2	327.05	5.81	0.087	24.1	0.991
W4N3	374.42	5.28	0.077	34.1	0.990
W4N4	387.90	5.14	0.078	37.6	0.986
W4N5	387.16	5.14	0.075	38.5	0.988

5.5.1.2　生化调控措施

表 5.14 给出了生化调控措施处理下 Logistic 模型高丹草株高拟合结果。生物刺激素＋根际促生菌处理中，BT1BS1 和 BT4BS1 处理的高丹草株高理论最大值略低于 CK 处理，其余处理均显著高于 CK 处理，各处理高于 CK 处理 1.9%～15.0%。在整体上，随着生物刺激素和根际促生菌施量的增大，高丹草株高理论最大值呈现先增大后减小的变化趋势，在 BT3BS3 处达到最大。根际促生菌的 BS2、BS3、BS4 和 BS5 处理下的株高理论最大值的平均值分别高于 BS1 处理 3.4%、8.5%、7.3%、3.8%。生物刺激素的 BT2、BT3 和 BT4 处理下的株高理论最大值的平均值分别高于 BT1 处理 7.1%、10.5%、4.6%。

表 5.14 生化调控措施处理下 Logistic 模型高丹草株高拟合参数

生化调控处理	模型参数			拟合效果	
	H_{max}/cm	a	b	RMSE/cm	R^2
BT1BS1	380.22	5.42	0.083	33.6	0.986
BT1BS2	394.34	5.12	0.078	40.6	0.983
BT1BS3	406.82	4.91	0.076	45.9	0.980
BT1BS4	405.69	4.85	0.076	45.8	0.979
BT1BS5	391.20	5.31	0.083	38.9	0.981
BT2BS1	393.18	5.08	0.078	37.1	0.987
BT2BS2	408.55	4.92	0.076	43.0	0.983
BT2BS3	423.26	4.56	0.072	53.3	0.976
BT2BS4	428.00	4.55	0.072	51.3	0.977
BT2BS5	411.41	4.87	0.076	49.1	0.977
BT3BS1	410.33	4.82	0.073	46.3	0.982
BT3BS2	420.56	4.74	0.074	48.4	0.980
BT3BS3	445.08	4.02	0.066	64.2	0.972
BT3BS4	431.07	4.48	0.071	58.2	0.973
BT3BS5	423.72	4.69	0.073	52.8	0.976
BT4BS1	382.37	5.24	0.081	34.7	0.987
BT4BS2	396.00	5.05	0.077	42.1	0.982
BT4BS3	424.22	4.97	0.075	48.0	0.979
BT4BS4	414.92	4.84	0.074	47.1	0.982
BT4BS5	399.34	4.95	0.076	46.5	0.980

5.5.2 叶面积指数增长模型

5.5.2.1 水氮调控措施

表 5.15 给出了水氮处理下 Logistic 模型高丹草叶面积指数拟合结果。水氮处理中，在同一灌水量下，不同氮肥施量对高丹草叶面积指数理论最大值影响程度不同，高丹草株高理论最大值随着施氮量的增加整体上呈现先增大后减小的变化趋势（即 N4＞N5＞N3＞N2＞N1），N2、N3、N4 和 N5 处理下的叶面积指数理论最大值的平均值分别高于 N1 处理 6.2%、13.4%、23.3%、19.7%。在同一施氮水平下，高丹草叶面积指数理论最大值随着灌水量的增大呈现先增大后减小的变化趋势（即 W3＞W4＞W2＞W1），W2、W3 和 W4 处理下的叶面积指数理论最大值的平均值分别高于 W1 处理 20.3%、34.7%、31.5%。

表 5.15 水氮处理下 Logistic 模型高丹草叶面积指数拟合参数

水氮处理	模型参数			拟合效果	
	叶面积指数理论最大值 LAI_{max}	a	b	RMSE	R^2
W1N1	7.600	4.366	0.069	0.878	0.966
W1N2	8.182	4.071	0.065	0.832	0.976
W1N3	9.474	4.053	0.064	0.962	0.979
W1N4	10.022	3.775	0.059	0.953	0.985
W1N5	9.328	4.021	0.063	0.955	0.980
W2N1	10.013	4.664	0.072	0.883	0.989
W2N2	10.123	4.799	0.078	0.704	0.991
W2N3	10.600	4.638	0.076	0.684	0.992
W2N4	11.640	4.592	0.076	0.837	0.989
W2N5	11.288	4.774	0.078	0.755	0.991
W3N1	10.510	4.112	0.066	0.818	0.991
W3N2	11.611	4.175	0.065	1.027	0.990
W3N3	12.119	4.388	0.071	0.904	0.991
W3N4	13.157	4.323	0.069	0.910	0.993
W3N5	12.700	4.365	0.070	0.913	0.992
W4N1	10.458	4.608	0.072	0.888	0.988
W4N2	11.057	4.496	0.071	0.967	0.988
W4N3	11.550	4.447	0.072	0.871	0.990
W4N4	12.735	4.436	0.067	0.861	0.993
W4N5	12.716	4.514	0.075	38.5	0.988

5.5.2.2 生化调控措施

表 5.16 给出了生化调控措施处理下 Logistic 模型高丹草叶面积指数拟合结果。生物刺激素＋根际促生菌处理中，BT1BS1 处理的高丹草叶面积指数理论最大值略低于 CK 处理，其余处理均显著高于 CK 处理，各处理高于 CK 处理 0.3%～10.6%。在整体上，随着生物刺激素和根际促生菌施量的增大，高丹草叶面积指数理论最大值呈现先增大后减小的变化趋势，在 BT3BS4 处达到最大。根际促生菌的 BS2、BS3、BS4 和 BS5 处理下的叶面积指数理论最大值的平均值分别高于 BS1 处理 2.2%、3.8%、6.7%、5.8%。生物刺激素的 BT2、BT3 和 BT4 处理下的叶面积指数理论最大值的平均值分别高于 BT1 处理 3.8%、6.4%、5.5%。

表 5.16 生化调控措施处理下 Logistic 模型高丹草叶面积指数拟合参数

生化调控处理	模型参数			拟合效果	
	叶面积指数理论最大值 LAI_{max}	a	b	RMSE	R^2
BT1BS1	12.860	4.243	0.070	0.904	0.991
BT1BS2	12.905	4.081	0.069	0.847	0.991
BT1BS3	12.999	3.919	0.067	0.948	0.988
BT1BS4	13.073	3.869	0.068	0.977	0.987
BT1BS5	13.057	3.890	0.068	0.982	0.987
BT2BS1	12.999	4.125	0.068	0.979	0.990
BT2BS2	13.128	4.031	0.068	1.007	0.988
BT2BS3	13.122	3.899	0.069	1.058	0.984
BT2BS4	13.976	3.859	0.068	1.191	0.983
BT2BS5	14.146	3.853	0.067	1.179	0.984
BT3BS1	13.202	4.002	0.068	0.995	0.989
BT3BS2	13.755	3.865	0.065	1.014	0.990
BT3BS3	13.930	3.866	0.068	1.141	0.985
BT3BS4	14.238	3.796	0.066	1.239	0.984
BT3BS5	13.918	3.845	0.067	1.181	0.983
BT4BS1	12.964	4.133	0.069	0.942	0.989
BT4BS2	13.381	3.948	0.066	0.985	0.990
BT4BS3	13.930	3.866	0.067	1.141	0.985
BT4BS4	14.238	3.796	0.066	1.239	0.983
BT4BS5	13.918	3.845	0.067	1.182	0.983

5.5.3 干物质量增长模型

5.5.3.1 水氮调控措施

表5.17给出了水氮调控处理下 Logistic 模型高丹草干物质量拟合结果。水氮处理中，在同一灌水量下，不同氮肥施量对高丹草干物质量理论最大值影响程度不同，高丹草干物质量理论最大值随着施氮量的增加整体上呈现先增大后减小的变化趋势（即 N4>N5>N3>N2>N1），N2、N3、N4 和 N5 处理下的干物质量理论最大值的平均值分别高于 N1 处理 6.5%、19.9%、31.4%、27.9%。在同一施氮水平下，高丹草干物质量理论最大值随着灌水量的增大呈现先增大后减小的变化趋势（即 W3>W4>W2>W1），W2、W3 和 W4 处理下的干物质量理论最大值的平均值分别高于 W1 处理 10.6%、30.9%、24.1%。

表 5.17 水氮处理下 Logistic 模型高丹草干物质量拟合参数

水氮处理	模型参数			拟合效果	
	干物质量理论最大值 DMA_{max}/(t/hm^2)	a	b	RMSE /(t/hm^2)	R^2
W1N1	18.84	4.94	0.076	0.53	0.999
W1N2	18.83	5.83	0.097	0.33	0.999
W1N3	22.61	6.00	0.097	0.52	0.999
W1N4	24.23	6.45	0.107	0.75	0.997
W1N5	23.10	5.95	0.097	0.63	0.998
W2N1	20.49	5.48	0.087	0.24	0.999
W2N2	21.43	5.99	0.097	0.51	0.998
W2N3	24.16	6.67	0.110	0.83	0.996
W2N4	26.95	7.66	0.128	1.13	0.992
W2N5	26.01	7.84	0.132	1.08	0.992
W3N1	23.51	6.17	0.100	0.32	0.999
W3N2	26.19	6.23	0.101	0.33	0.999
W3N3	29.04	7.35	0.122	0.54	0.998
W3N4	31.26	7.12	0.119	0.82	0.997
W3N5	30.90	6.84	0.114	0.75	0.997
W4N1	22.64	5.86	0.094	0.55	0.999
W4N2	24.67	6.63	0.109	0.33	0.999
W4N3	26.76	7.34	0.124	0.43	0.999
W4N4	30.02	7.49	0.126	0.81	0.997
W4N5	29.44	7.21	0.120	0.79	0.997

5.5.3.2 生化调控措施

表 5.18 给出了生化调控措施处理下 Logistic 模型高丹草干物质量拟合结果，生物刺激素＋根际促生菌处理中，各处理均显著高于 CK 处理，各处理高于 CK 处理 1.0%～8.2%。在整体上，随着生物刺激素和根际促生菌施量的增大，高丹草干物质量理论最大值呈现先增大后减小的变化趋势，在 BT3BS4 处达到最大。根际促生菌的 BS2、BS3、BS4 和 BS5 处理下的干物质量理论最大值的平均值分别高于 BS1 处理 2.0%、4.2%、4.3%、2.8%。生物刺激素的 BT2、BT3 和 BT4 处理下的干物质量理论最大值的平均值分别高于 BT1 处理 1.6%、3.1%、2.0%。

表 5.18 生化调控措施处理下 Logistic 模型高丹草干物质量拟合参数

生化调控处理	模型参数			拟合效果	
	干物质量理论最大值 DMA_{max}/(t/hm^2)	a	b	RMSE /(t/hm^2)	R^2
BT1BS1	29.73	6.92	0.117	0.79	0.997
BT1BS2	30.15	6.58	0.114	0.66	0.998
BT1BS3	30.89	6.36	0.112	0.77	0.997

续表

生化调控处理	模型参数			拟合效果	
	干物质量理论最大值 DMA_{max}/(t/hm²)	a	b	RMSE /(t/hm²)	R^2
BT1BS4	31.03	6.38	0.112	0.77	0.997
BT1BS5	30.07	6.52	0.115	0.71	0.997
BT2BS1	30.01	7.10	0.121	0.79	0.997
BT2BS2	30.58	6.68	0.117	0.60	0.998
BT2BS3	31.24	6.41	0.113	0.85	0.996
BT2BS4	31.39	6.38	0.113	0.88	0.996
BT2BS5	31.05	6.58	0.116	0.76	0.997
BT3BS1	30.40	6.85	0.117	0.83	0.995
BT3BS2	31.16	6.49	0.114	0.71	0.996
BT3BS3	31.72	6.28	0.112	1.05	0.995
BT3BS4	31.84	6.31	0.112	1.07	0.995
BT3BS5	31.49	6.40	0.114	0.99	0.995
BT4BS1	30.19	6.96	0.119	0.82	0.997
BT4BS2	30.85	6.61	0.116	0.66	0.998
BT4BS3	31.53	6.37	0.113	0.99	0.996
BT4BS4	31.28	6.42	0.114	0.96	0.996
BT4BS5	31.12	6.50	0.115	0.93	0.996

5.5.4 品质模型

高丹草的各品质指标与水氮施量和生物刺激素、根际促生菌施量满足良好的二次关系，如图5.23和图5.24所示。因此，以各品质指标为因变量，水氮施量和生物刺激素根际促生菌施量为自变量回归分析并构建回归方程，以期获得高丹草在水肥施量和生物刺激素根际促生菌施量区间内的动态连续变化。回归方程见表5.19和表5.20。

表5.19 高丹草各品质指标与水氮施量的关系

品质指标	回归方程	R^2
粗蛋白	$CP=-16.95-0.0005W^2+0.3996W-0.0002N^2+0.1628N$	0.978
粗灰分	$CA=-7.3182+0.0001W^2+0.0541W+0.0262N$	0.996
中性洗涤纤维	$NDF=79.7738+0.0003W^2-0.184W+0.0001N^2-0.046N$	0.976
酸性洗涤纤维	$ADF=69.6748+0.0003W^2-0.1779W-0.0471N$	0.973
可溶性糖	$SS=-15.3084-0.0005W^2+0.4094W-0.0003N^2+0.2113N$	0.980
可溶性淀粉	$SST=1.2368-0.0002W^2+0.192W-0.0001N^2+0.0824N$	0.999

注 CP、CA、NDF、ADF、SS、SST、W、N分别代表高丹草粗蛋白含量、粗灰分含量、中性洗涤纤维含量、酸性洗涤纤维含量、可溶性糖含量、可溶性淀粉含量、灌水量和施氮量。

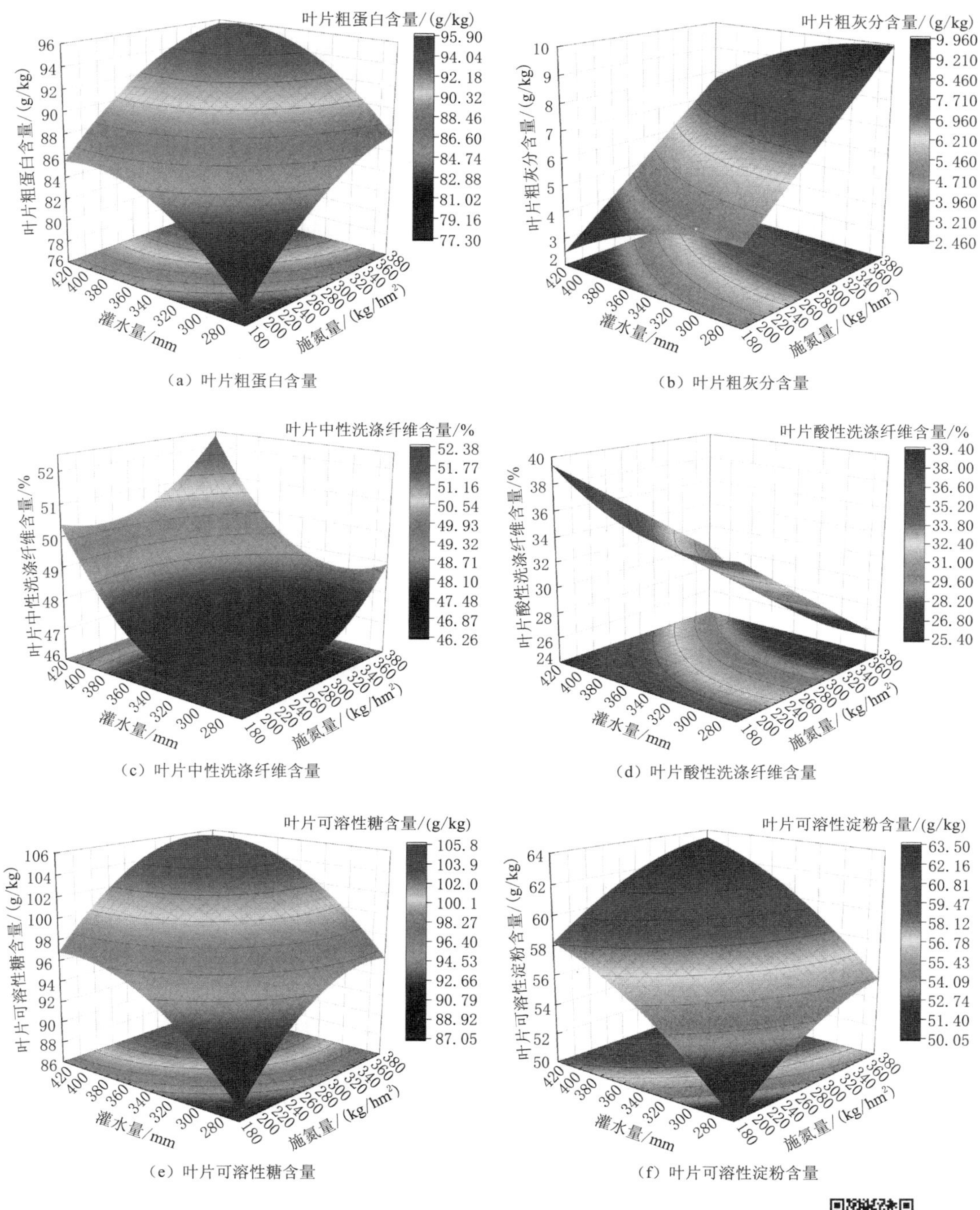

(a) 叶片粗蛋白含量

(b) 叶片粗灰分含量

(c) 叶片中性洗涤纤维含量

(d) 叶片酸性洗涤纤维含量

(e) 叶片可溶性糖含量

(f) 叶片可溶性淀粉含量

图 5.23 高丹草品质指标与水氮施量回归分析

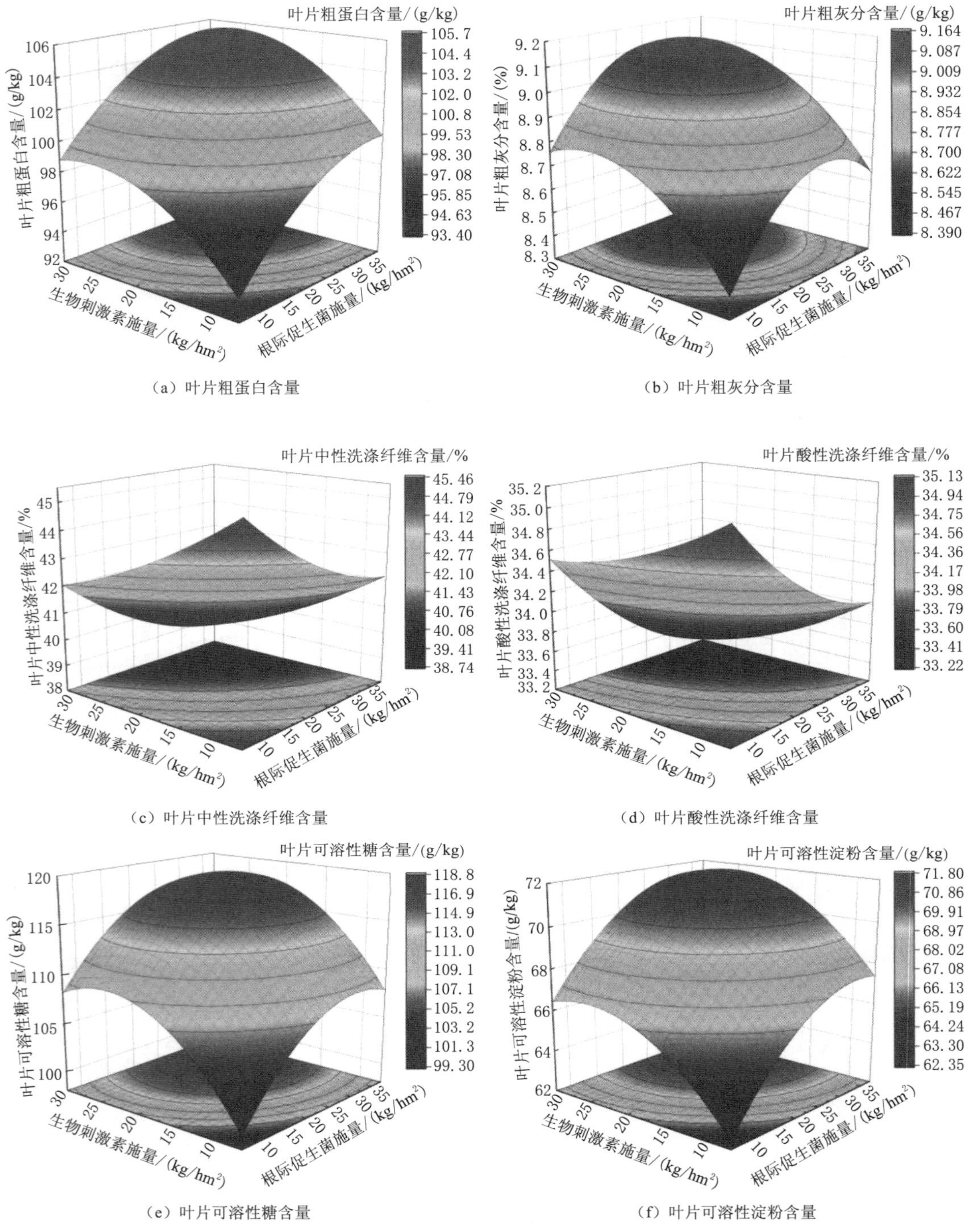

（a）叶片粗蛋白含量

（b）叶片粗灰分含量

（c）叶片中性洗涤纤维含量

（d）叶片酸性洗涤纤维含量

（e）叶片可溶性糖含量

（f）叶片可溶性淀粉含量

图 5.24　高丹草品质指标与生物刺激素、根际促生菌施量回归分析

彩图

表 5.20 生物刺激素、根际促生菌施量与高丹草各品质指标的关系

品质指标	回归方程	R^2
粗蛋白	$CP=84.215-0.0165T^2+0.854T-0.0076S^2+0.5555S+0.002TS$	0.988
粗灰分	$CA=7.612-0.0014T^2+0.0687T-0.001S^2+0.0532S$	0.981
中性洗涤纤维	$NDF=48.7992+0.0028T^2-0.2563T+0.0027S^2-0.2135S+0.0005TS$	0.999
酸性洗涤纤维	$ADF=36.0937+0.001T^2-0.0625T-0.001S^2-0.0792S-0.0003TS$	0.997
可溶性糖	$SS=81.201-0.0367T^2+1.7709T-0.01693S^2+1.0453S-0.0004TS$	0.985
可溶性淀粉	$SST=54.6567-0.0137T^2+0.6932T-0.0073S^2+0.4942S+0.0003TS$	0.978

注 CP、CA、NDF、ADF、SS、SST、T、S 分别代表高丹草粗蛋白含量、粗灰分含量、中性洗涤纤维含量、酸性洗涤纤维含量、可溶性糖含量、可溶性淀粉含量、生物刺激素施量和根际促生菌施量。

5.5.5 高丹草最佳调控措施综合评价

采用灰色关联分析法对高丹草适宜调控措施进行综合评价，旨在对高丹草响应指标产量、粗蛋白含量、粗灰分含量、酸性洗涤纤维含量、中性洗涤纤维含量、可溶性糖含量、可溶性淀粉含量、水分利用效率进行综合量化分析，评价出最优调控措施。

以试验采集的高丹草水氮处理的各响应指标数据作为比较数列，不同水氮处理下各响应指标的最大值（品质指标中，粗灰分、酸性洗涤纤维和中性洗涤纤维含量越低代表饲草的饲用品质越好，所以这三个指标选取最小值）组成参考数列。然后使用 MATLAB 进行综合评价分析，调用 Mean 函数计算各评价指标的平均关联度进行排名，见表 5.21。由表可知，高丹草不同水氮处理基于各响应指标综合评价后，最佳的水氮调控措施为 W3N5。

表 5.21 基于高丹草各响应指标的不同水氮处理综合评价

水氮处理	关联度	排名	水氮处理	关联度	排名
W1N1	0.781	20	W3N1	0.827	15
W1N2	0.802	17	W3N2	0.896	8
W1N3	0.861	13	W3N3	0.925	3
W1N4	0.890	9	W3N4	0.953	2
W1N5	0.879	10	W3N5	0.954	1
W2N1	0.792	18	W4N1	0.789	19
W2N2	0.814	16	W4N2	0.831	14
W2N3	0.865	12	W4N3	0.868	11
W2N4	0.913	5	W4N4	0.916	4
W2N5	0.905	7	W4N5	0.911	6

以试验采集的高丹草生化调控处理的各响应指标数据作为比较数列，不同处理下各响应指标的最大值（品质指标中，粗灰分、酸性洗涤纤维和中性洗涤纤维含量越低代表饲草的饲用品质越好，所以这三个指标选取最小值）组成参考数列。调用 Mean 函数计算各评价指标的平均关联度进行排名，见表 5.22。由表可知，高丹草不同生化调控处理基于各响应指标综合评价后，最佳的生化调控措施为 BT3BS4。

表5.22 基于高丹草各响应指标的不同生化调控处理综合评价

生化调控处理	关联度	排名	生化调控处理	关联度	排名
BT1BS1	0.891	20	BT3BS1	0.935	15
BT1BS2	0.912	19	BT3BS2	0.957	9
BT1BS3	0.930	17	BT3BS3	0.974	5
BT1BS4	0.943	12	BT3BS4	0.987	1
BT1BS5	0.937	14	BT3BS5	0.984	3
BT2BS1	0.916	18	BT4BS1	0.933	16
BT2BS2	0.937	13	BT4BS2	0.955	10
BT2BS3	0.955	11	BT4BS3	0.971	6
BT2BS4	0.967	7	BT4BS4	0.984	2
BT2BS5	0.964	8	BT4BS5	0.981	4

第6章　苹果适宜生境营造模式

6.1　苹果生长适宜环境与调控措施

6.1.1　苹果生长适宜环境

6.1.1.1　温度

苹果喜冷凉干燥、日照充足的气候条件，生长最适温度条件是年平均气温7～14℃。冬季为确保苹果树能够正常休眠，温度应控制在8℃以下，否则会影响植株在春季时的正常发芽。夏季温度应控制在18～24℃，平均温度大于26℃会导致花芽分化不良，果实发育加快，不耐储藏。

苹果根系正常生理活动需温度在4℃以上，萌芽期最适温度为8～10℃，开花期最适温度为15～18℃，果实发育和花芽分化最适温度为17～25℃，生育期需冷量为<7.2℃低温1200h。红色品种果实成熟前适宜的着色温度为10～20℃，昼夜温差保持在10℃，果实着色较好，如果昼夜温差较小，夜晚温度较高，则不利于上色。

6.1.1.2　光照

苹果树为喜光品种，光照充足，有利于正常生长和结果，有利于提高果实品质，不同品种对光照的需求有所差异，年日照在2200～2800h的地区是适宜苹果生长的地区，如果低于1500h或果实生长后期日照不足150h，苹果树会出现徒长、枝叶弱小、抵抗疾病能力差的情况，果树根系出现生长不好、结果率低、果实糖分不足及着色失败等现象，若光照强度低于自然光30%则花芽不能形成。因而，为确保苹果树正常生长，提高苹果产量和品质，在种植时一定要确保阳光充足。

6.1.1.3　土壤质地

土壤对苹果的生长速度、产量及品质都有一定的影响，为了保证苹果树的正常生长，一般选择土层深厚、排水良好和富含有机质的砂壤土、黄黏土、黑疆土等。土壤酸碱度以微酸性到中性为宜，pH值达到7.8以上时，容易发生缺素失绿现象。土壤通气不良时，根系生长受阻，影响果树正常生长。

6.1.1.4　降水

苹果树花芽分化和果实成熟期要求空气比较干燥，日照充足，则果面光洁，色泽浓艳，花芽饱满。如降水量过多，日照不足，则容易造成枝叶徒长，花芽分化不良，产量低而不稳定，病虫害严重，果实质量差。苹果树根系发达，蒸发强烈，耗水量比一般农作物都要高，因此需要充足的水分。一般情况下自然降水量为500～800mm就可以满足苹果树的生长需求，在降水比较多的地区，一定要及时排水，避免出现烂根等现象。在降水较少的地区则需要根据苹果的需水规律进行适时、适量的补充灌溉。

6.1.1.5 灌溉

苹果生长季各时期耗水量有所不同，大体呈波动性先增加后降低的趋势。其土壤持水量需保持在60%～80%，如果土壤持水量低于50%，就必须要灌水。简易估计土壤含水量的方法是砂壤土用手紧握成团，则表明不缺水；如果手指松开后不能成团，就说明已经受旱。黏土则是捏成团，但轻轻挤压就发生裂缝，也表明果树已经受旱。

在苹果种植过程中，应结合当地气候，对水分进行合理控制。苹果全生育期各个时期对水分的需求不同，花期到幼果期占生育期总需水量的5%，幼果期到果实膨大期占生育期总需水量的10%，果实膨大期到采收期占生育期总需水量的80%，成熟期占生育期总需水量的5%。说明果实膨大期到采收前是需水量较大的时期，即6—9月的需水量最大，此期也是全年气温最高期，树冠和果实生长最快的时期。

6.1.1.6 施肥管理

基肥是保证果树生长发育的基础，是果园最重要的施肥方式，有利于果树树体对营养的储存，施肥时间因不同品种果树产生差异，对于早熟品种，一般认为在果树采收后，9月通过穴施或沟施的方法将有机肥和无机肥混合施入土中，效果最好。

对于不同时期的追肥种类也不同，在果树生长前期，以追施氮肥为主，辅施磷肥，可以促进果树萌发，促进新梢生长，提高坐果率，在果实膨大期，这一时期施肥原则应保障果实的正常生长发育，促进果实膨大，减少氮肥的供应量，以磷肥和钾肥为主，在果实生长后期，同样应保证钾肥的供应量，促进果实着色，增加果实含糖量。对于滴灌早熟苹果树，为了提高果实品质，其整个生育期氮元素供应量应控制在5～10kg/亩；在生育期前期追施总需氮量的70%，在生育期后期追施总需氮量的30%；整个生育期钾元素供应量应控制在10～20kg/亩，在生育期前期新梢生长阶段追施总需钾量的25%，在生育期后期果实生长发育的主要阶段追施总需钾量的75%；磷元素的供应量大致与钾元素保持一致。

6.1.1.7 树形管理

一般情况下，在苹果树进入萌芽期和开花期前后，需要对果树进行春剪，主要采用抹芽、疏枝刻芽、环剥等方法完成树形管理，有利于果树的开花坐果。随着温度的升高，日照增强，需对果树枝条角度进行调节，有利于缓和果树生长的趋势，改善光照环境，扩大树冠，促进果树的生长发育。进入秋天以后，主要采用拉枝的方式对果树进行树形管理，一方面促进果树的花芽分化，另一方面提高果树的抗寒能力。冬季落叶后对果树进行休眠期的枝条修剪，一般在冬季落叶后到次年春季发芽前进行，其目的主要是去除病虫枝和密生枝，控制好花芽分化的比例，起到平衡树势生长的作用，从而达到后期丰收高产的目的。

6.1.2 苹果生长环境调控措施

6.1.2.1 试验区概况

试验地位于新疆生产建设兵团第一师阿拉尔市十团矮砧千亩果园。试验地所在区域气候类型为典型的内陆极端干旱气候，年均降水量约为150mm，年均气温约为11℃，全年潜在蒸发量为2100mm左右，全年日照时数约为2900h，无霜期在200d以上，地下水埋深超过 3m。试验地土壤为砂土，平均容重为 1.52g/cm^3，有机质含量 11.05g/kg，有效磷和有效硼含量分别为 3.20mg/kg 和 0.60mg/kg，速效钾含量 33mg/kg，碱解氮和全氮含量分别为 10mg/kg 和 176mg/kg，铵态氮和硝态氮含量分别为 2.01mg/kg 和 1.00mg/kg，EC 值为 354.60μs/cm。土壤容重及颗粒组成见表 6.1。

表 6.1　　试验区土壤容重及颗粒组成

土层深度/cm	容重/(g/cm^3)	黏粒含量/%	粉粒含量/%	砂粒含量/%
0～20	1.49	0.47	3.55	95.99
20～40	1.56	1.81	7.84	90.35
40～60	1.54	0	1.31	98.69
60～80	1.53	0	1.39	98.61
80～100	1.48	0	0.39	99.61
100～120	1.51	0.49	4.42	95.09

6.1.2.2　调控方案

试验采用磁电活化水灌溉，以灌水量 W、施氮量 N、施钾量 K、施锌量 Zn 为自变量，每个自变量设置 5 个梯度，按照二次正交通用旋转组合试验设计（1/2 实施）原理，共设置 20 个试验处理，每个处理为一个试验小区。每个试验小区内种植 10 棵苹果树，面积为 35m^2。灌溉方式为滴灌，滴孔间距 50cm，滴头流量 4L/h，滴灌带固定在距地面 50cm 处的铁丝上。各试验因子和水平编码值见表 6.2。试验设计矩阵见表 6.3。具体灌溉施肥制度按照表 6.4 执行。

表 6.2　　试验因子和水平编码值

水肥因子	1.682	1	0	−1	−1.682	变化间距 Δ_j
W/mm	800	700	550	400	300	150
N/(kg/hm^2)	150	135	112.5	90	75	22.5
K_2SO_4/(kg/hm^2)	300	270	225	180	150	45
$ZnSO_4$/(kg/hm^2)	22.5	15.825	11.25	6.675	0	4.575

表 6.3　　试验设计矩阵

试验处理	因子编码				实施方案			
	x_1	x_2	x_3	x_4	W/mm	N/(kg/hm^2)	K/(kg/hm^2)	Zn/(kg/hm^2)
T1	1	1	1	1	700	135	270	15.825
T2	1	1	−1	−1	700	135	180	6.675
T3	1	−1	1	−1	700	90	270	6.675
T4	1	−1	−1	1	700	90	180	15.825
T5	−1	1	1	−1	400	135	270	6.675
T6	−1	1	−1	1	400	135	180	15.825
T7	−1	−1	1	1	400	90	270	15.825

续表

试验处理	因子编码				实施方案			
	x_1	x_2	x_3	x_4	W/mm	N/(kg/hm^2)	K/(kg/hm^2)	Zn/(kg/hm^2)
T8	−1	−1	−1	−1	400	90	180	6.675
T9	−1.682	0	0	0	300	112.5	225	11.250
T10	1.682	0	0	0	800	112.5	225	11.250
T11	0	−1.682	0	0	550	75	225	11.250
T12	0	1.682	0	0	550	150	225	11.250
T13	0	0	1.682	0	550	112.5	150	11.250
T14	0	0	1.682	0	550	112.5	300	11.250
T15	0	0	0	−1.682	550	112.5	225	0
T16	0	0	0	1.682	550	112.5	225	22.500
T17	0	0	0	0	550	112.5	225	11.250
T18	0	0	0	0	550	112.5	225	750
T19	0	0	0	0	550	112.5	225	750
T20	0	0	0	0	550	112.5	225	750

注　x_1、x_2、x_3、x_4分别代表灌水量、施氮量、施钾量、施锌量的编码值；W、N、K、Zn分别代表灌水量、施氮量、施钾量、施锌量实际值。

表 6.4　　　　试验灌溉施肥制度

水肥因子	生育期	因子水平				
		−1.682	−1	0	1	1.682
灌水量/mm	开花坐果期	15.14	20.00	27.43	35.14	40.00
	幼果发育期	45.14	60.00	82.57	105.14	120.00
	果实膨大期	180.00	240.00	330.00	420.00	480.00
	果实成熟期	60.00	80.00	110.00	140.00	160.00
	全生育期	300.28	400.00	550.00	700.28	800.00
氮元素/(kg/hm^2)	开花坐果期	7.50	9.00	11.25	13.50	15.00
	幼果发育期	37.50	45.00	56.25	67.50	75.00
	果实膨大期	30.00	36.00	44.97	54.00	60.00
	果实成熟期	0	0	0	0	0
	全生育期	75.00	90.00	112.47	135.00	150.00
钾元素/(kg/hm^2)	开花坐果期	7.50	9.00	11.21	13.50	15.00
	幼果发育期	30.00	36.00	44.86	54.00	60.00
	果实膨大期	82.50	99.00	123.36	148.50	165.00
	果实成熟期	30.00	36.00	44.86	54.00	60.00
	全生育期	150.00	180.00	224.29	270.00	300.00

续表

水肥因子	生育期	因子水平				
		-1.682	-1	0	1	1.682
锌元素/(kg/hm^2)	开花坐果期	0	2.00	5.00	8.00	10.00
	幼果发育期	0	2.00	5.00	8.00	10.00
	果实膨大期	0	2.00	5.00	8.00	10.00
	果实成熟期	0	0	0	0	0
	全生育期	0	6.00	15.00	24.00	30.00

6.2 调控措施对苹果生长特征的影响

水肥对作物生长发育的影响是相互联系的，为探明水肥耦合效应对苹果树生长的影响，本节对苹果树生长指标进行观测和分析，以期为南疆地区主干结果型栽培模式下水肥耦合对苹果树的生长研究提供理论基础。

6.2.1 水肥耦合对苹果新梢长度的影响

新梢将叶片所产生的同化物质转运分配，对苹果的生产潜力具有重要影响。新梢生长不良，影响叶面积增长以及光合产物的运输。图 6.1 所示为不同水肥处理对苹果新梢长度变化的影响。由图可知，不同水肥处理下苹果树新梢长度随生育期的发展，均呈现出 S 形变化趋势。

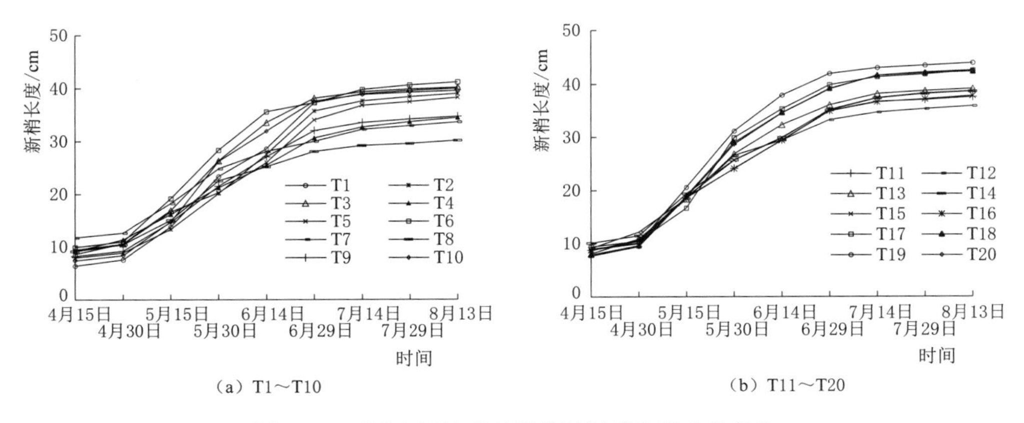

图 6.1　不同水肥处理下苹果树新梢长度动态变化

新梢生长初期（4 月 15—30 日），新梢长度增长较为缓慢，各水肥处理之间没有显著差异。苹果树进入新梢生长旺期（4 月 30 日—6 月 29 日），苹果树新梢长度快速增长，各水肥处理之间差异逐渐明显。进入苹果新梢生长末期（6 月 29 日—8 月 13 日），苹果新梢长度增长速度变缓。形成这种变化趋势的主要原因，一方面可能是新梢生长初期，果树处于萌芽展叶阶段，叶面积相对较小，叶片同化能力较弱。进入苹果树新梢生长旺期，果树叶面积增加，叶片的物质同化作用增强，养分供给更为充分，此时苹果树新梢长度增长较快。进入果实膨大期后，果实生长消耗大量养分，此时新梢生长速度逐渐变慢。另一方面，试验地区4月气温相对较低，不利于果树的新梢生长。随着气温升高苹果树代谢活动逐渐旺盛，新梢长度增长速率逐渐加快。

图6.2所示为不同水肥处理对苹果树最终新梢长度的影响。由图可知，T19处理苹果新梢长度最大，T8处理新梢长度最小。T8与T19处理相比新梢长度减小了45.8%。T17、T18、T19、T20处理灌水量、施氮量、施钾量、施锌量编码值均为0，新梢长度分别为42.59cm、42.41cm、44.02cm、42.65cm，平均值为42.92cm，与灌水量编码值最大和最小处理（T9、T10）相比分别增加了23.39%、8.11%，与施氮量编码值最大和最小处理（T11、T12）相比分别增加了13.99%、19.53%，与施钾量编码值最大和最小处理（T13、T14）相比分别增加了9.4%、10.83%，与施锌量编码值最大和最小处理（T15、T16）相比分别增加了10.73%、13.3%。说明随着灌水量、施氮量、施钾量、施锌量的增加新梢长度均呈现先增加后减小的趋势，只有当灌水量、施肥量达到适中水平，才能更好地促进新梢生长发育，盲目地灌水和施肥反而会对新梢生长产生消极影响。

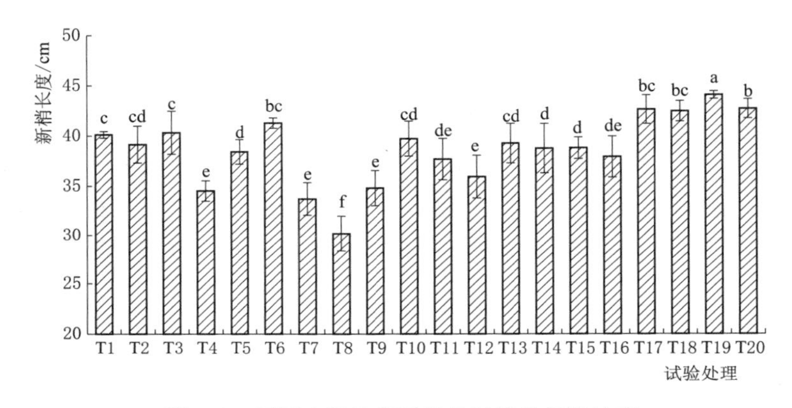

图6.2 不同水肥处理下苹果树最终新梢长度

6.2.2 水肥耦合对苹果新梢茎粗的影响

图6.3所示为不同水肥处理对苹果新梢茎粗变化的影响。由图可知，不同水肥处理新梢茎粗生长速度均表现为初期生长速度较慢中期生长速度较快，在生育期末期生长速度逐渐变缓。新梢生长初期（4月15—30日），各处理新梢茎粗长势相同，新梢茎粗范围为2.69～3.68mm，极差为0.99mm，平均值为3.07mm，标准差为0.19mm。4月30日—6月29日，新梢茎粗平均日增长量为0.049mm，新梢茎粗范围为5.59～7.04mm，极差为1.45mm，平均值为6.18mm，标准差为0.37mm，与新梢生长初期相比，不同水肥处理间差异明显增大，生长速度明显加快。说明新梢茎粗进入快速生长阶段，不同水肥处理开始对新梢茎粗的生长产生影响。

6月29日—8月13日，新梢茎粗平均日增长量为0.022mm，与前一阶段相比，新梢茎粗生长速度明显降低。说明开始进入新梢茎粗生长末期。导致这种变化趋势的原因可能是生育期初期果树整体处于萌芽展叶阶段，光合产物的生产和转运能力有限，因此新梢茎粗生长受到一定的限制，进入新梢茎粗生长中期，随着植株叶面积的增长、根系的生长，

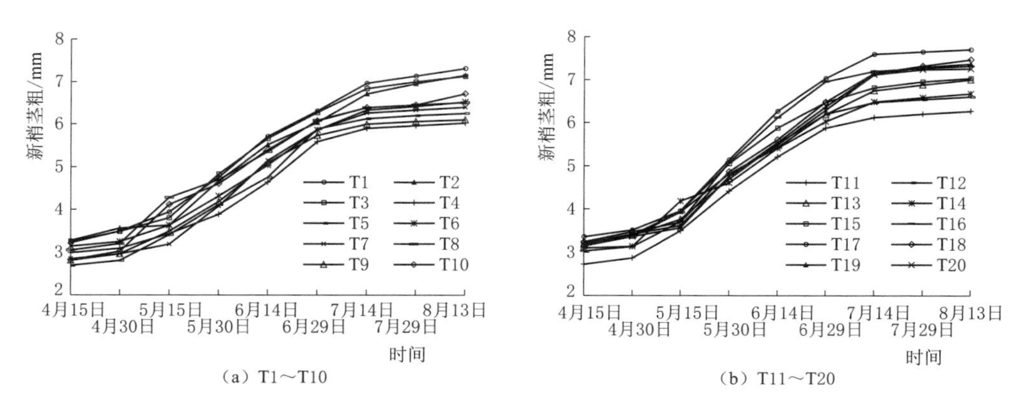

图 6.3　不同水肥处理下苹果新梢茎粗动态变化

以及温度升高、太阳辐射增强等气象因子的变化，植株对光能的截获，叶片对空气中 CO_2 的吸收固定，光合产物的转运以及根系对土壤养分的吸收作用逐渐增强，使得新梢茎粗得以快速生长，在新梢茎粗生长后期，果实生长处于膨大期和成熟期阶段，这一阶段果实生长消耗了植株大量的养分，同时为了促进果实的生长，一般会人为对苹果树新梢短截和回缩，抑制新梢生长。这些原因导致新梢生长速度放缓甚至停止生长。

图 6.4 所示为不同水肥处理下苹果最终新梢茎粗。由图可知，T17 处理新梢茎粗最大，T4 处理新梢茎粗最小，T4 与 T17 处理相比最终新梢茎粗降低了 28.03%。T9、T10 处理分别为灌水量最高处理和灌水量最低处理，整个生育期新梢茎粗生长量分别为 3.54mm 和 3.88mm，与 T17 处理相比分别降低了 18.4%和 10.8%。T11、T12 分别为施氮量最高处理和最低处理，新梢茎粗生长量分别为 3.89mm 和 4.1mm，与 T17 相比分别降低了 10.6%和 11.3%。说明灌水量和施氮量对新梢茎粗的影响存在一定的阈值，随着灌水量和施氮量的增加，新梢茎粗的生长量呈现出先增加后减少的趋势。

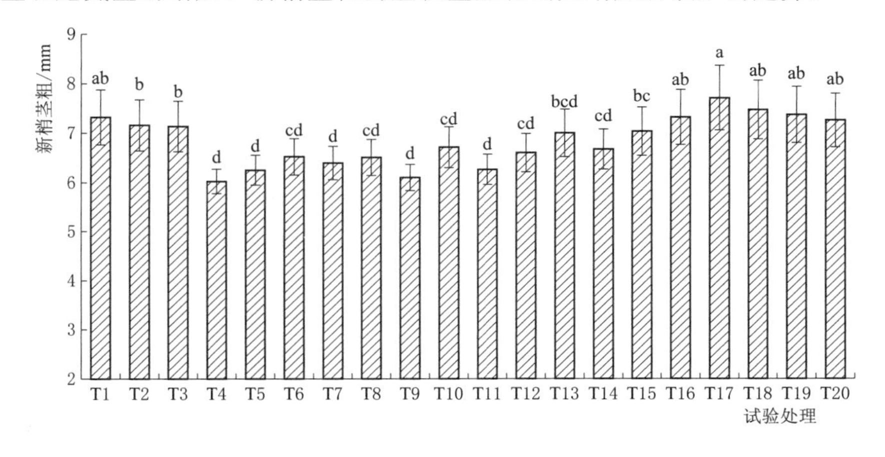

图 6.4　不同水肥处理下苹果树最终新梢茎粗

当灌水量编码水平均为 1 时（T1、T2、T3、T4），处理之间新梢茎粗差异不显著，当灌水量编码值为－1 时（T5、T6、T7、T8），处理之间差异仍不显著，对比不同灌水量下的苹果树最终新梢茎粗，处理之间呈现显著性差异。说明，在灌水量、施氮量、施钾量、施锌量的耦合作用下，灌水量的影响占据主导地位。在一定程度上采取适当的水肥管理能有效地促进果树的生长发育。盲目地灌水和施肥均不利于树体的生长以及土壤环境的营造，同时也会造成水资源的浪费以及经济投入的增长，对果树种植效益产生消极作用。

6.2.3　水肥耦合对苹果叶面积指数的影响

叶面积指数在一定程度上反映了植物对光能的截获情况，对分析植物生长状况具有重要意义。图6.5所示为不同水肥处理对苹果树叶面积指数动态变化的影响。由图可知，在不同水肥处理下，整个生育期内苹果叶面积指数变化趋势基本一致，均呈现先增大后减小的趋势。叶面积增长初期（4月15—30日），叶面积指数日平均增量为0.008，最大为0.547，最小为0.196，不同水肥处理极差为0.351，标准差为0.084，平均值为0.262。叶面积指数处于较低水平，增长较慢，处理之间差异不明显。

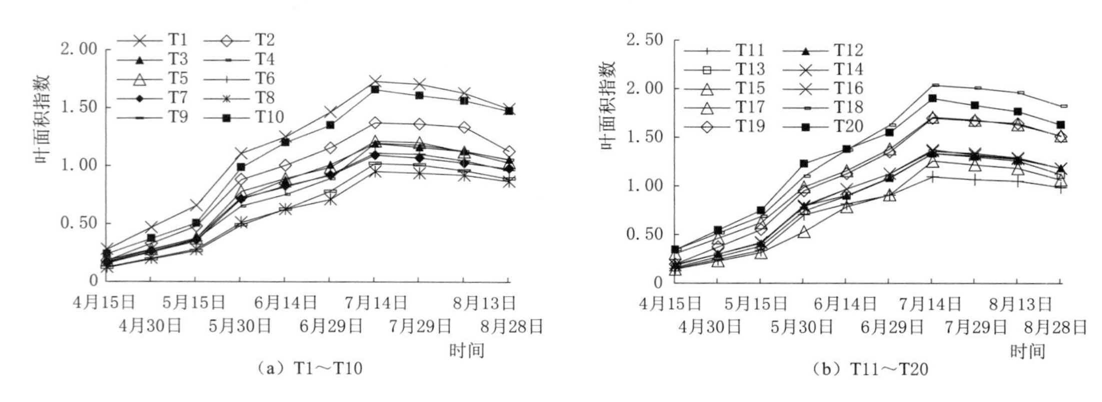

图6.5　不同水肥处理下苹果叶面积指数动态变化

5月30日—7月14日为叶面积指数快速增长期，叶面积指数日平均增量为0.016，叶面积指数平均值最大为1.532，最小为0.699，不同水肥处理极差为0.833，标准差为0.244，平均值为1.066。叶面积指数日平均增量与增长初期相比提高了100%。

7月14日—8月28日是苹果叶面积增长末期，果实进入成熟期，这期间叶面积指数呈现出减小的趋势，但仍维持在较高水平。平均叶面积指数最大值为1.929，最小值为0.906，不同水肥处理极差为1.023，标准差为0.287，平均值为1.287。与叶面积指数快速增长期相比平均值增加了20.73%。

生育期开始阶段，苹果植株正处于萌芽展叶阶段，当地气温较低，不利于叶面积指数的增长。说明随着生育期的推进，气温回升，树体生理活动加快，代谢活跃，叶面积指数增长速度加快，处理之间差异逐渐显现。7月14日各处理叶面积指数相继达到最大值。由于果实生长对树体养分的消耗，以及人为对新梢的修剪，抑制了叶面积指数的增长，呈现出一定程度的下降趋势。

从处理间的差异来看，T9、T10、T18处理叶面积指数表现为T18>T10>T9，说明随着灌水量的升高，叶面积指数呈现出先增加后减小的趋势。T18>T12>T11说明施氮量对叶面积指数的影响同样呈现出先增加后减小的趋势。T15处理与T19处理相比叶面积指数降低了29.5%，说明在保证灌水量、施氮量、施钾量一致的情况下，增施锌肥对苹果树叶面积指数产生一定的促进作用，可以有效抑制苹果树“小叶病”的发生，促进叶片生长，提高果树光合作用以及产量的形成。

6.2.4　水肥耦合对苹果果实体积生长的影响

果实体积从一定程度也反映了树体对水肥的吸收利用状况。图6.6所示为不同水肥处理对苹果果实体积动态变化的影响。由图可知，在不同水肥处理下，苹果果实体积生长速度主要呈现先增加后减小的趋势。整个生长发育过程主要可以分为幼果发育期、果实膨大期、果实成熟期。

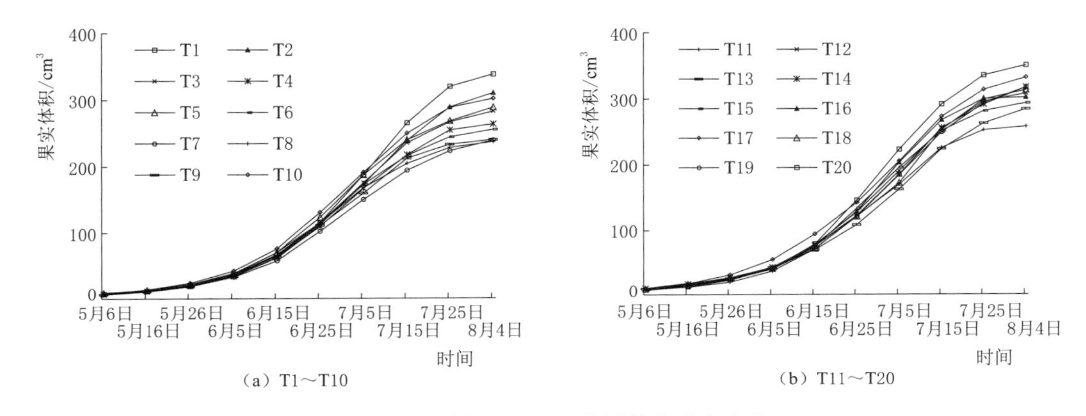

图6.6　不同水肥处理下苹果体积动态变化

幼果发育阶段（5月6日—6月5日）持续时间大约30天，果实体积日平均增量为0.94cm³。通过分析6月5日果实体积监测数据得到幼果发育期果实体积最大值为T17处理48.75cm³，最小值为T7处理29.82cm³，极差为18.93cm³，平均值为35.56cm³，处理之间标准差为4.24cm³。这一时期苹果果实体积较小，生长较为缓慢，处理之间差异较小。

果实膨大期（6月5日—7月25日）持续时间大约50天，占果实生长发育周期的一半。这一时期苹果果实体积平均日增量为4.14cm³，较前一阶段有明显提升。7月25日苹果果实体积监测数据显示，果实体积最大值为T20处理293.75cm³，最小值为T7处理196.27cm³，极差为97.48cm，平均值为242.90m³，处理之间标准差为27.20cm³。这一时期苹果果实体积快速增长，处理之间差异增大。

7月25日—8月4日苹果进入成熟期，果实开始着色，品质开始形成。8月4日苹果果实体积数据显示，苹果果实体积平均日增长量为1.28cm³，果实生长速度变缓。形成这种趋势的原因可能是，幼果发育期为苹果树生育期初期，树体养分供给能力有限且主要以营养生长为主，导致果实生长较慢。进入果实膨大期，苹果树叶片、新梢等营养器官发育健全，试验地温度升高，树体生理代谢逐渐活跃，养分供给能力增强。苹果果实开始快速生长。进入果实成熟期，果实主要以着色和形成品质为主，果实生长变缓甚至停止生长。

图6.7所示为不同水肥处理对苹果最终果实体积的影响。由图可知，T20处理苹果果实体积最大为307.22cm³，T8处理苹果果实体积最小为208.05cm³，与T20处理相比降

低了32.3%。T17处理相比T9、T10处理果实体积分别增加了27.55%和9.04%，说明过高和过低的灌水量均不利于果实体积的增长，随着灌水量的升高果实体积呈现出先增加后减小的趋势；与T17相比T11、T13、T15处理果实体积分别减少了22.36%、14.37%、11.61%；T12、T14、T16处理果实体积分别减小了7.28%、4.43%、9.05%，说明只有当肥料的供给处于适当水平时才更适合果实的生长。当灌水量和施肥量过低时，不满足果树的生长需求，抑制了果实的生长；当灌水量和施肥量过高时，大量的水分和养分被新梢生长所占用，容易出现新梢旺长，另外水肥供给量过高，不利于果树根系的生长，更加抑制了果实的生长发育。

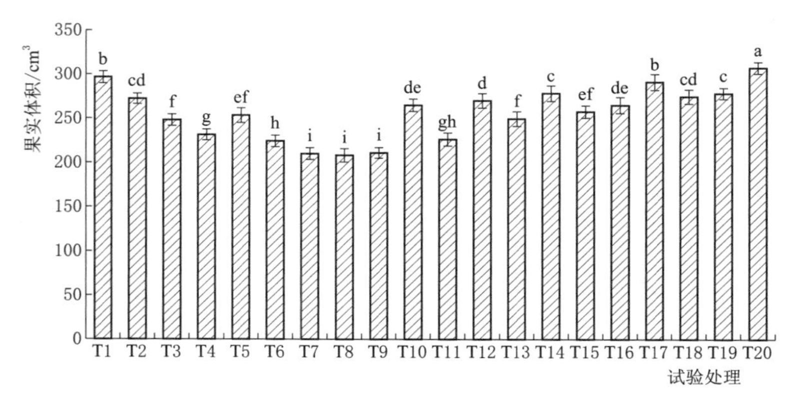

图6.7 不同水肥处理下苹果树最终果实体积

6.2.5 苹果生长模型研究

通过Logistic模型对不同水肥处理下苹果生长指标进行拟合，根据现有的模型提出适合水肥处理下苹果生长指标随生长时间变化的模型。

6.2.5.1 新梢长度增长模型

利用不同水肥处理下苹果新梢长度实测值拟合Logistic模型，参数见表6.5。由表可知，拟合度均在0.98以上，RMSE值均小于2.68cm，说明Logistic模型能够较好地描述不同水肥处理下新梢长度对时间变化的趋势。新梢长度理论最大值H_{max}范围在33.64～44.32cm，T1处理为最大处理，T8处理为最小处理，与T1处理相比降低了24.10%。各处理之间标准差为3.39cm，说明不同水肥处理之间差异较明显。不同水肥处理拟合得到的参数a和参数b数值较为接近。

表6.5 苹果树新梢长度Logistic模型拟合参数

试验处理	H_{max}/cm	a	b	R^2	RMSE/cm
T1	44.32	1.99	0.063	0.995	1.09
T2	41.35	2.25	0.054	0.992	1.64
T3	38.80	1.60	0.048	0.993	0.91
T4	38.69	1.59	0.048	0.994	0.76
T5	39.58	1.59	0.048	0.996	0.56

续表

试验处理	H_{max}/cm	a	b	R^2	RMSE/cm
T6	36.19	1.53	0.050	0.996	0.41
T7	35.95	1.70	0.047	0.994	0.76
T8	33.64	1.61	0.047	0.988	0.86
T9	34.35	1.51	0.041	0.990	0.72
T10	40.41	2.18	0.060	0.992	1.53
T11	36.32	1.61	0.038	0.997	0.33
T12	41.27	1.87	0.054	0.994	1.05
T13	39.85	1.43	0.044	0.995	0.65
T14	41.57	1.60	0.038	0.984	2.19
T15	39.68	1.74	0.054	0.999	0.14
T16	41.28	2.03	0.047	0.986	2.34
T17	43.01	2.00	0.058	0.997	0.55
T18	42.84	1.97	0.058	0.997	0.62
T19	41.61	1.70	0.054	0.992	1.29
T20	43.08	1.94	0.058	0.986	2.68

表 6.6 为 Logistic 模型拟合新梢长度实测值所得到特征值。由表可知，不同水肥处理下苹果新梢长度达到最大生长速率所用天数存在明显差异，范围在 27.87～43.65d。不同水肥处理下苹果新梢长度最大生长速率范围在 0.35～0.69cm/d，其中 T9 和 T11 处理最小，T1 处理最大。与其他处理相比 T17、T18、T19、T20 处理最大生长速率均维持在较高水平。说明施肥量维持在适中水平最有利于苹果新梢长度生长。不同处理下新梢长度由缓慢生长转为快速生长所用时间差异较大范围在 2.51～17.18d，其中 T2 处理为 17.18d，时间最长，T13 处理为 2.51d，时间最短。这可能是因为苹果树生长初期，树体代谢状况不同。不同水肥处理下新梢长度由快速生长转为缓慢生长时间在 52.85～77.51d。其中 T1 处理新梢长度最先由快速生长转为缓慢生长，T14 处理新梢长度转为缓慢生长用时最长。

表 6.6　苹果树新梢长度 Logistic 模型拟合特征值

试验处理	x_0/d	I_{max}/(cm/d)	x_1	x_2
T1	31.78	0.69	10.72	52.85
T2	41.46	0.56	17.18	65.75
T3	33.70	0.46	5.98	61.42
T4	33.37	0.46	5.71	61.02
T5	33.29	0.47	5.74	60.85
T6	27.87	0.46	4.17	53.96
T7	36.14	0.42	8.22	64.06

续表

试验处理	x_0/d	I_{max}/(cm/d)	x_1	x_2
T8	33.93	0.36	6.17	61.70
T9	36.56	0.35	4.57	68.54
T10	36.53	0.60	14.42	58.64
T11	42.20	0.35	7.68	76.72
T12	34.31	0.56	10.09	58.53
T13	32.25	0.44	2.51	61.98
T14	42.46	0.39	7.42	77.51
T15	32.16	0.54	7.80	56.52
T16	43.65	0.48	15.40	71.91
T17	34.38	0.62	11.70	57.05
T18	33.77	0.63	11.22	56.32
T19	31.34	0.56	7.07	55.60
T20	33.74	0.62	10.85	56.63

注　x_0 为新梢长度生长速率达到最大值所用时间；I_{max} 为新梢长度最大生长速率；x_1 为新梢长度由缓慢生长转为快速生长时的生长天数；x_2 为新梢长度由快速生长转为缓慢生长时的生长天数。

对比不同水肥处理的 Logistic 模型参数可知，不同水肥处理下苹果新梢长度最大值差异性显著。本研究将相对新梢长度，即新梢长度与新梢长度实测最大值的比值作为模型自变量，将不同处理拟合结果平均值作为参数 a、b 定值，选用 T1～T15 处理建立水肥耦合条件下苹果新梢长度随生育期时间增长的经验模型，如下：

$$R_H=\frac{H}{H_{max}}=\frac{1}{1+e^{1.712-0.05t}} \tag{6.1}$$

选用 T16～T20 处理检验模型的模拟精度。通过计算决定系数 R^2 和均方根误差 RMSE 分析误差。如图 6.8 所示，苹果新梢长度随时间增长的经验模型与实测值较为吻合。由误差分析可知，实测值与模拟值决定系数在 0.93 以上，均方根误差小于 3cm，表明新梢长度增长模型能够较好地模拟不同水肥处理下新梢生长过程。

6.2.5.2　新梢茎粗增长模型

由表 6.7 可知，模型决定系数 R^2 均在 0.9 以上，RMSE 较小，说明模型拟合效果较好，Logistic 模型能够较好地描述不同水肥处理下新梢茎粗随时间变化的趋势。新梢茎粗理论最大值范围为 6.667～8.716mm，T1 处理为最大处理，T8 处理为最小处理，与 T1 处理相比降低了 23.51%，与新梢长度观测值所呈现的规律一致。各处理之间标准差为 0.7mm，

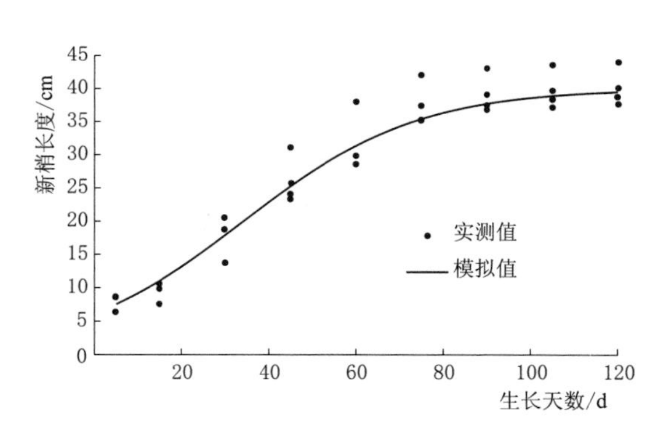

图 6.8　新梢长度变化实测值和模拟值

说明不同水肥处理之间差异较明显。不同水肥处理拟合得到的参数 a 和参数 b 数值较为接近。

表 6.7 苹果树新梢茎粗 Logistic 模型拟合参数

试验处理	S_{max}/mm	a	b	R^2	RMSE/mm
T1	8.716	0.79	−0.023	0.973	0.48
T2	7.612	0.61	−0.022	0.970	0.35
T3	7.158	0.50	−0.028	0.980	0.23
T4	7.146	0.60	−0.021	0.950	0.50
T5	7.225	0.78	−0.027	0.955	0.63
T6	6.978	0.77	−0.028	0.967	0.44
T7	6.941	0.49	−0.030	0.984	0.18
T8	6.667	0.62	−0.029	0.972	0.32
T9	6.717	0.71	−0.032	0.980	0.25
T10	8.068	0.65	−0.024	0.979	0.32
T11	7.065	0.65	−0.031	0.990	0.02
T12	7.862	0.88	−0.034	0.967	0.66
T13	7.582	0.61	−0.029	0.980	0.30
T14	8.375	0.70	−0.024	0.985	0.24
T15	7.266	0.56	−0.027	0.984	0.03
T16	7.942	0.66	−0.024	0.979	0.31
T17	8.587	0.70	−0.020	0.973	0.38
T18	8.543	0.78	−0.029	0.968	0.65
T19	8.497	0.81	−0.024	0.967	0.10
T20	8.689	0.81	−0.023	0.970	0.09

注 S_{max} 为新梢茎粗理论最大值。

选用 T1～T15 处理构建增长模型，将相对新梢茎粗，即新梢茎粗与新梢茎粗实测最大值的比值作为模型自变量，将不同处理拟合结果平均值作为参数 a、b 定值，模型如下：

$$R_S=\frac{S}{S_{max}}=\frac{1}{1+e^{0.66-0.027t}} \tag{6.2}$$

选用 T16～T20 处理检验模型的模拟精度。通过计算决定系数 R^2 和均方根误差 RMSE 分析误差。模型模拟值和实测值的关系如图 6.9 所示，苹果新梢茎粗随时间增长的经验模型与实测值较为吻合。由误差分析可知，实测值与模拟值决定系数为 0.95，均方根误差为 0.12mm，

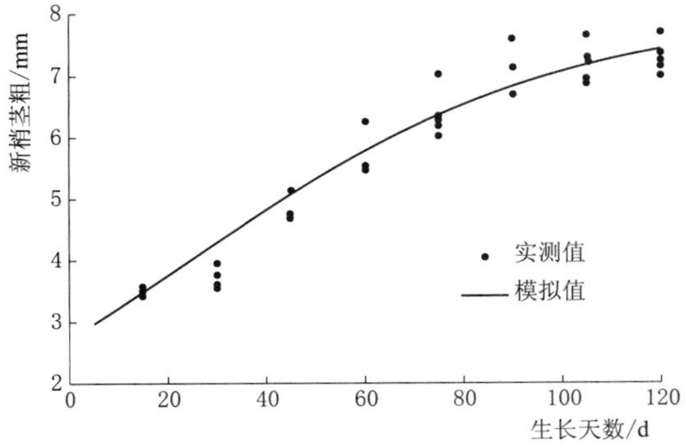

图 6.9 新梢茎粗变化实测值和模拟值

表明新梢茎粗增长模型能够较好地模拟不同水肥处理下新梢生长过程。

6.2.5.3　叶面积指数增长模型

采用 Logistic 模型拟合苹果树叶面积指数，模型参数见表 6.8，拟合度均在 0.9 以上，均方根误差较小，说明模型拟合效果较好。Logistic 模型能够较好地描述不同水肥处理下叶面积指数对时间变化的趋势。叶面积指数理论最大值范围在 0.92～1.96，T18 处理为最大处理，T8 处理为最小处理。各处理之间标准差为 0.29，说明不同水肥处理之间差异较明显。不同水肥处理拟合得到的参数 a、b、c 数值较为接近。

表 6.8　　苹果树叶面积指数 Logistic 模型拟合参数

处理	LAI_{max}	a	b	c	R^2	RMSE
T1	1.63	1.65	0.04	-2.37×10^{-4}	0.96	0.011
T2	1.29	1.91	0.04	-2.17×10^{-4}	0.95	0.010
T3	1.13	1.83	0.03	-3.35×10^{-4}	0.98	0.004
T4	1.14	1.78	0.03	-2.31×10^{-4}	0.95	0.007
T5	1.13	1.83	0.04	-3.16×10^{-4}	0.95	0.008
T6	1.04	1.92	0.04	-2.62×10^{-4}	0.96	0.005
T7	1.03	1.83	0.04	-2.91×10^{-4}	0.97	0.004
T8	0.92	1.88	0.03	-2.10×10^{-4}	0.97	0.003
T9	0.97	1.86	0.02	-3.76×10^{-4}	0.97	0.004
T10	1.57	1.87	0.04	-2.87×10^{-4}	0.97	0.008
T11	1.04	2.01	0.04	-2.07×10^{-4}	0.97	0.004
T12	1.27	1.83	0.03	-2.44×10^{-4}	0.97	0.007
T13	1.25	1.96	0.03	-3.08×10^{-4}	0.96	0.008
T14	1.28	1.89	0.03	-2.98×10^{-4}	0.97	0.006
T15	1.18	1.87	0.02	-4.25×10^{-4}	0.96	0.007
T16	1.28	1.86	0.03	-3.35×10^{-4}	0.97	0.006
T17	1.63	1.47	0.03	-2.82×10^{-4}	0.97	0.009
T18	1.96	1.53	0.02	-3.29×10^{-4}	0.97	0.011
T19	1.63	1.95	0.04	-1.79×10^{-4}	0.97	0.010
T20	1.77	1.51	0.04	-2.24×10^{-4}	0.96	0.013

注　LAI_{max} 为叶面积指数理论最大值。

选用 T1～T15 处理构建增长模型，将相对叶面积指数，即叶面积指数与叶面积指数实测最大值的比值作为模型自变量，将不同处理拟合参数的平均值作为参数 a、b、c 定值，模型如下：

$$R_{LAI}=\frac{LAI}{LAI_{max}}=\frac{1}{1+e^{1.19-0.03t-2.8\times10^{-4}t^2}} \tag{6.3}$$

选用 T16～T20 处理检验模型的模拟精度。通过计算决定系数 R^2 和均方根误差 RMSE 分析误差。模型模拟值和实测值的关系如图 6.10 所示，苹果叶面积指数模拟值与实测值较为吻合。由误差分析可知，实测值与模拟值决定系数为 0.87，均方根误差为 0.039，表明叶面积指数增长模型能够较好地模拟不同水肥处理下叶面积生长过程。

6.2.5.4 果实生长模型

利用 Logistic 模型模拟不同水肥处理下苹果果实体积动态变化，结果见表 6.9。拟合度均在 0.9 以上，RMSE 值相对较小，说明模型拟合效果较好，Logistic 模型能够较好地描述不同水肥处理下果实体积随时间变化的趋势。苹果果实体积理论最大值范围在 221.41～329.83cm^3，T1 处理为最大处理，T8 处理为最小处理，与 T1 处理相比降低了 32.9%，与新梢长度观测值所呈现的规律一致。各处理之间标准差为 35.8，说明不同水肥处理之间差异较明显。不同水肥处理拟合得到的参数 a 和参数 b 数值较为接近。

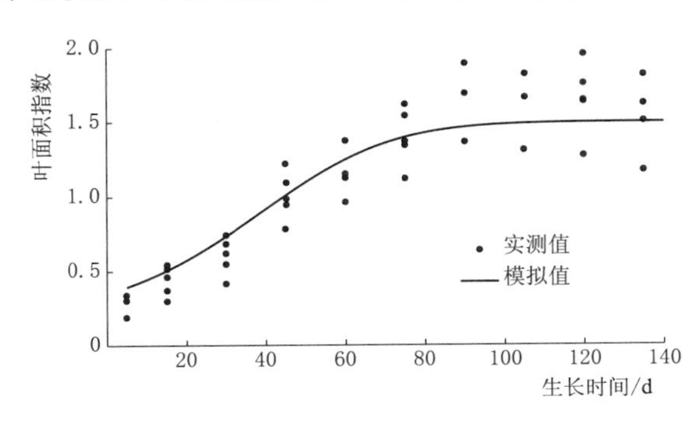

图 6.10 叶面积指数变化实测值和模拟值

表 6.9 苹果果实体积 Logistic 模型拟合参数

试验处理	V_{max}/cm^3	a	b	R^2	RMSE/cm^3
T1	329.83	5.06	−0.08	0.998	8.81
T2	304.65	4.77	−0.07	0.999	5.30
T3	266.30	4.89	−0.08	0.998	4.72
T4	251.69	4.72	−0.08	0.998	5.15
T5	269.75	4.65	−0.08	0.998	4.84
T6	239.22	4.61	−0.08	0.998	4.12
T7	228.11	4.48	−0.07	0.999	3.72
T8	221.41	4.37	−0.08	0.998	3.74
T9	225.05	4.75	−0.08	0.998	4.74
T10	288.41	4.52	−0.08	0.999	5.01
T11	243.17	4.61	−0.08	0.998	5.36
T12	297.00	4.56	−0.07	0.998	6.24
T13	287.35	4.23	−0.07	0.998	8.90
T14	311.39	4.42	−0.07	0.998	9.15
T15	274.12	4.71	−0.08	0.998	4.67
T16	287.57	4.82	−0.08	0.995	9.81
T17	326.09	4.14	−0.07	0.998	7.52
T18	313.99	4.54	−0.07	0.995	3.98
T19	311.62	4.47	−0.07	0.999	6.37
T20	327.74	5.01	−0.08	0.999	4.33

注 V_{max} 为果实体积理论最大值。

表6.10为Logistic模型拟合果实体积实测值所得到的特征值。由表可知，不同水肥处理下苹果果实体积达到最大生长速率所用天数存在明显差异，范围在56.6～65.15d。T12处理时间最长，T8处理用时最短，与T12处理相比缩短了13.1%。不同水肥处理下苹果果实体积最大生长速率范围在4.21～6.81cm^3/d，T7处理最小，T20处理最大。与其他处理相比T17、T18、T19、T20处理最大生长速率均维持在较高水平。说明施肥量维持在适中水平最有利于苹果果实体积生长。不同处理下果实体积由缓慢生长转为快速生长所用时间差异较小，均在40d左右时开始快速生长。其中T1处理为47.74d，时间最长；T8处理为39.53d，时间最短。不同处理下苹果果实体积由快速生长转为缓慢生长时间在73.66～84.69d。其中T8处理果实体积最先由快速生长转为缓慢生长，T13处理新梢长度转为缓慢生长用时最长。

表6.10　苹果果实体积Logistic模型拟合特征值

试验处理	x_0/d	I_{max}/(cm^3/d)	x_1	x_2
T1	64.53	6.46	47.74	81.33
T2	64.56	5.62	46.72	82.39
T3	60.73	5.37	44.39	77.07
T4	60.64	4.90	43.72	77.56
T5	59.62	5.27	42.75	76.48
T6	58.42	4.72	41.75	75.09
T7	60.71	4.21	42.88	78.54
T8	56.60	4.27	39.53	73.66
T9	57.98	4.61	41.90	74.06
T10	60.27	5.41	42.72	77.83
T11	58.13	4.82	41.52	74.74
T12	65.15	5.20	46.33	83.96
T13	64.60	4.71	44.51	84.69
T14	63.25	5.44	44.40	82.10
T15	58.49	5.52	42.14	74.84
T16	58.97	5.88	42.87	75.07
T17	61.30	5.50	41.78	80.82
T18	64.33	5.54	45.68	82.99
T19	63.60	5.48	44.88	82.33
T20	60.21	6.81	44.38	76.04

注　x_0为果实体积生长速率达到最大值所用时间；I_{max}为果实体积最大生长速率；x_1为果实体积由缓慢生长转为快速生长时的生长天数；x_2为果实体积由快速生长转为缓慢生长时的生长天数。

对比不同水肥处理的 Logistic 模型参数可知，各处理果实体积最大值差异性显著。将相对果实体积作为模型自变量，将不同处理拟合结果平均值作为参数 a、b 定值，选用 T1～T15 处理建立水肥耦合条件下果实体积随时间增长的经验模型，如下：

$$R_V=\frac{V}{V_{\max}}=\frac{1}{1+e^{4.62-0.08t}} \quad (6.4)$$

选用 T16～T20 处理检验模型的模拟精度。将决定系数 R^2 和均方根误差 RMSE 用于误差分析。如图 6.11 所示，苹果果实体积随时间增长的经验模型与实测值较为吻合。由误差分析可知，实测值与模拟值决定系数在 0.9 以上，均方根误差小于 10cm^3，表明果实体积生长模型能够较好地模拟不同水肥处理下苹果果实生长过程。

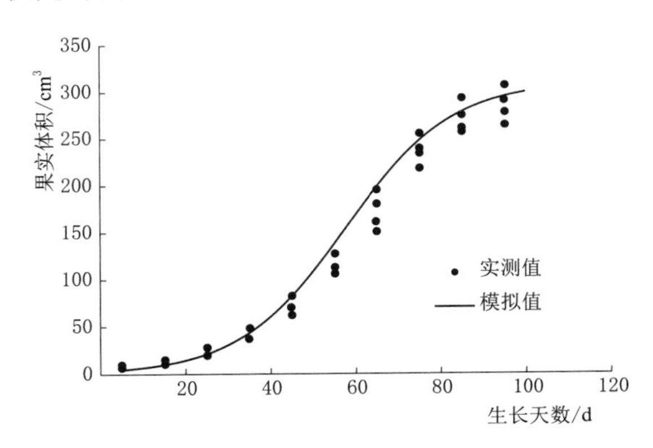

图 6.11　苹果果实体积变化实测值和模拟值

6.3　调控措施对苹果生理特征的影响

水肥是影响作物生长、光合特性以及生产效益的重要因素，协调水肥关系有利于促进作物生长，改善叶片光合特性，提高作物产量和水肥利用效率。

6.3.1　水肥耦合对苹果光合作用的影响

光合作用是植物将太阳能转化为化学能，并利用二氧化碳和水等无机物合成有机物，并释放出氧气的过程。水肥对植物光合作用既相互促进，又相互制约，具有显著的交互作用。因此，明确植物光合作用对水肥的响应，对充分发挥水肥交互作用对植物生长、产量、品质及水肥利用效率的促进作用具有重要意义。

6.3.1.1　净光合速率

图 6.12 所示为不同水肥处理对苹果树叶片净光合速率的影响。由图可知，不同水肥处理之间苹果树叶片净光合速率呈现出显著差异。当固定灌水量编码值为 1（T1、T2、

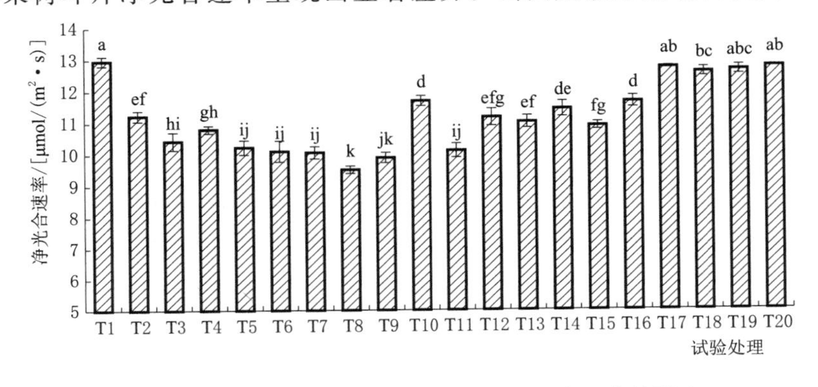

图 6.12　不同水肥处理对苹果树叶片净光合速率的影响

T3、T4）时，不同处理间净光合速率差异性显著表现为T1＞T2＞T4＞T3，说明在高灌水量下增加锌肥施加量有利于提高苹果树叶片净光合速率。当固定灌水量编码值为－1时，各处理净光合速率均处于较低水平，处理之间差异不显著。说明低灌水量下，不利于苹果树叶片净光合速率的提升，并且改变肥料施加量和肥料种类对净光合速率影响较小。当同时固定施氮量、施钾量、施锌量编码水平不变（T9、T10、T17）时，净光合速率之间亦呈现明显的差异，说明单独改变灌水量和施肥量均能导致净光合速率发生变化；分别固定施氮量、施钾量、施锌量编码水平，可以看出净光合速率差异显著，说明各个因子均对净光合速率变化产生显著影响；由T15、T16、T17处理净光合速率之间的差异可以看出，当灌水量、施氮量、施钾量一定时，适当增加锌元素的供给量可以提高果树净光合速率。

6.3.1.2　蒸腾速率

图6.13所示为不同水肥处理对苹果树叶片蒸腾速率的影响。由图可知，不同水肥处理间存在一定差异。当固定灌水量编码值为1（T1、T2、T3、T4）时，不同处理间蒸腾速率差异显著（$P<0.05$），表现为T1＞T2＞T3＞T4；当固定灌水量编码值为－1（T5、T6、T7、T8）时，不同水肥处理下叶片蒸腾速率表现为T8＞T5＞T7＞T6。说明高灌水量和高施氮量耦合作用有利于叶片蒸腾速率的提升。当施肥量不变时，T9、T10、T19之间蒸腾速率呈现出显著差异，且随着灌水量的增加蒸腾速率呈现出先增加后减小的趋势。施氮量、施钾量、施锌量的最大值和最小值处理（T11、T12、T13、T14、T15、T16），与中间值处理（T18、T19、T20）相比均表现出显著性差异，蒸腾速率与T18处理相比分别减小了23.6％、10％、14.1％、8.6％、11.6％、7.3％。说明施肥对叶片蒸腾速率的影响呈抛物线型变化趋势。

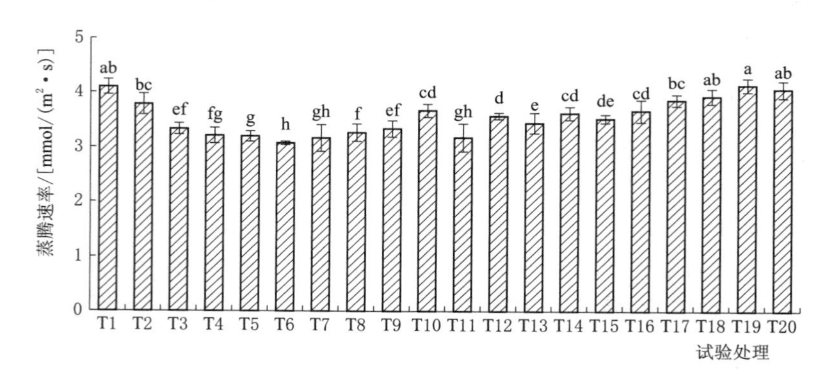

图6.13　不同水肥处理对苹果树叶片蒸腾速率的影响

6.3.1.3　胞间CO_2浓度

图6.14所示为不同水肥处理对胞间CO_2浓度的影响。由图可知，灌水量最低处理（T9）胞间CO_2浓度最高，高灌水量和高施氮量处理（T1）最低。这可能是因为在水肥充足的情况下，叶片净光合速率加快，叶片对二氧化碳的吸收固定能力加强，胞间CO_2浓度降低，在低灌水量下，叶片净光合速率水平较低，抑制了碳的转化。

当灌水量一定时，施氮量最大值和最小值（T11、T12）处理与施氮量中间值（T17、T18、T19、T20）处理的平均值相比差异显著（$P<0.05$），胞间CO_2浓度增加了

11.28%和5.65%，随着施氮量的增加，胞间 CO_2 浓度呈现出先减小后增加的趋势。T18与T14相比胞间 CO_2 浓度减小了2.7%，说明固定灌水量和其他肥料种类施量，施加锌肥促进了叶片二氧化碳的转化。随着施锌量的增加胞间 CO_2 浓度呈现出先减小后增加的趋势。

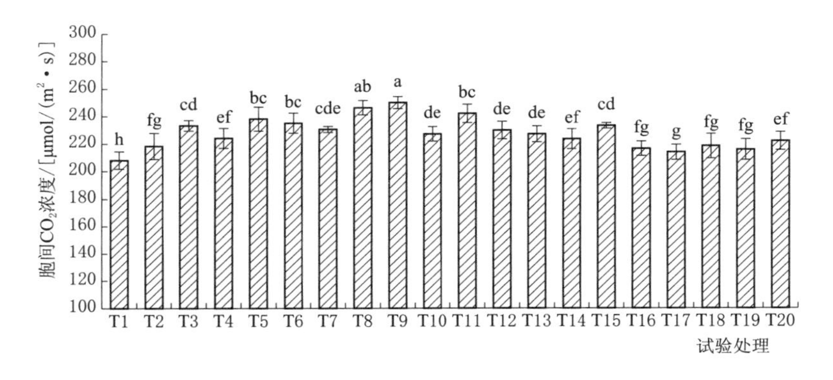

图6.14 不同水肥处理对苹果树胞间 CO_2 浓度的影响

6.3.1.4 气孔导度

气孔导度表示气孔的张开程度，是影响植物光合作用的重要因素。图6.15所示为不同水肥处理对叶片气孔导度的影响，由图可知，T1气孔导度最大，T8气孔导度最小，与T1相比减小了13.1%。当灌水量分别为最大值和最小值（T9、T10）时，叶片气孔导度与灌水量中间值处理（T17、T18、T19、T20）的平均值相比分别减小了9.43%和3.34%，差异性达到显著水平（$P<0.05$），随着灌水量的增加，气孔导度呈现出先增加后减小的趋势。当固定灌水量不变时，分别增加施氮量、施钾量、施锌量（T11、T12、T13、T14、T15、T16），叶片气孔导度均在中间施量（T17、T18、T19、T20）时达到最大值。说明随着施肥量增加叶片气孔导度呈现出先增加后减小的趋势。

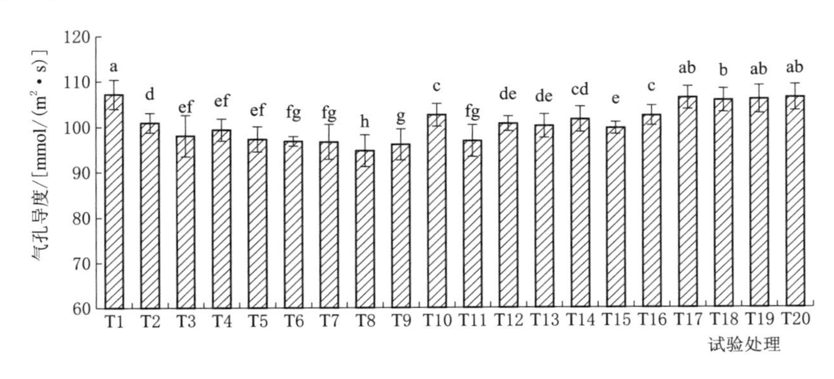

图6.15 不同水肥处理对苹果树叶片气孔导度的影响

6.3.2 叶片光响应曲线模型

光响应曲线是对植物光合特性研究的基础，描述了光量子通量密度与植物净光合速率之间的关系，通过对植物光响应曲线进行分析可以获得暗呼吸速率、光饱和点、光补偿点、表观量子效率、最大净光合速率等植物光合特性相关生理参数。本书通过直角双曲线修正模型对不同光量子通量密度下苹果树叶片净光合速率进行拟合。

图 6.16 所示为不同水肥处理下苹果树叶片净光合速率对光量子通量密度的响应过程。由图可知，在一定光量子通量密度范围内，苹果树叶片净光合速率随光量子通量密度增加呈现出先增加后减小的趋势，在光量子通量密度较低情况下，苹果树叶片净光合速率较低，但增长速度较快，在光量子通量密度较高时，苹果树叶片净光合速率变化趋于平缓，在达到 1800μmol/(m^2 • s) 左右时，各水肥处理普遍达到最大净光合速率，并开始下降。不同水肥处理下，苹果树叶片净光合速率实测最大值范围为 10.13～15.03μmol/(m^2 • s)，其中 T8 最小，T19 最大。采用直角双曲线修正模型对不同光量子通量密度下苹果树叶片净光合速率进行拟合，模型拟合效果较好，模型可以用于分析光合作用相关参数。

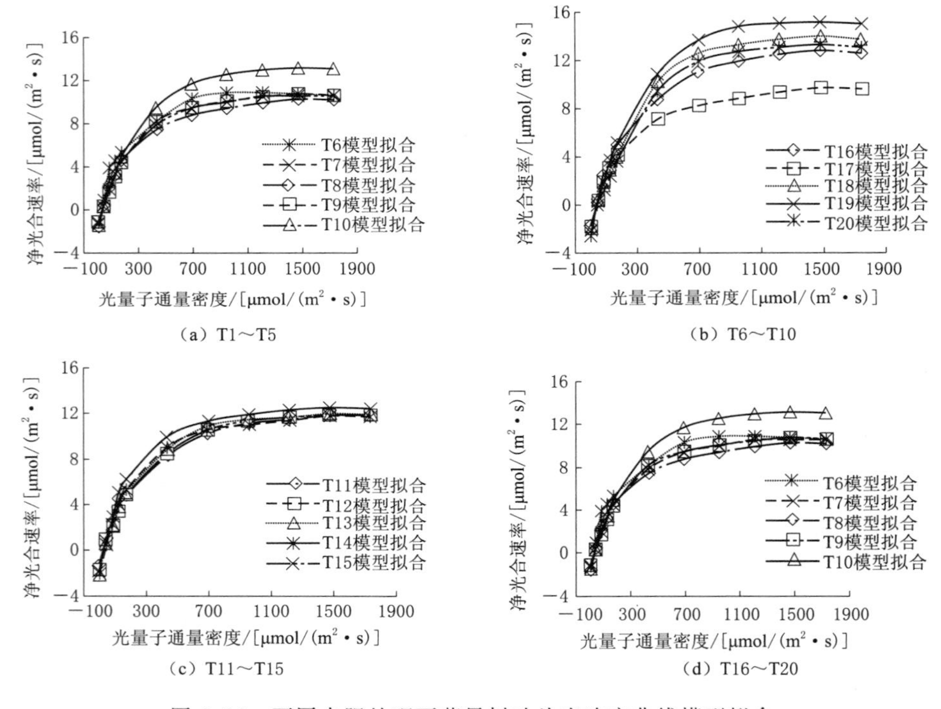

图 6.16 不同水肥处理下苹果树叶片光响应曲线模型拟合

通过直角双曲线修正模型拟合参数计算苹果树叶片光合作用相关参数，见表 6.11。直角双曲线修正模型拟合精度较高，误差较小。表观量子速率反映了作物在弱光下吸收、转换和利用光能能力的指标。由表可知，不同水肥处理下，表观量子速率差异显著，在高水高肥处理（T1、T2）下表观量子速率大于灌水量最高处理（T10）和低水低肥处理（T7、T8），说明水肥交互作用促进了苹果树叶片对弱光的利用效率。在固定其他因子不变时，施氮量最大和最小处理与中间水平相比表观量子速率分别降低了 10.9% 和 10.8%，说明随着施氮量的增加表观量子速率呈现出先增加后减小的趋势，施量增施氮肥能够促进苹果树叶片对弱光的利用效率。

表 6.11　　直角双曲线修正模型拟合苹果树叶片光响应曲线相关生理参数

试验处理	AQY	LCP /[μmol/(m² · s)]	LSP /[μmol/(m² · s)]	R_d /[μmol/(m² · s)]	P_{nmax} /[μmol/(m² · s)]	R^2	RMSE
T1	0.0652	23.8723	1282.15	1.56	13.34	0.9994	0.8465
T2	0.0631	20.8962	1372.65	1.32	12.22	0.9997	0.9851
T3	0.0544	30.4094	1431.13	1.65	11.34	0.9994	0.8421
T4	0.0584	38.0039	1406.42	2.22	11.54	0.9982	0.7623
T5	0.0554	26.6969	1284.16	1.48	11.24	0.9994	0.6842
T6	0.0698	21.6529	1139.72	1.51	10.73	0.9988	0.5324
T7	0.0551	23.6657	1842.09	1.30	10.60	0.9994	0.6987
T8	0.0447	32.3763	1757.30	1.45	8.99	0.9988	0.8632
T9	0.0440	29.3374	1412.49	1.29	10.56	0.9992	0.7961
T10	0.0510	28.6980	1950.33	1.46	13.13	0.9987	0.8952
T11	0.0506	28.9204	1464.25	1.46	10.82	0.9934	0.6872
T12	0.0478	29.5758	1513.68	1.41	11.87	0.9994	0.4698
T13	0.0692	38.7093	1619.03	2.68	11.82	0.9979	0.9863
T14	0.0755	26.3455	1615.60	1.99	12.43	0.9989	0.8745
T15	0.0635	33.3054	1584.42	2.11	11.56	0.9995	0.7326
T16	0.0510	31.0102	2221.24	1.58	12.82	0.9968	1.3652
T17	0.0568	36.1168	2050.99	2.05	13.88	0.9961	0.8562
T18	0.0557	35.2115	1864.92	1.96	13.81	0.9985	0.8214
T19	0.0464	30.8318	1461.10	1.43	15.75	0.9965	0.7685
T20	0.0572	39.5687	1999.27	2.26	13.27	0.9985	0.6984

注　AQY 为表观量子效率；LCP 为光补偿点；LSP 为光饱和点；R_d 为暗呼吸速率；P_{nmax} 为最大净光合速率。

作物叶片的光补偿点与光饱和点反映了作物对光照条件的要求，是判断作物有无耐阴性和对强光利用能力的一个重要指标。光补偿点越低，作物利用低光合有效辐射的能力越强；光饱和点越高，作物利用强光的能力越强。由表可知，T2 处理光补偿点最低，T20 处理光补偿点最高，在灌水高肥处理下（T1、T2）苹果树叶片光补偿点显著低于灌水量最大处理，说明水肥耦合促进了苹果树叶片对弱光的吸收能力。不同水肥处理下苹果树叶片光饱和点差异显著，T9 与 T10 相比光饱和点降低了 27.58%，说明增加灌水量提高了苹果树叶片对强光的吸收能力。

作物暗呼吸速率指作物在无光照条件下的呼吸速率，作物在暗呼吸时释放的能量大部分以热的形式散失，小部分用于作物的生理活动。因此在一定程度上，暗呼吸速率越大，说明作物叶片的生理活性越高。由表可知，不同水肥处理下，苹果树叶片暗呼吸速率差异显著，T7 处理暗呼吸速率最小，T17、T18、T20 处理暗呼吸速率相对较高，说明在一定程度上增加水肥用量提高了苹果树叶片的生理活性，生理代谢加快。

6.3.3 叶片净光合速率-水肥响应模型

以不同水肥处理下苹果树叶片净光合速率为响应变量，灌水量、施氮量、施钾量、施锌量为自变量，建立回归模型。由表6.12可知，ANOVA分析结果显示模型达到极显著水平（$P<0.01$），R^2为0.986，说明模型拟合效果较好，各响应变量与因变量之间具有较强的相关性，根据模型回归系数检验结果（表6.12），剔除掉不显著因素，叶片净光合速率与水肥因子之间的回归模型如下：

$$P_n=12.55+0.62x_1+0.40x_2+0.20x_3+0.28x_4-0.57x_1^2-0.62x_2^2-0.41x_3^2-0.40x_4^2+0.28x_1x_2+0.21x_1x_4 \quad (6.5)$$

式中：P_n为叶片净光合速率，μmol/(m^2 · s)；x_1、x_2、x_3、x_4分别为灌水量（mm）、施氮量（kg/hm^2）、施钾量（kg/hm^2）、施锌量（kg/hm^2）的编码水平。

表6.12 净光合速率回归模型及回归系数检验

变异来源	F值	P值	变异来源	F值	P值
模型	37.06	0.001**	x_3^2	42.23	0.001**
x_1	82.62	0.001**	x_4^2	38.65	0.001**
x_2	34.16	0.001**	x_1x_2	9.47	0.011*
x_3	8.39	0.015*	x_1x_3	0.95	0.352
x_4	16.49	0.002**	x_1x_4	5.47	0.039*
x_1^2	79.33	0.001**	R^2	0.986	
x_2^2	94.97	0.001**			

* 差异显著（$P<0.05$）。

** 差异极显著（$P<0.01$）。

对模型进行优化求解，当x_1、x_2、x_3、x_4分别为0.7、0.50、0.24、0.56时，P_n达到最大值12.99μmol/(m^2 · s)，对应的灌水量、施氮量、施钾量、施锌量分别为655mm、123.75kg/hm^2、235.85kg/hm^2、13.815kg/hm^2。

6.4 调控措施对苹果产量及水肥利用效率的影响

灌溉和施肥是影响作物生长发育的重要因素，通过影响作物叶面积以及光合产物向果实的运输进而影响作物产量，因此提供适宜的灌水量和施肥量是实现作物增产，提高水肥利用效率的重要途径之一。产量以及水肥利用效率是评价灌溉施肥制度的重要指标。同时，对于评价水肥耦合效应对苹果影响程度也具有代表性。为了提高苹果产量及水肥利用效率，通过回归分析探究了苹果产量及水肥利用效率与灌溉和施肥之间的响应规律，以期为优化水肥耦合条件下水肥供应提供理论基础。

6.4.1 水肥耦合对苹果产量的影响

6.4.1.1 苹果产量水肥耦合效应

图6.17所示为不同水肥处理对苹果产量的影响，由图可知，不同水肥处理下苹果

产量呈现一定的差异性。当灌水量编码水平为1（T1、T2、T3、T4）时，不同水肥处理之间苹果产量表现为T1＞T2＞T3＞T4，说明高水高氮更有利于苹果产量的提升。当灌水量编码水平为－1（T5、T6、T7、T8）时，不同水肥处理间苹果产量表现为T7＞T6＞T5＞T8。说明在低灌水量下施加锌肥弥补了水分缺失对苹果产量的影响，提高了水分利用效率。

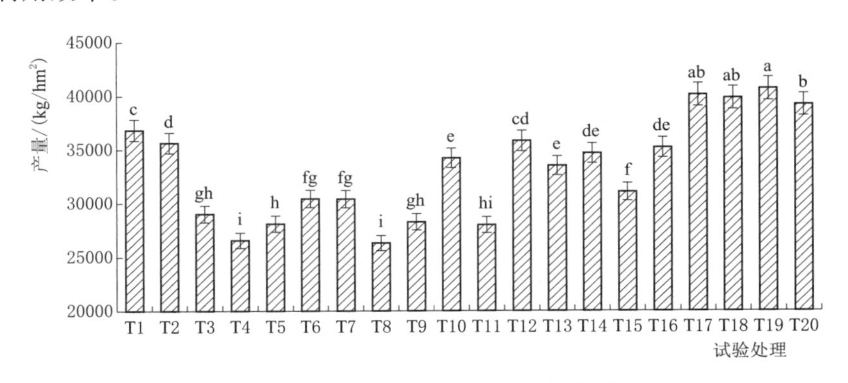

图6.17　不同水肥处理对苹果产量的影响

T19、T8处理分别为产量最高和最低处理，与T8处理相比，T19处理产量提高了35.3%。T17、T18、T19、T20处理为中心点处理，即所有因素编码水平均一致，平均值为39971.25kg/hm²。当灌水量分别为300mm和800mm（T9、T10）时，苹果产量与灌水量为550mm（T17、T18、T19、T20）相比分别降低了29.27%和14.37%。

当施氮量编码值分别为最大值和最小值（T12、T11）时，苹果产量与施氮量编码值为0（T17、T18、T19、T20）时相比分别降低了10.37%和29.98%。当施钾量编码值分别为最大值和最小值时（T14、T13）时，苹果产量与施钾量编码值为0（T17、T18、T19、T20）时相比分别降低了13.23%和16.15%。当施锌量分别为0和22.5kg/hm²时，苹果产量与施锌量为11.25kg/hm²（T17、T18、T19、T20）时相比分别降低了22.28%和11.87%。说明，随着灌水量和施肥量的提高苹果产量呈现先增高后下降的趋势，当灌水量、施氮量、施钾量、施锌量编码水平均处于最大值和最小值时，均不利于苹果产量的形成。

6.4.1.2　苹果产量水肥响应模型

根据二次通用旋转组合试验设计（1/2）原理，分别以灌水量、施氮量、施钾量、施锌量为自变量，产量为响应变量，建立回归模型。由表6.13可知，ANOVA分析结果显示模型达到极显著水平（$P<0.01$），R^2 为0.992，说明模型拟合效果较好，各响应变量与因变量之间具有较强的相关性，根据模型回归系数检验结果（表6.13），剔除掉不显著因素，产量与水肥因子之间的回归模型如下：

$$Y=39755.8+1672.6x_1+2338.3x_2+540.4x_3+892.2x_4+1888.1x_1x_2-961.9x_1x_4 -2877.2x_1^2-2645.4x_2^2-1869.6x_3^2-2207.1x_4^2 \quad (6.6)$$

式中：Y 为苹果产量，kg/hm²；x_1、x_2、x_3、x_4 分别为灌水量（mm）、施氮量（kg/hm²）、施钾量（kg/hm²）、施锌量（kg/hm²）的编码水平。

对模型进行优化求解，当 x_1、x_2、x_3、x_4 分别为 0.47、0.61、0.14、0.10 时，产量达到最大值 40950.79kg/hm²，对应的灌水量、施氮量、施钾量、施锌量分别为 620.50mm、126.23kg/hm²、231.30kg/hm²、11.71kg/hm²。

表 6.13　　　　苹果产量回归方程及回归系数检验表

变异来源	*F* 值	*P* 值	变异来源	*F* 值	*P* 值
模型	67.18	0.001**	x_1x_4	13.01	0.007**
x_1	67.18	0.001**	x_1^2	207.21	0.001**
x_2	131.30	0.001**	x_2^2	175.18	0.001**
x_3	7.01	0.029*	x_3^2	87.49	0.001**
x_4	19.12	0.002**	x_4^2	121.94	0.001**
x_1x_2	50.15	0.001**	R^2	0.992	
x_1x_3	0.78	0.404			

*　差异显著（$P<0.05$）。

**　差异极显著（$P<0.01$）。

6.4.2　水肥耦合对苹果水分利用效率的影响

6.4.2.1　水肥耦合对苹果水分利用效率的影响

1. 苹果水分利用效率水肥耦合效应

图 6.18 所示为不同水肥处理对苹果水分利用效率的影响。由图 6.18 可知，不同水肥处理下苹果 WUE 变化范围介于 33.54～71.7kg/m³，极差为 38.16kg/m³，各处理平均为 53kg/m³，标准差为 9.8kg/m³。当灌水量为 300mm（T9）时，WUE 达到最大值 71.7kg/m³，当灌水量为 800mm（T10）时 WUE 为 40.53kg/m³，处于较低水平，说明单纯提高灌水量，对苹果 WUE 没有明显的促进作用，反而降低了苹果 WUE。当施氮量分别为 75kg/hm² 和 150kg/hm²（T11、T12）时，苹果 WUE 分别为 42.52kg/m³ 和 57.62kg/m³，与 WUE 最大值相比分别降低了 40.7%和 19.6%。

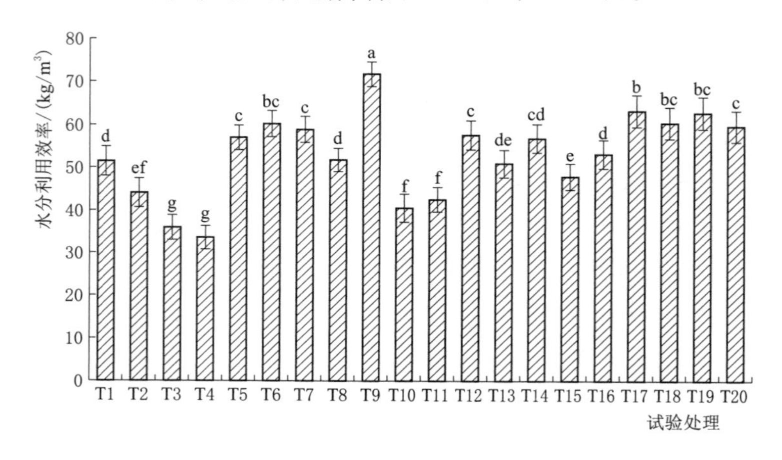

图 6.18　不同水肥处理对苹果水分利用效率的影响

当灌水量、施氮量、施钾量、施锌量编码值均为 0（T17、T18、T19、T20）时苹果 WUE 分别为 63.19kg/m^3、60.38kg/m^3、62.71kg/m^3、59.61kg/m^3，平均值为 61.47kg/m^3，与 T10 相比提高了 51.7%，与 T11、T12 相比分别提高了 44.58%和 6.69%，与施钾量最大和最小处理（T13、T14）相比分别提高了 20.77%和 8.20%，与施锌量最大处理（T16）相比增加了 15.73%。

2. 苹果水分利用效率水肥响应模型

根据二次通用旋转组合试验设计（1/2）原理，以灌水量、施氮量、施钾量、施锌量为自变量，WUE 为因变量，建立回归模型。由表 6.14 可知，ANOVA 分析结果显示模型达到极显著水平（$P<0.01$），R^2 为 0.996，说明模型拟合效果较好，各响应变量与因变量之间具有较强的相关性，根据模型回归系数检验结果（表 6.14），剔除掉不显著因素，WUE 与水肥因子之间的回归模型如下：

$$\begin{aligned}\text{WUE}=&61.44-8.44x_1+4.25x_2+1.73x_3+1.77x_4+2.44x_1x_2\\&-1.86x_1^2-4x_2^2-2.66x_3^2-3.85x_4^2\end{aligned}\tag{6.7}$$

式中：WUE 为苹果水分利用效率，kg/m^3；x_1、x_2、x_3、x_4 分别为灌水量、施氮量、施钾量、施锌量的水平编码值。

表 6.14　苹果水分利用效率回归方程及回归系数检验

变异来源	F 值	P 值	变异来源	F 值	P 值
模型	79.10	0.001**	x_1x_4	1.72	0.227
x_1	466.03	0.001**	x_1^2	23.59	0.002**
x_2	117.92	0.001**	x_2^2	108.96	0.001**
x_3	19.58	0.002**	x_3^2	48.15	0.001**
x_4	10.86	0.002**	x_4^2	100.93	0.001**
x_1x_2	22.78	0.001**	R^2	0.996	
x_1x_3	2.09	0.187			

** 差异极显著（$P<0.01$）。

对模型进行优化求解，当 x_1、x_2、x_3、x_4 分别为 −1.682、0.02、0.33、0.23 时，WUE 到最大值 70.86kg/m^3，对应的灌水量、施氮量、施钾量、施锌量分别为 300mm、112.97kg/hm^2、239.85kg/hm^2、12.30kg/hm^2。

6.4.2.2　水肥耦合对苹果灌溉水利用效率的影响

1. 苹果灌溉水利用效率水肥耦合效应

图 6.19 所示为不同水肥处理对苹果灌溉水利用效率的影响。由图可知，T9 处理苹果灌溉水利用效率 IWUE 最高，T4 处理 IWUE 最小。T9 和 T10 处理分别灌水量最低和最高处理，T18 处理灌水量为中间水平，T9 处理与 T10 处理相比苹果树 IWUE 提高了 120.26%，与 T18 处理相比苹果树 IWUE 提高了 30.09%，说明当灌水量编码值为最低水平时苹果树 IWUE 最高，随着灌水量的升高，IWUE 逐渐降低。T11、T12 与 T18 处理相比苹果树 IWUE 分别降低了 42.36%和 11.2%，T13、T14 与 T18 处理相比苹果树 IWUE 分别降低了 18.8%和 14.8%，T15、T16 与 T18 处理相比苹果树 IWUE 分别降低

了28.2%和13.1%。说明，当灌水量编码值为中间水平时，随着氮肥、钾肥、锌肥施量的增加，苹果树IWUE均呈现先增加后减小的趋势。

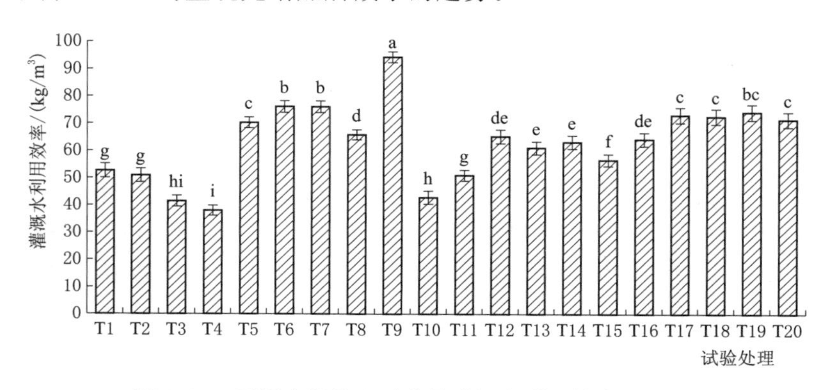

图6.19 不同水肥处理对苹果灌溉水利用效率的影响

2. 苹果灌溉水利用效率水肥响应模型

根据二次通用旋转组合试验设计（1/2）原理，分别以灌水量、施氮量、施钾量、施锌量为自变量，IWUE为因变量，建立回归模型。由表6.15可知，ANOVA分析结果显示模型达到极显著水平（$P<0.01$），R^2为0.991，说明模型拟合效果较好，各响应变量与因变量之间具有较强的相关性，根据模型回归系数检验结果（表6.15），剔除掉不显著因素，IWUE与水肥因子之间的回归模型如下：

$$\begin{aligned}\mathrm{IWUE}=&72.42-14.04x_1+3.86x_2+0.97x_3+1.98x_4+2.45x_1x_2-2.24x_1x_4\\&-1.23x_1^2-4.94x_2^2-3.53x_3^2-4.14x_4^2\end{aligned}\tag{6.8}$$

式中：IWUE为苹果灌溉水利用效率，kg/m³；x_1、x_2、x_3、x_4分别为灌水量、施氮量、施钾量、施锌量的水平编码值。

表6.15　苹果灌溉水利用效率回归模型及回归系数检验

变异来源	F值	P值	变异来源	F值	P值
回归	107.96	0.001**	x_1x_4	12.90	0.007**
x_1	867.53	0.001**	x_1^2	6.91	0.030*
x_2	65.59	0.001**	x_2^2	112.01	0.001**
x_3	4.11	0.077	x_3^2	57.17	0.001**
x_4	17.25	0.003**	x_4^2	78.79	0.001**
x_1x_2	15.52	0.004**	R^2	0.991	
x_1x_3	0.02	0.877			

* 差异显著（$P<0.05$）。

** 差异极显著（$P<0.01$）。

对模型进行优化求解，当x_1、x_2、x_3、x_4分别为−1.682、−0.03、0.14、0.69时，IWUE达到最大值94.62kg/m³，对应的灌水量、施氮量、施钾量、施锌量分别为300mm、111.83kg/hm²、231.30kg/hm²、14.41kg/hm²。

6.4.3 水肥耦合对苹果养分偏生产力的影响

6.4.3.1 水肥耦合对苹果氮肥偏生产力的影响

1. 苹果氮肥偏生产力水肥耦合效应

图 6.20 所示为不同水肥处理下苹果氮肥偏生产力 NPFP 的响应。由图 6.20 可知，T11 处理为 NPFP 最高处理，T5 处理为 NPFP 最低处理。T17、T18、T19、T20 为中心点处理，各因素编码值一致，其 NPFP 平均值与 T11 处理相比降低了 4.79%，与 T10 处理相比增加了 48.77%，说明保持灌水量、施钾量、施锌量编码值不变时，随着施氮量的增加，氮肥偏生产力呈逐渐减小的趋势。T9、T10 处理 NPFP 与中心点处理平均值相比分别降低了 29.27%和 14.37%，说明，当保持其他因素编码水平不变时，随着灌水量的增加，NPFP 呈先增加后减小的趋势。T13、T14 处理 NPFP 与中心点处理平均值相比分别降低了 16.15%和 13.23%；T15、T16 处理 NPFP 与中心点处理平均值相比分别降低了 22.28%和 11.87%，说明当施钾量和施锌量编码值处于最大值和最小值时，均不利于 NPFP 的提升。

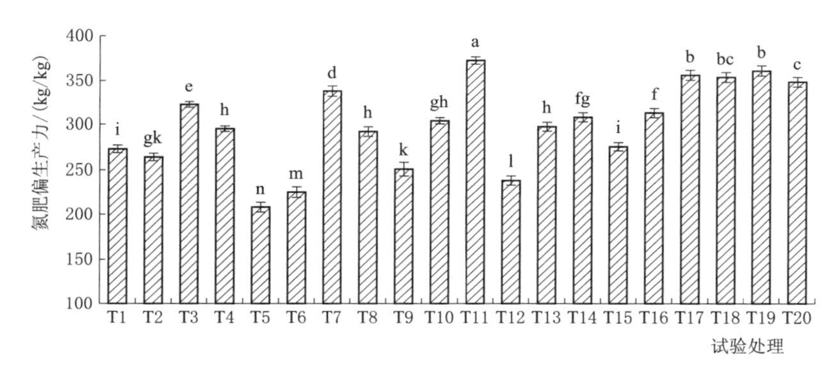

图 6.20 不同水肥处理对苹果氮肥偏生产力的影响

2. 苹果氮肥偏生产力水肥响应模型

根据二次通用旋转组合试验设计（1/2）原理，分别以灌水量、施氮量、施钾量、施锌量为自变量，NPFP 为因变量，建立回归模型。由表 6.16 可知，ANOVA 分析结果显示模型达到极显著水平（$P<0.01$），R^2 为 0.990，说明模型拟合效果较好，各响应变量与因变量之间具有较强的相关性，根据模型回归系数检验结果（表 6.16），剔除掉不显著因素，NPFP 与水肥因子之间的回归模型如下：

$$\begin{aligned}\mathrm{NPFP}=&353.63+13.17x_1-36.82x_2+6x_3+7.82x_4+14.51x_1x_2-10.16x_1x_4\\&-25.81x_1^2-15.83x_2^2-16.85x_3^2-19.85x_4^2\end{aligned}\tag{6.9}$$

式中：NPFP 为苹果氮肥偏生产力，kg/kg；x_1、x_2、x_3、x_4 分别为灌水量、施氮量、施钾量、施锌量的水平编码值。

对模型进行优化求解，当 x_1、x_2、x_3、x_4 分别为−0.13、−1.22、0.18、0.23 时，NPFP 达到最大值 376.73kg/kg，对应的灌水量、施氮量、施钾量、施锌量分别为 530mm、85.05kg/hm²、233.10kg/hm²、12.30kg/hm²。

表 6.16　　苹果氮肥偏生产力回归模型及回归系数检验

变异来源	F 值	P 值	变异来源	F 值	P 值
回归	57.21	0.001**	x_1x_4	12.34	0.008**
x_1	35.38	0.001**	x_1^2	141.71	0.001**
x_2	276.72	0.001**	x_2^2	53.34	0.001**
x_3	7.33	0.027*	x_3^2	60.42	0.001**
x_4	12.47	0.008**	x_4^2	83.85	0.001**
x_1x_2	25.18	0.001**	R^2	0.990	
x_1x_3	0.11	0.744			

*　差异显著（$P<0.05$）。

**　差异极显著（$P<0.01$）。

6.4.3.2　水肥耦合对苹果钾肥偏生产力的影响

1. 苹果钾肥偏生产力水肥耦合效应

图 6.21 所示为不同水肥处理对苹果钾肥偏生产力 KPFP 的影响。由图 6.21 可知，不同水肥处理下，钾肥偏生产力呈现出一定的差异性。T18 处理为中心点处理，所有因素编码值一致，T13 处理与 T18 处理相比 KPFP 提高了 26.18%，T14 处理与 T18 处理相比 KPFP 降低了 34.71%，说明当保持灌水量、施钾量、施锌量编码值不变时，随着施钾量的增加，KPFP 呈逐渐减小的趋势。T9、T10 处理与 T18 处理相比 KPFP 分别降低了 29.04%和 14.09%，说明保持其他因素编码水平不变，随着灌水量的增加，KPFP 呈先增加后减小的趋势。T11、T12 处理与 T18 处理相比 KPFP 分别降低了 29.76%和 10.09%，说明当施氮量编码值处于最大值和最小值时，均不利于 KPFP 的提升。

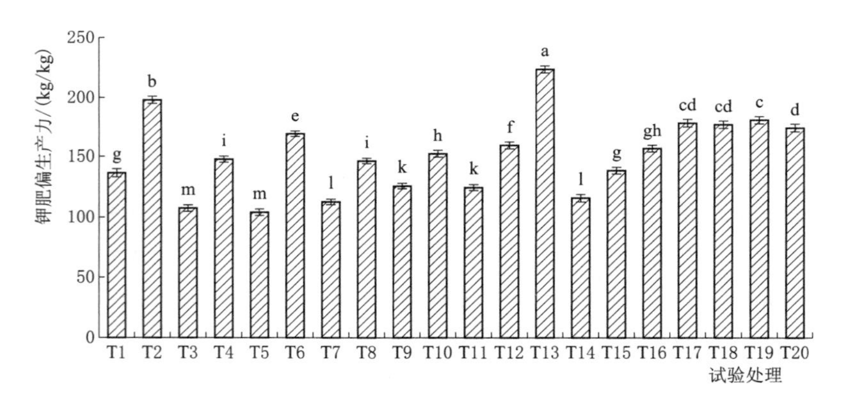

图 6.21　不同水肥处理对苹果钾肥偏生产力的影响

2. 苹果钾肥偏生产力水肥响应模型

根据二次通用旋转组合试验设计（1/2）原理，分别以灌水量、施氮量、施钾量、施锌量为自变量，KPFP 为因变量，建立回归模型。由表 6.17 可知，ANOVA 分析结果显示模型达到极显著水平（$P<0.01$），R^2 为 0.994，说明模型拟合效果较好，各响应变量与因变量之间具有较强的相关性，根据模型回归系数检验结果（表 6.17），剔除掉不显著

因素，KPFP 与水肥因子之间的回归模型如下：

$$KPFP=177.03+7.48x_1+11.17x_2-27.94x_3+8.14x_1x_2-6.62x_1x_4-13.11x_1^2-12.08x_2^2-10.13x_4^2 \quad (6.10)$$

式中：KPFP 为苹果钾肥偏生产力，kg/kg；x_1、x_2、x_3、x_4 分别为灌水量、施氮量、施钾量、施锌量的水平编码值。

对模型进行优化求解，当 x_1、x_2、x_3、x_4 分别为 0.53、0.64、−1.682、−0.17 时，KPFP 达到最大值 229.58kg/kg，对应的灌水量、施氮量、施钾量、施锌量分别为 629.5mm、126.90kg/hm^2、150kg/hm^2、10.47kg/hm^2。

表 6.17　　苹果钾肥偏生产力回归模型及回归系数检验

变异来源	F 值	P 值	变异来源	F 值	P 值
回归	51.59	0.001**	x_1x_4	10.45	0.012*
x_1	22.74	0.001**	x_1^2	72.78	0.001**
x_2	50.70	0.001**	x_2^2	61.79	0.001**
x_3	317.28	0.001**	x_3^2	2.19	0.177
x_4	3.69	0.091	x_4^2	43.47	0.002**
x_1x_2	15.78	0.004**	R^2	0.994	
x_1x_3	0.04	0.852			

*　差异显著（$P<0.05$）。

**　差异极显著（$P<0.01$）。

6.5 调控措施对苹果品质的影响及综合评价

果实品质分为物理品质和化学品质，其物理品质包含硬度、色泽、体积等，化学品质主要包括维生素 C、可溶性物质及有机酸等。研究表明，减少灌水量会增加果实硬度，但有利于可溶性固形物的形成；果实维生素 C 的含量随施氮量的增加呈先增加后减小的趋势；适当提高氮肥的施量能够显著提高果实可溶性物质含量，降低果实有机酸含量。水肥耦合对苹果的影响主要体现在产量、品质、水肥利用效率等因素，不同指标在水肥耦合效应中所占权重不同。因此，需要对评价指标进行赋权，常用的赋权方法主要包括主观赋权法、客观赋权法和组合赋权法。基于评价指标的权重，通过综合评价方法对水肥耦合综合效应进行评价。目前常用的综合评价方法主要包括主成分分析法、模糊评价法、灰色关联度法等。为了探明新疆沙区苹果水肥耦合对苹果品质的影响，对水肥耦合效应进行综合评价，研究了试验条件下果实硬度、果型指数、维生素 C、可溶性糖等品质指标，通过层次分析法（AHP）、熵权法、博弈论组合赋权法对评价指标进行赋权，采用灰色关联度法对水肥耦合效应进行综合评价，以期优化新疆沙区苹果种植水肥用量。

6.5.1 水肥耦合对苹果物理品质指标的影响

表 6.18 为不同水肥处理对苹果物理品质的影响。由表可知，灌水量、施钾量、施锌

量一次项对果型指数的影响达到了极显著水平（$P<0.01$），$W\times K$、$W\times Zn$ 对果型指数的影响达到极显著水平（$P<0.01$），$W\times N$ 对果型指数无显著影响。灌水量、施氮量、施钾量二次项对果型指数的影响达到极显著水平（$P<0.01$）。当施肥水平不变时，灌水量为 300mm、550mm、800mm（T9、T18、T10）处理对应果型指数分别为 0.869、0.891、0.887，与 T9 处理相比，T18、T10 处理果型指数分别提高了 2.6%和 2.1%；当施钾量分别为 150kg/hm^2、225kg/hm^2、300kg/hm^2（T13、T18、T14）时对应的果型指数分别为 0.872、0.891、0.885，与 T13 处理相比，T18、T14 处理果型指数分别提升了 2.2%和 1.5%，说明在一定程度上提高灌水量和施钾量苹果果型指数更接近于 1，果实外观更加优质。

表 6.18　　水肥耦合对苹果物理品质的影响

试验处理	果型指数	单果质量/g	果实体积/cm^3	硬度/(kg/cm^2)
T1	0.894	130.10	278.07	7.61
T2	0.876	114.64	270.54	8.59
T3	0.895	123.80	278.14	7.50
T4	0.879	132.18	274.41	7.05
T5	0.865	103.41	253.18	6.97
T6	0.883	128.04	221.34	6.98
T7	0.880	126.74	237.26	8.52
T8	0.869	182.37	307.22	8.15
T9	0.869	137.49	245.06	8.12
T10	0.887	130.55	291.04	8.26
T11	0.882	147.16	250.38	7.71
T12	0.878	115.14	225.97	7.28
T13	0.872	152.80	272.19	7.83
T14	0.885	111.89	250.86	7.58
T15	0.880	114.65	296.54	7.75
T16	0.893	122.45	239.97	7.31
T17	0.894	123.01	264.73	7.33
T18	0.891	120.64	247.94	7.41
T19	0.891	127.70	256.99	7.55
T20	0.890	122.14	260.99	7.26
显著性检验（F 值）				
x_1	68.82**	11.76**	39.47**	0.449
x_2	1.68	90.37**	20.5**	12.12**
x_3	27.96**	89.39**	6.11*	1.32
x_4	31.86**	0.1568	57.89**	12.28**

续表

试验处理	果型指数	单果质量/g	果实体积/cm³	硬度/(kg/cm²)
x_1x_2	0.1254	33.39**	11.55**	123.98**
x_1x_3	36.6**	57.74**	6.46*	5.18*
x_1x_4	15.62**	22.77**	29.54**	21.62**
x_1^2	35.4**	10.44*	7.45*	41.32**
x_2^2	21.28**	5.25*	9.44	0.0711
x_3^2	31.69**	7.2*	2.14*	3.07
x_4^2	1.9	3.41	7.67*	0.006

* 差异显著（$P<0.05$）。

** 差异极显著（$P<0.01$）。

灌水量、施氮量、施钾量一次项对苹果单果重的影响达到了极显著水平（$P<0.01$），灌水量、施氮量、施钾量二次项对单果重的影响达到了显著水平（$P<0.05$）；$W\times N$、$W\times K$、$W\times$Zn 对单果重的影响达到了极显著水平（$P<0.01$）。当灌水量、施肥量、施钾量、施锌量均为 0 水平（T19）时，单果重为 127.70g，当保持其他自变量均为 0 水平，施锌量分别为 0、22.5kg/hm²（T15、T16）时，单果重分别为 114.649g 和 122.446g，与 T19 处理相比分别降低了 10.22%和 4.11%。说明，当灌水量、施氮量、施钾量不变时，随着施锌量的增加苹果单果重呈现出先增加后减小的趋势。

灌水量、施氮量、施锌量一次项对苹果果实体积的影响达到极显著水平（$P<0.01$），施钾量一次项对果实体积的影响达到显著水平（$P<0.05$）；灌水量、施钾量、施锌量二次项对果实体积的影响均达到显著水平（$P<0.05$），施氮量二次项对果实体积的影响不显著；$W\times N$、$W\times$Zn 对果实体积的影响达到极显著水平（$P<0.01$），$W\times K$ 对果实体积的影响达到显著水平（$P<0.05$）。自变量编码值均为 0 水平（T17、T18、T19、T20）时，果实体积平均值为 257.66cm³，与灌水量为 300mm（T9）时相比增加了 5.2%，与灌水量为 800mm（T10）时相比减小了 11.5%。与施氮量为 75kg/hm² 和 150kg/hm²（T11、T12）时相比分别增加了 2.9%和 14%。

施氮量和施锌量一次项对苹果硬度的影响达到极显著水平（$P<0.01$），灌水量和施钾量一次项对苹果硬度的影响不显著；灌水量二次项对苹果硬度的影响达到极显著水平（$P<0.01$）；$W\times N$、$W\times$Zn 对苹果硬度的影响达到极显著水平（$P<0.01$），$W\times K$ 对苹果硬度的影响达到显著水平（$P<0.05$）。T18 处理与 T9、T10 处理相比苹果硬度分别降低了 8.7%、10.3%。说明当施氮量、施钾量、施锌量编码水平不变时，随着灌水量的增加，苹果硬度呈先减小后增加的趋势。这可能是因为，当灌水量处于适中水平时，在相同生长时间内，苹果生长速度更快成熟度更高，导致果实硬度下降。

6.5.2 水肥耦合对苹果化学品质指标的影响

表 6.19 表示不同水肥处理对苹果化学品质指标的影响。由表 6.19 可知，灌水量、施锌量一次项对维生素 C 的影响达到极显著水平（$P<0.01$），灌水量、施氮量二次项对维

生素C的影响达到极显著水平，$W\times N$、$W\times K$、$W\times Zn$ 对维生素C的影响均达到极显著水平。当灌水量、施氮量、施钾量、施锌量水平均为0时，T17、T18、T19、T20处理维生素C含量平均值为11.47，与灌水量分别为300mm和800mm（T9、T10处理）相比，维生素C含量分别提高了13.0%、52.1%。当其他自变量保持不变，施氮量分别为75kg/hm^2、150kg/hm^{2}时，维生素C含量分别为9.11和9.75，与T17、T18、T19、T20处理维生素C含量平均值相比分别降低了20.6%、15.0%。

表6.19　　水肥耦合对苹果化学品质的影响

试验处理	维生素C含量	可滴定酸含量	可溶性糖含量/(g/kg)	可溶性固形物含量
T1	7.96	0.59	145.91	15.62
T2	9.11	0.70	132.04	15.00
T3	8.32	0.64	149.77	14.92
T4	10.69	0.65	127.21	15.17
T5	11.79	0.63	131.07	14.67
T6	13.07	0.69	135.17	15.35
T7	13.05	0.78	140.68	17.50
T8	7.52	0.76	153.61	16.67
T9	10.15	0.82	140.90	18.25
T10	7.54	0.74	138.59	15.75
T11	9.11	0.77	141.10	16.08
T12	9.75	0.65	135.99	15.00
T13	12.28	0.59	140.44	15.25
T14	11.30	0.57	145.89	15.30
T15	10.30	0.66	143.73	15.17
T16	12.67	0.70	136.10	15.44
T17	11.67	0.72	146.45	16.50
T18	10.71	0.69	148.22	16.09
T19	11.64	0.71	149.67	16.50
T20	11.87	0.72	150.39	16.00
显著性检验（*F* 值）				
x_1	48.33**	36.78**	1.38	45.97**
x_2	3.01	35.89**	19.49**	23.07**
x_3	0.2198	8.49*	12.49**	0.2921
x_4	37.06**	0.5807	14.1**	6.26*
x_1x_2	16.96**	17.85**	22.01**	29.16**

续表

试验处理	维生素C含量	可滴定酸含量	可溶性糖含量/(g/kg)	可溶性固形物含量
x_1x_3	26.41**	2.03	74.74**	0.0643
x_1x_4	13.59**	13.79**	0.0005	0.5626
x_1^2	37.66**	26.8**	19.44**	10.7*
x_2^2	21.9**	0.0018	26.46**	9.46*
x_3^2	1.44	84.82**	5.4*	17.88**
x_4^2	0.1991	5.31*	18.54**	16.97**

* 差异显著（$P<0.05$）。

** 差异极显著（$P<0.01$）。

灌水量、施氮量一次项对可滴定酸含量的影响达到极显著水平，施钾量一次项对可滴定酸的影响达到显著水平（$P<0.05$）；灌水量、施钾量二次项对可滴定酸的影响达到极显著水平，施锌量二次项对可滴定酸的影响达到显著水平；$W\times N$、$W\times Zn$ 对可滴定酸含量的影响得到极显著水平（$P<0.01$）。T17、T18、T19、T20 处理可滴定酸含量平均值为 0.71，与 T9、T10 处理相比降低了 13.4%和 4.1%，与施钾量分别为 150kg/hm^2 和 300kg/hm^2（T13、T14 处理）时相比，可滴定酸含量分别提高了 20.3%和 24.6%。

施氮量、施钾量、施锌量一次项对可溶性糖的影响达到了极显著水平（$P<0.01$），灌水量、施氮量、施锌量二次项对可溶性糖的影响达到了极显著水平（$P<0.01$），施钾量可溶性糖的影响达到显著水平（$P<0.05$），$W\times N$、$W\times K$ 对可溶性糖的影响达到极显著水平。T17、T18、T19、T20 处理可溶性糖含量平均值为 148.68g/kg，与灌水量分别为 300mm、800mm（T9、T10 处理）时相比分别提高了 5.5%和 7.3%，当施氮量分别为 75kg/hm^2 和 150kg/hm^2 时，可溶性糖含量分别为 141.10mg/kg、135.99g/kg，与 T17、T18、T19、T20 处理可溶性糖含量平均值相比分别降低了 5.1%、8.5%；当施锌量分别为 0、22.5kg/hm^2 时，果实可溶性糖含量分别为 143.73g/kg、136.1g/kg，与 T17、T18、T19、T20 处理可溶性糖含量平均值相比分别降低了 3.3%、8.5%。

灌水量、施氮量一次项对可溶性固形物的影响达到极显著水平，施锌量一次项对可溶性固形物的影响达到显著水平，灌水量、施氮量二次项对可溶性固形物的影响达到显著水平，施钾量、施锌量二次项对可溶性固形物的影响达到极显著水平（$P<0.01$），$W\times N$ 对可溶性固形物的影响达到极显著水平（$P<0.01$）。当其他自变量水平保持不变，施钾量分别为 150kg/hm^2、300kg/hm^2（T13、T14 处理）时，苹果可溶性固形物分别为 15.25、15.30，与施钾量为 225kg/hm^2（16.2715）时相比分别降低了 6.7%、6.3%。

6.5.3 苹果水肥耦合效应综合评价

采用主层次分析法和熵权法分别确定不同指标主观权重和客观权重，通过博弈论组合赋权法将主观权重和客观权重进行有机结合，确定各评价指标综合权重，通过加权灰色关联度评价模型对苹果水肥耦合效应进行综合评价。

6.5.3.1　层次分析法确定主观权重

层次分析法要求的递进层次一般由目标层、因素层、指标层组成。根据试验所选定的用于评价水肥耦合效应的13个指标的基本性质和指标之间的相关性，建立层次分析法评价体系，见表6.20。

表6.20　　水肥耦合效应层次分析评价体系

<table>
<tr><th>决策目标 A</th><th>决策因素 B</th><th>决策因素 C</th><th>决策指标 D</th></tr>
<tr><td rowspan="13">水肥耦合效应综合指标 A1</td><td>产量 B1</td><td>产量 C1</td><td>产量 D1</td></tr>
<tr><td rowspan="8">品质 B2</td><td rowspan="4">物理品质 C1</td><td>果型指数 D2</td></tr>
<tr><td>硬度 D3</td></tr>
<tr><td>单果质量 D4</td></tr>
<tr><td>果实体积 D5</td></tr>
<tr><td rowspan="4">化学品质 C2</td><td>维生素 C 含量 D6</td></tr>
<tr><td>可溶性固形物含量 D7</td></tr>
<tr><td>可溶性糖含量 D8</td></tr>
<tr><td>可滴定酸含量 D9</td></tr>
<tr><td rowspan="2">水分利用效率 B3</td><td rowspan="2">水分利用效率 C3</td><td>IWUE D10</td></tr>
<tr><td>WUE D11</td></tr>
<tr><td rowspan="2">肥料生产力 B4</td><td rowspan="2">肥料生产力 C4</td><td>NPFP D12</td></tr>
<tr><td>KPFP D13</td></tr>
</table>

由专家打分系统得出总目标层 A-准则层 B、准则层 B1-指标层 D、准则层 B2-指标层 D、准则层 B3-指标层 D、准则层 B4-准则层 C1、准则层 B4-准则层 C2、准则层 C1-指标层 D、准则层 C2-指标层 D 的判断矩阵，并计算得出各整体权重，见表6.21。

表6.21　　层次分析法水肥耦合效应各指标整体权重

序号	评价指标	权重	序号	评价指标	权重
1	产量	0.4858	8	可溶性糖含量	0.0306
2	WUE	0.0810	9	硬度	0.0077
3	IWUE	0.0405	10	可溶性固形物含量	0.0576
4	NPFP	0.0607	11	果型指数	0.0340
5	KPFP	0.0607	12	单果质量	0.0209
6	维生素 C 含量	0.0974	13	果实体积	0.0039
7	可滴定酸含量	0.0136			

6.5.3.2　熵权法确定客观权重

用试验处理和用于评价的指标参数建立矩阵 **A**，假设有 m 个处理，每个处理测定 n 个指标参数，其方案集、指标集分别为 $M=(M_1, M_2, \cdots, M_m)$ 和 $C=(C_1, C_2, \cdots, C_n)$，方案 M_j 对 C_i 的值记为 x_{ij} $(i=1, 2, \cdots, n; j=1, 2, \cdots, m)$，形成多目标决策矩阵 **A**。

$$A=\begin{bmatrix} x_{11} & \cdots & x_{1m} \\ \vdots & \ddots & \vdots \\ x_{n1} & \cdots & x_{nm} \end{bmatrix} \tag{6.11}$$

对矩阵 $\boldsymbol{A}$ 进行归一化处理，使其变成规范化矩阵 $\boldsymbol{B}$，若为正向指标，则

$$y_{ij}=\frac{x_{ij}-\min x_{ij}}{\max x_{ij}-\min x_{ij}} \tag{6.12}$$

若为负向指标，则

$$y_{ij}=\frac{\max x_{ij}-x_{ij}}{\max x_{ij}-\min x_{ij}} \tag{6.13}$$

式中：i 为评价方案，$i=1,\ 2,\ \cdots,\ n$；j 为评价指标，$j=1,\ 2,\ \cdots,\ m$。

（1）计算第 j 个指标在第 i 个方案中的权重 P_{ij}：

$$P_{ij}=\frac{B_{ij}}{\sum_{i=1}^{m}B_{ij}} \tag{6.14}$$

（2）计算第 j 个指标的熵值：

$$e_j=-\frac{1}{\ln m}\sum_{i=1}^{m}P_{ij}\ln P_{ij} \tag{6.15}$$

（3）计算第 j 项指标的权重 ω_j：

$$W_j=\frac{1-e_j}{\sum_{i=1}^{m}(1-e_j)} \tag{6.16}$$

熵权法确定的不同评价指标所占权重，见表 6.22。由表可知，水肥耦合效应评价指标对不同水肥处理的权重排序为可溶性固形物含量>产量>硬度>KPFP>维生素 C 含量>可溶性糖含量>单果质量>可滴定酸含量>果实体积>IWUE>NPFP>WUE>果型指数。

表 6.22　熵权法水肥耦合效应评价指标权重

序号	评价指标	权重	序号	评价指标	权重
1	产量	0.0978	8	可溶性糖含量	0.0799
2	WUE	0.0575	9	硬度	0.0918
3	IWUE	0.0669	10	可溶性固形物含量	0.1071
4	NPFP	0.0579	11	果型指数	0.0549
5	KPFP	0.0916	12	单果质量	0.0769
6	维生素 C 含量	0.0828	13	果实体积	0.0669
7	可滴定酸含量	0.0680			

6.5.3.3　博弈论组合赋权

采用博弈论法对多种评价指标赋权方法（主层次分析法、熵权法等）的结果进行综合分析，以获得一个最优的评价指标权重。具体步骤如下。

1. 构造权重集

（1）将层次分析法和熵权法计算的权重值，规定为以下向量级的形式，进行运算。

$$\boldsymbol{\omega}_x=[\omega_{x1},\omega_{x2},\omega_{x3},\cdots,\omega_{xm}] \tag{6.17}$$

（2）子集的线性组合为

$$\boldsymbol{\omega}=\sum_{x=1}^{y'}\alpha_x\boldsymbol{\omega}_x^{\mathrm{T}} \tag{6.18}$$

（3）差极最小化处理：

$$\min\left\|\sum_{x=1}^{y'}\alpha_x\boldsymbol{\omega}_x^{\mathrm{T}}-\boldsymbol{\omega}_x\right\| \tag{6.19}$$

式中：ω 为评价指标的一种权值组合；α_x 为线性系数，$x=1$，2，3，…，n。

2. 博弈论组合权值计算

（1）一阶导数条件转化：

$$\begin{bmatrix}\boldsymbol{\omega}_1\boldsymbol{\omega}_1^{\mathrm{T}} & \boldsymbol{\omega}_1\boldsymbol{\omega}_2^{\mathrm{T}} & \cdots & \boldsymbol{\omega}_1\boldsymbol{\omega}_y^{\mathrm{T}}\\ \boldsymbol{\omega}_2\boldsymbol{\omega}_1^{\mathrm{T}} & \boldsymbol{\omega}_2\boldsymbol{\omega}_2^{\mathrm{T}} & \cdots & \boldsymbol{\omega}_2\boldsymbol{\omega}_y^{\mathrm{T}}\\ \vdots & \vdots & \ddots & \vdots\\ \boldsymbol{\omega}_y\boldsymbol{\omega}_1^{\mathrm{T}} & \boldsymbol{\omega}_y\boldsymbol{\omega}_2^{\mathrm{T}} & \cdots & \boldsymbol{\omega}_y\boldsymbol{\omega}_y^{\mathrm{T}}\end{bmatrix}\begin{bmatrix}\alpha_1\\ \alpha_2\\ \vdots\\ \alpha_y\end{bmatrix}=\begin{bmatrix}\boldsymbol{\omega}_1\boldsymbol{\omega}_1^{\mathrm{T}}\\ \boldsymbol{\omega}_2\boldsymbol{\omega}_2^{\mathrm{T}}\\ \vdots\\ \boldsymbol{\omega}_y\boldsymbol{\omega}_y^{\mathrm{T}}\end{bmatrix} \tag{6.20}$$

（2）线性系数归一化：

$$\alpha_x^*=\frac{|\alpha_x|}{\sum_{x=1}^{y}|\alpha_x|} \tag{6.21}$$

（3）主客观组合权值计算：

$$\boldsymbol{\omega}=\sum_{x=1}^{y}\alpha_x^*\boldsymbol{\omega}_x^{\mathrm{T}} \tag{6.22}$$

将通过层次分析法所得权重与熵权法所得权重，运用博弈论法进行组合优化。优化各评价指标权重见表6.23。由表可知，综合评价体系各指标最终权重次序为：产量>维生素C含量>WUE>KPFP>可溶性固形物含量>NPFP>IWUE>果型指数>可溶性糖含量>单果质量>可滴定酸含量>硬度>果实体积，基于博弈论的组合赋权法弥补了主客观赋权法的缺点，与实际生产相符。

表6.23　　博弈论组合赋权法水肥耦合效应评价指标权重

序号	评价指标	权重	序号	评价指标	权重
1	产量	0.4457	8	可溶性糖含量	0.0357
2	WUE	0.0786	9	硬度	0.0164
3	IWUE	0.0432	10	可溶性固形物含量	0.0627
4	NPFP	0.0604	11	果型指数	0.0362
5	KPFP	0.0689	12	单果质量	0.0267
6	维生素C含量	0.0959	13	果实体积	0.0104
7	可滴定酸含量	0.0192			

6.5.3.4 加权灰色关联度综合评价模型

灰色关联法近年来在社会科学和自然科学的各个领域取得了良好的应用效果。关联度越高，说明该处理的综合效应越高，通过对各处理关联度的大小进行排序来确定最优选择，具体步骤如下。

1. 确定参考序列

找出所有处理中各项指标最优水平组合，即 $\boldsymbol{Y}=(y_1, y_2, \cdots, y_j)$，其中 y_j 为参考序列的第 j 项指标参数。

2. 确定比较序列

所有处理对应的各项评价指标参数的组合，$\boldsymbol{X}=(x_{i1}, x_{i2}, \cdots, x_{ij})$，其中 x_{ij} 为第 i 个比较序列的第 j 项评价指标参数。

3. 评价指标标准化

由于各指标量纲不同无法进行直接比较，因此需要对各指标进行标准化处理，转化为可进行比较的序列。标准化公式如式（6.23）所示，标准化结果见表 6.24。

$$v_{ij}=\frac{z_{ij}}{\sqrt{\sum_{i=1}^{n} z_{ij}^{2}}} \tag{6.23}$$

式中：v_{ij} 为第 i 个方案的第 j 个指标的标准化值；z_{ij} 为第 i 个方案的第 j 个指标的实际值。

表 6.24　苹果水肥耦合效应综合评价指标标准化值

处理	维生素C含量	可滴定酸含量	可溶性糖含量	硬度	可溶性固形物含量	果型指数	单果质量	果实体积	产量	WUE	IWUE	NPFP	KPFP
T0	1.2416	1.1874	1.0845	1.1245	1.1543	1.0144	1.4209	1.1765	1.2258	1.3529	1.4966	1.2433	1.4762
T1	0.7563	0.8564	1.0301	0.9959	0.9878	1.0127	1.0137	1.0648	1.1099	0.9711	0.8360	0.9095	0.9017
T2	0.8654	1.0155	0.9322	1.1245	0.9487	0.9922	0.8932	1.0360	1.0739	0.8317	0.8089	0.8800	1.3086
T3	0.7901	0.9264	1.0573	0.9819	0.9437	1.0144	0.9646	1.0651	0.8739	0.6783	0.6582	1.0741	0.7099
T4	1.0159	0.9391	0.8981	0.9228	0.9593	0.9954	1.0299	1.0508	0.8000	0.6328	0.6026	0.9834	0.9749
T5	1.1202	0.9105	0.9253	0.9127	0.9276	0.9797	0.8057	0.9695	0.8464	1.0757	1.1157	0.6936	0.6876
T6	1.2416	1.0092	0.9543	0.9145	0.9708	1.0008	0.9976	0.8476	0.9168	1.1364	1.2085	0.7512	1.1172
T7	1.2397	1.1319	0.9932	1.1158	1.1069	0.9973	0.9875	0.9086	0.9159	1.1114	1.2073	1.1258	0.7441
T8	0.7149	1.0983	1.0845	1.0668	1.0541	0.9852	1.4209	1.1765	0.7923	0.9772	1.0444	0.9739	0.9655
T9	0.9642	1.1874	0.9948	1.0634	1.1543	0.9842	1.0712	0.9384	0.8515	1.3529	1.4966	0.8373	0.8302
T10	0.7168	1.0792	0.9784	1.0810	0.9962	1.0047	1.0172	1.1145	1.0309	0.7649	0.6795	1.0137	1.0051
T11	0.8654	1.1138	0.9961	1.0090	1.0172	0.9993	1.1466	0.9588	0.8430	0.8023	0.8081	1.2433	0.8218
T12	0.9266	0.9455	0.9601	0.9534	0.9487	0.9953	0.8971	0.8653	1.0790	1.0872	1.0344	0.7958	1.0519
T13	1.1664	0.8618	0.9915	1.0249	0.9645	0.9878	1.1906	1.0423	1.0095	0.9605	0.9677	0.9926	1.4762
T14	1.0733	0.8328	1.0300	0.9923	0.9679	1.0024	0.8718	0.9606	1.0447	1.0721	1.0015	1.0272	0.7638

续表

处理	维生素C含量	可滴定酸含量	可溶性糖含量	硬度	可溶性固形物含量	果型指数	单果质量	果实体积	产量	WUE	IWUE	NPFP	KPFP
T15	0.9783	0.9582	1.0147	1.0150	0.9593	0.9969	0.8933	1.1356	0.9357	0.9032	0.8970	0.9200	0.9122
T16	1.2040	1.0110	0.9608	0.9567	0.9764	1.0113	0.9540	0.9189	1.0610	1.0023	1.0171	1.0433	1.0344
T17	1.1090	1.0418	1.0339	0.9599	1.0436	1.0127	0.9584	1.0138	1.2086	1.1924	1.1587	1.1885	1.1783
T18	1.0178	1.0028	1.0464	0.9703	1.0174	1.0098	0.9400	0.9494	1.2001	1.1394	1.1504	1.1800	1.1699
T19	1.1061	1.0254	1.0567	0.9887	1.0436	1.0100	0.9949	0.9841	1.2258	1.1834	1.1751	1.2053	1.1950
T20	1.1280	1.0531	1.0617	0.9504	1.0120	1.0081	0.9516	0.9994	1.1812	1.1248	1.1323	1.1615	1.1515

4. 建立判断矩阵

通过计算各 r_{ij}，得出灰色关联度判断矩阵 $\boldsymbol{R}$。r_{ij} 计算公式如式（6.24）所示，计算结果见表 6.25。

$$r_{ij}=\frac{\min_n \min_m |y'_{0j}-y'_{ij}|+\lambda \max_n \max_m |y'_{0j}-y'_{ij}|}{|y'_{0j}-y'_{ij}|+\lambda \max_n \max_m |y'_{0j}-y'_{ij}|} \tag{6.24}$$

式中：r_{ij} 为第 i 个比较序列中的第 j 项评价指标的关联系数；$\min_n \min_m |y'_{0j}-y'_{ij}|$ 为二级最小绝对差；$\max_n \max_m |y'_{0j}-y'_{ij}|$ 为二级最大绝对差；λ 为分辨系数，通常 $\lambda \in [0, 1]$。

表 6.25　　水肥耦合效应综合评价指标灰色关联系数

处理	维生素C含量	可滴定酸含量	可溶性糖含量	硬度	可溶性固形物含量	果型指数	单果质量	果实体积	产量	WUE	IWUE	NPFP	KPFP
T1	0.4794	0.5745	0.8916	0.7767	0.7286	0.9963	0.5233	0.8002	0.7941	0.5394	0.4036	0.5725	0.4376
T2	0.5430	0.7222	0.7459	1.0000	0.6850	0.9528	0.4586	0.7609	0.7463	0.4617	0.3939	0.5516	0.7273
T3	0.4975	0.6313	0.9428	0.7582	0.6797	1.0000	0.4948	0.8005	0.5595	0.3985	0.3478	0.7254	0.3684
T4	0.6644	0.6429	0.7058	0.6891	0.6962	0.9594	0.5334	0.7806	0.5122	0.3830	0.3333	0.6323	0.4714
T5	0.7864	0.6174	0.7374	0.6786	0.6636	0.9281	0.4208	0.6836	0.5409	0.6172	0.5399	0.4484	0.3618
T6	1.0000	0.7149	0.7745	0.6804	0.7089	0.9705	0.5136	0.5761	0.5912	0.6737	0.6080	0.4760	0.5546
T7	0.9958	0.8895	0.8304	0.9810	0.9041	0.9632	0.5077	0.6253	0.5906	0.6492	0.6071	0.7918	0.3791
T8	0.4590	0.8337	1.0000	0.8857	0.8170	0.9387	1.0000	1.0000	0.5077	0.5433	0.4971	0.6239	0.4667
T9	0.6170	1.0000	0.8329	0.8798	1.0000	0.9367	0.5611	0.6525	0.5443	1.0000	1.0000	0.5240	0.4089
T10	0.4599	0.8051	0.8082	0.9114	0.7387	0.9789	0.5254	0.8783	0.6964	0.4319	0.3536	0.6607	0.4868
T11	0.5430	0.8585	0.8350	0.7947	0.7653	0.9674	0.6197	0.6725	0.5387	0.4481	0.3937	1.0000	0.4058
T12	0.5866	0.6488	0.7823	0.7232	0.6850	0.9590	0.4604	0.5896	0.7528	0.6272	0.4916	0.4997	0.5130
T13	0.8559	0.5785	0.8278	0.8178	0.7020	0.9439	0.6599	0.7692	0.6739	0.5326	0.4581	0.6407	1.0000
T14	0.7264	0.5576	0.8913	0.7718	0.7057	0.9740	0.4487	0.6744	0.7116	0.6142	0.4745	0.6741	0.3856
T15	0.6292	0.6610	0.8651	0.8033	0.6962	0.9624	0.4586	0.9162	0.6064	0.4985	0.4271	0.5803	0.4421
T16	0.9224	0.7170	0.7834	0.7271	0.7153	0.9933	0.4891	0.6345	0.7306	0.5605	0.4825	0.6908	0.5029

续表

处理	维生素C含量	可滴定酸含量	可溶性糖含量	硬度	可溶性固形物含量	果型指数	单果质量	果实体积	产量	WUE	IWUE	NPFP	KPFP
T17	0.7712	0.7542	0.8984	0.7308	0.8015	0.9963	0.4915	0.7331	0.9630	0.7358	0.5695	0.8907	0.6001
T18	0.6663	0.7077	0.9215	0.7435	0.7656	0.9899	0.4817	0.6632	0.9455	0.6768	0.5636	0.8759	0.5934
T19	0.7674	0.7340	0.9415	0.7670	0.8015	0.9903	0.5120	0.6991	1.0000	0.7250	0.5817	0.9217	0.6139
T20	0.7973	0.7689	0.9516	0.7198	0.7585	0.9862	0.4878	0.7163	0.9092	0.6622	0.5510	0.8452	0.5792

5. 计算灰色关联度权值

将通过博弈论组合赋权法得出的水肥耦合效应综合评价指标权重向量 $\boldsymbol{u}=(u_1, u_2, \cdots, u_m)^{\mathrm{T}}$ 代入式（6.25）计算灰色关联度权值 ω_j。

$$\omega_j=\frac{u_j^2}{\sqrt{\sum_{j=1}^{m}u_j^2}} \tag{6.25}$$

6. 计算加权灰色投影值

计算不同水肥处理加权灰色投影值。计算公式如式（6.26）所示，对计算结果进行排序，结果见表6.26。

$$D_i=\sum_{j=1}^{n}r_{ij}\omega_j \tag{6.26}$$

式中：r_{ij} 为第 i 个比较序列中的第 j 项评价指标的关联系数；ω_j 为灰色关联度权值。

表6.26　　不同水肥处理加权灰色投影值

试验处理	加权灰色投影值	排名	试验处理	加权灰色投影值	排名
T1	0.366462	5	T11	0.264489	18
T2	0.348906	8	T12	0.352268	6
T3	0.268274	16	T13	0.329952	10
T4	0.251426	19	T14	0.33826	9
T5	0.266443	17	T15	0.291189	14
T6	0.295147	13	T16	0.350438	7
T7	0.297158	12	T17	0.449482	2
T8	0.250936	20	T18	0.439009	3
T9	0.275961	15	T19	0.465062	1
T10	0.32548	11	T20	0.425994	4

6.5.4 苹果水肥耦合效应评价模型及最优调控模式

6.5.4.1 水肥耦合效应评价模型

以不同水肥处理灰色关联度为苹果水肥耦合效应综合评价值（G_f），根据二次通用旋转组合试验设计（1/2）原理，建立回归模型，由表6.27可知，ANOVA分析结果显示模型达到极显著水平（$P<0.01$），R^2 为0.925，说明模型拟合效果较好，各响应变量与因变量之间具有较强的相关性，根据模型回归系数检验结果（表6.27），剔除掉不显著因素，苹果水肥耦合效应综合评价值（G_f）与水肥因子之间的回归模型如下：

$$G_f=0.437+0.015x_1+0.026x_2+0.013x_1x_2-0.044x_1^2-0.041x_2^2-0.032x_3^2-0.037x_4^2 \tag{6.27}$$

式中：G_f 为苹果水肥耦合效应综合评价值；x_1、x_2、x_3、x_4 分别为灌水量、施氮量、施钾量、施锌量的水平编码值。

对模型进行优化求解，当 x_1、x_2、x_3、x_4 分别为0.27、0.39、0、0.18时，G_f 达到最大值0.45，对应的灌水量、施氮量、施钾量、施锌量分别为590.5mm、121.28kg/hm²、225kg/hm²、12.07kg/hm²。

表6.27　综合评价值回归模型及回归系数检验

变异来源	F值	P值	变异来源	F值	P值
回归	18.44	0.002**	x_1x_4	1.66	0.234
x_1	7.68	0.024*	x_1^2	65.66	0.001**
x_2	22.47	0.002**	x_2^2	57.78	0.001**
x_3	0.77	0.407	x_3^2	35.00	0.004**
x_4	5.42	0.048*	x_4^2	46.06	0.001**
x_1x_2	10.00	0.013*	R^2	0.925	
x_1x_3	0.09	0.777			

*　差异显著（$P<0.05$）。

**　差异极显著（$P<0.01$）。

6.5.4.2　最优水肥耦合调控模式

表6.28为对苹果水肥耦合效应综合评价指标回归模型的模拟寻优及频数分析。由表可知，试验设置四个因素每个因素5个水平，共构成625个水肥组合，通过频数分析获得 $G_f>0.35$ 时的水肥优化组合有37个，占总试验方案的5.9%。当各因子编码值在95%置信区间内取值范围分别为灌水量0.039～0.447、施氮量0.248～0.636、施钾量−0.097～0.387、施锌量0.011～0.458时，G_f 能达到大于0.35的水平，对应的实际灌水量及肥料施用量分别为555.85～617.05mm、118.08～126.81kg/hm²、220.64～242.42kg/hm²、11.30～13.45kg/hm²。

表6.28　综合评价值回归模型模拟寻优及频数分析

编码水平	x_1		x_2		x_3		x_4	
	次数	频率	次数	频率	次数	频率	次数	频率
−1.682	0	0	0	0	0	0	0	0
−1	4	0.108	1	0.027	7	0.189	5	0.135
0	20	0.541	20	0.541	19	0.514	19	0.514

续表

编码水平	x_1		x_2		x_3		x_4	
	次数	频率	次数	频率	次数	频率	次数	频率
1	13	0.351	14	0.378	9	0.243	12	0.324
1.682	0	0	2	0.054	2	0.054	1	0.027
合计	37	1	37	1	37	1	37	1
加权平均数	0.243		0.442		0.145		0.235	
标准误差	0.104		0.099		0.123		0.114	
95%置信区间	0.039～0.447		0.248～0.636		−0.097～0.387		0.011～0.458	
最佳水肥方案	555.85～617.05mm		118.08～126.81kg/hm^2		220.64～242.42kg/hm^2		11.30～13.45kg/hm^2	

注 x_1、x_2、x_3、x_4 分别代表灌水量、施肥量、施钾量、施锌量编码值。

第7章 红枣适宜生境营造模式

红枣（学名：Ziziphus jujuba Mill.），又名枣、酸枣、大枣等，是鼠李科枣属的落叶乔木果树，原产于中国，是我国的第三大果树品种。中国是全球最大的红枣生产国，2019年红枣产量达到746万t，占全球总产量的76%。新疆地区阳光充足，昼夜温差大，有利于红枣树的生长，是中国最大的高品质红枣产地，该地区红枣产量占全国总产量的50%。新疆红枣树种植面积达到32万hm^2，其中80%位于新疆南部的塔克拉玛干沙漠周围，大规模的红枣树种植也有效地遏制了沙漠化的进一步扩展，改善了当地的生态环境。

7.1 红枣生长适宜环境与调控措施

新疆地区受到大陆性沙漠气候的影响，容易发生极端干旱，导致土地干燥和沙漠化频发。该地区年均降水量仅为35mm，而蒸发量超过2480mm。降水稀缺、高温、强蒸发、土地质量差以及水资源有限是制约该地区可持续农业发展的主要因素。大规模的枣树种植有效地遏制了沙漠化的进一步扩展，并在改善当地生态环境方面发挥了积极作用。为了最大化经济效益，农民通常通过增加灌溉和施肥来确保枣的最大产量。新疆南部的大部分耕地属于沙漠土壤，有机质含量极低，水肥保持能力差。这导致灌溉水和肥料的生产效率极低，并导致净利润较低。因此，采取有效措施提高该地区水肥生产效率和沙漠土壤的水肥保持能力，合理利用有限的水资源和土壤资源至关重要。

7.1.1 红枣生长适宜环境

7.1.1.1 气候条件

红枣是暖温带阳性树种，喜欢温暖干燥的气候，也耐寒、耐热、耐旱涝。红枣在春季温度达到13℃的时候就会开始萌芽，当气候温度达到18℃左右的时候花芽就会开始分化，一般红枣最适宜的生长温度为24～25℃。红枣开花期要求较高的空气湿度，否则不利授粉坐果。过高或过低的湿度都会影响花粉活力和柱头黏性，降低授粉效果。一般来说，空气相对湿度为60%～80%比较适宜。红枣对降水量和分布没有严格要求，但是在花期和果实发育期应避免过多的降水，以免造成花粉流失、花果脱落、果实裂开等问题。一般来说，年降水量在400～800mm之间比较适宜。红枣对日照时间和强度有较高的要求，光照不足会影响枝条生长、花芽分化、果实着色等过程。一般来说，年日照时数在2000～3000h之间比较适宜。

7.1.1.2 土壤条件

红枣对土壤要求不严，除沼泽地和重碱性土外，平原、沙地、沟谷、山地皆能生长。

红枣对酸碱度的适应范围在 pH 值为 5.5～8.5，以肥沃的微碱性或中性砂壤土生长最好。过酸或过碱的土壤会影响红枣的吸收和利用土壤中的养分，导致生长不良或缺素症状。红枣根系发达，喜深厚而疏松的土壤。土层深厚有利于根系的扩展和水分的储存，土壤疏松有利于根系的通气和渗透，土壤肥沃有利于根系的吸收和转运。一般来说，土层深度在 1m 以上，有机质含量在 1%～3%之间，有效磷含量在 10～20mg/kg 之间，速效钾含量在 100～200mg/kg 之间比较适宜。

7.1.2 微量元素的果树促生作用研究

微量元素虽然含量较少，但对农作物的生长发育起着极为重要的作用。微量元素是构成植物体内酶或辅酶的重要成分，具有高度的特异性，且不可替代。因此，植物缺乏任何一种微量元素都会抑制其生长发育，进而导致产量下降和品质降低。当植物在微量元素充足时，其生理机能会变得十分旺盛。这将促进作物对大量元素的吸收和利用，同时可以改善细胞原生质的胶体化学性质。这样，原生质浓度的提高将有助于增强作物对恶劣环境的抗逆性。大量研究表明，硼锌两种微量元素可以提高果实品质，并且可以显著增加果树的坐果率，而枣树的坐果率低下，因此本节选择叶面喷施硼锌来调控枣树的产量和红枣的品质。

7.1.2.1 硼对植物的促生作用研究

硼是高等植物必需的微量元素，过高或过低均会对植物产生毒害。由于研究缓慢，硼营养的重要性未被广泛认识。直到日本大面积油菜“萎缩不实”或“花而不实”，施硼后得到解决，才引起了植物硼营养研究的关注。据研究显示，植物体内的硼大多以难溶性形式存在，难以向新生部位转移和再利用，因此需要在整个生育期间提供。硼大部分集中在细胞壁和细胞间隙中，占植物体中硼总量的 50%以上。与其他部位相比，植物生长旺盛的部位和繁殖器官中硼的含量较高。

植物的蒸腾拉力主要通过木质部向植物地上部运输，但在韧皮部中流动性较弱。相对于其他矿物质营养，植物对吸收和转运的调节有所限制。高等植物中，韧皮部的流动性与光合作用初级产物糖醇形成的复合物的渗透性息息相关。适宜的施肥量能够刺激花粉萌发和花粉管伸长，在植物的生殖生长过程中发挥重要作用。此外，肥料的施用可以有效减少花粉中糖的渗出，从而对受精发挥直接和间接的作用。适宜的肥料施用可以提高坐果率，同时减少掉落果实的发生。对于苹果而言，苹果花粉的萌发与花粉管的生长对 10～100mg/L 的硼酸浓度最为适宜，并加强了受精的有效性。对于荔枝花粉的培养，添加 0.1%～1.5%的硼酸同样对花粉的萌发与花粉管的生长产生了促进作用。王震宇等学者指出，过量的硼会导致油菜叶片 RNA 分解加剧，DNA 和 RNA 含量降低。同时，缺硼也会引起植物核酸分解加剧。但实际上，缺硼对植物蛋白质合成的抑制作用和蛋白质分解的加速作用哪个更为主要，以及缺硼是如何影响植物氮代谢的机理还需深入研究。

7.1.2.2 锌对植物的促生作用研究

20 世纪 30 年代初，国外学者发现锌是作物生长发育过程中所必要的元素，并在田间试验中，第一次发现植物缺少锌元素的状况。我国土壤中全锌含量约为 100mg/kg，最低可仅有 3mg/kg，最高可达 709mg/kg。当土壤中锌含量低于 20mg/kg 时，即可认为土壤缺锌，应适当补充。

植物主要由根系扩散运输锌离子，并以 Zn^{2+} 的形式吸收土壤中的锌。当土壤 pH 值较高时，植物也可吸收以 $Zn(OH)^{+}$ 形式存在的锌阳离子，另外，当环境中缺少锌或铁时，有机物螯合态锌也可为植物所吸收。当苹果树缺锌时，其根系会释放出大量氨基酸。这些分泌物能够使难溶性锌溶解，从而促使根系吸收更多的锌。但植物本身也存在影响锌有效性的因素，例如根系的生长状态与吸收表面积（包括根系和菌根菌丝表面积）以及根际环境的影响，而根际环境则会对作物接收土壤养分起到极其重要的作用。

当植物缺乏锌时，叶片中的相关光合生理特征会受到抑制，对植物的光合作用产生不利影响。但是，通过施加锌肥可以增强叶片的光合速率，提高植物的光合效率。此外，锌肥还可以促进植物花粉的萌发和花粉管的伸长，增加植物的受精率，同时还可以促进植物生长素的合成和同化物质的运输。据研究，锌是植物体内六大类功能酶的辅助因子之一，其中包括乙酸脱氧酶、碳酸酐酶、铜锌超氧化歧化酶和 RNA 聚合酶等。这些酶只有在锌的参与下才能发挥其正常的生理功能。

硼锌两种微量元素都可以对枣树的生长发育起到重要作用，由于在枣树的开花期至坐果期，营养生长和生殖生长相互竞争，导致枣树落花落果严重，施加硼锌微肥可以提高枣树的坐果率，直接提高红枣产量。

7.1.3　红枣生长环境调控措施

7.1.3.1　研究区概况

试验区位于新疆生产建设兵团第十四师 224 团，地处欧亚大陆腹地，位于塔克拉玛干大沙漠南缘、和田地区皮山县与墨玉县交界处的 315 国道以北区域，海拔 1304～1379m，属典型大陆性极端干旱荒漠气候类型。年平均气温 12.2℃，极端最高气温 40.6℃，最低气温－21.6℃。≥10℃年积温 4100～4700℃·d，年日照时数 2610.6h，无霜期 244d。多年平均年降水量 33.4mm，多年平均年蒸发量 2602mm，年均大风 11.5 次，沙暴天数 19～52d。该地区红枣种植面积接近 16 万亩，种植种类多为骏枣，树型有开心型和主干结果型，是该区域的特色经济果树。枣树灌溉方式为滴灌，采用一行两管的铺设方式，滴灌带距离枣树 1m，枣树行间距 4m。试验地土壤性质整体以砂土和砂壤土为主，容重在 1.45～1.52g/cm^3 之间，pH 值为 7.87，有机质 2.43g/kg，碱解氮 28.35mg/kg，速效磷 18.34mg/kg，速效钾 113.21mg/kg，饱和导水率为 0.16cm^3/cm^3。

7.1.3.2　调控方案

试验地点位于新疆维吾尔自治区昆玉市红枣种植区，供试枣树选用 12 年的骏枣，试验小区面积 120m^2，红枣种植间距 1m×4m，其中滴灌带距离枣树 1m。骏枣 4 月中旬—5 月中旬为萌芽展叶期，5 月中旬—6 月下旬为开花坐果期，6 月下旬—9 月中旬为果实膨大期，9 月中旬—11 月上旬为成熟期。为方便分析与施肥，以每个时期中间为限，将开花坐果期分为开花期与坐果期，同时将果实膨大期分为果实膨大期一和果实膨大期二。

总灌溉定额为 300mm，全生育期灌溉 10 次，每次间隔 14 天，灌溉水选用磁电水。每次灌水均随水滴施氮、钾肥，氮肥施量为 300kg/hm^2，钾肥施量为 45kg/hm^2；此外，果实膨大期钾肥施量增大至 180kg/hm^2。

硼锌微肥具有保花保果的作用，可以直接提高坐果数进而提高产量以及品质。因此选择硼和锌两种微肥，共计五种锌肥梯度（Z 组，Z0、Z1、Z2、Z3、Z4，分别表示锌肥施量为 0、1.5kg/hm^2、3kg/hm^2、4.5kg/hm^2 和 6kg/hm^2）和五种硼肥梯度（B 组，B0、B1、B2、B3、B4，分别表示硼肥施量为 0、1.5kg/hm^2、3kg/hm^2、4.5kg/hm^2 和 6kg/hm^2）的耦合试验，其中 B0Z0、B1Z0、B2Z0、B3Z0、B4Z0 为单施硼肥处理，B0Z0、B0Z1、B0Z2、B0Z3、B0Z4 为单施锌肥处理。在不同生育期喷施两种微肥，具体喷施浓度见表 7.1，其中硼肥选用硼酸，锌肥选用硫酸锌。

表 7.1　　微肥喷施方案　　单位：kg/hm^2

处理	开花期		坐果期		果实膨大期		施肥总量	
	硼肥	锌肥	硼肥	锌肥	硼肥	锌肥	硼肥	锌肥
B0Z0	0	0	0	0	0	0	0	0
B0Z1	0	0.5	0	0.5	0	0.5	0	1.5
B0Z2	0	1	0	1	0	1	0	3
B0Z3	0	1.5	0	1.5	0	1.5	0	4.5
B0Z4	0	2	0	2	0	2	0	6
B1Z0	0.5	0	0.5	0	0.5	0	1.5	0
B1Z1	0.5	0.5	0.5	0.5	0.5	0.5	1.5	1.5
B1Z2	0.5	1	0.5	1	0.5	1	1.5	3
B1Z3	0.5	1.5	0.5	1.5	0.5	1.5	1.5	4.5
B1Z4	0.5	2	0.5	2	0.5	2	1.5	6
B2Z0	1	0	1	0	1	0	3	0
B2Z1	1	0.5	1	0.5	1	0.5	3	1.5
B2Z2	1	1	1	1	1	1	3	3
B2Z3	1	1.5	1	1.5	1	1.5	3	4.5
B2Z4	1	2	1	2	1	2	3	6
B3Z0	1.5	0	1.5	0	1.5	0	4.5	0
B3Z1	1.5	0.5	1.5	0.5	1.5	0.5	4.5	1.5
B3Z2	1.5	1	1.5	1	1.5	1	4.5	3
B3Z3	1.5	1.5	1.5	1.5	1.5	1.5	4.5	4.5
B3Z4	1.5	2	1.5	2	1.5	2	4.5	6
B4Z0	2	0	2	0	2	0	6	0
B4Z1	2	0.5	2	0.5	2	0.5	6	1.5
B4Z2	2	1	2	1	2	1	6	3
B4Z3	2	1.5	2	1.5	2	1.5	6	4.5
B4Z4	2	2	2	2	2	2	6	6

喷施具体方法如下：

（1）确定硼肥与锌肥施量后，将其溶于磁电水中，摇匀至无沉淀，保证浓度不超过 0.1%。

（2）喷施时间在早晨 9：00 前或下午 6：00 后，减少高温对微肥吸收的影响。

（3）喷施时要求雾滴细小，喷洒均匀，尤其要注意喷洒生长旺盛的上部叶片和叶子的背面，新叶比老叶、叶片背面比正面吸收养分的速度快，吸收能力强。

7.2　调控措施对红枣生长特性的影响

枣树的生长过程与水肥有着极其紧密的关系，灌溉水量、灌溉水质和施肥都会直接对枣树生长起到重要影响。调控措施主要为磁电活化水灌溉与锌肥、硼肥不同施量的耦合，并分析两种微量元素对枣树生长发育的综合调控作用。

7.2.1　枣吊

枣吊是衡量枣树生长发育的重要生长指标，不仅与叶面积指数有着紧密联系，还承担着输送土壤养分到叶片的功能，枣吊的发育主要体现在枣吊长度。

7.2.1.1　单施硼锌微肥对枣吊生长发育的影响

单施硼肥处理如图 7.1（a）所示。在枣树的整个生育期过程中，磁电水 B0Z0 处理枣吊长度相比于 CK 处理的枣吊长度高 4.5%，这表明磁电水可促进枣吊的生长发育。由图可知，开花期喷施硼肥后，枣吊长度变化极其明显，随着硼肥施量的增加，在开花期各处理枣吊长度也先增加后减少；在坐果期和果实膨大期，喷施硼肥后各微肥处理枣吊长度变化基本一致。各处理枣吊长度整体呈 CK＜B0Z0＜B1Z0＜B2Z0＜B4Z0＜B3Z0 的变化趋势，B3Z0 处理为枣吊长度最大处理，比 B0Z0 处理高 13.18%。

单施锌肥处理如图 7.1（b）所示。在开花期喷施锌肥后，枣吊长度变化规律与锌肥相似，随着锌肥施量的增加先增大后减小；在坐果期和果实膨大期，喷施锌肥后各处理变化不大，整体变化趋势一致。各处理枣吊长度呈 B0Z0＜B0Z1＜B0Z2＜B0Z4＜B0Z3 的变化趋势，最大枣吊处理为 B0Z3 处理，比 B0Z0 处理高 13.9%。

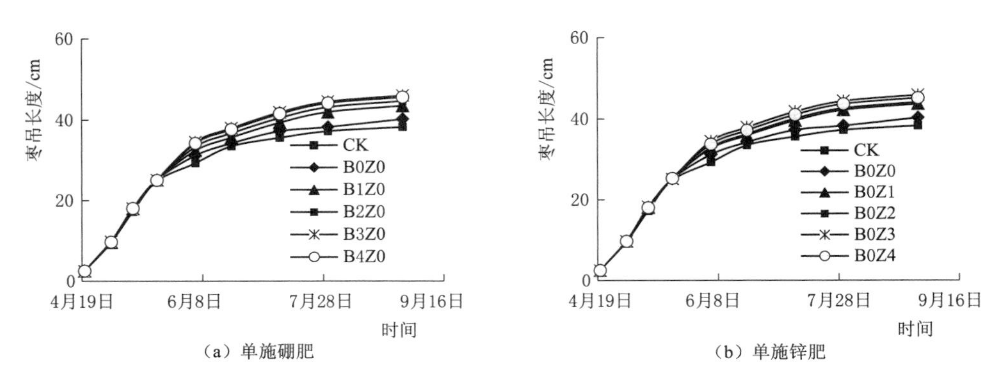

图 7.1　单施微肥对枣吊长度的影响

7.2.1.2　配施硼锌微肥对枣吊生长发育的影响

各微肥处理的不同生育期枣吊长度累积变化量如图 7.2 所示。在开花期，枣吊长度的变化量随施量的增加而先增大后减小，但当硼肥施量或锌肥施量为 6kg/hm^2 时，另一微肥施量对枣吊长度的影响较小，并且在硼肥和锌肥施量皆为 6kg/hm^2 时，枣吊长度比施量较小的微肥处理小，所有微肥处理中枣吊变化最大处理为 B3Z2，比 B0Z0 处理高 14.55%。在坐果期和果实膨大期，喷施硼锌微肥后枣吊长度变化差距较小，枣吊长度与硼锌微肥施量联系较小。

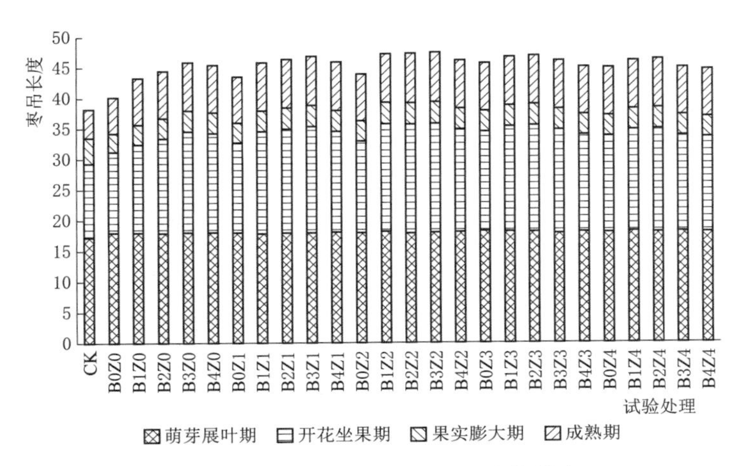

图 7.2 配施硼锌微肥对枣吊长度的影响

在全生育期枣吊生长以萌芽展叶期最为旺盛，其次是开花坐果期，最后是果实膨大期和成熟期。在萌芽展叶期枣树整体以营养生长为主，因此枣吊生长极快；进入开花坐果期时，由于枣树进入生殖生长阶段，因此枣吊生长放缓，但仍然需要生长，以支撑生殖生长，促进枣树开花与坐果；进入果实膨大期后，营养生长在坐果期便基本停止，但由于该时期历程较长，因此果实膨大期的枣吊长度比坐果期大。

综合所有处理可以看出，硼锌微肥对枣吊的增长有很重要的影响，适量喷施硼锌微肥可促进枣吊的生长发育，过量则促进效果较差。同时，单施硼肥或者锌肥也可促进枣吊的生长发育，但促进效果比配施硼锌微肥差，当硼肥施量为 4.5kg/hm^2 且锌肥施量为 3kg/hm^2，枣吊长度最大，比 CK 处理高 19.35%。

7.2.2 叶面积指数

叶面积指数可以用来反映植株的生长状况，同样也反映了植株的光合作用潜力，但是当叶片过于繁盛，会导致下层叶片无法接收阳光，因此下层叶片无法正常进行光合作用。

7.2.2.1 单施硼锌微肥对枣树叶面积指数的影响

单施硼肥对 LAI 随时间的变化如图 7.3（a）所示，LAI 随着时间的增加先逐渐迅速增大后逐渐减小，并且单施硼肥或锌肥可以促进 LAI 增长。喷施硼肥后各处理 LAI 随时间的变化差距逐渐拉大，尤其在 40～80d；而当生长天数在 100～120d，LAI 随时间变化缓慢上升并达到峰值，且各处理 LAI 随施量的增加而增大；在 120～160d，所有处理 LAI 逐渐减小。喷施硼肥的磁化水处理 B0Z0 相比常规淡水处理 CK，对枣树 LAI 提升提高了 3.93%，而单施硼肥处理中 LAI 整体呈 CK＜B0Z0＜B1Z0＜B2Z0＜B4Z0＜B3Z0 的变化趋势，B3Z0 和 B4Z0 分别比 B0Z0 处理高 20.1%、19.34%。

单施锌肥对 LAI 随时间的变化如图 7.3（b）所示。喷施锌肥后各处理 LAI 变化规律与硼肥相似，在 40～80d，LAI 随锌肥施量增加逐渐增大；在 100～120d，LAI 缓慢上升也逐渐到达峰值；在 120～160d，所有处理 LAI 逐渐减小。单施锌肥处理中 LAI 整体呈 B0Z0＜B0Z1＜B0Z2＜B0Z4＜B0Z3 的变化趋势，B0Z3 和 B0Z4 分别比 B0Z0 高 16.3%、15.9%。对比两组单施试验可知，硼肥对 LAI 的提高效果比锌肥更好。

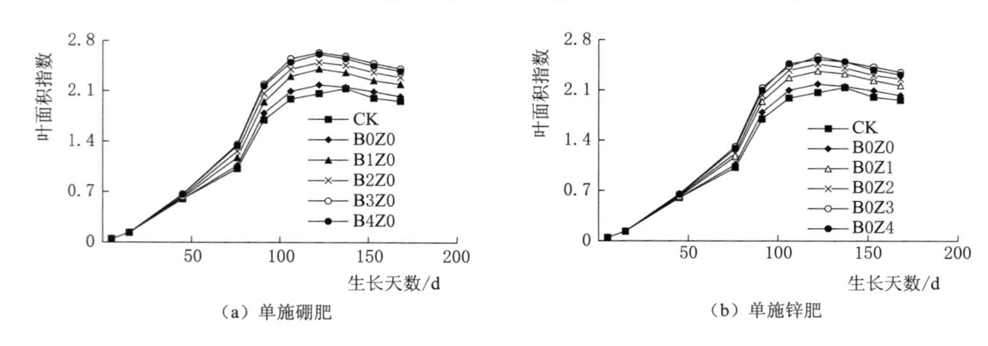

图 7.3 单施硼锌微肥对叶面积指数的影响

7.2.2.2 配施硼锌微肥对枣树叶面积指数的影响

配施硼锌微肥对枣树 LAI 随时间的变化如图 7.4 所示。配施硼锌微肥可以明显促进 LAI 的增长，对 LAI 的整体变化趋势与单施硼肥或锌肥的变化趋势一致，但配施硼锌微肥对 LAI 的提升效果比单施硼肥或锌肥效果好。配施硼锌微肥处理中以 B3Z2 处理为最佳处理，比未喷施微肥处理 B0Z0 高 25.72%。但是当硼肥或锌肥施量为 4.5kg/hm^2 或 6kg/hm^2 时，另一微肥对 LAI 的影响较小；而当硼肥和锌肥施量皆为 6kg/hm^2 时，LAI 反而出现抑制情况。

7.2.3 硼锌微肥对枣果纵横径的影响

枣果的纵横径与纵横系数是用来代表枣果生长发育的重要指标，并且会影响枣果的品质，因此研究硼锌微肥对枣果纵横径的影响极为重要。

7.2.3.1 单施硼锌微肥对枣果纵横径的影响

单施硼肥对枣果纵径的变化如图 7.5（a）所示，单施硼肥后枣果纵径整体变化比较明显，随着硼肥施量的增加，枣果纵径也逐渐增大。在坐果期，磁电水灌溉处理 B0Z0 枣果纵径有一定作用，比常规淡水处理 CK 高出 4.56%，所有单施硼肥处理中枣果纵径最大处理为 B4Z0，比 B0Z0 处理高 131.27%；在果实膨大期一，单施硼肥处理中枣果纵径最大处理仍是 B4Z0，比 B0Z0 处理高 44.07%；在果实膨大期二，枣果纵径最大处理是 B3Z0 处理，比 B0Z0 处理高 16.69%。

单施锌肥对枣果纵径的变化如图 7.5（b）所示，单施锌肥后枣果纵径整体变化规律与硼肥相似。在坐果期时，所有单施锌肥处理中枣果纵径最大处理为 B0Z4，较 B0Z0 处理高 104.23%；在果实膨大期一时，单施锌肥处理中枣果纵径最大处理为 B0Z4，比 B0Z0 处理高 18.82%；在果实膨大期二时，枣果纵径最大处理仍为 B0Z4 处理，比 B0Z0 处理高 10.35%。

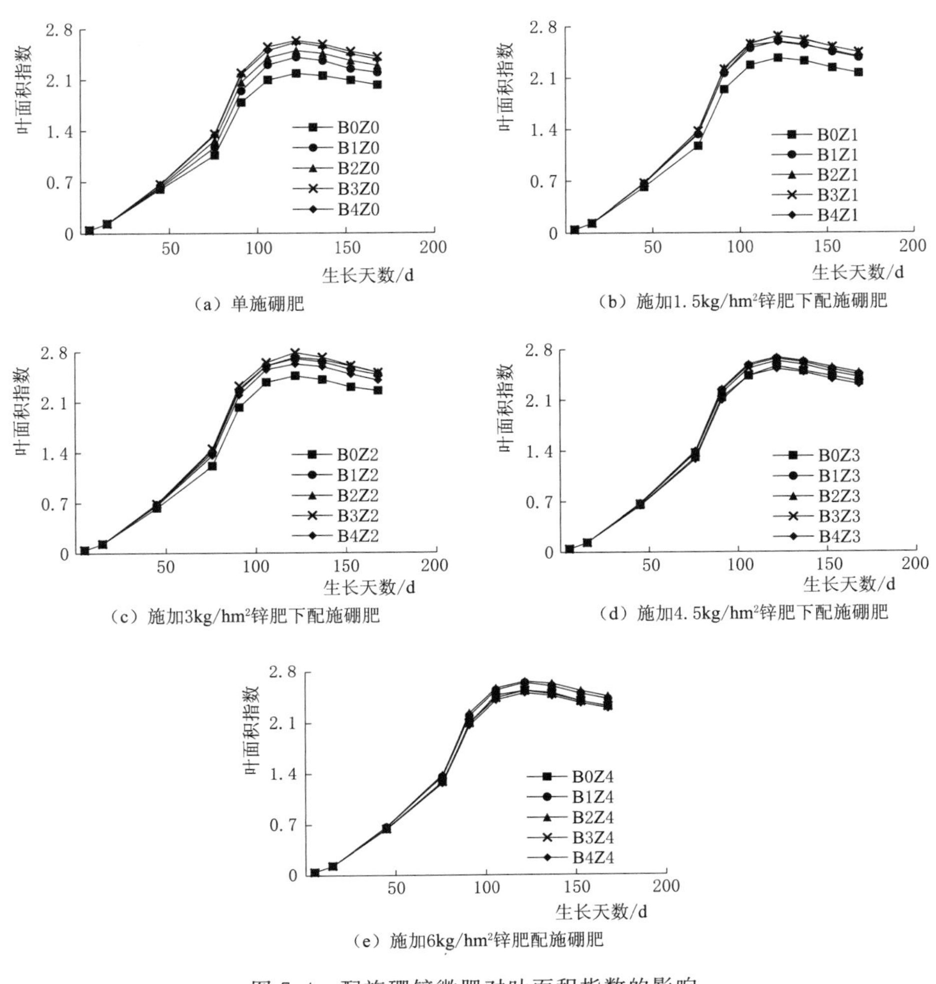

图 7.4　配施硼锌微肥对叶面积指数的影响

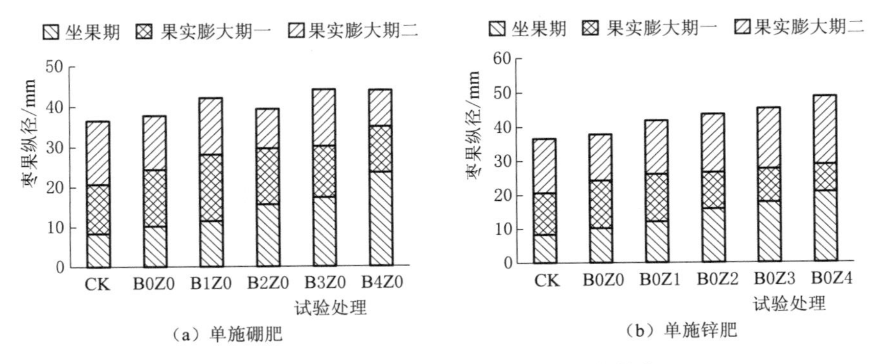

图 7.5　单施硼锌微肥对枣果纵径的影响

单施硼肥对枣果横径的变化如图 7.6（a）所示，磁电水灌溉处理 B0Z0 对枣果横径发育有一定促进作用，比常规淡水处理 CK 高出 6.16%。在坐果期，单施硼肥处理中枣果横径最大处理与纵径中最大处理一致，为 B4Z0，比 B0Z0 处理高 98.36%；在果实膨大期一，横径最大处理为B4Z0，比B0Z0处理提高72.34%；在果实膨大期二，横径最大处理仍为B4Z0，比B0Z0处理提高13.39%。

单施锌肥对枣果横径的变化如图7.6（b）所示。在坐果期，单施锌肥处理中枣果横径最大处理与纵径中最大处理相似，为B0Z4，比B0Z0处理高87.25%；在果实膨大期一，横径最大处理为B0Z4，比B0Z0处理提高74.34%；在果实膨大期二，横径最大处理仍为B4Z0，比B0Z0处理提高20.37%。

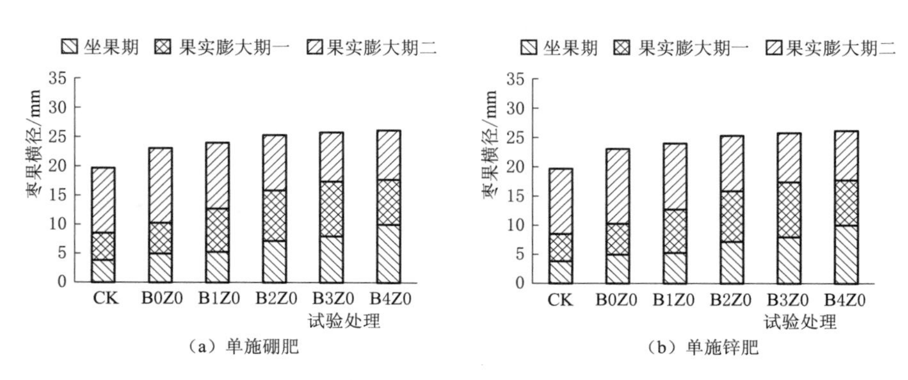

图7.6　单施硼锌微肥对枣果横径的影响

7.2.3.2　配施硼锌微肥对枣果纵横径的影响

配施硼锌微肥对枣果纵径的变化如图7.7所示。从图中可知，喷施硼锌微肥可明显增加枣果纵径的增加，其中当锌肥施量Z0、Z1和Z2时，枣果纵径随硼肥施量的增加而增加，当锌肥施量为Z3和Z4时，枣果纵径随硼肥施量先增大后减小，且当硼肥施量为B3时达到最大值。当硼肥施量为B0、B1和B2时，枣果纵径也基本随锌肥施量的增加而增加，当硼肥施量为Z3和Z4时，枣果纵径随锌肥的增加先增大后减小。在坐果期，纵径最大处理为B3Z3，比B0Z0处理高150.25%；在果实膨大期一，纵径最大处理为B4Z1，比B0Z0处理高68.25%；在果实膨大期二，纵径最大处理为B2Z4，比B0Z0高32.9%。

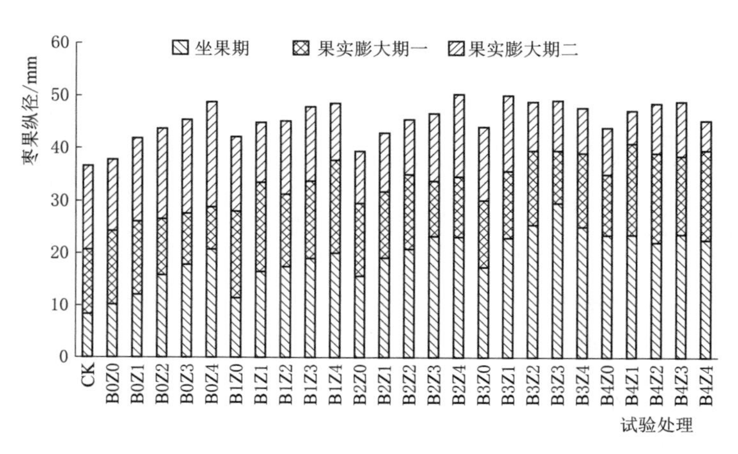

图7.7　配施硼锌微肥对枣果纵径的影响

配施硼锌微肥对枣果横径的变化如图7.8所示，从图中可知，横径变化规律基本与纵径一致，喷施硼锌微肥可以促进枣果横径的发育。其中当锌肥施量Z0、Z1和Z2时，枣果横径随硼肥施量的增加而增加，当锌肥施量为Z3和Z4时，枣果横径随硼肥施量先增大后减小，且当硼肥施量为B3时达到最大值。当硼肥施量为B0、B1和B2时，枣果横径也基本随锌肥施量的增加而增加，当硼肥施量为Z3和Z4时，枣果横径随锌肥的增加先增大后减小。在坐果期，横径最大处理为B0Z4，比B0Z0处理高103.86%；在果实膨大期一，横径最大处理为B4Z4，比B0Z0处理高93.87%；在果实膨大期二，横径最大处理为B2Z4，比B0Z0高24.28%。

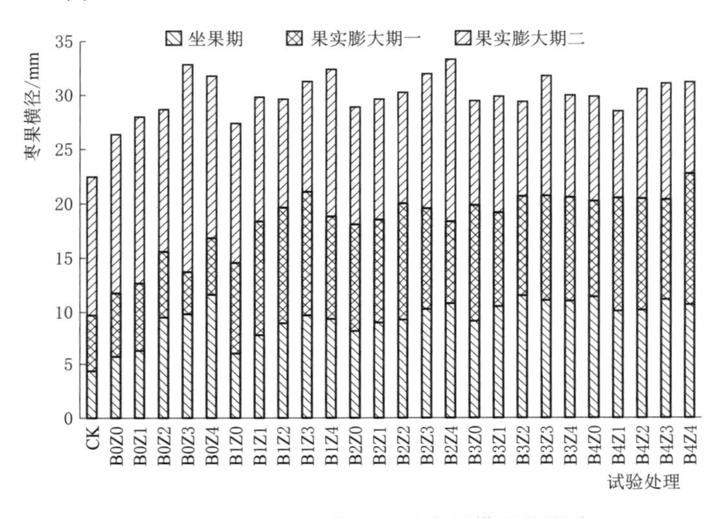

图7.8 配施硼锌微肥对枣果横径的影响

综合所有处理可知，单施硼肥或锌肥对枣果生长都有明显促进作用，并且作用效果相当，主要原因是硼锌微肥都通过作用于叶片调控枣果的生长。而配施硼锌微肥也可以促进枣果的生长，但由于硼肥和锌肥作用效果相似，因此当其中一种微肥施量较大时，另一种微肥施量不宜过大，不然会起抑制作用。坐果期和果实膨大期一处于枣果生长的快速阶段，喷施硼锌微肥后提高了坐果速率，使得在这时期枣果生长比喷施微肥处理高出许多，但到果实膨大期中后期，枣果生长逐渐停止，提前生长的枣果也提前停止，更早步入成熟期，而未发育成熟的枣果也继续生长，到后期逐渐停止，因此枣果最终纵横径差距较小。微肥促进枣果发育的主要原因与枣树体内的各种生长素和酶类物质有关，施用硼肥能通过影响植物的吲哚乙酸等刺激素进而调控营养元素氮磷钾的吸收与利用，促进植株生长，也会影响碳水化合物的合成、代谢和运输以及影响各种酶类和酚类的活性；锌肥则是多种酶的组成成分，通过多种途径影响氮磷钾等养分的吸收，进而增加枣果体积、产量和改善品质。

7.2.4 叶面积指数相关模型

7.2.4.1 叶面积指数生长模型

基于枣树的生长发育和叶面积指数的增长变化，以萌芽展叶期开始时的生长天数为时间尺度，建立关于叶面积指数的生长模型。建立过程中，采用经典的 Logistic 生长模型描述叶面积指数的变化，具体公式如下：

$$LAI=\frac{LAI_{max}}{1+e^{a+bt}} \tag{7.1}$$

式中：LAI 为叶面积指数；LAI_{max} 为叶面积指数理论最大值；t 为生长天数，d；a、b 为模型参数。

对式（7.1）求极值得到以下特征参数：

$$t_0=-\frac{b}{a} \tag{7.2}$$

$$t_1=\frac{\ln(2+\sqrt{3})-a}{b} \tag{7.3}$$

$$t_2=\frac{\ln(2-\sqrt{3})-a}{b} \tag{7.4}$$

$$t_3=t_2-t_1 \tag{7.5}$$

式中：t_0 为叶面积指数增长速率最大时间，d；t_1 为叶面积指数生长旺盛的开始时间，d；t_2 为叶面积指数生长旺盛的结束时间，d；t_3 为叶面积指数生长旺盛的总天数，d。

利用 Logistic 生长模型对枣树的叶面积指数进行拟合，拟合结果如图 7.9 所示，拟合结果较好，$R^2>0.95$，这表明 Logistic 生长模型可以准确地对枣树叶面积指数进行模拟。从图表中的数据可知，叶面积指数理论值之间存在一定差异。未施肥处理 B0Z0 的 LAI_{max} 理论最大值为 2.07，而处理 B3Z2 的 LAI_{max} 是所有处理中的最大值，为 2.715，比 B0Z0 处理提高 31.16%；而仅施硼肥处理 B1Z0、B2Z0、B3Z0 和 B4Z0 依次比 B0Z0 处理高 14.17%、19.02%、25.33%和 23.58%；仅喷施锌肥处理 B0Z1、B0Z2、B0Z3 和 B0Z4 比 B0Z0 处理依次高 12.77%、17.05%、21.71%和 20.61%。

不同调控措施处理的红枣生长特征参数见表 7.2，从特征参数上可以看出，枣树在 6 月中下旬是营养生长最旺盛的时期，位于开花坐果期前中期，而整个生长快速的时期从萌芽展叶期后期开始，到开花坐果期后期结束。在萌芽展叶期，枣树仅仅只是生长新芽和舒

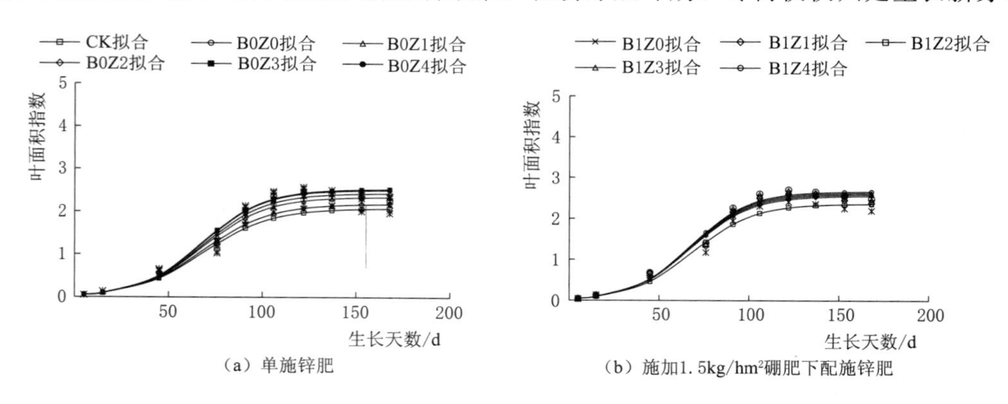

(a) 单施锌肥　　(b) 施加1.5kg/hm²硼肥下配施锌肥

图 7.9（一）　Logistic 生长模型拟合结果

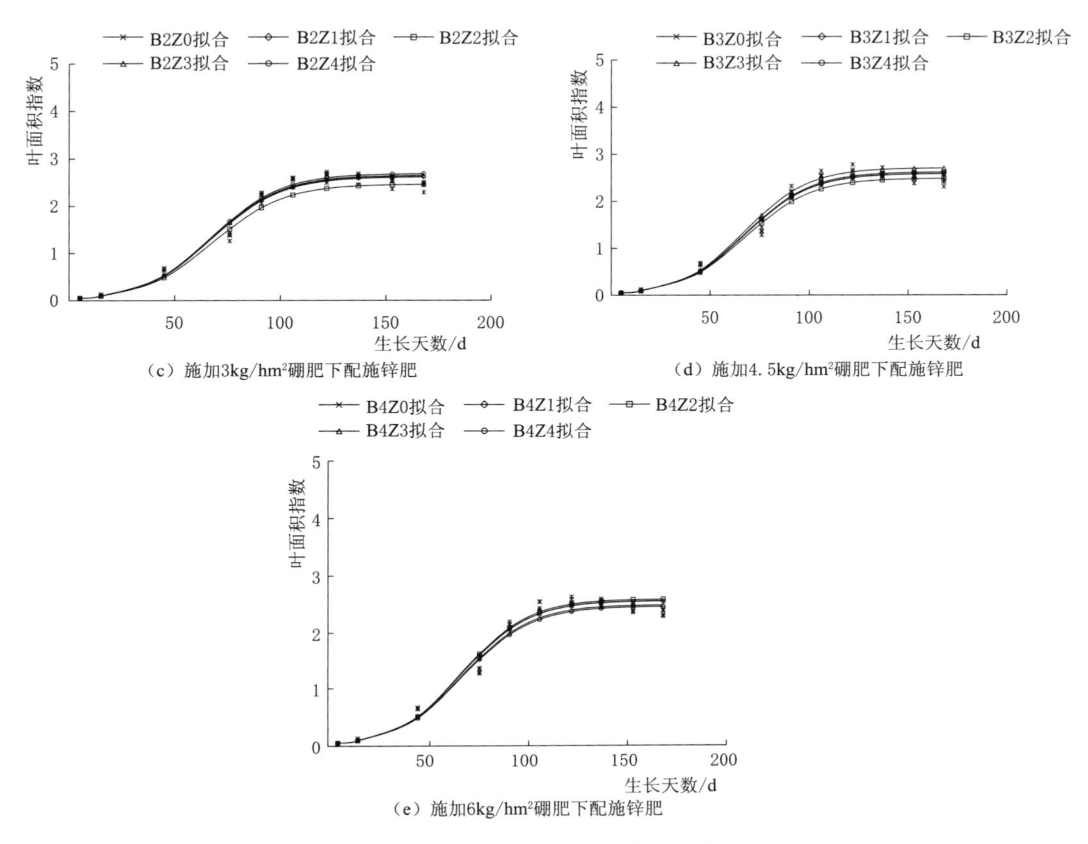

(c) 施加3kg/hm²硼肥下配施锌肥

(d) 施加4.5kg/hm²硼肥下配施锌肥

(e) 施加6kg/hm²硼肥下配施锌肥

图 7.9 (二) Logistic 生长模型拟合结果

展叶片，由于枣树在果实膨大期需要吸收大量的水分和养分来供给枣果生长，因此需要在开花坐果期时营养生长和生殖生长同时进行，并且营养生长由先慢速再快速最后慢速的生长，所以枣树叶面积指数的增长率达到最大值。喷施微肥与未喷施微肥的处理相比，并没有明显改变枣树的不同生长节点。

表 7.2　　Logistic 生长模型拟合参数和特征参数表

处理	拟合参数				特征参数/d			
	a	b	LAI_{max}	R^2	t_0	t_1	t_2	t_3
CK	3.856	−0.05608	2.070	0.952	69	45	92	47
B0Z0	3.907	−0.05691	2.175	0.941	69	46	92	46
B0Z1	4.078	−0.05950	2.334	0.972	69	46	91	45
B0Z2	4.143	−0.06043	2.423	0.971	69	47	90	43
B0Z3	4.120	−0.06056	2.520	0.977	68	46	90	44
B0Z4	4.186	−0.06137	2.497	0.963	68	47	90	43
B1Z0	4.092	−0.05939	2.364	0.971	69	47	91	44

续表

处理	拟合参数				特征参数/d			
	a	b	LAI_{max}	R^2	t_0	t_1	t_2	t_3
B1Z1	4.151	−0.06109	2.556	0.975	68	46	90	44
B1Z2	4.190	−0.06179	2.662	0.987	68	47	89	42
B1Z3	4.187	−0.06172	2.629	0.976	68	46	89	43
B1Z4	4.167	−0.06136	2.593	0.936	68	46	89	43
B2Z0	4.129	−0.06045	2.464	0.975	68	47	90	43
B2Z1	4.187	−0.06172	2.629	0.976	68	46	89	43
B2Z2	4.154	−0.06134	2.690	0.970	68	46	89	43
B2Z3	4.168	−0.06147	2.653	0.978	68	46	89	43
B2Z4	4.152	−0.06128	2.625	0.977	68	46	89	43
B3Z0	4.184	−0.06161	2.595	0.965	68	47	89	42
B3Z1	4.166	−0.06131	2.627	0.977	68	46	89	43
B3Z2	4.219	−0.06253	2.715	0.976	67	46	89	43
B3Z3	4.156	−0.06136	2.592	0.957	68	46	89	43
B3Z4	4.144	−0.06082	2.490	0.975	68	46	90	44
B4Z0	4.160	−0.06135	2.559	0.985	68	46	89	43
B4Z1	4.141	−0.06114	2.563	0.975	68	46	89	43
B4Z2	4.186	−0.06176	2.591	0.985	68	46	89	43
B4Z3	4.144	−0.06082	2.490	0.975	68	46	90	44
B4Z4	4.129	−0.06045	2.464	0.975	68	47	90	43

可以发现，硼锌微肥对枣树的叶面积指数理论最大值有较良好的效果，在相同施量的情况下，硼肥比锌肥提升效果更好，但是配施硼锌微肥比单施硼肥或锌肥效果更好。在喷施过量的硼锌微肥后，叶面积指数理论最大值会下降，这主要是过量硼肥或锌肥都会对枣树生长发育起到抑制作用，当喷施过量硼肥时，植物吸收后可能会出现生理代谢失调、生长发育受阻的中毒现象，同时叶片呈现褐色斑点，加速叶片老化脱落。

7.2.4.2 叶面积指数预测模型

根据 Logistic 生长模型拟合出叶面积指数理论最大值，并采用其中20组数据作为样本建立基于微肥施量的叶面积指数预测模型，同时剩余5组数据用以验证模型，该验证模型如图7.10及式（7.6）所示：

$$LAI_{max}=-0.0172B^2-0.0133Z^2-0.0131BZ+0.1647B+0.1356Z+2.1705 \quad (7.6)$$

式中：LAI_{max} 为叶面积指数最大值；B 为硼肥施量，kg/hm^2；Z 为锌肥施量，kg/hm^2。

该模型拟合效果较好，$R^2=0.91$，整体相对误差小于5%。因此，对式（7.6）求极值，可知 LAI_{max} 理论最大值为2.69，对应的硼肥施量为 $3.50kg/hm^2$，锌肥施量为 $3.35kg/hm^2$。

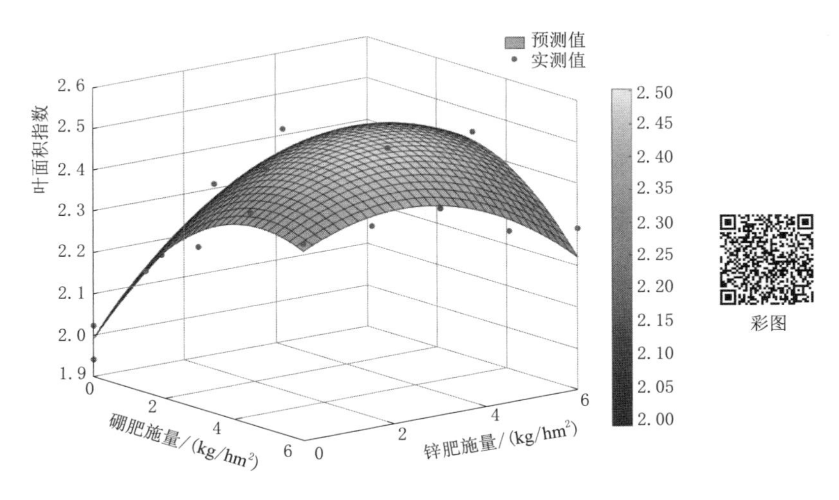

图 7.10 叶面积指数和微肥施量拟合图

7.3 调控措施对红枣光合生理特性的影响

喷施硼肥可以影响净光合速率、胞间 CO_2 浓度、蒸腾速率和气孔导度，这些因素会对枣树的光合作用产生重要影响，因此研究硼肥对枣树相关生理特征的影响对枣树生长和枣果发育极其重要。

7.3.1 硼锌微肥对光响应曲线的影响

光合作用强度大小的指标通常用净光合速率表示，由于绿色植物会一直进行呼吸作用，分解有机物，消耗氧气生成二氧化碳。而光合作用是生成有机物吸收二氧化碳，释放氧气，所以在植物在光合作用吸收二氧化碳的同时，还会进行呼吸作用释放二氧化碳，此时呼吸作用释放的二氧化碳在未排出植株外时也可以用来进行光合作用。因此将在光照条件下测定二氧化碳的吸收量称为净光合速率。

光响应曲线是指其他环境因子不变，改变光合有效辐射所测定的净光合速率。本次试验主要测定在定量喷施硼肥（B2：3kg/hm^2）条件下，喷施不同浓度锌肥时的光响应曲线和定量喷施锌肥（Z2：3kg/hm^2）条件下，喷施不同浓度硼肥时的光响应曲线。通过非直角双曲线光响应模型拟合光响应曲线，拟合出光响应曲线的参数（表观量子效率 α、暗呼吸速率 R_d、最大净光合速率 P_{nmax}、光饱和点 LSP 和光补偿点 LCP）。其中量子效率 α 反映了植物在弱光下吸收、转换和利用光能的指标，植物叶片的光补偿点与光饱和点反映了植物对光照条件的要求，是判断植物有无耐阴性和对强光的利用能力的一个重要指标。一般来说，光补偿点和光饱和点均较低是典型的耐阴植物，能充分利用弱光进行光合作用；光补偿点和光饱和点均较高的是典型阳性植物，必须在无庇荫处才能生长良好。光补偿点越低，植物利用低光合有效辐射的能力越强。植物的暗呼吸速率是指植物在无光照条件下的呼吸速率，植物在暗呼吸时释放的能量大部分以热的形式散失，小部分用于植物的生理活动。因此在一定程度上，R_d 越大，说明植物叶片的生理活性越高。

采用非直角双曲线模型拟合光响应，具体公式如下：

$$P_n=\frac{\alpha I+P_{nmax}-\sqrt{(\alpha I+P_{nmax})^2-4\alpha IkP_{nmax}}}{2k}-R_d \tag{7.7}$$

式中：k 为非直角双曲线的曲角；P_n 为叶片净光合速率，μmol/(m^2 · s)；α 为表观量子效率；P_{nmax} 为最大净光合速率，μmol/(m^2 · s)；R_d 为暗呼吸速率，μmol/(m^2 · s)；I 为光合有效辐射，μmol/(m^2 · s)。

若模型拟合较好，可采用下面的公式计算光补偿点：

$$\mathrm{LCP}=\frac{R_dP_{nmax}}{\alpha(P_{nmax}-R_d)} \tag{7.8}$$

直线 $y=P_{nmax}$ 与直线 $y=\alpha I-R_d$ 相交，交点所对应 x 轴的数值即光饱和点。

7.3.1.1　硼肥对光响应曲线的影响

图 7.11 所示为固定锌肥施量条件下喷施不同浓度硼肥的光响应曲线拟合图。表 7.3 为图 7.11 光响应曲线模型拟合的五种光合参数及对应的决定系数。在固定喷施锌肥 Z2 处理下，硼肥对枣树的光合作用促进效果明显，各处理呈 B2Z2＞B3Z2＞B4Z2＞B1Z2＞B0Z2＞B0Z0 的变化趋势，净光合速率随着硼肥施量的增加先增大后减小，B2Z2 处理下净光合速率达到峰值，比未喷施微肥处理 B0Z0 的净光合速率高出 105.51%，而单施锌肥处理 B0Z2 的光合作用比 B0Z0 处理高出 35.56%，同时可以发现，相比于适量喷施硼肥，过量喷施硼肥的处理光合作用并没有得到增强，反而会被抑制。

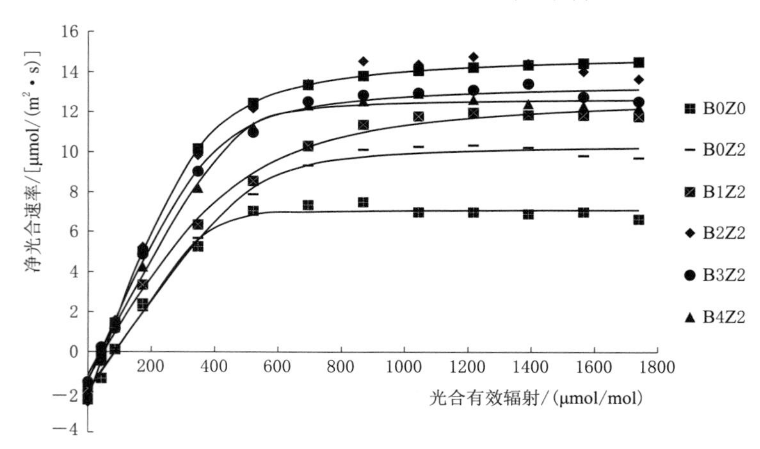

图 7.11　硼肥对光响应曲线的影响

表 7.3　　光响应曲线参数

处理	表观量子效率 α	最大净光合速率 P_{nmax} /[μmol/(m^2 · s)]	暗呼吸速率 R_d /[μmol/(m^2 · s)]	光补偿点 LCP /[μmol/(m^2 · s)]	光饱和点 LSP /[μmol/(m^2 · s)]	决定系数 R^2
B0Z0	0.0231±0.0025	9.11±0.34	1.99±0.26	86.32	480.11	0.99
B0Z2	0.0228±0.0017	12.30±0.34	1.92±0.21	84.95	624.04	0.996
B1Z2	0.0279±0.0036	14.40±0.69	1.38±0.30	50.15	564.54	0.994

续表

处理	表观量子效率 α	最大净光合速率 P_{nmax} /[μmol/(m² · s)]	暗呼吸速率 R_d /[μmol/(m² · s)]	光补偿点 LCP /[μmol/(m² · s)]	光饱和点 LSP /[μmol/(m² · s)]	决定系数 R^2
B2Z2	0.0459±0.0051	17.35±0.61	2.38±0.38	52.81	430.21	0.994
B3Z2	0.0365±0.0036	14.98±0.49	1.49±0.30	41.35	451.97	0.995
B4Z2	0.0292±0.0018	13.91±0.32	1.17±0.22	40.32	517.04	0.996

从表 7.3 来看，拟合效果极佳。各处理最大净光合速率呈 B2Z2＞B3Z2＞B1Z2＞B4Z2＞B0Z2＞B0Z0 的变化趋势，B2Z2 处理的最大净光合速率比 B0Z0 处理提高 90.45%，而 B0Z2 处理的最大净光合速率比 B0Z0 处理提高 35.02%；各处理暗呼吸速率呈 B2Z2＞B0Z0＞B0Z2＞B3Z2＞B1Z2＞B4Z2 的变化趋势，暗呼吸速率最大处理是 B2Z2，相比于 B0Z0 处理提高 19.6%，而 B0Z2 处理相比于 B0Z0 处理降低 3.5%；光补偿点各处理呈 B0Z0＞B0Z2＞B2Z2＞B1Z2＞B3Z2＞B4Z2 的变化趋势，光补偿点最小的处理是 B4Z2，比 B0Z0 处理减小 53.29%，而 B0Z2 处理比 B0Z0 处理减小 1.59%；各处理光饱和点呈 B0Z2＞B1Z2＞B4Z2＞B0Z0＞B3Z2＞B2Z2 的变化趋势，其中光饱和点最大处理 B0Z2 比 B0Z0 处理提高 30.0%，但是 B2Z2 处理光饱和点却比 B0Z0 处理下降 10.39%。

7.3.1.2　锌肥对光响应曲线的影响

图 7.12 所示为固定硼肥施量条件下喷施不同浓度锌肥的光响应曲线拟合图。表 7.4 为图 7.12 光响应曲线模型拟合的五种光合参数及对应的决定系数。固定喷施硼肥 B2 处理下，锌肥促进枣树的净光合速率极其明显，各处理呈 B2Z2＞B2Z3＞B2Z4＞B2Z1＞B2Z0＞B0Z0 的变化规律，净光合速率随着锌肥施量的增加先增大后减小，B2Z2 处理下叶片净光合速率达到峰值，比未喷施微肥处理 B0Z0 的光合作用高出 105.51%，而单施硼肥处理 B2Z0 的净光合速率比 B0Z0 处理高出 36.14%。同时可以发现，相比于适量喷施硼肥，过量喷施锌肥的处理净光合速率并没有得到增强，反而会被抑制。

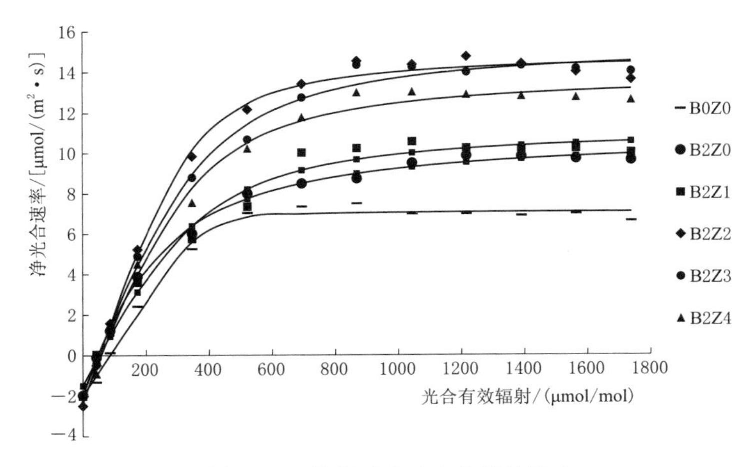

图 7.12　锌肥对光响应曲线的影响

表 7.4　　光响应曲线参数

处理	表观量子效率 α	最大净光合速率 P_{nmax} /[μmol/(m^2 · s)]	暗呼吸速率 R_d /[μmol/(m^2 · s)]	光补偿点 LCP /[μmol/(m^2 · s)]	光饱和点 LSP /[μmol/(m^2 · s)]	决定系数 R^2
B0Z0	0.0231±0.0025	9.11±0.34	1.99±0.26	86.32	480.11	0.99
B2Z0	0.0435±0.0058	12.87±0.46	1.93±0.24	48.00	340.29	0.99
B2Z1	0.0294±0.0071	12.76±1.02	1.50±0.51	52.07	484.30	0.98
B2Z2	0.0459±0.0051	17.35±0.61	2.38±0.38	52.81	430.21	0.99
B2Z3	0.0251±0.0029	14.79±0.70	1.59±0.43	63.37	651.49	0.98
B2Z4	0.0404±0.0056	17.37±0.80	1.94±0.40	49.16	477.95	0.99

从表 7.4 可知，光响应曲线模型拟合效果极佳。各处理最大净光合速率呈 B2Z4＞B2Z2＞B2Z3＞B2Z0＞B2Z1＞B0Z0 的变化趋势，B2Z2 处理的最大净光合速率的比 B0Z0 处理提高 90.67%，而 B2Z0 处理的最大净光合速率比 B0Z0 处理提高 41.27%；各处理暗呼吸速率呈 B2Z2＞B0Z0＞B2Z4＞B2Z0＞B2Z3＞B2Z1 的变化趋势，暗呼吸速率最大处理是 B2Z2，相比于 B0Z0 处理提高 19.6%，而 B2Z0 处理相比于 B0Z0 处理降低 3.0%；各处理光补偿点呈 B0Z0＞B2Z3＞B2Z2＞B2Z1＞B2Z4＞B2Z0 的变化趋势，光补偿点最小的处理是 B2Z0，比 B0Z0 处理减小 44.39%；各处理光饱和点呈 B2Z3＞B2Z1＞B0Z0＞B2Z4＞B2Z2＞B2Z0 的变化趋势，其中光饱和点最大处理 B2Z3 比 B0Z0 处理提高 35.7%，但是 B2Z0 处理光饱和点却比 B0Z0 处理下降 29.12%。

喷施硼锌微肥后，枣树的净光合速率得到明显提升，提升效果高达 105%，造成这种效果的主要原因有两点：首先因为硼锌微肥经过喷施后可直接作用于叶片，硼肥会影响糖分的生成、运输和代谢，影响光合作用效率，并且控制了生长素的合成；锌肥则是参与光合作用中 CO_2 的水合作用，与蛋白质代谢有密切关系[122]。其次本次测量时间在叶片生长的关键时期（展叶期后，坐果期前），在该时期喷施硼锌微肥后，极大地促进了叶片生长，而未喷施微肥处理的叶片则发育较缓，所以光合作用提升效果极其明显。

7.3.2　硼锌微肥对胞间 CO_2 的影响

胞间 CO_2 浓度是光合生理生态研究中常用的一个参数。在光合作用的气孔限制分析中，胞间 CO_2 浓度的变化方向是确定光合速率变化的主要原因和是否为气孔因素必不可少的判断依据。因此研究在不同光照条件下，硼锌微肥对胞间 CO_2 浓度的影响，这对研究微肥对枣树的光合作用极为重要。

7.3.2.1　硼肥对叶片胞间 CO_2 的影响

图 7.13 所示为固定锌肥施量条件下喷施不同浓度硼肥在不同光合有效辐射下的叶片胞间 CO_2 浓度。从整体趋势上可以看出，叶片胞间 CO_2 随着光合有效辐射的减小先缓慢减少再急剧上升。各处理平均胞间 CO_2 浓度呈 B0Z2＞B0Z0＞B1Z2＞B2Z2＞B4Z2＞B3Z2 的变化趋势。其中胞间 CO_2 浓度最小处理是 B3Z2，比 B0Z0 处理小 13.09%。在定量喷施锌肥的条件下喷施硼肥会使胞间 CO_2 浓度降低，而单施锌肥处理 B0Z2 降低胞间 CO_2 浓度的效果并不明显。

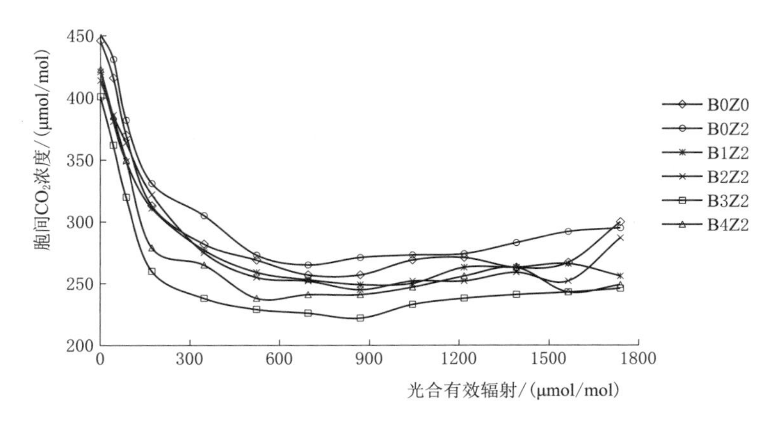

图 7.13　硼肥对胞间 CO_2 浓度的影响

7.3.2.2　锌肥对叶片胞间 CO_2 的影响

图 7.14 所示为固定硼肥施量条件下喷施不同浓度锌肥在不同光合有效辐射下的叶片胞间 CO_2 浓度。

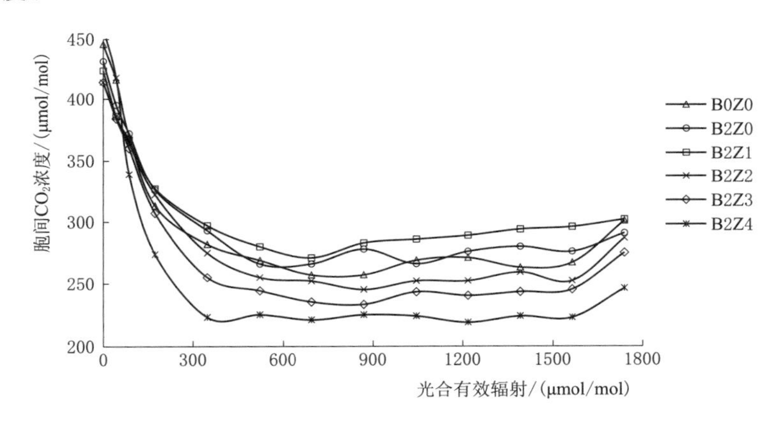

图 7.14　锌肥对胞间 CO_2 浓度的影响

各处理平均胞间 CO_2 浓度呈 B2Z1＞B2Z0＞B0Z0＞B2Z2＞B2Z3＞B2Z4 的变化趋势。其中胞间 CO_2 浓度最小处理是 B2Z4，比 B0Z0 处理小 11.38％。而仅喷施硼肥处理 B2Z0 只比 B0Z0 处理大 1.1％。在定量喷施硼肥的条件下喷施锌肥也会使胞间 CO_2 浓度降低，同样单施硼肥处理 B2Z0 降低胞间 CO_2 浓度的效果并不明显。

7.3.3　硼锌微肥对蒸腾速率的影响

蒸腾速率是指植物在一定时间内单位叶面积蒸腾的水量，与空气温度、湿度、蒸气压气孔导度和光合有效辐射等因素都有关系，因此蒸腾速率会极大地影响光合作用，因此研究喷施微肥对蒸腾速率的影响极为重要。

7.3.3.1　硼肥对蒸腾速率的影响

图 7.15 所示为固定锌肥施量条件下喷施不同浓度硼肥在不同光合有效辐射下的叶片蒸腾速率。叶片的蒸腾速率整体变化趋势是随着光合有效辐射的减小逐渐减小，各处理平均蒸

腾速率呈 B2Z2＞B3Z2＞B4Z2＞B1Z2＞B0Z2＞B0Z0 的变化趋势。蒸腾速率最大处理是 B2Z2 处理，比 B0Z0 处理提高 91.43%，而仅喷施锌肥处理 B0Z2 比 B0Z0 处理提高 9.83%。在定量喷施锌肥的条件下，喷施硼肥可以明显提高叶片蒸腾速率。

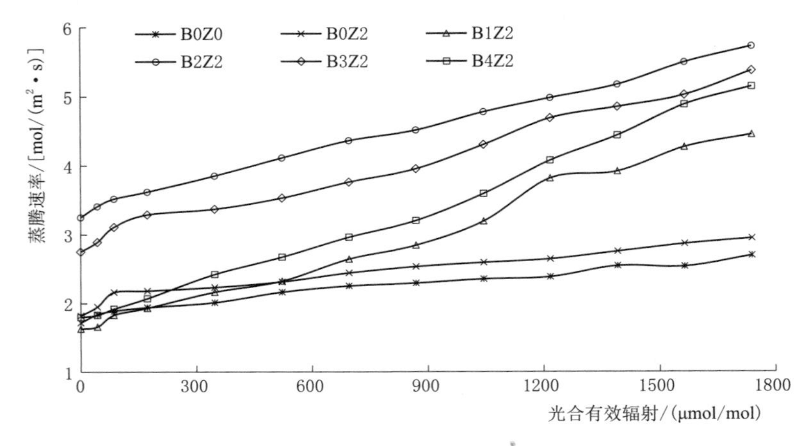

图 7.15　硼肥对蒸腾速率的影响

7.3.3.2　锌肥对蒸腾速率的影响

图 7.16 所示为固定硼肥施量条件下喷施不同浓度锌肥在不同光合有效辐射下的叶片蒸腾速率。叶片的蒸腾速率整体变化趋势是随着光合有效辐射的减小逐渐减小，各处理平均蒸腾速率呈 B2Z2＞B2Z3＞B2Z1＞B2Z0＞B2Z4＞B0Z0 的变化趋势。蒸腾速率最大处理是 B2Z2 处理，比 B0Z0 处理提高 91.43%，而仅喷施硼肥处理 B2Z0 比 B0Z0 处理提高 9.27%。在定量喷施锌肥的条件下，喷施锌肥可以明显提高叶片蒸腾速率，但是配施硼锌微肥对蒸腾速率的提升更有明显作用。

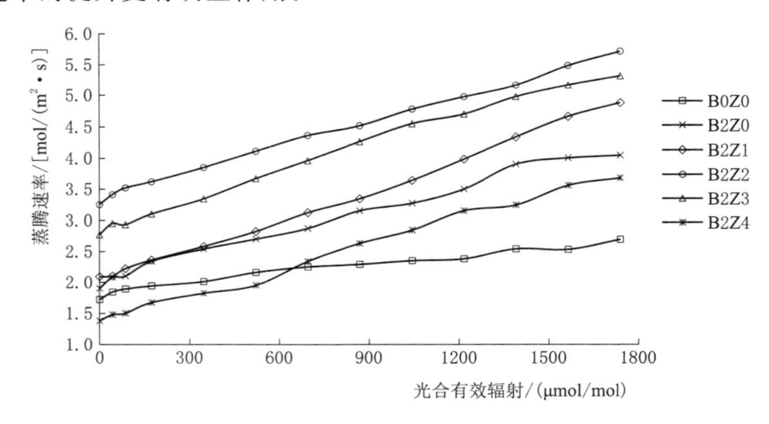

图 7.16　锌肥对蒸腾速率的影响

7.3.4　硼锌微肥对气孔导度的影响

气孔导度表示的是气孔张开的程度。气孔是植物叶片与外界进行气体交换的主要通道，它是影响植物光合作用、呼吸作用和蒸腾速率的主要因素。

7.3.4.1　硼肥对气孔导度的影响

图 7.17 所示为固定锌肥施量条件下喷施不同浓度硼肥在不同光合有效辐射下的叶片气孔导度。从整体趋势上可以看出叶片的气孔导度随着光合有效辐射的减小逐渐减小。不同微肥施量下叶片气孔导度变化比较明显，呈 B2Z2＞B1Z2＞B0Z2＞B3Z2＞B4Z2＞B0Z0 的变化趋势。其中气孔导度最大的处理 B2Z2 比 B0Z0 处理高 75.30％，而仅喷施锌肥处理 B0Z0 比 B0Z2 低 1.81％。这表明喷施硼肥可以增大叶片的气孔导度，但是过量喷施硼肥反而会导致叶片气孔导度减小。

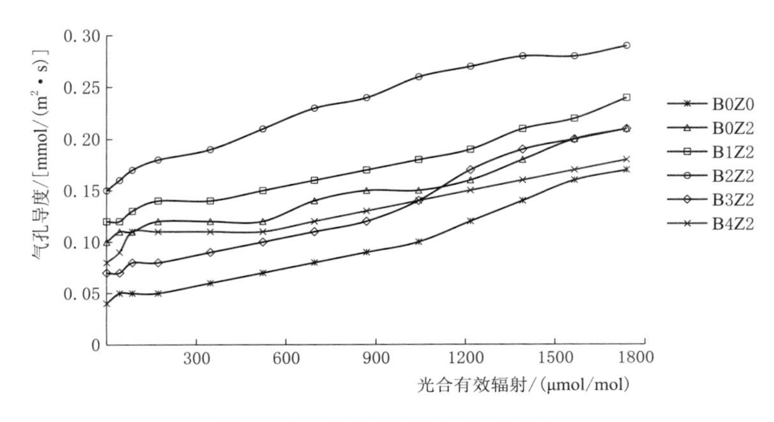

图 7.17　硼肥对气孔导度的影响

7.3.4.2　锌肥对气孔导度的影响

图 7.18 所示为固定硼肥施量条件下喷施不同浓度锌肥在不同光合有效辐射下的叶片气孔导度。从整体趋势上可以看出叶片的气孔导度随着光合有效辐射的减小逐渐减小。各处理气孔导度呈 B2Z2＞B2Z3＞B2Z1＞B2Z0＞B2Z4＞B0Z0 的变化趋势。其中气孔导度最大处理同样是 B2Z2，比 B0Z0 处理高 75.30％，而仅喷施硼肥处理 B2Z0 比 B0Z0 高 5.42％。

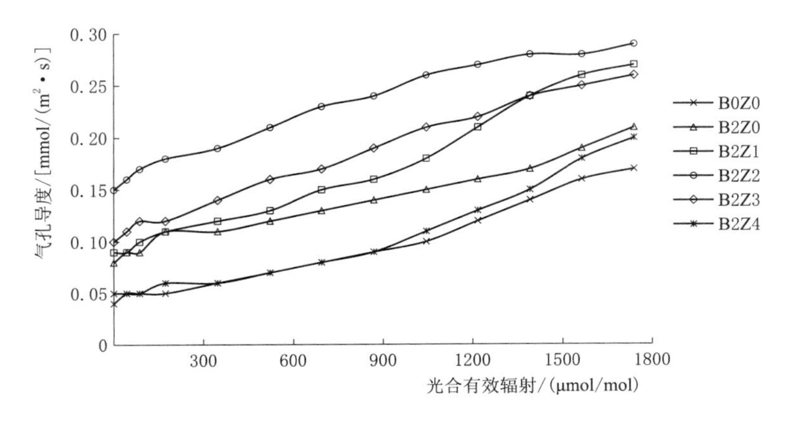

图 7.18　锌肥对气孔导度的影响

通过喷施硼锌微肥，发现适量的硼锌可以提高叶片的光合作用，这主要是因为硼锌等微量元素可以调控植株的生理代谢的重要步骤，也与叶绿素的形成和植物体内酶的活性有关，而叶绿素又是参与光合作用中光吸收的核心物质。因此适量喷施硼锌有效地增大了枣树叶片的光合作用，提高了净光合速率。由于过量硼锌会影响植株体内的呼吸基质进入磷酸戊糖的合成途径，从而产生多种酚类化合物，使得酚类化合物的活性羟基能与细胞膜发生氧化还原反应，破坏质膜，引起膜透性变化，导致细胞中的可溶性蛋白减少，保护酶活性下降，酚类物质累积，使得植物对 CO_2 的固定量减少，间接削弱光合作用。因此，喷施硼锌微肥增加了植株的固碳作用，植株 CO_2 含量减少，更多地转化为碳水化合物。但是当喷施过量硼锌微肥后，植株的生长发育同样会受到影响并产生中毒效果，在这种效果下植株的根茎叶生长会受到抑制，老叶端会变黄并逐渐脱落。

7.4　调控措施对红枣产量品质模型及综合评价

通过喷施微肥，发现硼锌微肥可以改变枣树的叶面积指数、枣吊长度、坐果率、光合作用等指标，这些因素也会影响枣果的产量和品质。

7.4.1　磁电水灌溉下硼锌微肥对红枣产量的影响

各处理红枣产量如图7.19所示。磁电水灌溉处理B0Z0的产量只有9136.44kg/hm^2，比CK处理产量高5.1%，而单施硼肥处理B1Z0、B2Z0、B3Z0和B4Z0的红枣产量分别为9681.56kg/hm^2、9957.96kg/hm^2、10321.00kg/hm^2 和 10213.22kg/hm^2，依次高出B0Z0处理5.97%、8.99%、12.97%和11.79%；单施锌肥处理B0Z1、B0Z2、B0Z3和B0Z4的红枣产量分别为9591.39kg/hm^2、9860.75kg/hm^2、10153.52kg/hm^2 和 10048.12kg/hm^2，依次高出B0Z0红枣产量4.98%、7.93%、11.13%和9.98%；在配施硼锌微肥处理中，最大红枣产量的处理是B3Z2，红枣产量为10684.05kg/hm^2，比B0Z0处理的红枣产量高出16.94%，此时微肥施量为硼肥4.5kg/hm^2，锌肥3kg/hm^2。

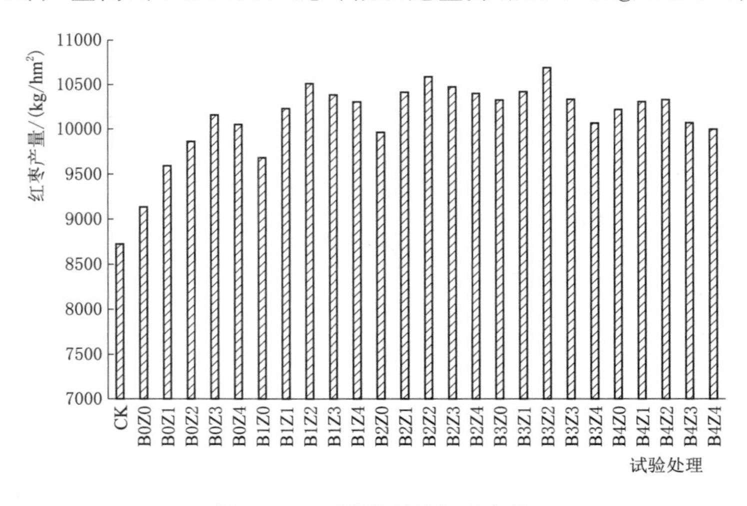

图7.19　不同处理的红枣产量

从单施硼肥或锌肥的处理上可以看出，当硼肥和锌肥喷施过量时，都会对红枣的产量产生负面影响，不利于枣果的发育。在配施微肥处理中，硼肥处理B3和B4时，锌肥处理对红枣产量的影响较小，且当锌肥施量为Z3和Z4时，红枣产量相比于钾处理会呈现下落趋势。单施硼肥或锌肥没有配施硼锌微肥效果好，但是配施也不能过量。

为定量分析硼锌微肥对红枣产量的影响，精准预测红枣最大理论产量以及对应的硼锌微肥施量，利用其中20组红枣产量数据进行预测模型的构建，利用剩余5组数据对该模型进行验证，具体拟合结果如图7.20所示，拟合公式如下：

$$\text{Yield}=-45.72B^2-38.50Z^2-36.27BZ+448.58B+385.51Z+9137.57 \quad (7.9)$$

式中：Yield为红枣产量，kg/hm^2；B为硼肥施量，kg/hm^2；Z为锌肥施量，kg/hm^2。

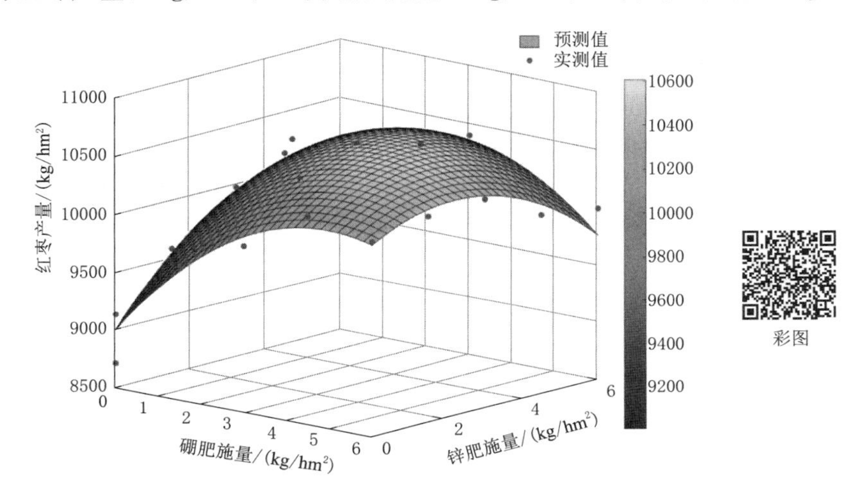

图7.20　红枣产量与微肥施量的拟合图

该模型拟合效果较好，$R^2=0.84$。对模型验证结果见表7.5，整体相对误差较小，模型预测效果较好。对式（7.9）求极值发现，当硼肥施量为$3.59kg/hm^2$，锌肥施量为$3.32kg/hm^2$时，可获得最大产量$10581.87kg/hm^2$。

表7.5　红枣产量预测模型的相对误差

处理	硼肥施量/(kg/hm^2)	锌肥施量/(kg/hm^2)	红枣产量实测值/(kg/hm^2)	红枣产量预测值/(kg/hm^2)	相对误差/%
B0Z4	0	6	10048.12	9737.84	3.19
B1Z0	1.5	1.5	9681.56	10117.54	−4.31
B2Z3	3	4.5	10472.11	10537.25	−0.62
B3Z2	4.5	3	10684.05	10550.62	1.26
B4Z1	6	1.5	10302.24	9637.45	6.90

7.4.2　硼锌微肥对红枣品质的影响

红枣的主要品质一般通过可溶性糖、可滴定酸和黄酮等指标评价，植物体内的可溶性糖是指在生物细胞内呈溶解状态，包含葡萄糖、蔗糖和果糖等。可溶性糖是植物新陈代谢的基础，也是植物生长发育的基因表达的重要调节因子，喷施硼锌微肥会影响枣树的光合作用，从而间接影响枣树的糖分积累过程；可滴定酸是植物品质的重要构成性状之一，尤其是对于红枣这种以果实为目标产品的果树作物，它与糖分一样是影响果实风味品质的重要因素；黄酮则是对人体影响极大的一种物质，可以抗衰老、改善人体血液循环、避免“三高”，也是构成品质的重要因素。

7.4.2.1　可溶性糖

不同微肥处理的红枣可溶性糖含量如图 7.21 所示，喷施硼锌微肥可以提高枣果的可溶性糖含量。由图 7.21 可知，磁电水处理 B0Z0 的可溶性糖含量比 CK 处理高 2.35%；单施锌肥的处理中，可溶性糖含量随着锌肥施量的增加先增大后减小，其中最大处理 B0Z3 的可溶性糖含量为 766.81g/kg，较 B0Z0 处理提高 5.89%；在单施硼肥处理上，可溶性糖含量随着硼肥施量的增加先增大后减小，且最大处理 B3Z0 的可溶性糖含量为 778.43g/kg，比 B0Z0 处理高 7.49%；配施硼锌微肥处理上，可溶性糖含量基本随着硼锌微肥施量的增加先增大后减小，可溶性糖含量最大处理为 B2Z3，为 822.38g/kg，较 B0Z0 处理高 13.56%。

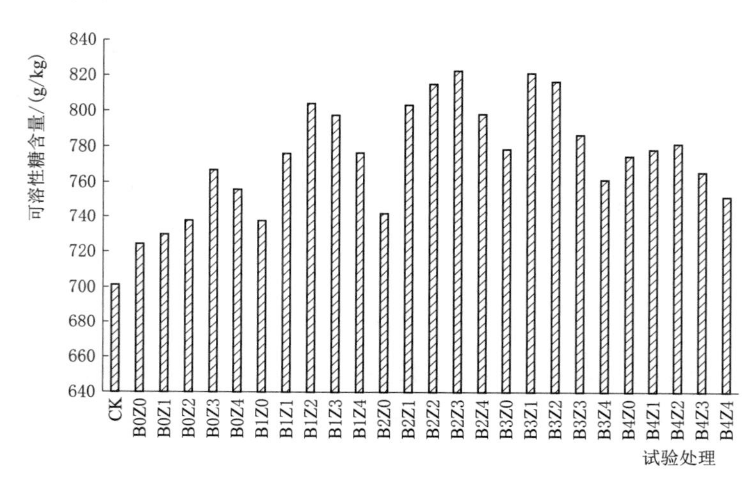

图 7.21　各处理下红枣可溶性糖含量

为定量分析可溶性糖含量与硼锌微肥的关系，现建立基于微肥施量的可溶性糖含量预测模型，拟合结果如图 7.22 所示，拟合公式如下：

$$y=-4.35B^2-3.69Z^2-2.08BZ+36.66B+31.20Z+699.70 \tag{7.10}$$

式中：y 为可溶性糖含量，g/kg；B 为硼肥施量，kg/hm^2；Z 为锌肥施量，kg/hm^2。

可溶性糖含量与微肥施量的公式拟合效果较好，$R^2=0.77$。对式（7.10）求极值发现，当硼肥施量为 3.43kg/hm^2，锌肥施量为 3.16kg/hm^2 时，可获得可溶性糖含量预测最大值 814.16g/kg，该预测值略低于真实最大值。

7.4.2.2　可滴定酸

不同微肥处理的红枣可滴定酸含量如图 7.23 所示，喷施硼锌微肥导致可滴定酸含量提高。由图 7.23 可知，单施锌肥的处理中，可滴定酸含量随锌肥施量的增加先增大后减小，当锌肥施量为 Z3 时，可滴定酸达到峰值，对应可滴定酸含量为 8.91g/kg，较 B0Z0

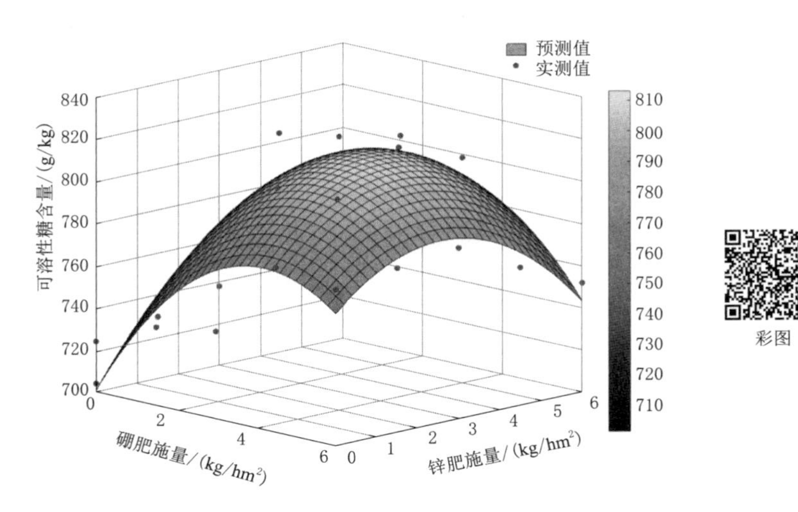

图 7.22　可溶性糖含量与微肥施量拟合结果

处理提高 24.82%；在单施硼肥处理上，可滴定酸含量随着硼肥施量的增加而先增大后减小且当硼肥施量为 B3 时，可滴定酸达到峰值，对应可滴定酸含量为 9.59g/kg，较 B0Z0 处理提高 34.32%。而配施硼锌微肥处理中，可滴定酸含量基本随着硼锌微肥施量的增加先增大后减小，当硼肥和锌肥施均较高时，可滴定酸含量会相对降低，其中可滴定酸最大处理为 B2Z3，比 B0Z0 处理高 51.63%。

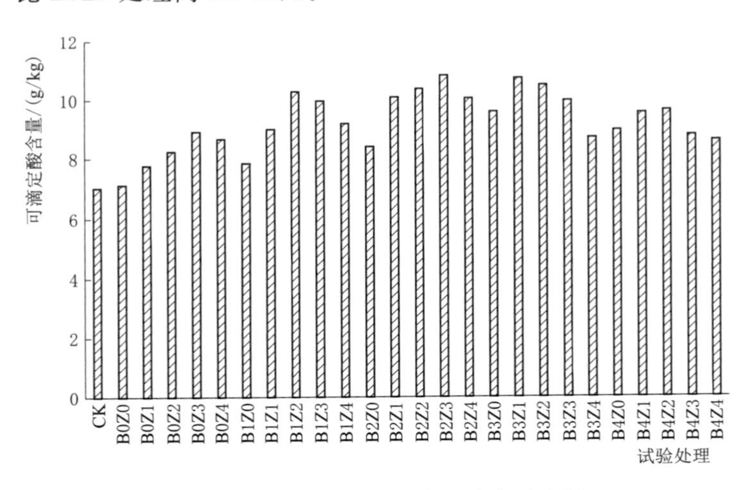

图 7.23　各处理下枣果内可滴定酸含量

为定量分析可滴定酸含量与硼锌微肥的关系，现建立基于微肥施量的可滴定酸含量预测模型，拟合结果如图 7.23 所示，拟合公式如下：

$$y=-0.14B^2-0.12Z^2-0.077BZ+1.27B+1.07Z+6.54 \tag{7.11}$$

式中：y 为可滴定酸含量，g/kg；B 为硼肥施量，kg/hm²；Z 为锌肥施量，kg/hm²。

可滴定酸糖含量与微肥施量的公式拟合效果较好，如图 7.24 所示，$R^2=0.84$。对式（7.11）求极值发现，当硼肥施量为 3.52kg/hm²，锌肥施量为 3.26kg/hm² 时，可获

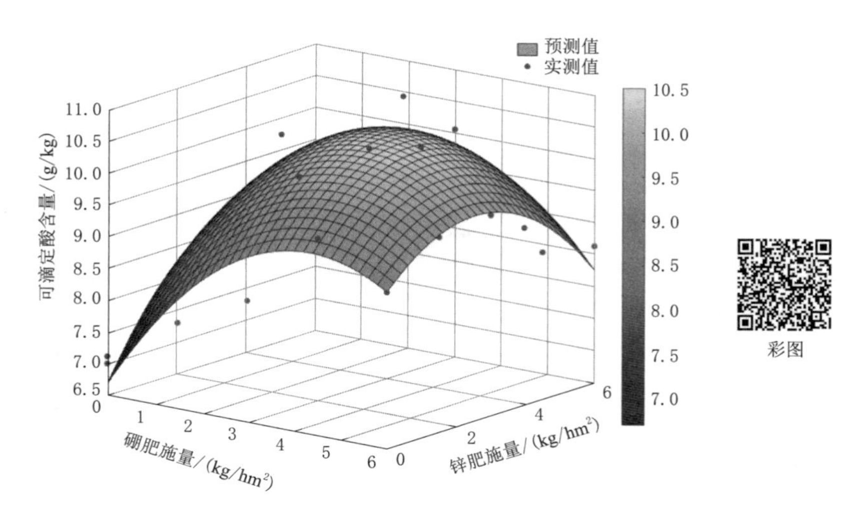

图 7.24 可滴定酸含量与微肥施量拟合结果

得可滴定酸含量预测最大值 10.53g/kg，该预测值略低于真实最大值。

7.4.2.3 黄酮

不同微肥处理的红枣黄酮含量如图 7.25 所示，喷施硼锌微肥增高红枣黄酮含量。由图 7.25 可知，单施锌肥的处理中，黄酮含量随锌肥施量的增加而增加，当锌肥施量为 Z4 时，黄酮含量达到峰值，为 1.58g/kg，较 B0Z0 处理提高 26.71%；在单施硼肥处理上，黄酮含量随着硼肥施量的增加而先增大后减小，且当硼肥施量为 B3 时，黄酮含量达到峰值，为 1.92g/kg，较 B0Z0 处理提高 53.88%。而配施硼锌微肥处理中，黄酮含量基本随着硼锌微肥施量的增加先增大后减小，当硼肥和锌肥施量均较高时，黄酮含量会相对降低，其中黄酮含量最大处理为 B3Z2，2.33g/kg，比 B0Z0 处理高 86.12%。

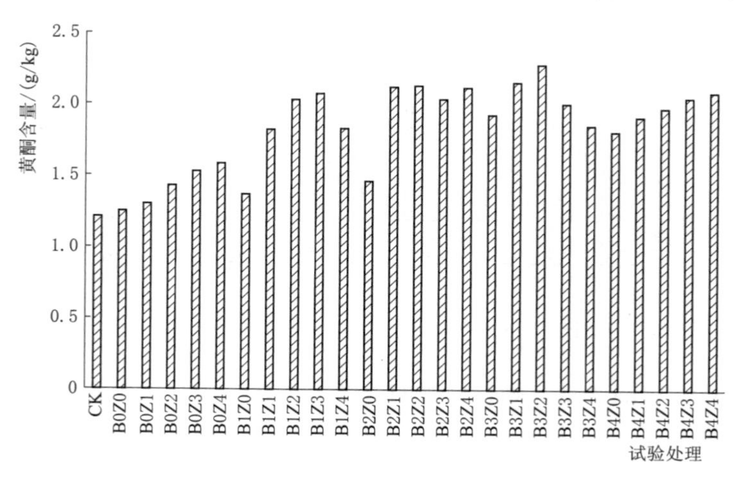

图 7.25 各处理下红枣黄酮含量

为定量分析黄酮含量与硼锌微肥的关系，现建立基于微肥施量的黄酮含量预测模型，拟合结果如图 7.26 所示，拟合公式如下：

$$y=-0.050B^2-0.039Z^2-0.024BZ+0.428B+0.334Z+0.957 \quad (7.12)$$

式中：y 为黄酮含量，g/kg；B 为硼肥施量，kg/hm²；Z 为锌肥施量，kg/hm²。

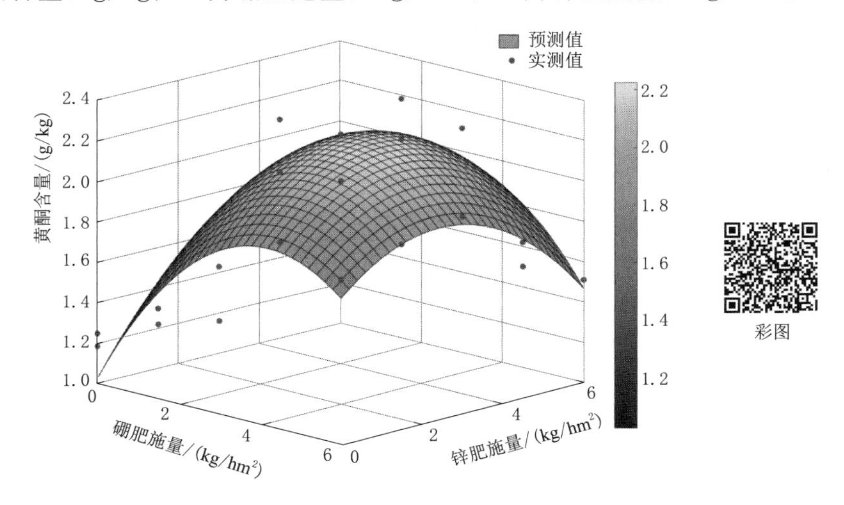

图 7.26　黄酮含量与微肥施量拟合结果

黄酮糖含量与微肥施量的公式拟合效果较好，$R^2=0.78$。对式（7.12）求极值发现，当硼肥施量为 3.51kg/hm²，锌肥施量为 3.17kg/hm² 时，可获得黄酮含量预测最大值 2.24g/kg，该预测值略低于真实最大值。

由于硼锌微肥不仅影响枣树的光合作用，还影响了参与重要生理过程的酶的活性，因此在适量喷施硼锌后，增加枣树的糖分和酸度以及黄酮，又因为在光合作用的过程中，会同时产生糖分和酸类物质，所以枣果内可溶性糖和可滴定酸基本呈现正相关的变化趋势。

7.4.3　红枣调控措施综合评价

由于红枣的产量和各种品质指标之间的规律并不完全统一，因此需要对其进行相关性分析和综合影响评价，分析出各种生长指标、生理指标、产量、品质和耗水之间的紧密程度，在 $P<0.01$ 和 $P<0.05$ 的条件下进行各种指标之间的显著性检验。同时采用灰色关联法红枣微肥处理进行综合影响评价，确定最优处理下的最佳微肥施量。

7.4.3.1　相关性分析

相关性分析是指对多种具备关联的元素之间进行分析，衡量多种元素的紧密程度。各因素之间的相关性见表 7.6，产量与枣吊长度、叶面积指数、纵径、可溶性糖含量、可滴定酸含量、黄酮含量、耗水量和光合作用之间呈极显著的相关关系（$P<0.01$），与横径呈显著的相关关系（$P<0.05$）；枣吊长度与叶面积指数、耗水量、光合作用、黄酮含量之间呈极显著的相关关系（$P<0.01$），与横径、纵径、可溶性糖含量、可滴定酸含量之间呈显著的相关关系（$P<0.05$）；叶面积指数与可溶性糖含量、黄酮含量、耗水量、光合作用之间呈极显著的相关关系（$P<0.01$），与横径、纵径、可滴定酸含量之间呈显著的相关关系（$P<0.05$）；而横径与纵径、黄酮含量、光合作用之间呈极显著的相关关系（$P<0.01$），与可滴定酸含量呈显著的相关关系（$P<0.05$）；纵径与黄酮含量、光合

作用之间呈极显著的相关关系（$P<0.01$），与可溶性糖含量、可滴定酸含量、耗水量之间呈显著的相关关系（$P<0.05$）；可溶性糖含量与可滴定酸含量、光合作用之间呈极显著的相关关系（$P<0.01$），与黄酮含量和耗水量之间呈显著的相关关系（$P<0.05$）；可滴定酸含量与光合作用呈极显著的相关关系（$P<0.01$），与耗水量呈显著的相关关系（$P<0.05$）；黄酮含量与光合作用呈极显著的相关关系（$P<0.01$）；耗水量与光合作用呈显著的相关关系（$P<0.05$）。

表 7.6　　不同指标间的相关性分析

指标	产量	枣吊长度	叶面积指数	横径	纵径	可溶性糖含量	可滴定酸含量	黄酮含量	耗水量	光合作用
产量	1									
枣吊长度	0.967**	1								
叶面积指数	0.937**	0.936**	1							
横径	0.699*	0.711*	0.727*	1						
纵径	0.774**	0.763*	0.762*	0.805**	1					
可溶性糖含量	0.926**	0.713*	0.735**	0.608	0.609*	1				
可滴定酸含量	0.961**	0.757*	0.652*	0.741*	0.763*	0.974**	1			
黄酮含量	0.877**	0.858**	0.891**	0.808**	0.806**	0.699*	0.606	1		
耗水量	0.805**	0.782**	0.773**	0.375	0.644*	0.689*	0.696*	0.611	1	
光合作用	0.836**	0.834**	0.849**	0.833**	0.792**	0.771**	0.801**	0.863**	0.712*	1

*　元素之间有显著相关性（$P<0.05$）。

**　元素之间有极显著相关性（$P<0.01$）。

光合作用与其他因素都有着较好的相关关系，这主要因为光合作用对于植株的生长极其重要，通过枣树叶片的光合作用，枣果可以积累糖分，同时伴随着酸的形成。此外在枣树进行光合作用的过程中，极其需要水分，而枣树在生长过程中主要的水分汲取都来自土壤，因此耗水与光合作用相关性极高。而枣吊长度和叶面积指数反映了枣树生长发育的过程，当枣吊发育较好时，叶片也可以得到更好的生长，使枣吊上可以生长更多叶片，这直接使得枣树叶面积指数增加，光合作用也更强烈，同时由于枣吊长度和叶片面积的增加，需要汲取更多的土壤水分，因此耗水也会增加。因此，各种指标之间的关联程度比较紧密。

7.4.3.2 综合评价结果

本节采用灰色关联法对红枣产量与品质进行综合评价，灰色关联法是通过判断两种因素之间的变化趋势来确定关联度程度，从而对各种指标的结果进行排序确定最优处理。计算结果见表7.7，从表中的关联度排序可以看出，排名前五的处理分别为B3Z2、B2Z2、B1Z2、B3Z1、B2Z1，因此综合评价及最佳处理为B3Z2，对应硼肥施量4.5kg/hm^2，锌肥施量3.0kg/hm^2。

表 7.7　　各指标关联系数及灰色关联度排序

处理	产量	水分利用效率	可溶性糖含量	可滴定酸含量	黄酮含量	关联度	评价排序
B0Z0	0.85	0.89	0.88	1.00	0.55	0.65	25
B0Z1	0.90	0.92	0.89	0.99	0.57	0.67	20
B0Z2	0.92	0.94	0.90	0.96	0.63	0.66	23
B0Z3	0.95	0.96	0.93	0.89	0.67	0.66	21
B0Z4	0.94	0.94	0.92	0.93	0.70	0.68	19
B1Z0	0.91	0.94	0.90	0.97	0.60	0.66	24
B1Z1	0.96	0.98	0.94	0.88	0.80	0.71	17
B1Z2	0.98	1.00	0.98	0.78	0.98	0.82	3
B1Z3	0.97	0.98	0.97	0.80	0.91	0.75	7
B1Z4	0.96	0.97	0.94	0.85	0.80	0.69	18
B2Z0	0.93	0.93	0.90	0.95	0.64	0.66	22
B2Z1	0.97	0.97	0.98	0.80	0.93	0.77	5
B2Z2	0.99	0.98	0.99	0.76	0.98	0.83	2
B2Z3	0.98	0.97	1.00	0.66	0.89	0.75	8
B2Z4	0.97	0.95	0.97	0.80	0.93	0.76	6
B3Z0	0.97	0.99	0.95	0.83	0.84	0.71	13
B3Z1	0.97	0.97	1.00	0.72	0.94	0.78	4
B3Z2	1.00	1.00	0.99	0.73	1.00	0.85	1
B3Z3	0.97	0.96	0.96	0.81	0.88	0.73	11
B3Z4	0.94	0.94	0.93	0.92	0.81	0.71	14
B4Z0	0.96	0.96	0.94	0.89	0.79	0.71	15
B4Z1	0.96	0.97	0.95	0.83	0.84	0.71	16
B4Z2	0.97	0.96	0.95	0.82	0.86	0.72	12
B4Z3	0.94	0.95	0.93	0.92	0.90	0.75	9
B4Z4	0.93	0.94	0.91	0.93	0.91	0.74	10

第8章　西北旱区秸秆田间堆肥技术与应用

中国农作物秸秆种类多、总量大，是世界第一大秸秆产出国，占全球秸秆资源量的近五分之一。焚烧秸秆是很多农户用来快速处理秸秆“占地”问题的解决方法，但是秸秆焚烧会直接导致空气中总悬浮颗粒数量的增加，并释放CO、CO_2、SO_2等有害温室气体，严重威胁生态环境安全。因此，秸秆资源田间快速堆肥技术不仅能够减少环境污染，实现农业废弃物循环利用，堆肥产品还能有效改善土壤理化特性，提升土壤肥力，实现土壤地力提升和作物提质增效。

8.1　西北旱区秸秆资源和利用

秸秆也是重要的可再生资源，近年来受到广泛关注。还田循环利用是国外秸秆利用的主导方式，发达国家秸秆利用较充分，杜绝了废弃与露天焚烧的问题。“用则利，弃则害”。受农村经济社会发展水平和农业生产条件等因素制约，中国农作物秸秆资源供给显现出阶段性、结构性和区域性过剩现象，秸秆田间禁烧压力大，给环境造成了一定程度的危害。因此，应倡导对秸秆资源进行无害化、资源化处理，变废为宝，对推动我国循环生态农业具有积极作用。

8.1.1　西北旱区秸秆资源

1. 秸秆资源量

我国秸秆产量近10年来稳定在8亿t/a，其中，玉米、水稻、小麦三大粮食作物秸秆资源量占70%，经济作物秸秆占25%，合计占全国秸秆资源总量的95%，是中国农作物秸秆的主要来源。中国农作物秸秆资源空间分布如图8.1所示，受地理环境和气候条件等因素影响，总体呈现出“东高西低、北高南低”的阶梯状分布特征，中国秸秆资源主要集中在东北、华北和长江中下游地区。但是西北地区的新疆是棉花、枣树和瓜果的主产区，秸秆资源也非常丰富，67.7%的棉花秸秆集中分布在新疆地区。

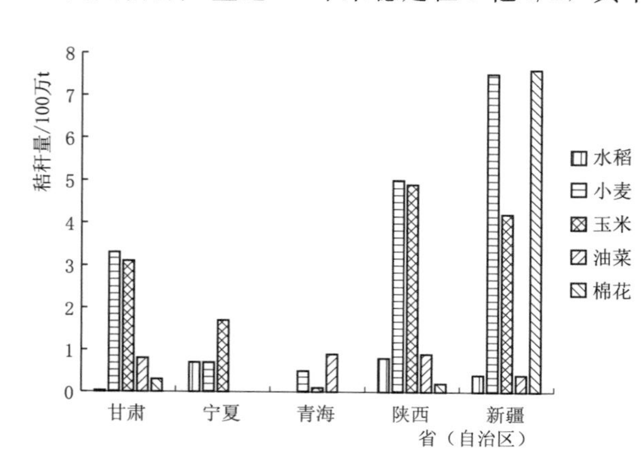

图8.1　西北地区田间秸秆量分布图

2. 秸秆资源空间分布特征

西北地区秸秆总量最高的作物是小麦秸秆，其田间秸秆量为1700万t。玉米秸秆总量排第二位，达1400万t。这两种作物的秸秆总量占全部作物秸秆总量的56.4%，主要原因是玉米和小麦两种主产作物种植面积最多。由分析可知，甘肃、陕西和新疆等省（自治区）的田间秸秆量的主要来源为小麦和玉米秸秆，相比于其他省份，宁夏和陕西的水稻秸秆稍微多些，分别为70万t和80万t。秸秆资源的作物秸秆来源不同主要是由各省的作物种植面积、作物单产和耕作制度决定的。如新疆地区的作物秸秆来源主要是小麦和棉花，其田间秸秆量分别为750万t和760万t，这两种作物的秸秆总量是西北地区中陕西省的2.9倍、甘肃省的4.2倍。陕西、新疆和甘肃的玉米芯都是各个省加工副产物的最重要组成部分；然而，该地区加工副产物中棉籽壳量最多，达220万t。

3. 秸秆资源量的时间分布特征

从收获时间的角度分析，西北地区的田间秸秆量呈季节性变化规律，田间秸秆量主要收获月份为6—11月。6月、9月和10月是最主要的收获月份，收获的秸秆总量为1920万t，所占的比例分别为19.9%、41.8%和17.4%。作物收获时间的差异不仅存在于各地区间，而在同一地区的不同省份间差异也很大。如图8.2和图8.3所示，6月只有陕西省存在收获的作物，收获作物是小麦；7月主要收获的省份为甘肃、宁夏、青海和陕西，主要收获作物为小麦和薯类；8月只有甘肃省收获作物，主要收获作物为水稻、小麦、豆类和薯类；9—10月该地区的5个省份全部存在收获情况，基本上大多数作物都在该时节收获；11月收获的主要省份为甘肃、陕西和新疆，该月份的收获主要作物为棉花，其中新疆的收获量最多。

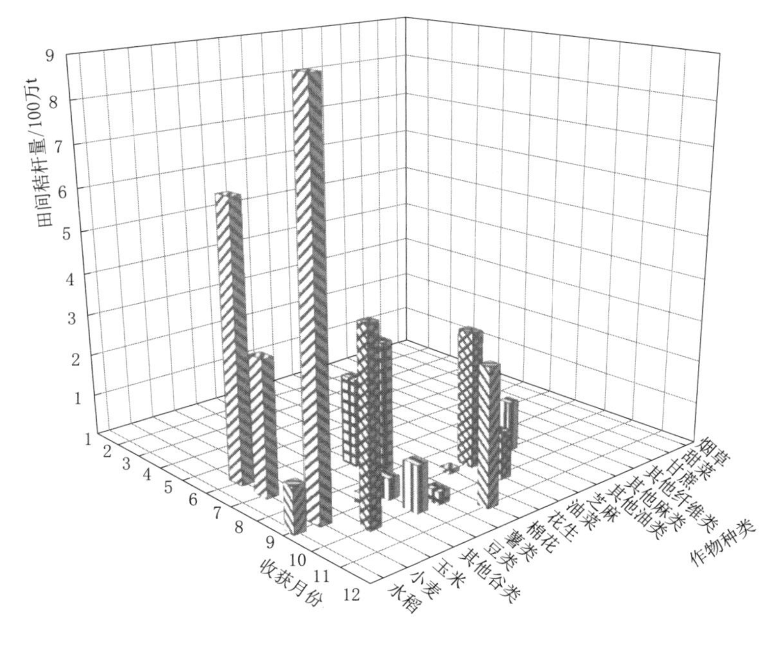

图8.2　西北地区不同作物田间秸秆量随季节分布图

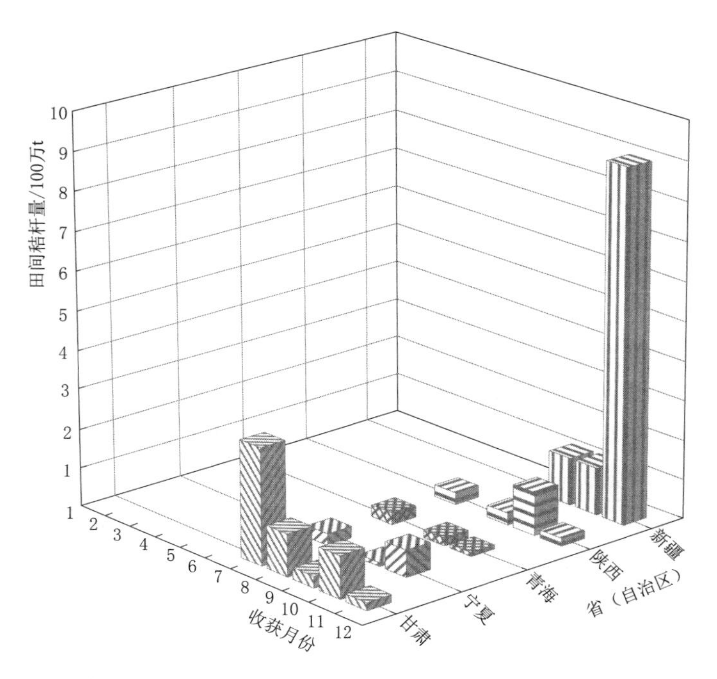

图 8.3　西北地区各个省份田间秸秆量随季节分布图

8.1.2　西北旱区秸秆利用

生物质能是当今世界上仅次于煤炭、石油和天然气的第四大能源。目前，全世界农作物秸秆年产量超过 20 亿 t。我国作为农业大国，秸秆资源非常丰富，而且逐年递增，列世界之首。我国每年产生的秸秆相当于 300 多万 t 氮肥、700 多万 t 钾肥、70 多万 t 磷肥，这相当于全国每年化肥用量的 1/4。合理利用秸秆，有利于工业、农业和农村经济的合理发展，否则直接焚烧秸秆，不仅释放的大量气体严重污染环境、杀灭土壤微生物，而且造成能源资源的重大浪费。2020—2023 年，我国秸秆综合利用率为 90%左右，其中肥料化 51.2%，饲料化 20.2%，燃料化 13.8%，基料化 2.43%，原料化仅占 2.47%，仍有 10%左右的秸秆废弃。

1. 秸秆还田

（1）作用。农作物秸秆还田是补充和平衡土壤养分，改良土壤的有效方法，是高产田建设的基本措施之一，秸秆还田后，平均每亩增产幅度在 10%以上。

（2）弊端。秸秆还田最大的问题在于难以将秸秆犁耕到土壤中。即使秸秆被成功地犁耕到土壤中，在犁沟中的秸秆股形成过程中也可能引发问题，即不能以足够速度进行分解，而在下一次耕作时露出地表。此外，犁沟中的秸秆股也会阻碍作物的根系向土壤深层生长。

（3）秸秆还田方法包括：①秸秆覆盖或粉碎直接还田；②利用高温发酵原理进行秸秆堆沤还田；③秸秆养畜，过腹还田；④利用催腐剂快速腐熟秸秆还田，在秸秆中添加一定量的生物菌剂及适量的氮肥和水，再经高温堆沤，可使秸秆腐熟时间提早 15～20 天。

2. 秸秆饲料

(1) 秸秆富含纤维素、木质素、半纤维素等非淀粉类大分子物质，作为粗饲料营养价值低，必须对其进行加工处理。处理方法有物理法、化学法和微生物发酵法。经过物理法和化学法处理的秸秆，其适口性和营养价值都大大改善，但仍不能为单胃动物所利用。秸秆只有经过微生物发酵，通过微生物代谢产生的特殊酶的降解作用，将其纤维素、木质素、半纤维素等大分子物质分解为低分子的单糖或低聚糖，才能提高营养价值，提高利用率、采食率、采食速度，增强口感性，增加采食量。如生物有机肥，秸秆可以作为培养土使用，同一些饲料细菌培养后，作为花草、蔬菜的肥料。

(2) 秸秆饲料的主要加工技术包括：①直接粉碎饲喂技术；②青储饲料机械化技术；③秸秆微生物发酵技术；④秸秆高效生化蛋白全价饲料技术；⑤秸秆氨化技术；⑥秸秆热喷技术。

3. 秸秆能源

(1) 生物质能是仅次于煤炭、石油、天然气的第四大能源，在世界能源总消费量中占14%。我国每年农作物秸秆资源量约占生物质能资源量的一半。

(2) 农作物秸秆能源转化的主要方式是秸秆气化。除秸秆气化以外，秸秆还可以用来加工压块燃料、制取煤气。

4. 建材、轻工和纺织原料

秸秆是高效、长远的轻工、纺织和建材原料，既可以部分代替砖、木等材料，还可有效保护耕地和森林资源。秸秆墙板的保温性、装饰性和耐久性均属上乘，许多发达国家已把“秸秆板”当作木板和瓷砖的替代品广泛应用于建筑行业。此外，经过技术方法处理加工秸秆还可以制造人造丝和人造棉，生产糠醛、饴糖、酒和木糖醇，加工纤维板等。

5. 秸秆基质

秸秆用作食用菌基料是一项与食品有关的技术。食用菌具有较高的营养和药用价值，利用秸秆作为生产基质，大大增加了生产食用菌的原料来源，降低了生产成本。目前利用秸秆生产平菇、香菇、金针菇、鸡腿菇等技术已较为成熟，但存在技术条件要求较高的问题，用玉米秸秆和小麦秸秆培育食用菌的产出率较低。

西北地区工业产业落后于东部地区，秸秆能源化、工业化和基质化水平也较低，实践证明，西北地区秸秆主要是以肥料化应用。随着经济发展，人们对生态环境和粮食安全的要求越来越高，安全绿色的秸秆肥料化方式更值得关注，将秸秆进行堆置腐熟后还田是经济可行方便的技术措施。

8.1.3 田间堆肥技术和条件

8.1.3.1 田间堆肥技术概况

20世纪80年代以前，在全球范围内处置固体废弃物最为常用的方法是填埋和焚化；随后，循环利用越来越受重视，其中，将各种可被生物降解的有机物转化为胡敏质的技术被很多国家广泛使用，这也就是最初始的堆肥系统。未腐熟的有机物料施入土壤后会被土壤中的微生物分解，进而产生影响作物正常生长的次生代谢产物；另外，微生物和植物根际存在氮源竞争，这种竞争会导致土壤出现高碳氮比和氨产生的现象。所以，未腐熟的有机物料不能直接施入种植作物的土壤。因此，堆肥是通过生物氧化作用，将未腐熟的有机物转化为稳定产品（肥料）的过程。

秸秆堆肥的作用机理就是利用一系列微生物对作物秸秆等有机物进行矿质化和腐殖化作用的过程。堆制初期以矿质化过程为主，后期则以腐殖化过程占优势。通过堆制可使有机物质的碳氮比降低，有机物质中的养分得到释放，同时可减少堆肥材料中的病菌、虫卵及杂草种子的传播。因此，堆肥的腐熟过程，既是有机物的分解和再合成的过程，又是一个无害化处理的过程。这些过程的快慢和方向，受堆肥材料的组成、微生物及其环境条件的影响。高温堆肥一般经过发热、降温和保肥等阶段。先是简单有机物被微生物直接矿化和代谢，产生 CO_2、NH_3、H_2O、有机酸、热，热量累积提高了堆体温度，高温持续时间取决于原料组成和通风、水分管理。后面进入成熟阶段，温度下降，剩余有机物料的降解速度下降。堆肥腐熟是植物毒性物质消失，异质材料被转化为均一、稳定的腐殖质类物质的一种状态。堆肥过程中，翻堆能将堆体保持在一个含水量合适及微生物活性状态良好的情况。但现有的田间堆肥技术存在腐熟周期较长、堆肥产物品质不佳、二次环境污染等问题。

8.1.3.2　影响堆肥腐熟的条件

秸秆堆肥必须满足的条件主要包含水分、空气、温度、碳氮比和酸碱度5个方面。

1. 水分

水分是影响微生物活动和堆肥腐熟快慢的重要因素。堆制材料吸水膨胀软化后易被微生物分解，水分含量一般以占堆制材料最大持水量的60%～75%为宜，用手紧握堆肥原料，挤出水滴时最合适。

2. 空气

堆肥中空气的多少，直接影响微生物的活动和有机物质的分解。因此调节空气，可采用先松后紧堆积法，在堆肥中设置通气塔和通气沟，堆肥表面加覆盖物等。

3. 温度

堆肥中各类微生物对温度有不同的要求，一般嫌气性微生物的适宜温度为25～35℃，好气性微生物的适宜温度为40～50℃，中温性微生物的最适温度为25～37℃，高温性微生物最适宜的温度为60～65℃，超65℃其活动则受抑制。堆温可根据季节进行调节，冬季堆制时，加入牛、羊、马粪提高堆温或堆面封泥保温。夏季堆制时，堆温上升快，可翻堆和加水，降低堆温，以利保氮。

4. 碳氮比

适合的碳氮比（C/N）是加速堆肥腐熟，避免含碳物质过度消耗和促进腐殖质合成的重要条件之一。高温堆肥主要以禾谷类作物的秸秆为原料，其碳氮比一般在（80～100）∶1，而微生物生命活动所需碳氮比约为25∶1，也就是说，微生物分解有机物时每同化1份氮，需同化25份碳。碳氮比大于25∶1时，因微生物活动受到限制，有机物质分解慢，并且分解出来的氮素全部为微生物本身利用，不能在堆肥中释放有效态氮。碳氮比小于25∶1时，微生物繁殖快，材料易于分解，并能释放有效氮，也有利于腐殖质的形成。因此，禾本科秸秆碳氮比较高，堆制时应将碳氮比调节到（30～50）∶1为宜。一般加入相当于堆肥材料20%的人粪尿或1%～2%的氮素化肥，以满足微生物对氮素的需要，加速堆肥的腐熟。

5. 酸碱度（pH 值）

微生物只能在一定的酸碱范围内进行活动。堆肥内大多数微生物要求中性至微碱性的酸碱环境（pH 值 6.4～8.1），最适 pH 值为 7.5。堆腐过程中常产生各种有机酸，造成酸性环境，影响微生物的繁殖活动。所以，堆制时要加入适量（秸秆质量的 2%～3%）石灰或草木灰，以调节酸碱度。使用一定量的过磷酸钙可以促进堆肥腐熟。

8.1.4 红枣树枝肥料化技术研究与应用

8.1.4.1 堆肥试验

1. 试验材料

本书原材料选取羊粪和红枣枝条，新鲜羊粪和红枣枝条采集于新疆和田农业红枣枝条废弃物。试验区所用盐碱土为新疆和田示范区农田 5～20cm 的盐碱土。腐熟菌剂按照堆体质量百分比施入，枯草芽孢杆菌选用山东施美特农业科技有限公司产品，巨大芽孢杆菌选用北海业盛旺生物科技有限公司产品，地衣芽孢杆菌选用社旗谢氏农化有限公司产品，酵母菌选用安琪酵母股份有限公司产品，纤维素酶选用河南万邦化工科技有限公司产品，蛋白酶选用河南万邦化工科技有限公司产品，低聚糖选用河南万邦实业有限公司产品。磁电一体化水由常规水（取自塔里木河）磁化后再流入去电子装置，该装置通过外部连接的接地电阻将磁化水中的电子导出。纳米堆肥发酵膜选自河北翼博环保公司，新鲜羊粪与红枣枝条进行风干粉碎处理，具体理化性质见表 8.1。

表 8.1　羊粪及红枣枝条原材料性质

材料	总有机碳/(g/kg)	总氮/(g/kg)	pH 值	含水率/%
羊粪	292	16.7	8.41	7.52
红枣枝条	414	6.9	7.61	5.88

2. 试验设计

获得本书原材料堆肥样品的堆肥试验在新疆和田地区进行，堆肥反应堆为 2 个长 3m、宽 2m、高 1.5m 的梯形堆。试验共设 4 个处理，具体见表 8.2，在堆肥过程中随时补充水分以保证堆料含水率。

表 8.2　试验处理

处理	堆肥方案
CK	畜禽粪便＋红枣枝条
C	畜禽粪便＋红枣枝条＋磁电一体化水
CB	畜禽粪便＋红枣枝条＋磁电一体化水＋菌剂
CBM	畜禽粪便＋红枣枝条＋磁电一体化水＋菌剂＋纳米堆肥发酵膜

根据温度变化分别在堆肥初始期（第 1 天）、升温期（第 6 天）、高温期（第 12 天）、降温期（第 20 天）、腐熟期（第 30 天）进行采样，测定堆肥进程中温度、pH 值、EC 值、种子发芽指数 GI、E4/E6、NH_4^+—N、NO_3^-—N、全氮、有机碳和碳氮比等理化指标。

8.1.4.2 盐碱土质量提升试验

试验所用的盐碱土采集于新疆和田示范区农田5～20cm的盐碱土，盐碱土性质为砂壤土（黏粒1.81%，粉粒8.09%，砂粒90.35%），去除耕作层杂质，然后进行风干研磨并过2mm筛备用。供试植物为高丹草。有机肥为羊粪和秸秆的堆肥产物。盐碱土和有机肥的基本理化性质见表8.3。

表8.3 盐碱土和有机肥基本理化性质

理化性质	pH值	EC /(mS/cm)	有机质 /(g/kg)	有效磷 /(mg/kg)	有效钾 /(g/kg)	容重 /(g/cm³)	初始质量含水率/%
盐碱土	8.76	1.73	2.06	34.62	1.18	1.55	5
理化性质	总有机碳 /(g/kg)	总氮 /(g/kg)	硝态氮 /(mg/kg)	铵态氮 /(mg/kg)	C/N /%	pH值	初始质量含水率/%
有机肥	238	13.5	62.8	10.1	19.5	7.71	7.52

8.1.4.3 小白菜盆栽试验

1. 试验材料

小白菜全生育期盆栽试验所用盐碱土为新疆和田示范区农田5～20cm的盐碱土，其性质为砂壤土（黏粒1.81%，粉粒8.09%，砂粒90.35%）。小白菜种子购自北京聚萍兴利农业科技有限公司。有机肥为上述堆肥产物。

2. 试验设计

盐碱土经去除石块及其他杂质后，风干、混匀、过2mm筛。每盆装土1kg，播种10颗小白菜种子在温室中进行为期30天的盆栽试验。在幼苗时期第一次间苗，留长势较好的5株，当长出第4个叶片时进行第二次间苗，留长势较好的3株。盆栽过程中定期更换放置位置以消除光照对其生长的影响，调节温室温度为25℃，土壤含水率稳定在田间持水量的70%左右。共设9种处理，每种处理设置3个重复以降低随机误差，试验共计27盆盆栽，见表8.4。

表8.4 试验处理

处理	无外源添加剂	磁电一体化水	腐熟菌剂+磁电一体化水	腐熟菌剂+磁电一体化水+纳米堆肥发酵膜
有机肥施加量2%	CK2	C2	CB2	CBM2
有机肥施加量5%	CK5	C5	CB5	CBM5
不施肥料	ACK			

土壤理化性质测定：种植培养30天后收获小白菜，采集土壤测定土壤pH值、电导率EC、NH_4^+—N和NO_3^-—N、有效磷、速效钾、总有机碳、全氮和有机质等理化指标，测定小白菜出苗率、株高、根长和生物量等生长指标。

8.1.4.4 高丹草大田试验

高丹草全生育期盆栽试验于西安理工大学农水大厅和智能温室进行。试验过程中试验场地的气温和湿度条件始终控制在适合高丹草生长的范围内。试验容器为长18cm、宽18cm、高度50cm的PVC管，容重为1.55g/cm³。无机肥施用642kg/hm²的尿素、

$439kg/hm^2$ 的磷酸二氢钾。有机肥研磨后，将有机肥中氮素与无机肥中氮素按照不同比例分组并将肥料与盐碱土混合，每个处理重复 3 次。试验共 15 个处理。具体设计见表 8.5。

表 8.5　　盆栽试验处理设计

处理	无机肥氮素占比/%	有机肥氮素占比/%	处理	无机肥氮素占比/%	有机肥氮素占比/%
T1	0	100	T4	70	30
T2	30	70	T5	100	0
T3	50	50			

添加无机肥和有机肥后，在 25℃避光条件下培养 1 个月，并且保持田间持水量 60%。将新疆土（盐碱土）和肥料倒在 1.5m×1.5m 塑料布上，加水充分混匀，装好土后，进行播前灌，将总肥量的一半作为基肥施入，剩余部分均等在分蘖期和拔节期进行追肥。每盆中装土 15kg，每盆种植 10 颗高丹草种子，苗期选择长势好的 5 株留下，分蘖期选择长势好的 3 株留下。盆栽过程温室温度为 25℃12h（白天）、15℃12h（黑夜），并且定期更换摆放位置以消除光照对其生长的影响。

盆栽前，采集部分鲜土样存于 4℃冰箱和－80℃冰箱用于盐碱土平衡后理化性质。分别在植物生长的苗期（9 月 19 日）、分蘖期（10 月 15 日）、拔节期（11 月 18 日）和抽穗期（12 月 27 日），采集植物样和盐碱土样。将植株分成上下两部分，分别测其株高、根长，用自来水彻底冲洗，然后用蒸馏水洗净，晾干称重，装入纸质信封内，然后将温度调整到 75℃烘干后，称取干重量。干燥后的植物标本经粉碎、研磨、装袋保存，编号以进行分析和测量。采集盆栽盐碱土，用直径为 2cm 长为 1m 的土钻，分别在 0～10cm、10～20cm、20～30cm、30～40cm 和 40～50cm 处进行不同深度的取样，将取样后的土壤置于 4℃冰箱内，以测量其理化指标。

8.2　红枣树枝堆肥进程关键指标

8.2.1　堆肥温度变化特征

堆肥过程中温度的变化反映了堆肥的进程。由图 8.4 可以看出，四组堆肥处理从第 1 天起迅速升温，CK 组在第 9 天时温度达到峰值，为 66.1℃，高温期（≥50℃）持续 6d，第 13 天温度快速降低，第 14 天温度降到 40℃以下，之后又在第 18 天开始升温，在第 22 天迎来第二次高峰，为 54.7℃，在第 27 天温度降到 40℃以下，进入腐熟期。C 组在第 5 天时温度达到 50℃以上，第 8 天时温度达到峰值，为 69.1℃，高温期持续 8d，之后温度迅速降低，第 14 天温度降到 40℃以下，之后又在第 19 天开始升温，在第 22 天迎来第二次高峰，为 57.6℃，在第 27 天温度降到 40℃以下，进入腐熟期。CB 组在第 5 天时温度达到了 50℃以上，第 10 天时温度达到峰值，为 71.2℃，高温期持续 13d，之后温度迅速降低，到第 17 天温度达到最低为 45.1℃，在第 18 天又开始升温，在第 21 天迎来第二次高峰，为 60.6℃，在第 28 天温度降到 40℃以下，进入腐熟期。CBM 组在第 1 天时温度

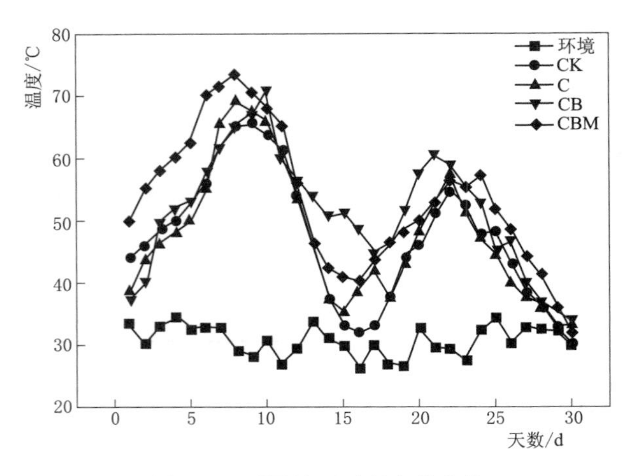

图 8.4　不同处理下温度的变化

达到50℃以上，第8天时温度达到峰值，为73.4℃，高温期持续12d，后温度迅速降低，到第16天温度达到最低为40.6℃，在第17天又开始升温，在第24天迎来第二次高温，为57.6℃，在第29天温度降到40℃以下，进入腐熟期。在升温期、高温期和降温期中，四组处理的堆体温度均呈现出先升高后降低，再升高，后降低的趋势，且四组的平均温度，CK组、C组、CB组、CBM组依次升高。

通过对比可以看出，添加腐熟菌剂和磁化水并进行纳米堆肥发酵膜处理（CBM）的组升温更快，高温期温度更高，持续时间更长。说明使用CBM堆肥方案有利于微生物的生长，而微生物会加速有机质的分解产热，使堆体温度快速上升。实验结果表明，菌剂和磁化水的加入以及纳米堆肥发酵膜处理对羊粪红枣枝条好氧堆肥有一定的促进作用，可以在一定程度上缩短堆肥周期，提高堆肥腐熟速率。

8.2.2　堆肥电导率和pH值变化特征

堆肥过程中，堆体pH值的变化主要与有机酸的产生及氨化作用相关。堆肥初期有机物分解产生的铵态氮由于硝化作用产生硝态氮以及有机物分解产生有机酸，导致pH值降低。后期堆体温度达到50℃以上，硝化作用减弱，硝态氮含量降低，部分处理pH值有所升高。由图8.5可以看出，CK组pH值表现基本为先下降后上升的趋势。在第20天达到最小值8.05，在第30天上升到8.22。C组pH值变化较多，先下降后上升，其在第12天上升到最大值8.39，之后在第20天下降，在第30天上升到8.32。CB组和CBM组整体表现为下降的趋势，CB组在第30天下降到最小值7.34，CBM组在第30天下降到最小值7.71。

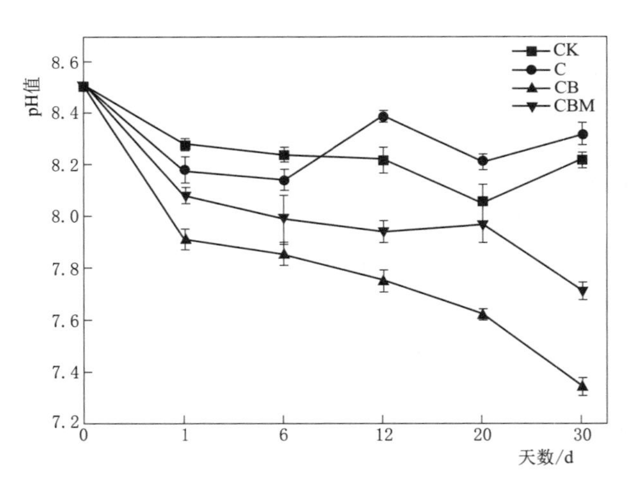

图 8.5　不同处理下pH值的变化

实验结果表明，CB组处理降低pH值的作用最显著，其次是CBM组，说明两组均能有效改善碱性土，降低土壤pH值。CK组和C组的初始与最后腐熟期的pH值相差不明显。整个堆肥过程中pH值均在7.0～8.5，处于微生物的生长有利范围 6.5～9.5 之间，符合堆肥腐熟呈弱碱性的要求。

电导率反映堆体中可溶性盐的含量。电导率过高或过低都不利于植物生长，过高会产生盐害问题，过低则会导致植物营养不足。由图 8.6 可以看出，CK 组、C 组、CB 组、CBM 组的 EC 值基本均表现出先升高后降低，再上升后下降的变化趋势，其中 CK 组、CB 组、CBM 组均在第一天达到最大值 5.98mS/cm、4.9mS/cm、5.36mS/cm。前期四组堆肥 EC 值均较大，在第 30 天 CK 组和 C 组 EC 值分别为 3.834mS/cm 和 3.34mS/cm，两组 EC 值均不大于 4mS/cm，符合《粪便无害化卫生标准》(GB 7959—2012)；在第 30 天 CB 组和 CBM 组 EC 值分别为 2.44mS/cm 和 2.26mS/cm，两组 EC 值均在 0.75～2.6mS/cm，符合作物安全生长的适宜范围。

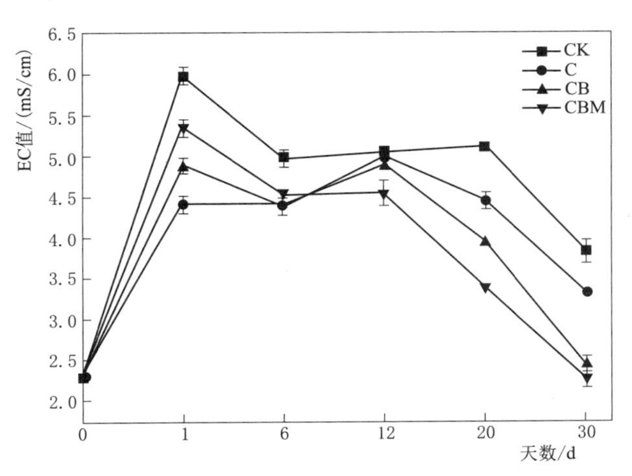

图 8.6　不同处理下 EC 值的变化

实验结果表明，不同处理的 C 组、CB 组、CBM 组在腐熟后电导率均低于 CK 组，说明磁电一体化水（C）、腐熟菌剂和磁电一体化水（CB）、腐熟菌剂、磁电一体化水和纳米堆肥发酵膜（CBM）处理均有助于在堆肥腐熟阶段减少堆肥中的离子含量，加速堆肥的无害化。其中 CBM 组的加速堆肥无害化的效果最为显著，其次是 CB 组，C 组效果较弱。

8.2.3　堆肥 E4/E6 值和种子发芽指数变化特征

E4/E6 值主要反映了堆肥样品中腐殖质缩合度和芳构化程度，与腐殖酸分子的缩合度呈反比。一般来说，E4/E6 值越低表示堆肥产品越稳定。在堆肥之前，由于原料中的腐殖质含量较少，缩合度较低，因此 E4/E6 值偏高。由图 8.7 可以看出，各处理的 E4/E6 值总体基本呈现先上升后下降的趋势。在堆肥初期，各处理的 E4/E6 值随着堆体温度升高均出现增加，CK 组和 C 组在堆肥第 1 天达到最高值，随着物料中的腐殖质开始积累，各处理的 E4/E6 值则呈现下降趋势，初始 CK 组、C 组、CB 组、CBM 组的 E4/E6 值均为 2.091，直至堆肥结束，C 组第 30 天 E4/E6 值最低，其次是 CBM 组。说明几种堆肥处理有利于促进

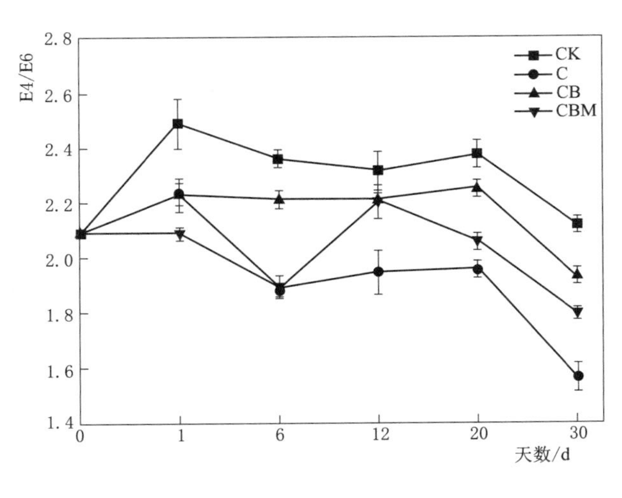

图 8.7　不同处理下 E4/E6 值的变化

堆肥中腐殖质的缩合。

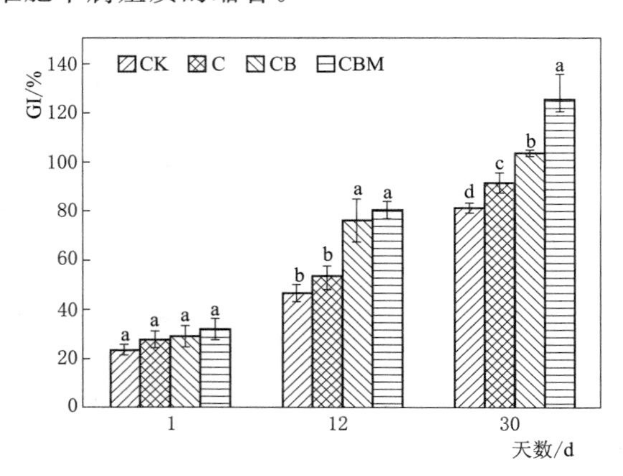

图 8.8　不同处理下种子发芽指数值的变化

注　不同小写字母表示同组不同处理下存在显著差异，$P<0.05$。

种子发芽指数 GI 是判断堆肥的植物生物毒性和腐熟度的重要参数，当 GI 值大于 50%时，堆肥对植物种子的毒害程度就达到了尚可接受的程度；当 GI 达到 80%时，可以认为堆肥已经腐熟。由图 8.8 可以看出，在第 12 天 CK 组 GI 值为 46.58%，C 组 GI 值为 53.03%，CB 组 GI 值为 76.09%，CBM 组 GI 值为 80.73%，其中 CK 组和 C 组之间无显著性差异，CB 组和 CBM 组之间无显著性差异，但 CK 组和 C 组较 CB 组与 CBM 组有显著性差异（$P<0.05$）。在第 30 天 CK 组 GI 值为 81.38%，C 组 GI 值为 91.33%，CB 组 GI 值为 103.73%，CBM 组 GI 值为 125.39%。四组的 GI 值呈显著的正相关关系（$P<0.05$），且四组处理在第 30 天均已腐熟。

实验结果表明，CBM 组在第 12 天即可达到腐熟状态，且在腐熟期内 CBM 组的 GI 值最大，其次是 CB 组。说明 CBM 组处理能够促进堆肥在降温阶段快速脱毒，有助于提供植物生长所需的营养物质。

8.2.4　堆肥有机质含量变化特征

由图 8.9 可以看出，CK 组总有机质含量在堆肥过程中呈现逐渐降低趋势，CB 组总有机质含量呈现先下降后又上升的趋势，C 组和 CBM 总有机质含量组呈现先下降后上升再下降的趋势。堆肥初期，堆体中的产生大量 CO_2 和 CH_4 气体，导致总有机碳含量迅速减少。随着堆肥的进行，CH_4 排放减少，C 组和 CBM 组堆体中总有机质含量有所回升。堆肥开始时堆体中的总有机碳含量为 430.05g/kg，堆肥进入降温阶段后，各处理有机质含量均显著降低并逐渐趋于稳定值。堆肥结束后 CK 组堆体中总有机质含量为 337.72g/kg，C 组堆体中总有机质含量为 295.86g/kg，CB 组堆体中总有机质含量为 311.34g/kg，CBM 组堆体中总有机质含量 370.5g/kg，其中 CBM 组有机质含量显著高于其他组（$P<0.05$）。由于堆肥过程中变化与有机质的降解、合成以及 CO_2、CH_4 这类含碳的气体排放有关，且 CO_2 是有机质的最终产物。四种处

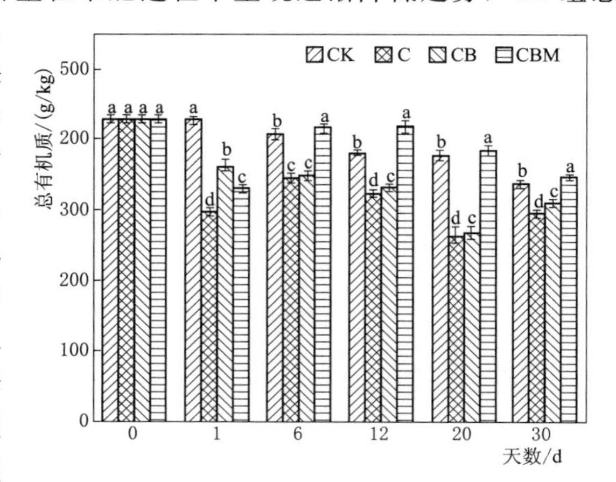

图 8.9　不同处理下总有机质的变化

注　不同小写字母表示同组不同处理下存在显著差异，$P<0.05$。

理总有机质含量均低于初始值，其中C组总有机质损失明显最高，其次是CK组、CB组。这说明CB组和C组处理反应较为剧烈，释放含碳气体较多，CBM组总有机质损失最小。

由图8.10可知，氮元素是实现植物生长的重要条件，若植物生长过程中缺少氮素则会导致生长缓慢，叶片枯黄，因此总氮也是评判堆肥腐熟质量的重要指标。CBM组总氮的含量呈现先降低后升高的趋势。在堆肥升温和高温阶段，温度较高，反应较为剧烈，释放氨气量较大，但此时堆肥中水分被大量利用，导致各处理的总氮含量出现上升，堆肥进入降温后，氨气释放量有所降低，导致总氮含量进一步升高，好氧堆肥过程中干物料的总氮含量进一步上升，但在腐熟阶段又出现降低，这可能与好氧堆肥后期水分含量较高有关。综合来看，各处理的总氮含量在堆肥升温阶段、高温阶段、降温阶段呈现上升趋势，但这主要是由于堆肥过程中消耗了大量的水分，实际上物料中的总氮含量是随着氨气的释放而不断降低，大量研究表明约有75%的氮素是以NH_3—N的形式进行损失。直至堆肥结束，各处理较堆肥初期CK组、C组、CB组、CBM组的总氮含量分别增加了45.6%、39.8%、40.2%、59.7%。其中CBM组全氮含量显著高于其他组（$P<0.05$）。C组和CB组全氮含量显著低于其他两组。实验结果表明，C组在好氧堆肥过程中氮素损失最多，CBM组在好氧堆肥过程中氮素损失最少。

碳氮比（C/N）是影响好氧堆肥的关键指标，过高或过低的C/N会使堆肥物料中微生物活性降低致使堆肥失败，一般初始C/N值在20～30较为合适，C/N也常被用于评估堆肥的腐熟程度。由图8.11可以看出，整个堆肥过程中，CK组、C组、CB组、CBM组的C/N均呈现逐渐降低的趋势。堆肥初期，各处理的C/N呈现下降趋势，这可能是由于大量的有机质被嗜热微生物利用导致。在第20天CBM组的C/N值为14.6。在堆肥结束后，CK组、C组、CB组、CBM组的C/N值分别为14.28、13.1、13.7、13.1。有研究表明，初始堆肥物料的C/N由25～30降低至15以下时，则可认为堆肥达到腐熟。在堆肥结束后，其各组均符合腐熟标准，在第20天CBM组已下降到15以下，实验结果表明，CBM处理可以较快地使堆肥达到腐熟，提高堆肥效率。

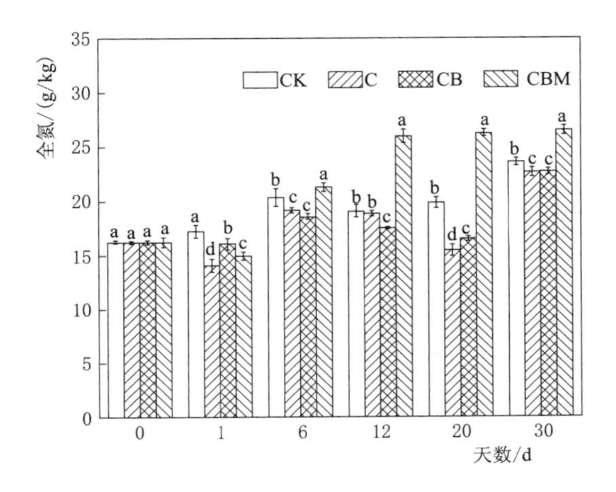

图8.10　不同处理下全氮的变化

注　不同小写字母表示同组不同处理下存在显著差异，$P<0.05$。

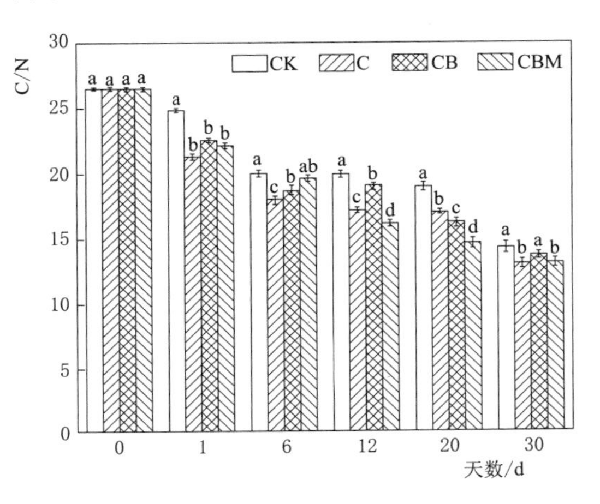

图8.11　不同处理下C/N的变化

注　不同小写字母表示同组不同处理下存在显著差异，$P<0.05$。

8.3 堆肥产物对盐碱土质量的影响

土壤盐碱化问题是人类必将长期面临的生态环境问题之一，严重制约土地利用效率和土壤生物生长过程。当前，全球范围内的土壤盐渍化程度仍呈现上升趋势，我国盐渍土总面积为 3.69×10^7 hm^2。盐碱土壤的板结、低透气和透水性等特征严重影响土壤碳、氮的矿化过程和微生物代谢。土壤盐碱化在新疆表现尤为明显，新疆土壤盐碱化土地面积为 847.6 万 hm^2，盐碱地占新疆 1/3 的耕地面积。整体上，新疆地区非盐化和轻度盐化土壤占据了很大的一部分比重，但中重度盐碱化土壤及盐土的存在，对地区生态文明建设与农业经济发展起着阻碍作用，土壤盐碱化的治理势在必行。选择耐盐性植物、施用有机肥料，是目前生物改良措施治理盐碱地最经济最有效的方式之一。

有机肥和无机肥配合使用，就可以充分发挥无机肥的速效性和有机肥的持久性。长期施用化学氮肥能够提高土壤的供氮能力，但是配施有机肥能增加土壤有机氮库的容量，土壤供氮能力可得到显著提高。同时可以提高土壤中氮元素的含量，对作物的生长起到促进作用。此外，有机肥配施无机肥可以有效缓解作物种植初期土壤养分流失和作物种植后期养分不足的现象，在植株生长过程中发挥关键性养分适配作用。牧草具有改良盐碱土理化性状、培肥地力、修复生态的作用，同时可以作为牲畜口粮，是盐碱地改良生物方案的优秀选择。其中，高丹草作为高粱和苏丹草的杂交品种，充分结合了高粱的抗旱、抗倒伏能力及苏丹草分蘖和再生性强、营养价值高的特点，在生产种植中颇具优势。综上所述，本节以高丹草为研究对象，采取有机肥配施无机肥的方式，研究有机肥配施无机肥对土壤及作物生长的影响，从而确定配施比例，为新疆地区盐碱土改良和牧草种植提供指导和理论依据。

8.3.1 有机无机肥配施对盐碱土水盐运移的影响

8.3.1.1 配施条件下盐碱土含水率变化特征

盐碱土剖面含水率的高低可显示盐碱土水分分布状况，反映了现阶段盐碱土水分是否满足植物生长需求，同时对研究盐碱土水盐运移具有重要意义。图 8.12 所示为不同配比有机肥对高丹草全生育期盐碱土含水率变化。整体上随盐碱土深度增加，各处理的盐碱土含水率呈先减少再增加的趋势，20～40cm 土层中盐碱土含水率最低。这是因为植物根系生长过程中，需要吸收水分，所以盐碱土剖面含水率会有局部的减少。水分在不同盐碱土深度减少，是因为随着灌溉和盐碱土水分蒸发相互作用，水分在盐碱土中会上下迁移，导致含水率曲线的凹陷会上下移动。

在高丹草的苗期、分蘖期、拔节期和抽穗期，施入 100%有机肥处理的 T1 的含水率变化量，较 T2、T3、T4 和 T5 分别显著减少了 32.80%～82.54%、99.50%～99.97%、8.26%～47.28%和 37.61%～81.70%（$P<0.05$），说明盐碱土中施入的有机肥与盐碱土保水效果呈正比，有机肥可以吸收水分，保持水分不容易蒸发，为植物根系提供生长发育

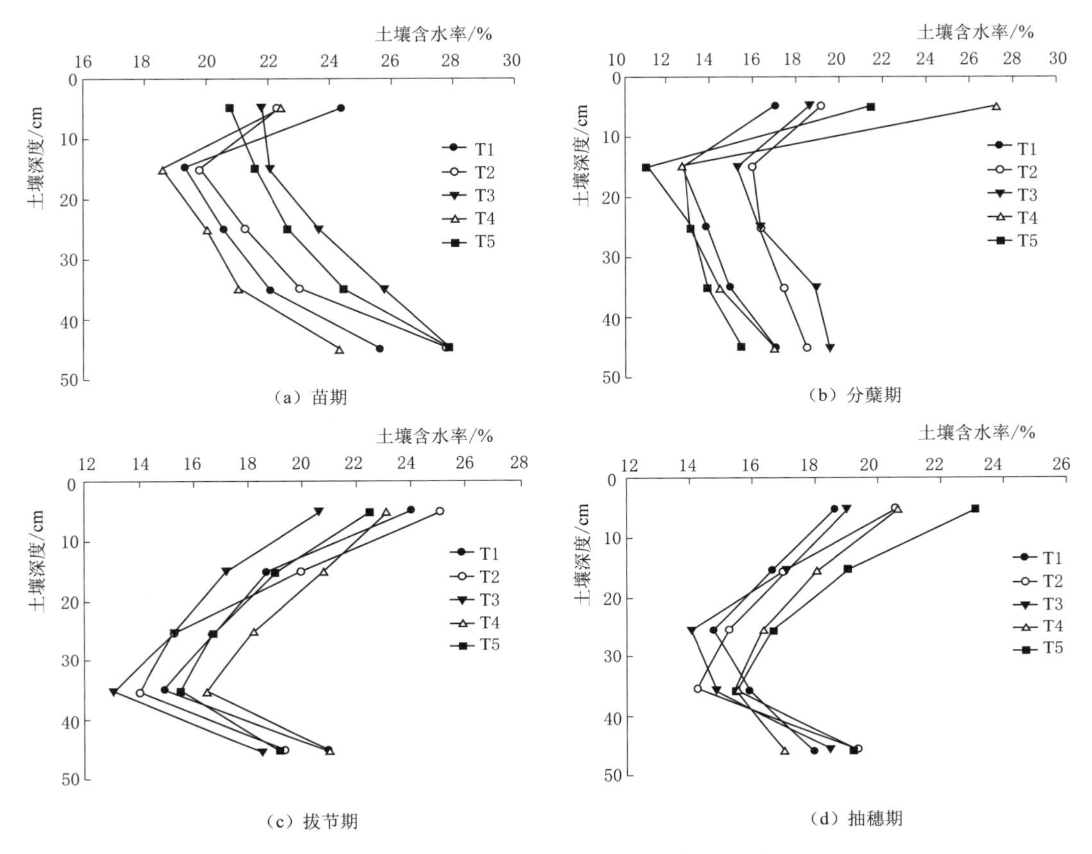

图 8.12 不同处理对盐碱土含水率的影响

所需水分。

8.3.1.2 配施条件下盐碱土含盐量变化特征

有机无机肥配施对 0～50cm 土层中盐碱土盐分分布产生一定影响（图 8.13）。整体上随盐碱土深度增加，各处理的盐碱土含盐量呈先减少再增加的趋势。苗期盐分减少不明显，主要原因是苗期植物根系不发达，吸收盐分含量较少，其他三个时期均有较显著的变化（$P<0.05$），分别减少了 29.00%～62.64%、21.32%～59.56% 和 5.85%～50.87%。

含盐量减少分布在 10～40cm 的盐碱土剖面，每个时期曲线减少深度不同，主要是由于灌水对表层盐分的淋洗作用和水分蒸发，使得盐分上下移动所造成的。同样，在苗期、分蘖期、拔节期中，施入 100%无机肥处理的 T5 的含盐量波动比 T1 处理均有较明显变化（$P<0.05$），说明有机肥处理可能改变盐碱土孔隙结构，影响金属盐离子等溶质的迁移，同时有机肥可能与盐碱土颗粒结合形成大的团聚体，有利于吸附盐离子。从整个生育期来看，各个处理的盐分都有所减少，但是 T1、T2、T3、T4 相对 T5 分别减少了 4.98%、61.97%、56.59%和 10.66%。其中 T2 和 T3 减少明显（$P<0.05$），降低盐碱土含盐量效果最好。

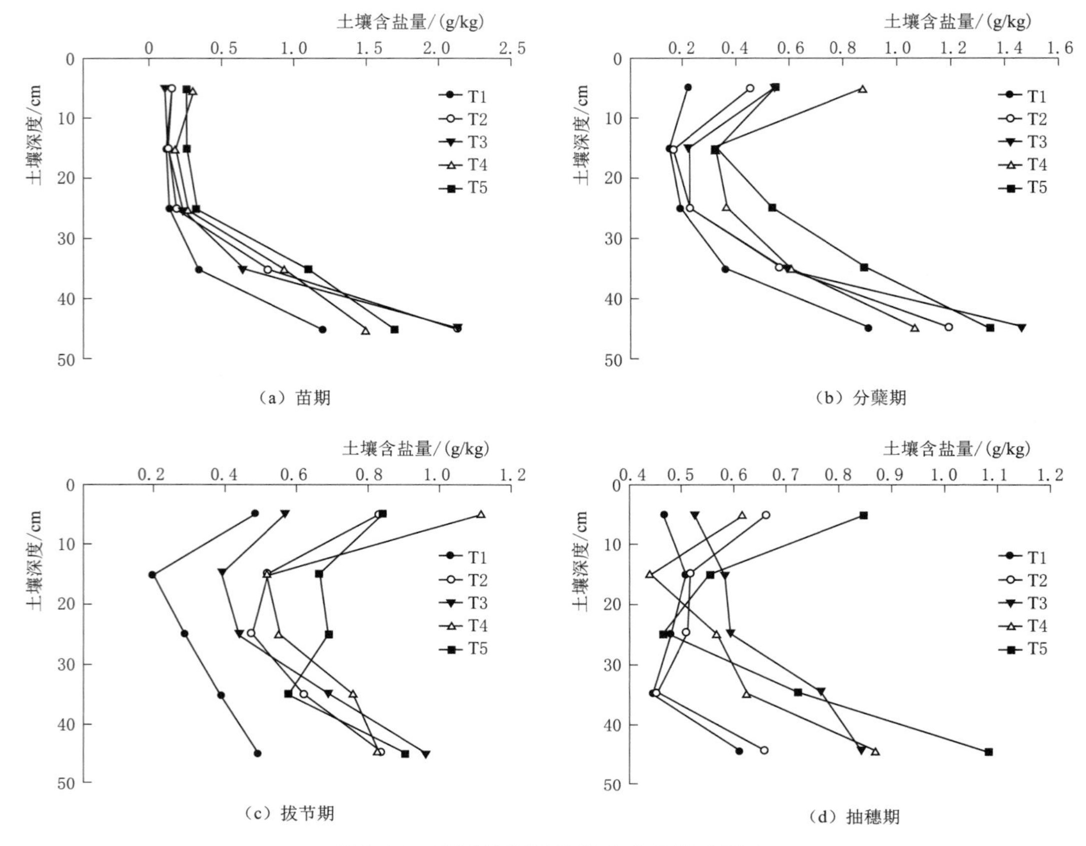

(a) 苗期 (b) 分蘖期

(c) 拔节期 (d) 抽穗期

图 8.13 不同处理对盐碱土含盐量的影响

8.3.2 有机无机肥配施对盐碱土 pH 值和团聚体的影响

8.3.2.1 配施条件下盐碱土 pH 值变化特征

不同处理在高丹草 4 个生育期的土层中 pH 值分布情况如图 8.14 所示。整体上 pH 值都有降低，T4、T5 处理 pH 值变化较小，降低 2.64%～2.71%，T1、T2 和 T3 处理 pH 值变化明显，降低 6.69%～10.97%。施加有机肥 T1、T2、T3 较未施加有机肥的 T5 处理下降明显（$P<0.05$），分别下降了 76.24%、71.16%和 59.95%，而 T4 处理较 T5 变化不明显。在种植初期，施加有机肥的处理在苗期和分蘖期 pH 值减少不明显，可能是因为植物对氮素需求较高，盐碱土中铵态氮含量减少明显，无法与盐碱土溶液

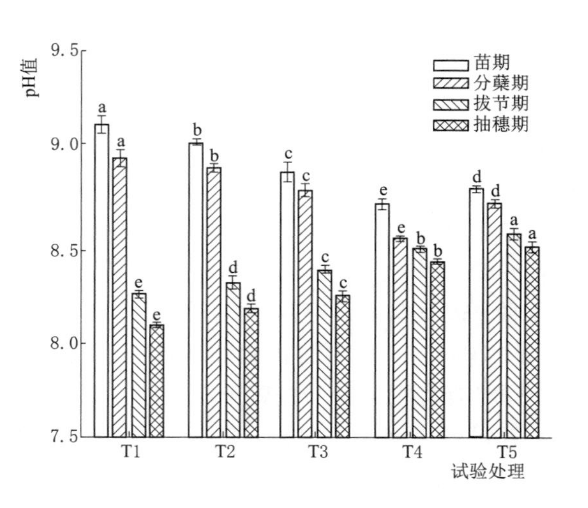

图 8.14 不同处理对盐碱土 pH 值的影响

中的 OH^- 大量结合。种植后期，施加有机肥的处理中大团聚体增多，与盐碱土颗粒结合形成胶体，吸附更多的 NH_4^+，导致盐碱土 pH 值下降明显，还可能跟植物吸收 NH_4^+ 释放 H^+ 有关。施加有机肥较少的 T4 处理和不施加有机肥的 T5，在整个生育期中 pH 值变化不明显，说明施加较多有机肥，利于缓解盐碱土碱胁迫，有助于植物生长。

8.3.2.2 配施条件下盐碱土水稳性团聚体变化特征

盐碱土水稳性团聚体是衡量盐碱土物理质量的重要指标。整体上看，高丹草 4 个生育期根际盐碱土中粒径小于 0.25mm 的团聚体含量较高，含量范围在 68.3%～92.4%，这说明盐碱土水稳性团聚体状况较差。由图 8.15 可知，随盐碱土深度增加，整体上粒径大于 0.25mm 和 0.25～0.125mm 两个粒级的团聚体含量降低，0.125～0.063mm、0.063～0.045mm 和小于 0.045mm 三个粒级的团聚体含量增加。可能原因是根系在 0～30cm 处较为发达，根系微生物在分解有机肥后，有机肥的残体同时也能激发微生物的活性，形成胞外聚合物 EPS，这些物质胶结盐碱土颗粒形成大团聚体。但是在植物生长后期的抽穗期，0～30cm 的大团聚体含量也在减少，可能原因是有机肥被微生物分解，胶体物质较少。所以在有机胶结物质的频繁形成和分解的过程中，大、小微粒级团聚体处于动态的相互转化。

与 T5 处理相比，添加有机肥在盐碱土 0～30cm 处显著增加了大于 0.25mm 和 0.25～0.125mm 粒级的水稳性团聚体含量（$P<0.05$），其中 T1 处理的最高，其余的由大到小依次为 T3 处理、T2 处理、T4 处理、T5 处理，施加有机肥处理大团聚体的含量较不施加的 T5 处理增加了 1.00～3.70 倍。这表明施加有机肥有利于水稳性大团聚体的形成和保持，其中 T3 处理效果最强。

本节采用平均质量直径（MWD）、几何平均直径（GMD）和分形维数（D）三个指标评价不同处理作用下盐碱土水稳性团聚体稳定性，分析不同配比有机肥施用对盐碱土结构的改善效果。

平均质量直径（MWD）为

$$\mathrm{MWD}=\frac{\sum_{i=1}^{n}(\overline{R_i}w_i)}{\sum_{i=1}^{n}w_i} \tag{8.1}$$

式中：R_i 为某粒级团聚体平均直径，mm；w_i 为该粒级团聚体干重，g。

几何平均直径（GMD）为

$$\mathrm{GMD}=\exp\left[\frac{\sum_{i=1}^{n}(w_i\ln\overline{R_i})}{\sum_{i=1}^{n}w_i}\right] \tag{8.2}$$

式中：R_i 为某粒级团聚体平均直径，mm；w_i 为该粒级团聚体干重，g。

分形维数（D）为

$$D=3-\frac{\lg[w_i(\delta<d_i)/w_0]}{\lg(d_i/d_{\max})} \tag{8.3}$$

式中：$w_i(\delta<d_i)$ 为直径小于 d_i 的团聚体干重，g；w_0 为各粒级团聚体质量之和，g；

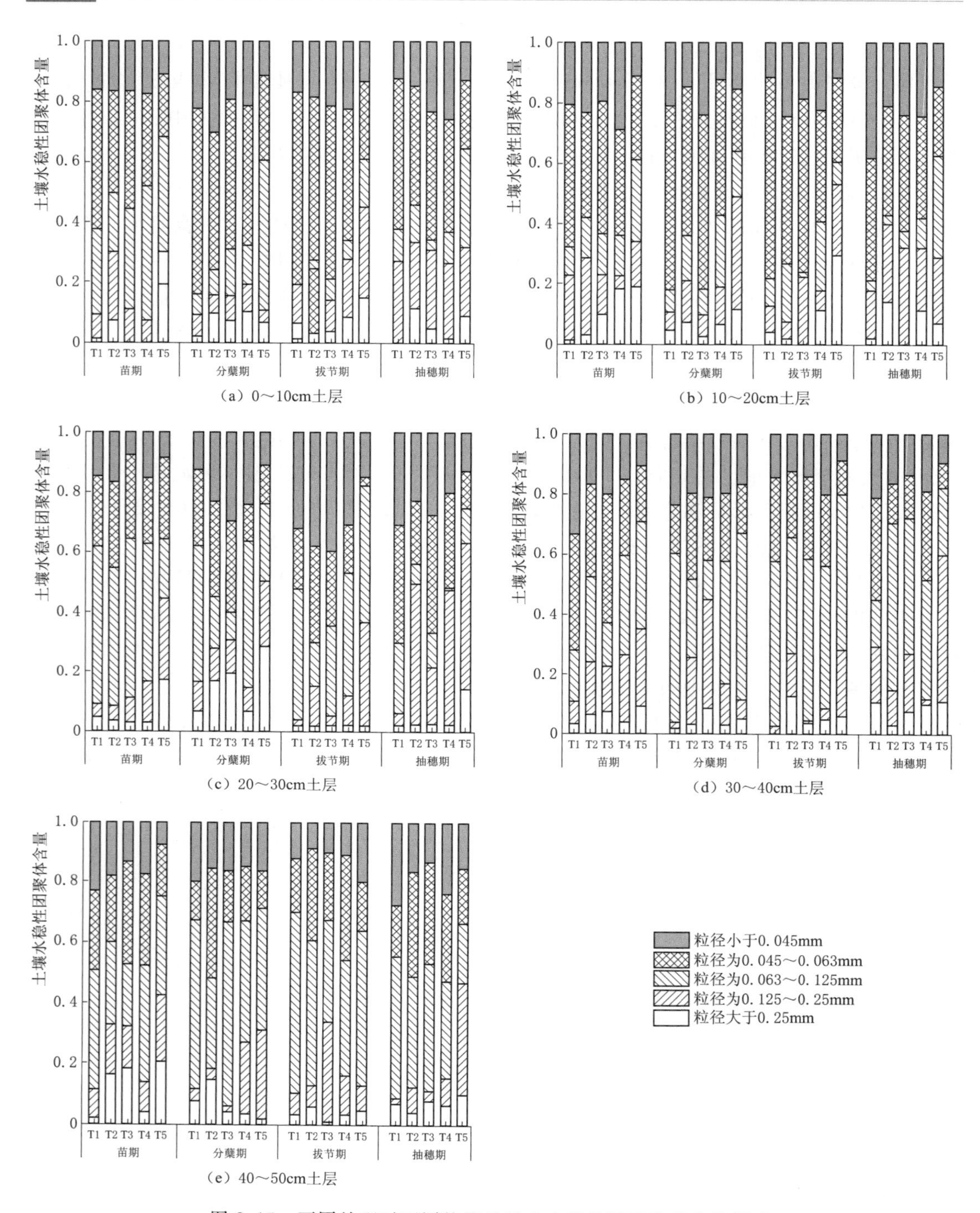

图 8.15 不同处理对不同粒级盐碱土水稳性团聚体分布的影响

d_i 为某一粒级团聚体的平均直径，mm；d_{max} 为最大粒级团聚体的平均直径，mm。

MWD 和 GMD 越大，D 越小，盐碱土团聚体分布状况越好，稳定性越强。由表 8.6～表 8.8 可知，不同比例施加有机肥均使 MWD 和 GMD 较 T5 增加，而 D 较 T5 减小。其中 T1、T3 处理效果好，MWD 和 GMD 较 T5 分别增加了 8.33%～43.75% 和 6.25%～40.91%，D 较 T5 降低了 3.10%～48.80%。

表 8.6　　不同处理对盐碱土团聚体 MWD 的影响

土层/cm	处理	平均质量直径 MWD			
		苗期	分蘖期	拔节期	抽穗期
0～10	T1	0.27a	0.31a	0.32a	0.26a
	T2	0.24c	0.26c	0.28c	0.20c
	T3	0.26b	0.28b	0.31b	0.25b
	T4	0.24c	0.25d	0.26d	0.18d
	T5	0.22d	0.20e	0.18e	0.16e
10～20	T1	0.28a	0.29a	0.33a	0.30a
	T2	0.22d	0.24d	0.28c	0.23b
	T3	0.25c	0.27b	0.30b	0.23b
	T4	0.26b	0.26c	0.28c	0.23b
	T5	0.19e	0.20e	0.23d	0.16c
20～30	T1	0.28a	0.30a	0.25a	0.25a
	T2	0.20b	0.27b	0.22b	0.20c
	T3	0.20b	0.25c	0.22b	0.22b
	T4	0.17c	0.24d	0.16c	0.20c
	T5	0.16d	0.23e	0.15d	0.15d
30～40	T1	0.23a	0.26a	0.25a	0.24a
	T2	0.18c	0.18c	0.20c	0.18c
	T3	0.20b	0.19b	0.21b	0.22b
	T4	0.16d	0.16d	0.21b	0.18c
	T5	0.13e	0.13b	0.16d	0.14d
40～50	T1	0.18a	0.23a	0.24a	0.24a
	T2	0.13c	0.17c	0.20c	0.17c
	T3	0.15b	0.18b	0.22b	0.21b
	T4	0.13c	0.15d	0.17d	0.14d
	T5	0.11d	0.13e	0.15e	0.13e

注　同一土层中同一列不同字母表示差异性显著（$P<0.05$），下同。

表 8.7　　不同处理对盐碱土团聚体 GMD 的影响

土层/cm	处理	几何平均直径 GMD			
		苗期	分蘖期	拔节期	抽穗期
0～10	T1	0.19a	0.22a	0.18a	0.22a
	T2	0.16c	0.16c	0.13c	0.14c
	T3	0.18b	0.18b	0.17b	0.19b

续表

土层/cm	处理	几何平均直径 GMD			
		苗期	分蘖期	拔节期	抽穗期
0～10	T4	0.16c	0.15d	0.13c	0.14c
	T5	0.15d	0.13e	0.12d	0.13d
10～20	T1	0.18a	0.19a	0.17a	0.20a
	T2	0.12d	0.16c	0.14b	0.18b
	T3	0.15b	0.18b	0.14b	0.18b
	T4	0.14c	0.16c	0.14b	0.17c
	T5	0.11e	0.14d	0.11c	0.14d
20～30	T1	0.16a	0.15a	0.18a	0.15a
	T2	0.11c	0.12c	0.15c	0.11c
	T3	0.12b	0.13b	0.16b	0.13b
	T4	0.10d	0.12c	0.12d	0.13b
	T5	0.10d	0.10d	0.10e	0.10d
30～40	T1	0.12a	0.15a	0.14a	0.16a
	T2	0.10c	0.11c	0.11c	0.12c
	T3	0.10c	0.12b	0.12b	0.14b
	T4	0.11b	0.11c	0.11c	0.11d
	T5	0.09d	0.10d	0.10d	0.09e
40～50	T1	0.12a	0.12a	0.13a	0.13a
	T2	0.11b	0.08c	0.10b	0.10c
	T3	0.12a	0.09b	0.10b	0.12b
	T4	0.09d	0.08c	0.10b	0.09d
	T5	0.07e	0.06e	0.09c	0.09d

表 8.8　　不同处理对盐碱土团聚体 *D* 的影响

土层/cm	处理	分形维数 *D*			
		苗期	分蘖期	拔节期	抽穗期
0～10	T1	1.96e	1.66e	2.01d	2.25d
	T2	2.26b	2.19b	2.34b	2.41c
	T3	2.05d	2.0dc	2.12c	2.44c
	T4	2.21c	2.11bc	2.32b	2.51b
	T5	2.33a	2.47a	2.55a	2.66a
10～20	T1	2.24e	1.90d	2.26d	2.59d
	T2	2.48c	2.20c	2.42c	2.73b
	T3	2.32d	2.21bc	2.57b	2.69c

续表

土层/cm	处理	分形维数 D			
		苗期	分蘖期	拔节期	抽穗期
10～20	T4	2.57b	2.24b	2.54b	2.73b
	T5	2.66a	2.43a	2.66a	2.84a
20～30	T1	2.66c	2.51c	2.73c	2.60e
	T2	2.76b	2.56b	2.81b	2.77c
	T3	2.78b	2.59b	2.81b	2.71d
	T4	2.87a	2.68a	2.81b	2.82b
	T5	2.89a	2.70a	2.90a	2.91a
30～40	T1	2.73c	2.64d	2.67c	2.81c
	T2	2.76c	2.74c	2.76b	2.84c
	T3	2.82b	2.83b	2.79ab	2.91b
	T4	2.83b	2.82b	2.80a	2.94ab
	T5	2.88a	2.92a	2.82a	2.95a
40～50	T1	2.75c	2.82c	2.75c	2.79c
	T2	2.86b	2.91b	2.82b	2.89b
	T3	2.78c	2.85c	2.83b	2.86b
	T4	2.89ab	2.94ab	2.83b	2.89b
	T5	2.90a	2.95a	2.95a	2.92a

8.3.3　有机无机肥配施对盐碱土养分分布的影响

8.3.3.1　配施条件下盐碱土速效磷分布特征

盐碱土中速效磷、速效钾等指标是衡量盐碱土肥力的主要物质基础，也是植物养分的重要来源，是衡量盐碱土肥力的重要指标。图 8.16 所示为有机无机肥配施作用下盐碱土速效磷含量在 0～50cm 土层中的分布情况。整体而言，随盐碱土深度增加，不同生育期各处理在 10～40cm 土层的含量降到最低。在分蘖期和拔节期，T5 速效磷的变化量较 T1、T2、T3、T4 有明显减少（$P<0.05$），分别减少了 14.64%～98.60%和 21.01%～90.91%，说明施入有机肥的处理对于盐碱土中速效磷具有缓冲作用，避免速效磷过于增大或减小对植物根系造成伤害。

施加有机肥后，各养分指标的含量能否得到增加，主要与有机肥所带来的养分输入量和盐碱土中有机质的矿化分解有关。本研究表明，在施入有机肥后，盐碱土中速效磷、速效钾的含量在不同时期均得到了增加。这种增幅，除了追肥之外，也来自施加的有机肥本身含有多种营养元素，通过矿化分解缓慢长效地释放到盐碱土中，在这个过程中会有各种有机酸的生成，可溶解盐碱土中原有的钾盐、磷酸盐等矿物盐，从而增加了磷、钾等元素

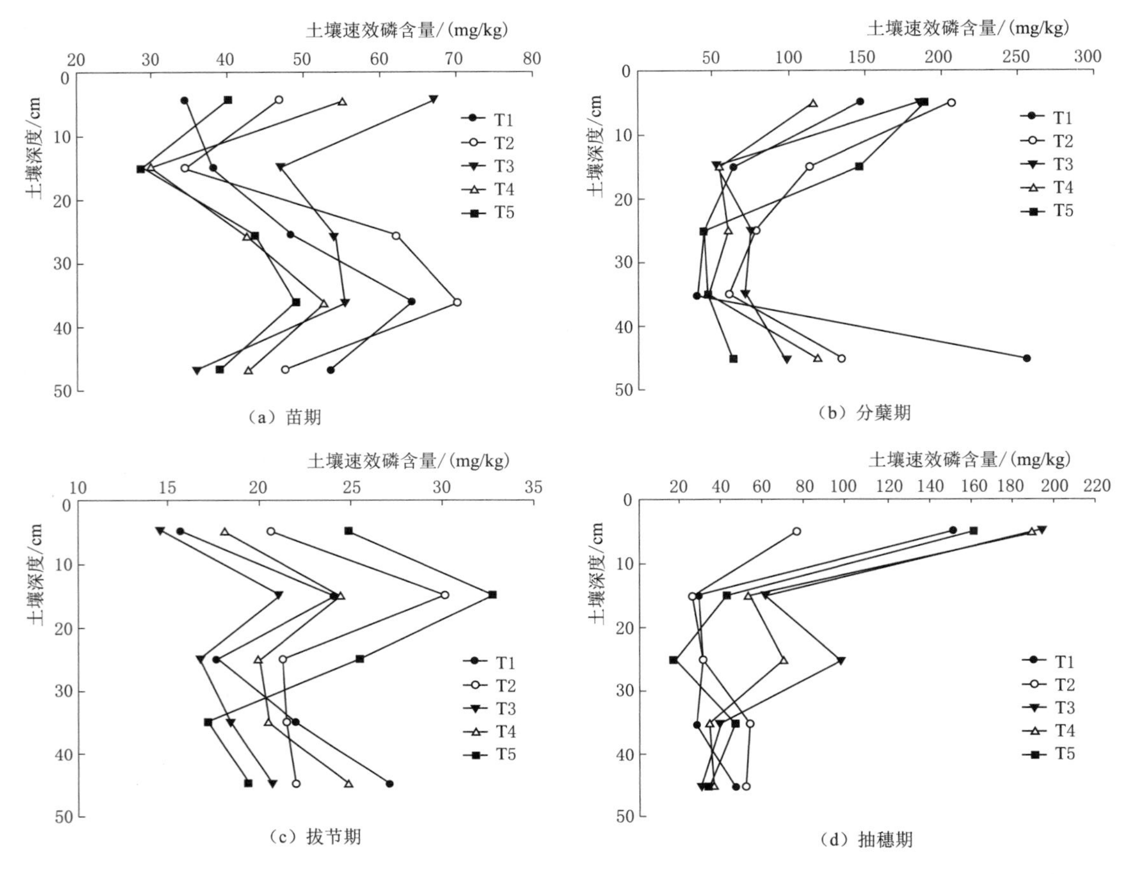

图 8.16 不同处理对盐碱土速效磷含量的影响

的有效性。在抽穗期可以看到 T3、T4 处理较其他处理，速效磷明显增加了 85.36%～169.22%和 66.56%～258.14%（$P<0.05$），说明随着有机肥施入时间的增加，这两种配比的处理中有机肥分解的比较彻底，其养分释放缓慢，肥力持续时间长。

8.3.3.2 配施条件下盐碱土速效钾分布特性

钾素是植物的品质元素，参与渗透调节、光合作用、物质运输等多种生理过程。各处理 0～50cm 土层的盐碱土速效钾在高丹草 4 个主要生育期分布情况如图 8.17 所示。整体上看，随盐碱土深度增加，不同生育期各处理大致表现为先减少后增加的趋势。植物全生育期，速效钾的变化量 T5 较 T1、T2、T3、T4 分别显著增大了 5.07%～26.58%、27.95%～96.58%、15.63%～80.05%和 8.77%～53.53%（$P<0.05$），说明有机肥施入盐碱土，能够丰富盐碱土微生物群落结构并刺激其活性，盐碱土中被固定的钾养分，最终提高了盐碱土速效钾养分含量。同时 T1 处理中施入的有机肥含量最多，与盐碱土颗粒形成较大的团聚体，能够吸附速效钾等物质，缓解植物根系过度吸收造成的危害，这也与植物根系生长情况一致，T1 比 T5 根长要长。

8.3.3.3 配施条件下盐碱土有机质分布特征

如图 8.18 所示，施入 100%有机肥的 T1 处理与不施加有机肥的 T5 处理相比，在 4

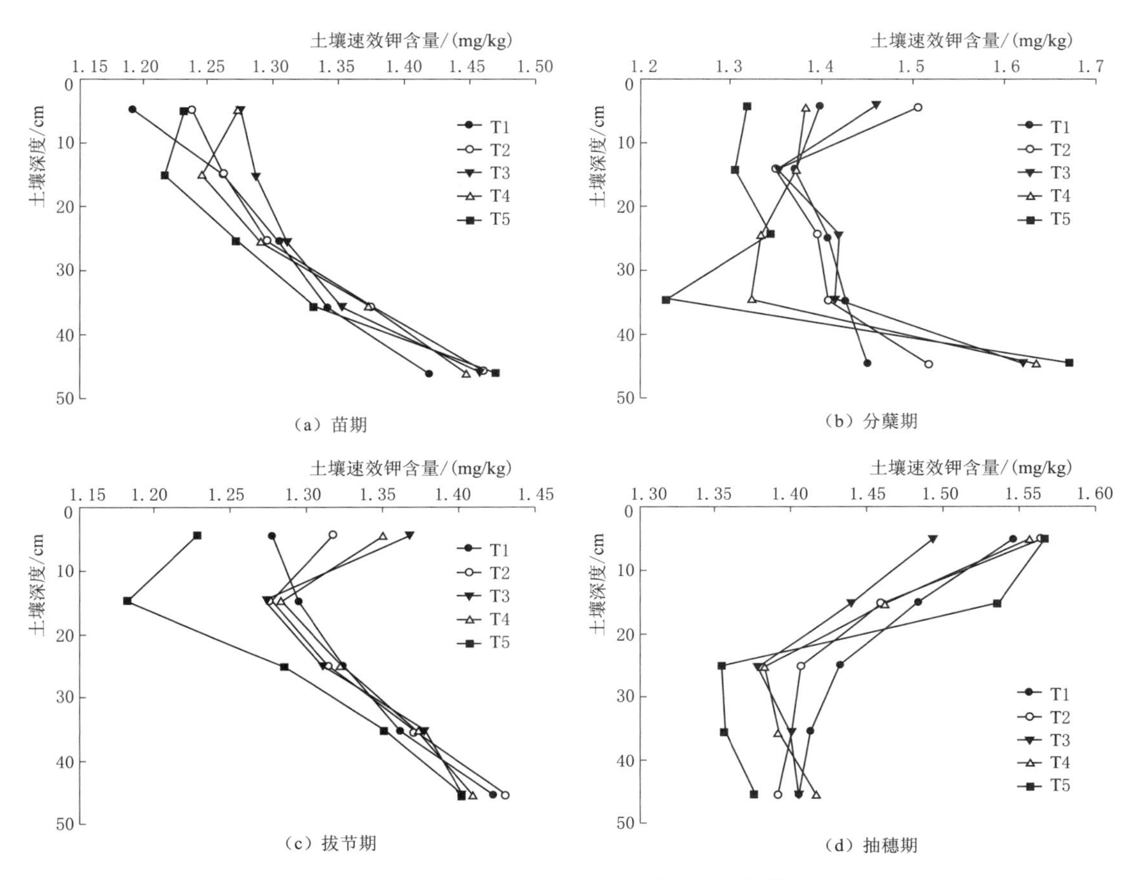

图 8.17　不同处理对盐碱土速效钾含量的影响

个全生育期中有机质均有显著的增加（$P<0.05$），在盐碱土深度 40～50cm 分别增加了 20.33%、26.15%、33.49%和 18.51%。说明有机肥的含量对于增加盐碱土中的有机质有正向影响。植物拔节期，除 T1 处理外，T3 处理较 T2、T4 和 T5 的有机质都有显著的增加（$P<0.05$），分别增加了 10%～31.25%。说明 T3 处理中有机肥配比可以使盐碱土中有机质增加，这结果也与王艺乔研究结果类似。可能原因是，长期施用有机肥能够增加盐碱土中有机质和腐殖质含量，增强盐碱土团聚体稳定性，改善盐碱土通透性，改善盐碱土结构和固碳能力。

8.3.3.4　配施条件下盐碱土全氮分布特征

由图 8.19 可以看出，盐碱土中的全氮和施入盐碱土中有机肥含量呈正相关，除苗期外，有机肥施入比例越大，盐碱土中的全氮含量越高。在盐碱土 40～50cm 处，T1 处理的全氮含量在分蘖期、拔节期和抽穗期较其他处理分别增加了 11.83%～28.27%、15.63%～37.74%和 10.58%～26.71%。苗期没有此类规律的可能原因是有机肥在盐碱土中被微生物分解需要较长时间。

抽穗期，T4 和 T5 在盐碱土中有减少的情况，但是 T1、T2 和 T3 却是增加的情况，较 T4 和 T5 分别显著增加了 6.23%～38.10%和 21.61%～58.10%（$P<0.05$）。说明植

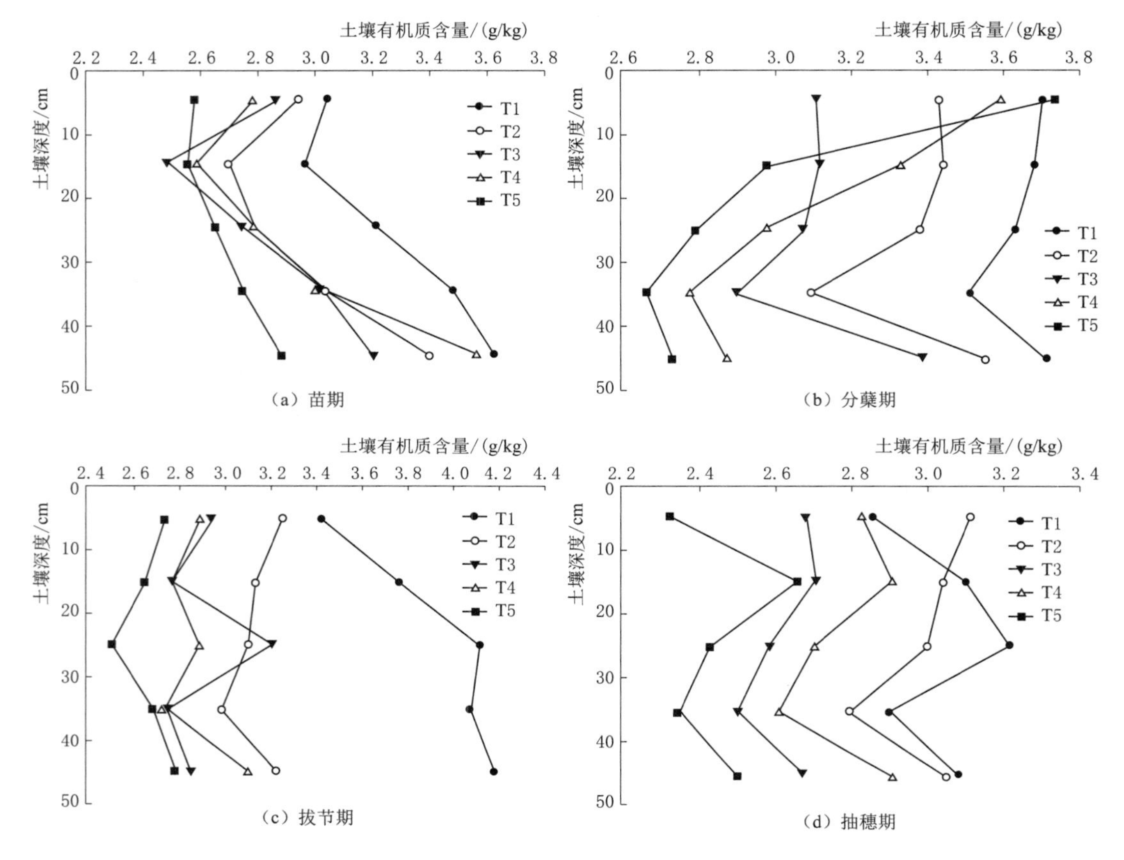

图 8.18 不同处理对盐碱土有机质含量的影响

物后期对于氮素的吸收较明显。施入有机肥比例较少的 T4、T5 处理，盐碱土中的氮素含量较其他处理都有减少，T1、T2、T3 处理盐碱土中氮素含量较多的可能原因是，有机肥中的有机氮不断被微生物分解转化为无机氮补充到盐碱土中，造成盐碱土中全氮增加的情况。

8.3.4 有机无机肥配施对盐碱土微生物群落结构的影响

8.3.4.1 配施条件下盐碱土细菌和真菌群落结构特征

通过对不同有机无机肥配施的盐碱土 OTUs 序列的 Alpha 多样性指标的计算，研究了不同处理条件下盐碱土中的微生物多样性和富集程度。Pielou 指数表示物种均匀度。物种数目越多，多样性越丰富，物种数目相同时，每个物种的个体数越平均，则多样性越丰富。Chao1 指数是一个群落的富集指数，Shannon（物种丰富度）和 Simpson（均匀度）是一个群落的多样性指数（随着指数的增加而增加）。由表 8.9 可知，整体上无论是细菌还是真菌群落，施加 100%的有机肥 T1 处理中的 Pielou、Shannon 和 Simpson 指数较其他处理都有显著增加（$P<0.05$），说明施加有机肥越多，能够使微生物的物种更加平均

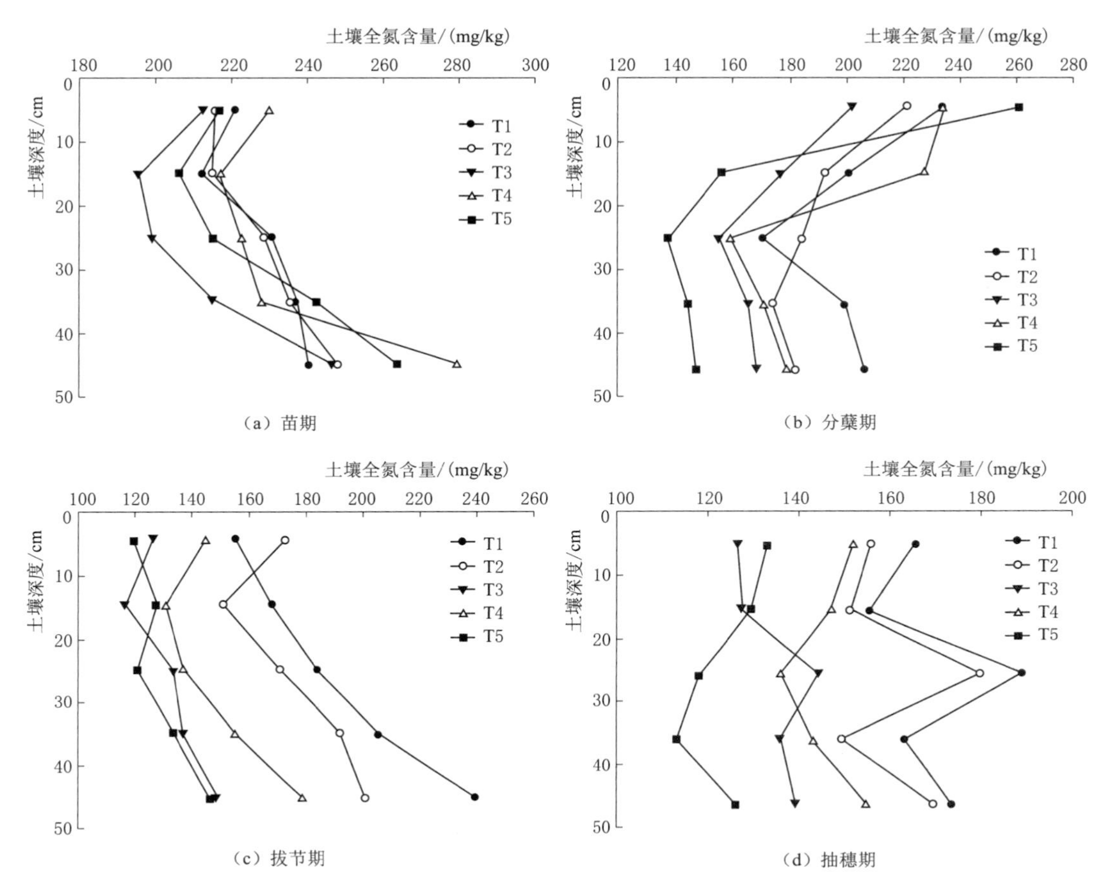

图 8.19　不同处理对盐碱土全氮含量的影响

且丰富，可能原因是有机肥能够与盐碱土颗粒形成大团聚体，而微团聚体对微生物的活动有很大制约性，能够限制微生物接触到有机物，影响分解速率。

表 8.9　　　　不同处理中细菌和真菌的 Alpha 多样性

类别	处理	Pielou 指数	Chao1 指数	Shannon 指数	Simpson 指数
细菌	T1	0.859±0.03a	1781.25±5.3b	9.278±0.07a	0.993±0.006ab
	T2	0.855±0.04b	1771.57±6.1c	9.226±0.06b	0.993±0.002ab
	T3	0.831±0.05d	1830.67±6.4a	9.008±0.05c	0.990±0.003c
	T4	0.831±0.02d	1545.04±4.7d	8.804±0.07e	0.989±0.002cd
	T5	0.846±0.04c	1403.42±5.5e	8.840±0.03d	0.994±0.001a
真菌	T1	0.535±0.02a	316.00±0.8b	4.442±0.02a	0.876±0.002a
	T2	0.468±0.03c	346.38±0.4a	3.946±0.03b	0.772±0.001b
	T3	0.459±0.01d	302.67±0.7c	3.785±0.01c	0.766±0.001c
	T4	0.475±0.02b	230.00±0.5e	3.726±0.02d	0.752±0.003d
	T5	0.374±0.02e	255.11±0.6d	2.992±0.01e	0.619±0.001e

盐碱土微生物细菌群落多样性结果显示，不施加有机肥的 T5 处理相较于其他处理，虽然 Simpson 指数最高，但是 Chao1 指数最低，说明 T5 处理即使物种相对丰富度较大，但能够在盐碱土中富集的数量有限，这也和施加有机肥处理的 T1、T2、T3、T4 差异明显（$P<0.05$）。T3 中 Chao1 指数最高，比施加 100%有机肥的 T1 高 2.68%，说明有机肥施加量过多，不能促进细菌富集，但 50%有机肥配比的处理可以增加细菌富集。

盐碱土微生物真菌群落多样性结果显示，4 个指标基本上都是随有机肥施入量减少而减少，说明有机肥的施入量对于真菌群落的影响较大。可能原因是，盐碱土真菌营腐生、寄生或共生生活，可分解糖类、淀粉、纤维素、木质素等有机物，参与腐殖质的形成和分解，真菌需要从中获取自身生命活动必需的能量。

图 8.20 显示了盐碱土样品中（细菌和真菌）门类水平最高的 10 种细菌的相对丰度。盐碱土微生物前 10 门水平细菌部分结果显示，放线菌门（Actinobacteriota）、变形菌门（Proteobacteria）、厚壁菌门（Firmicutes）是主要门类，在各处理中分别占到 20.95%～32.87%，22.46%～28.95%和 18.42%～26.90%。放线菌门是革兰阳性、自由生活的腐生菌，能够产生多种生物活性次生代谢物，包括抗生素、免疫调节剂等；变形菌门具有降解木质素能力，同时，由于它们能够使用各种交替电子供体（例如 H_2、甲酸盐、硫、硫化物、硫代硫酸盐）和受体（如亚硫酸盐、硫、硝酸盐），所以在碳、氮和硫循环中起重要作用；厚壁菌门在自然界中广泛存在，它的许多成员是形成孢子的革兰阳性细菌，并且是与木质纤维素生物质降解和碳水化合物聚合物分解相关的微生物群落的重要组成部分，因此，当需要木质素溶解细菌和酶时，厚壁菌很重要。芽单胞菌属门（Gemmatimonadota）是 T3 处理中相对丰度最高的，添加氮素促进了 Gemmatimonadota 的相对丰度，说明与其他处理相比，T3 处理更有利于盐碱土中氮的转化，也促进了植物的生长，与 T3 处理中高丹草长势最好的情况相符合。

盐碱土微生物前 10 门水平真菌部分结果显示，子囊菌门（Ascomycota）、担子菌门（Basidiomycota）、被孢霉菌门（Mortierellomycota）是主要门类，在各处理中分别占到 55.36%～89.24%、0.31%～25.51%和 0.59%～5.85%。子囊菌门分布在禾本科植物中，主要分布在温带地区，对生物和非生物胁迫的抵抗力中起着重要作用；担子菌门在马铃薯中可能导致茎溃疡病和黑蛤蟆的特征性疾病症状，在各个处理中，只有全部施加有机肥的 T1 含量最高，是其他处理的 6.28～82.52 倍；被孢霉门在被生物污染的盐碱土中具有较强的耐药性。T3 处理中，毛霉菌门（Mucoromycota）较其他处理相对丰度最高，它具有多功能的新陈代谢，可以利用各种底物生产工业上重要的产品，如醇、有机酸和酶。此外，黏菌真菌的生物量富含各种高价值代谢物，如脂质、蛋白质、色素、多磷酸盐和壳聚糖。

通过对盐碱土中细菌和真菌前 30 个属进行进一步调查，进而分析不同处理对盐碱土微生物群落的影响。盐碱土微生物前 30 属水平细菌部分结果（图 8.21）显示，不同处理都有各自的优势属，并且都各不相同。T1 以罗尔斯通氏菌属（*Ralstonia*）、乳酸杆菌（*Lactobacillus*）为代表的菌群成为优势菌群。罗尔斯通氏菌属能够产生细菌性枯萎病，包括嫩芽和花茎枯萎，叶子变黄和修剪枝条枯死。乳酸杆菌可通过产生乳酸来保护宿主免受潜在致病微生物的威胁，同时它能够产生有机酸和过氧化物，抑制变形链球菌（*Streptococcus*）生长，而可以降解 TBBPA（Tetrabromobisphenol - A）等具有毒

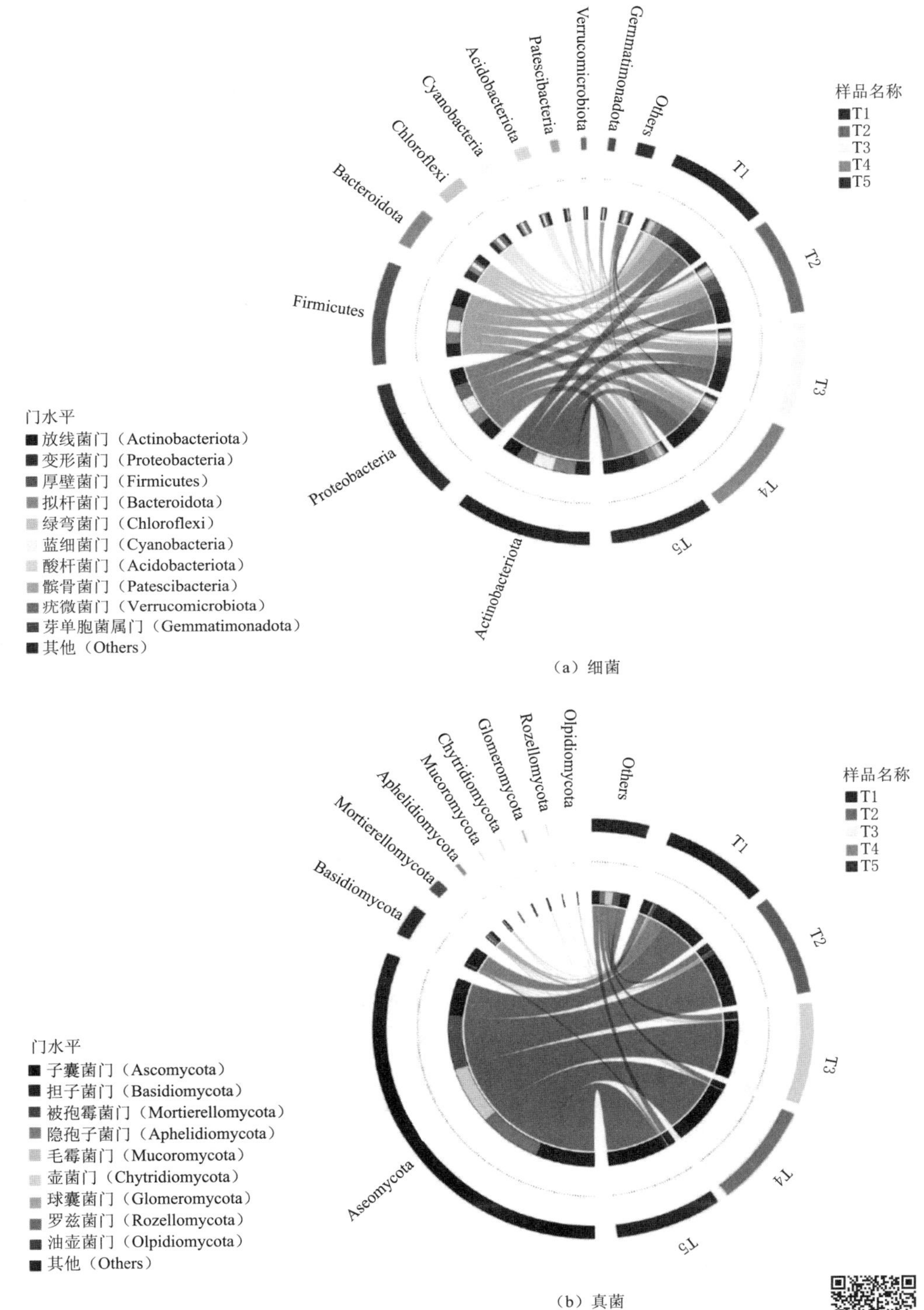
Gemmatimonadota
Verrucomicrobiota
Patescibacteria
Acidobacteriota
Cyanobacteria
Chloroflexi
Bacteroidota
Firmicutes
Proteobacteria
Actinobacteriota
Others
样品名称
T1
T2
T3
T4
T5
门水平
放线菌门（Actinobacteriota）
变形菌门（Proteobacteria）
厚壁菌门（Firmicutes）
拟杆菌门（Bacteroidota）
绿弯菌门（Chloroflexi）
蓝细菌门（Cyanobacteria）
酸杆菌门（Acidobacteriota）
髌骨菌门（Patescibacteria）
疣微菌门（Verrucomicrobiota）
芽单胞菌属门（Gemmatimonadota）
其他（Others）

（a）细菌

Olpidiomycota
Rozellomycota
Glomeromycota
Chytridiomycota
Mucoromycota
Aphelidiomycota
Mortierellomycota
Basidiomycota
Aseomycota
Others
样品名称
T1
T2
T3
T4
T5
门水平
子囊菌门（Ascomycota）
担子菌门（Basidiomycota）
被孢霉菌门（Mortierellomycota）
隐孢子菌门（Aphelidiomycota）
毛霉菌门（Mucoromycota）
壶菌门（Chytridiomycota）
球囊菌门（Glomeromycota）
罗兹菌门（Rozellomycota）
油壶菌门（Olpidiomycota）
其他（Others）
彩图

（b）真菌

图 8.20 不同处理前 10 门水平细菌和真菌的相对丰度

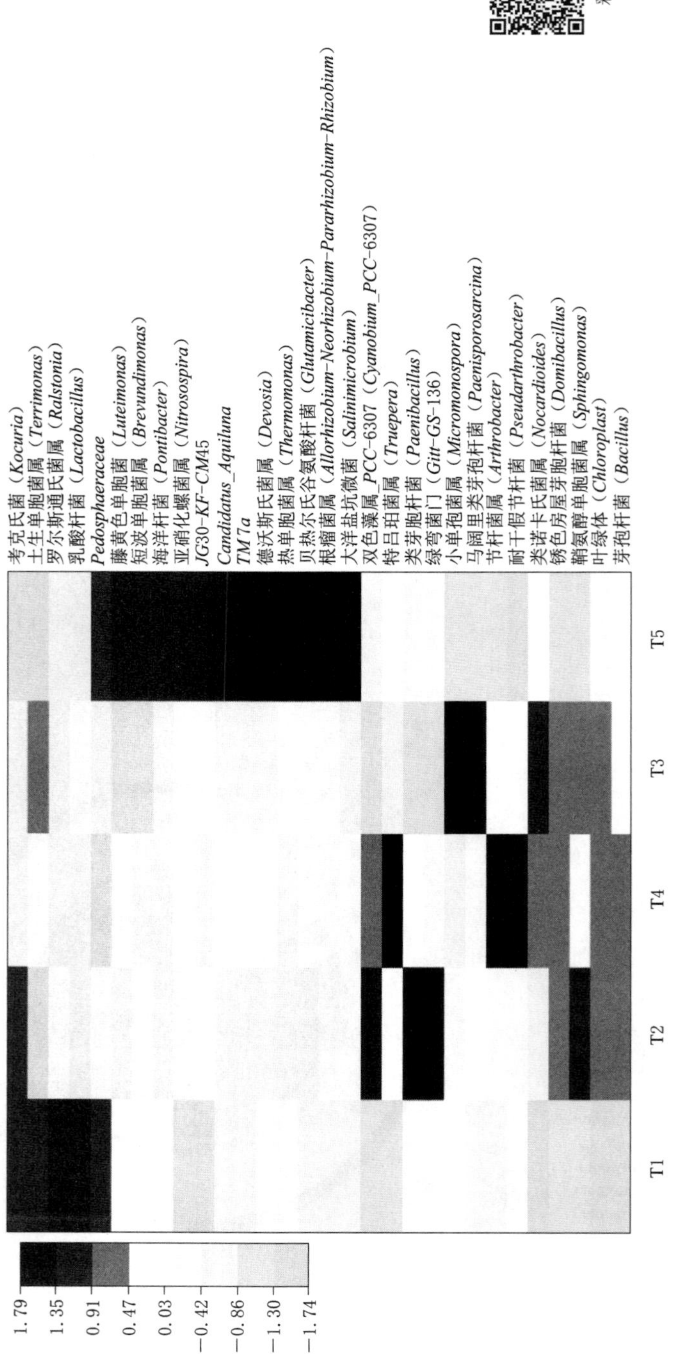

图 8.21　不同处理前 30 属水平细菌的相对丰度

性的环境污染物，改善盐碱土质量。

T2 以类芽胞杆菌（*Paenibacillus*）为代表的菌群成为优势菌群。类芽胞杆菌属能够产生水解酶，如内切丁质酶（endochitinases），并且具有优异的热稳定性。T3 以小单孢菌属（*Micromonospora*）、耐干假节杆菌（*Pseudarthrobacter*）为代表的菌群成为优势菌群。小单孢菌属具有产生多种聚酮酸和非核糖体肽化合物作为次级代谢物的能力。同时它能够产生抗毒力化合物，具有抗毒力特性可以阻断植物感染霍乱弧菌（*V. cholerae*）。耐干假节杆菌能够参与盐碱土环境中的有机污染物的清除，如多环芳烃（PAHs）。T4 以特吕珀菌属（*Truepera*）、节杆菌属（*Arthrobacter*）为代表的菌群成为优势菌群。特吕珀菌属能够在碱性，中等盐度和高温栖息地的多种极端条件下生长。节杆菌属能够产生化合物显示出强大的生物活性和高稳定性，可防止微生物和动物降解，能够抵抗对环境胁迫，特别是生物胁迫的反应。T5 以短波单胞菌属（*Brevundimonas*）为代表的菌群成为优势菌群。短波单胞菌属具有蛋白水解、脂解、纤维素、淀粉分解和木糖分解活性，并且能够利用各种单一碳和能源，合成副产品，如糖蜜等。

从这里可以看出，T5 处理在种植后期的抽穗期主要分解有机质，如蛋白质、纤维素等物质，T1 次之。而添加有机无机肥配施的 T2、T3、T4 这类菌属较少，说明有机无机肥配施的处理，这类菌属可能在种植前期就已经发挥了作用，不断对有机肥里面的有机质进行分解，供植物的生长发育。全部施入有机肥或者无机肥的处理这类菌属较多，可能原因是 T1 中仍有大量有机质待分解，T5 中需要利用盐碱土自身中存在的有机质来充分利用。

盐碱土微生物前 30 属水平真菌部分结果如图 8.22 所示，和细菌相似。不同处理都有各自的优势属，并且都各不相同。T1 中以链孢霉菌属（*Neurospora*）、曲霉菌属（*Aspergillus*）为代表的菌群成为优势菌群。链孢霉菌属是植物的有益共生伙伴，能够分泌纤维素酶和半纤维素酶，降解木质纤维素中的关键结构成分 β-葡聚糖和木聚糖，分别产生葡萄糖和木糖。曲霉菌属能够导致植物产生曲霉病。

T2 中以被孢霉属（*Mortierella*）为代表的菌群成为优势菌群。被孢霉属协助植物和菌根真菌获得磷，也可以合成和分泌草酸。它还具有分解植物凋落物和降解多环芳烃的能力。T3 中以金孢子菌属（*Chrysosporium*）、根霉菌属（*Rhizopus*）为代表的菌群成为优势菌群。金孢子菌属可以产生许多有用的代谢物，包括角质酶，角质酶广泛用于环境保护、化学工业以及医疗和农业领域。虽然角蛋白废物本质上具有弹性，但分泌角质溶解酶的各种微生物可以有效地降解角蛋白酶。根霉菌属能够产生降解酶，主要从分解的木质纤维素中释放碳水化合物。T4 中以柄孢壳菌（*Podospora*）、光黑壳属（*Preussia*）为代表的菌群成为优势菌群。柄孢壳菌具有分解木质纤维素的能力。光黑壳属产生的次生代谢物，具有抗生素和抗癌剂的作用。T5 中以球孢毛葡孢霉（*Botryotrichum*）、支顶孢属菌（*Acremonium*）为代表的菌群成为优势菌群。球孢毛葡孢霉可以产生几种肉毒杆菌神经毒素，具有潜在的致命的神经麻痹性。支顶孢属菌能够产生次级代谢物，包括中性鞘磷脂酶（N-SMase）的对苯二酚抑制剂、抗植物致病性类黑菇类化合物以及纤维素酶。

8.3.4.2 配施条件下盐碱土细菌 PICRUSt 功能预测

微生物群落的变化可能进一步导致盐碱土微生物群落整体代谢功能的变化。运用 PICRUSt

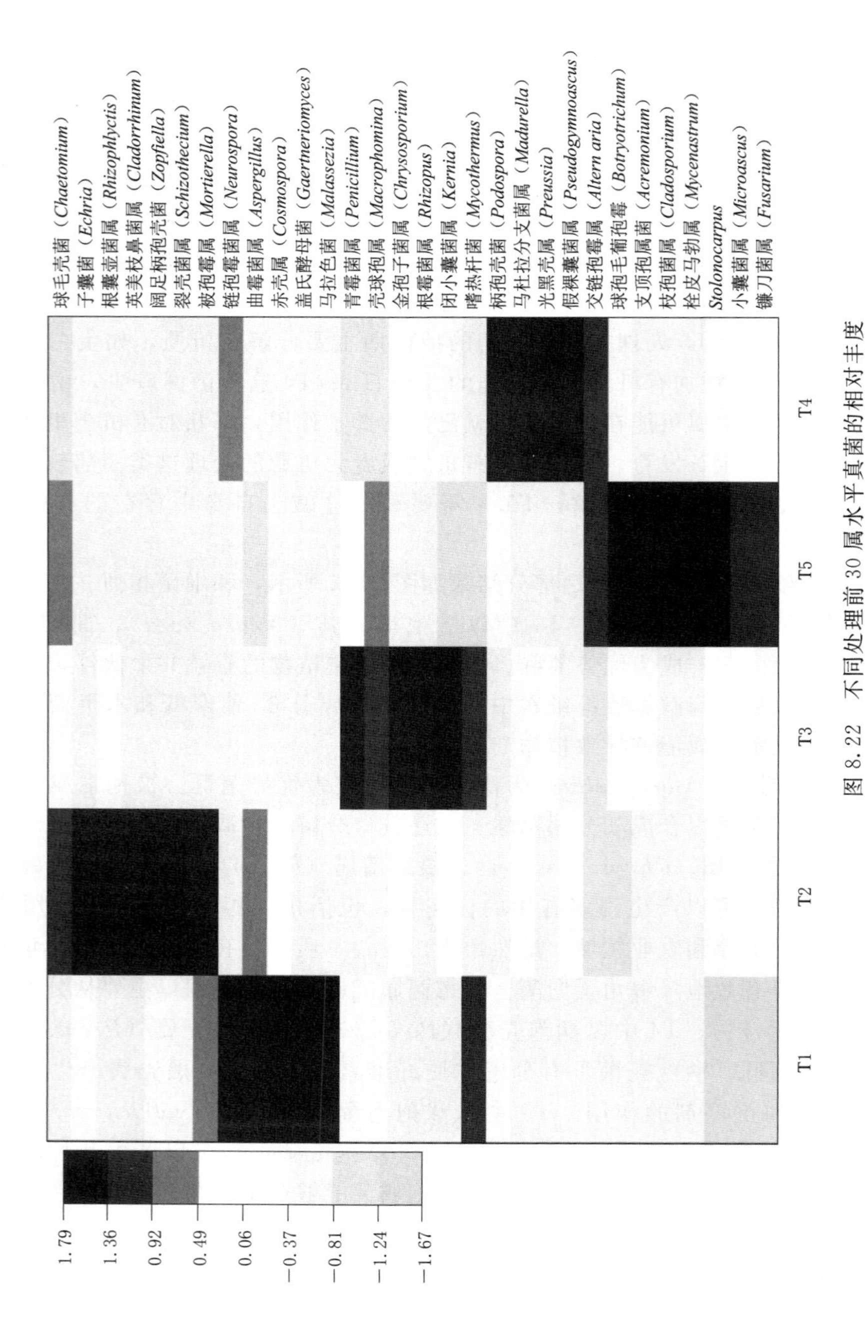

图 8.22　不同处理前 30 属水平真菌的相对丰度

对细菌 16S 测序数据进行基于 KEGG 数据库的功能预测，选取了相对丰度前 35 的代谢途径进行分析（图 8.23）。

T1 中 CDP－diacylglycerol biosynthesis Ⅰ和 CDP－diacylglycerol biosynthesis Ⅱ两个途径相对丰度较高，它们可以通过 CDP－二酰基甘油合成酶合成磷脂酸。而磷脂酸能够与 RBOHD/F 相互作用，产生活性氧（ROS），对细胞会造成氧化损伤，如细胞的程序性死亡、激素信号传导以及对环境胁迫的过度反应。

T2、T4 和 T5 中 superpathway of adenosine nucleotides de novo biosynthesis Ⅱ途径相对丰度较高，它可以产生腺苷，腺苷可以产生负责信息传递的嘌呤物质，而致敏的嘌呤受体可能以神经递质、自分泌或旁分泌的方式执行不同的功能，并引起疼痛、炎症、缺血性脑卒中、糖尿病和癌症；5－aminoimidazole ribonucleotide biosynthesis Ⅱ相对丰度较高，它的代谢产物 5－Aminoimidazole－4－carboxamide ribonucleotide（AICAR）通过腺苷转运蛋白进入细胞，并迅速磷酸化为 AICAR 单磷酸（ZMP）。而细胞内 ZMP 的升高会导致 AMP 激活 AMPK，AMPK 具有广泛的功能，包括调节细胞生长、细胞增殖等。

有机肥与无机肥配施处理的 T2、T3 和 T4 中 TCA cycle Ⅷ（helicobacter）和 superpathway of L－isoleucine biosynthesis Ⅰ代谢途径的相对丰度较高。TCA 循环是碳水化合物、脂肪和蛋白质代谢的纽带。其中核心的 TCA 催化循环能将乙酸盐（乙酰辅酶 A）氧化成二氧化碳和水。该循环将烟酰胺腺嘌呤二核苷酸（NAD^+）转化为还原 NAD^+（NADH），将黄素腺嘌呤二核苷酸（FAD）转化为 FADH2，以及鸟苷二磷酸盐（GDP）和无机磷酸盐转化为鸟苷三磷酸（GTP）。NADH 和 FADH2 在 TCA 循环中产生的产物随后被氧化磷酸化途径用于生成能量丰富的三磷酸腺苷（ATP），ATP 是细胞能量的主要来源，能够维持线粒体呼吸链活动。在真核生物中，TCA 循环发生在线粒体基质中，对所有利用氧气进行细胞呼吸的生物体至关重要；在催化酶的影响下，植物中茉莉酸（JA）和异亮氨酸（isoleucine）能够形成 L－isoleucine 的偶联物。而茉莉酸（JA）在植物防御信号转导中起重要作用，其信号通路与植物抗性密切相关。

通过 Stamp 分析对 T3 和 T5 处理进行分析（图 8.24），描述两个处理之间代谢途径相对丰度的组间差异。除上述 TCA cycle Ⅷ（helicobacter）途径差异较大外。T3 中的 glycolysis Ⅱ（from fructose 6－phosphate）、glycolysis Ⅰ（from glucose 6－phosphate）、gluconeogenesis Ⅰ、Calvin－Benson－Bassham cycle 和 superpathway of L－serine and glycine biosynthesis Ⅰ较 T5 也有显著差异。

glycolysis Ⅱ（from fructose 6－phosphate）和 glycolysis Ⅰ（from glucose 6－phosphate）等糖酵解是生物学中最保守的代谢途径，所有原核和真核细胞都使用它从葡萄糖中产生能量；葡萄糖在许多微生物中通过 Embden－Meyerhof－Parnas（EMP）或 Entner－Doudoroff（ED）糖酵解途径分解代谢为丙酮酸。在需氧生物中，丙酮酸通过三羧酸（TCA）循环被氧化，产生的还原剂通过电子传输链（ETC）传递到电子受体 O_2。该过程产生电化学质子电位，质子 ATP 酶将其用于 ATP 合成。当使用琥珀酸盐或苹果酸等 TCA 循环中间体作为碳源时，通过 TCA 循环和 ETC 产生能量，而生物合成反应所需的葡萄糖和其他糖是通过逆转糖酵解途径的许多反应来合成的，这个过程被称为糖异生，即 gluconeogenesis Ⅰ过程；生物圈中几乎所有的碳固定都是通过 Calvin－Benson－Bassham

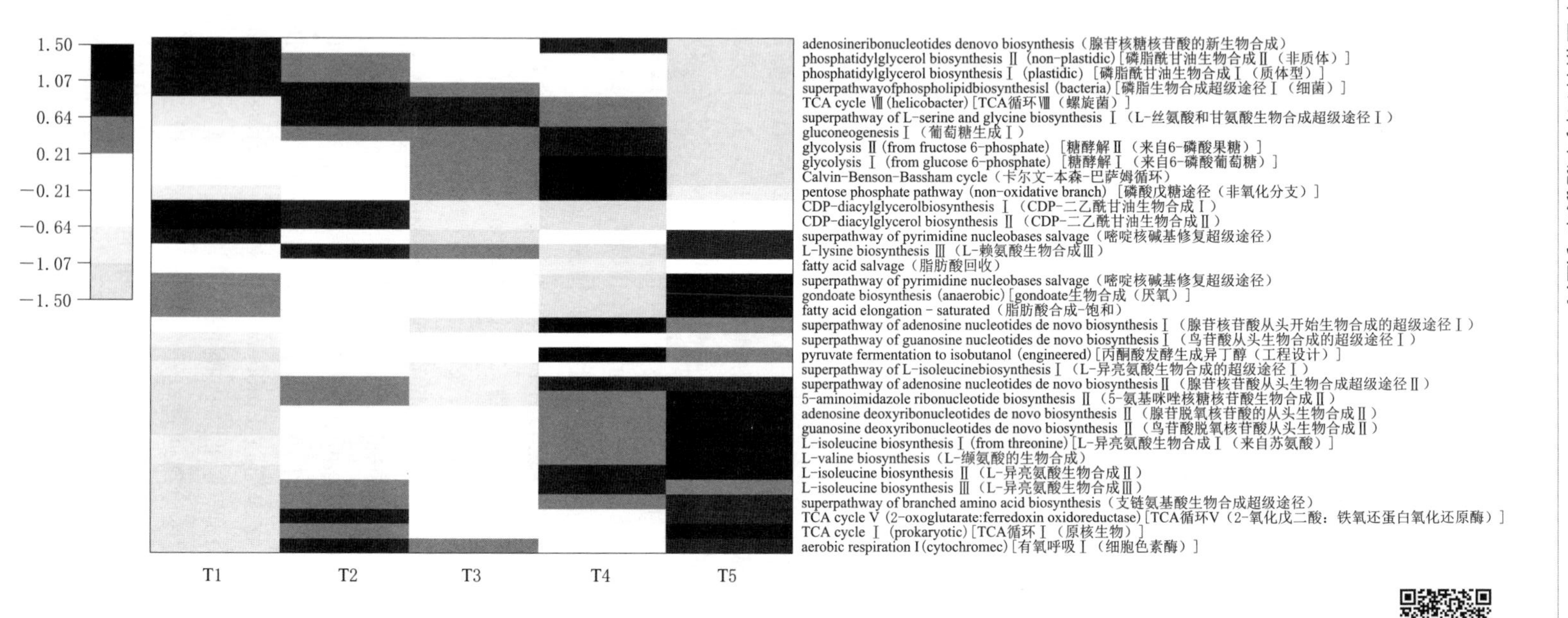

彩图

图 8.23　不同处理前 35 细菌功能代谢途径的相对丰度

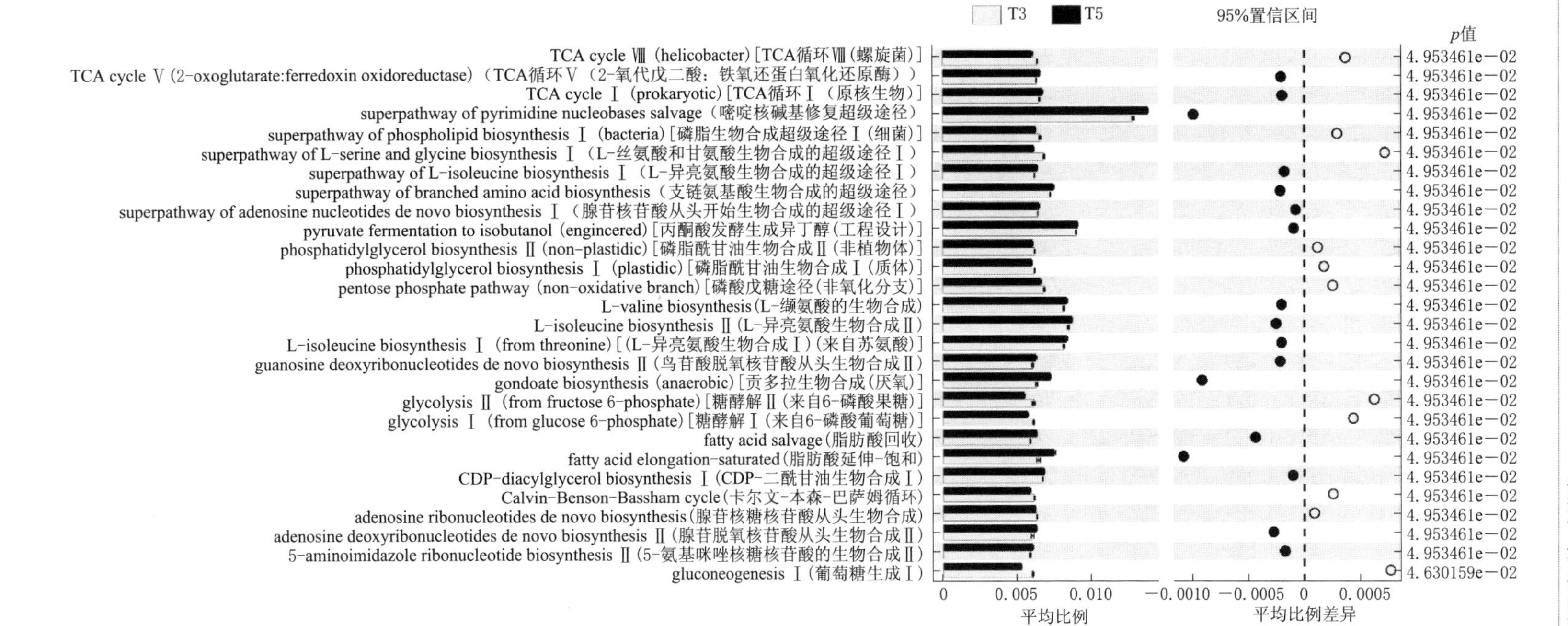

图 8.24 T3 和 T5 代谢途径相对丰度的组间差异

cycle 进行的；super pathway of L－serine and glycine biosynthesis Ⅰ途径中，丝氨酸乙酰转移酶（SAT）将L－丝氨酸（L－serine）和乙酰辅酶A催化形成O－乙酰基－L－丝氨酸（OAS），从L－丝氨酸代谢进入半胱氨酸生物合成的步骤。然后OAS与硫化氢反应，通过半胱氨酸合酶的作用产生L－半胱氨酸。许多研究表明，ATPS和SAT在重金属耐受性和积累中都起着重要作用。途径中甘氨酸（glycine）是维持细胞氧化还原平衡所必需的，也是维持线粒体氧化磷酸化所必需的。

8.4 堆肥产物对作物生长的影响

8.4.1 堆肥产物对小白菜生长的影响

8.4.1.1 出苗率

在第5天时小白菜出苗率如图8.25所示，未施肥料的ACK组出苗率为43.3%。出苗率最高的施肥组是施肥量5%的CBM5组和CB5组，其出苗率为96.7%。与ACK对照其他各处理的肥料施肥的土壤小白菜出苗率均有所提高。CK～CBM组按顺序，其出苗率呈现上升趋势，其中CB5组和CBM5组出苗率相同，不同浓度肥料下的CB组和CBM组的出苗率均在80%～98%之间。实验结果表明，施用肥料有助于种子发芽，且CB组和CBM组的效果更为明显。

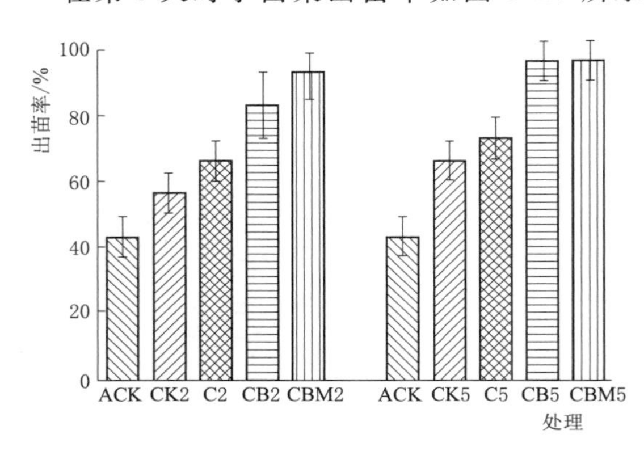

图8.25 不同堆肥产物处理下小白菜出苗率的变化

注 ACK为不施肥，2、5分别为2%、5%施加量。

8.4.1.2 株高和根长

图8.26反映了播种30天后小白菜在不同施肥措施下的根长和株高变化：肥料浓度为2%的土壤其株高呈现逐渐升高的趋势，最高的CBM2组株高为10.4cm。其中CBM2和CB2组之间无明显差异，但两者与CK2和C2均有显著差异，且CK2和C2之间有明显差异。CK2～CBM2组较ACK株高分别增加了73.68%、105.26%、114.73%、118.95%。肥料浓度为5%的土壤其株高呈现先升高后降低的趋势，最高的CB5组株高为11.2cm，CB5与C5、CBM5有显著差异。CK5～CBM5组较ACK株高分别增加了71.58%、114.74%、136.82%、117.90%。有机肥料浓度为5%的土壤较有机肥料浓度为2%的土壤的株高整体要高。根长变化情况与株高基本相同。

实验结果表明，施用肥料的盆栽小白菜株高均比不施肥的高，无处理有机肥处理的盆栽小白菜长势更加稳定。相同施用量下，CK～CB组按顺序有机肥处理的小白菜株高依次增高，其中CBM组株高和根长较CB组要低。盐碱土中小白菜株高不仅与施肥量密切相关，与土壤透气性也有关系，土壤板结导致小白菜生长不好。有机肥料浓度为5%的土壤较有机肥料浓度为2%的土壤的株高和根长整体要略高。

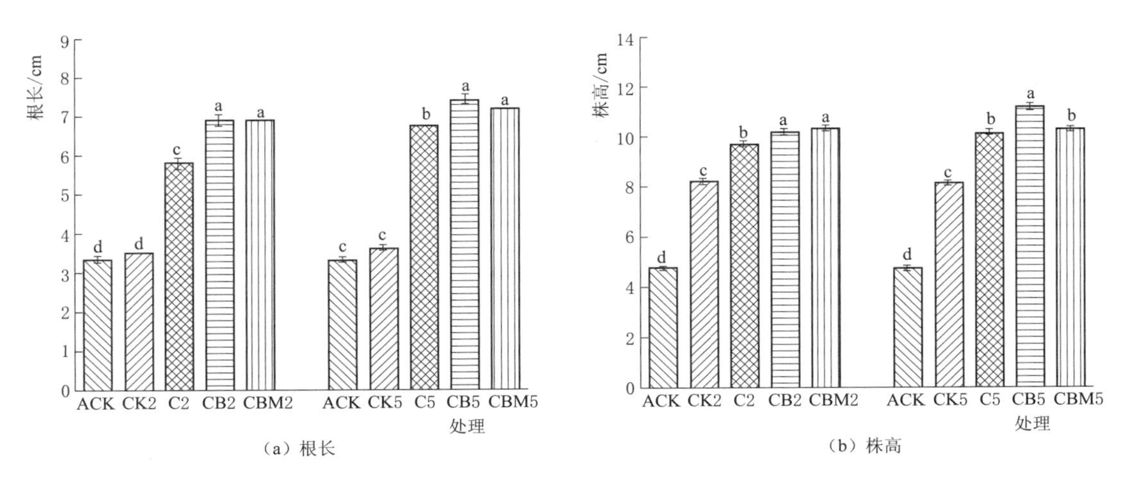

(a) 根长　　(b) 株高

图 8.26　不同堆肥产物处理下小白菜根长、株高的变化

注　2、5 两组中不同小写字母表示同组不同处理下存在显著差异，$P<0.05$。

8.4.1.3　生物量

由图 8.27 可以看出，肥料浓度为 2%的土壤小白菜鲜重呈现逐渐升高的趋势，小白菜长势按 CK2～CBM2 组的顺序依次增大，各处理之间鲜重有显著差异。肥料浓度为 5%的土壤小白菜鲜重呈现先升高后降低之后又上升的趋势，各处理之间鲜重同时也存在显著差异，CB5 组较 C5 组和 CBM5 组鲜重小。肥料浓度为 5%的土壤较肥料浓度为 2%的土壤小白菜长势更好。其中不同浓度下 CBM 组小白菜的最好，CB5 组小白菜长势不好的原因可能是由于土壤板结，透气性不好，植物根系无法吸收氧气。根重变化情况与鲜重情况基本相同，但施肥浓度为 5%的 CBM5 组小白菜根重降低，其可能也是土壤板结，透气性不好，植物根系无法吸收氧气造成的。

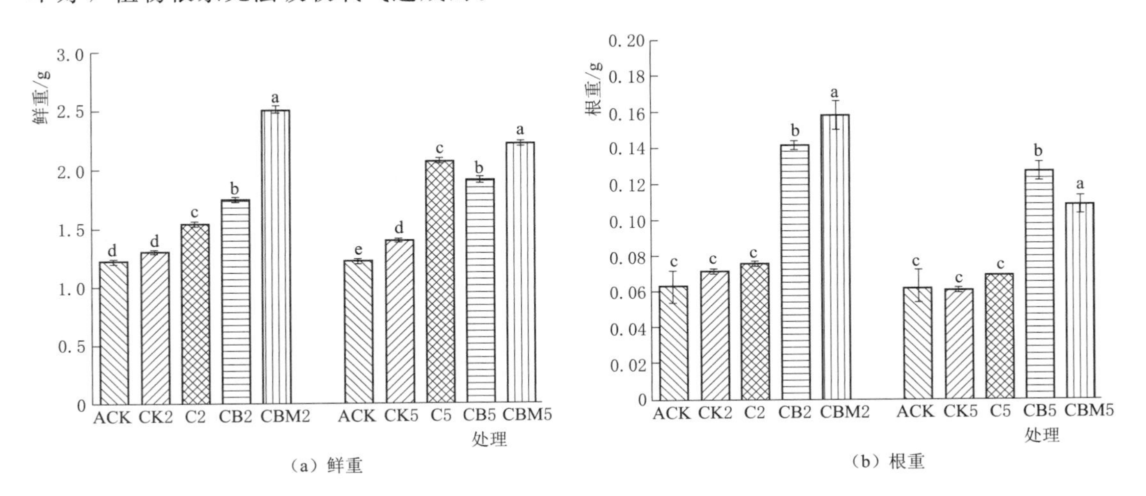

(a) 鲜重　　(b) 根重

图 8.27　不同堆肥产物处理下小白菜鲜重、根重的变化

实验结果表明，施用肥料浓度为 5%的小白菜生长更好，同种肥料施肥浓度下，CBM 组的小白菜长势更好，其次是 CB 组；C 组和 CK 组的小白菜长势更为稳定。

8.4.2 堆肥产物对高丹草生长及氮素吸收的影响

8.4.2.1 配施条件下高丹草生长特征

各处理在发育前期的苗期和分蘖期，全部施用无机肥的T5处理长势最好，较其他处理增加了6.05%～32.98%。在拔节期和抽穗期，T3长势最好，表现为T3＞T5＞T4＞T2＞T1（图8.28），其他处理与T1处理之间差异性显著（$P<0.05$），高丹草的株高较T1处理分别增加了28.08%～30.41%、36.94%～39.84%、31.05%～32.47%和29.59%～35.20%。整体上可以看出，T2、T3、T4、T5处理较全部施加有机肥的T1处理，株高都有增加，说明全部施加有机肥对于高丹草的生长有一定的影响，可能是有机肥的分解较慢，在生长前期无法满足植物的需求。T2（施加30%有机肥）和T4（70%有机肥）两个处理长势相似，施加50%有机肥的T3处理长势优于100%的无机肥处理，这表明适当的有机无机肥配施可提高盐碱土高丹草的株高，有利于高丹草的生长发育。

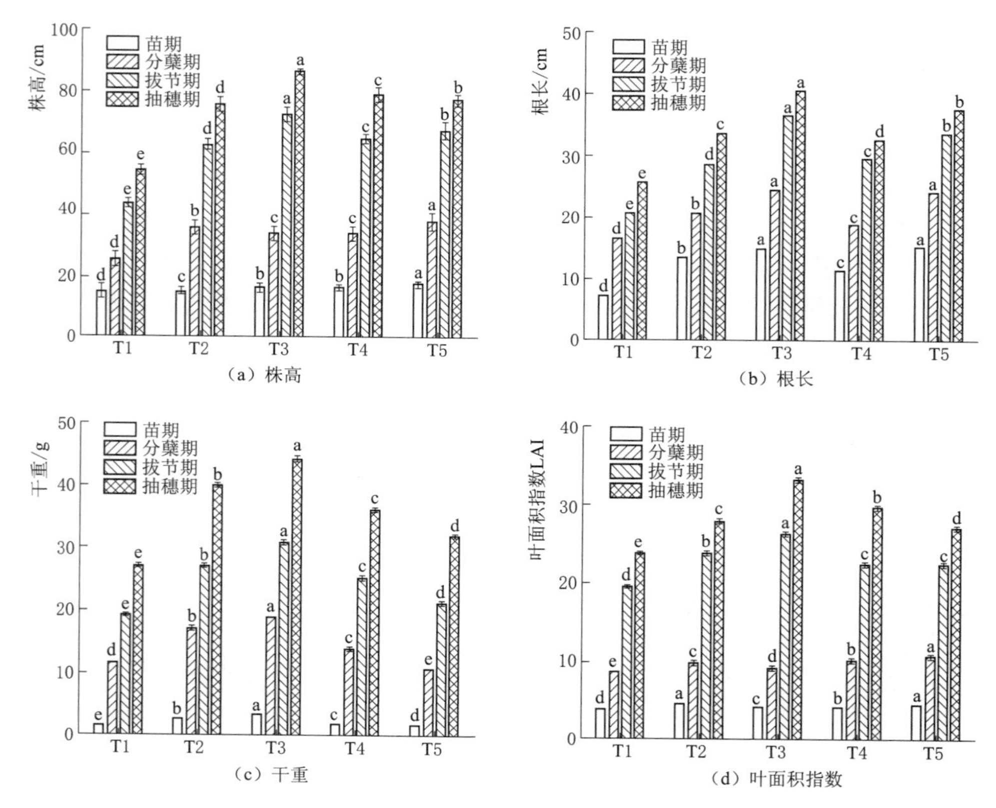

图8.28 不同时期高丹草的株高、根长、干重和叶面积指数变化情况

根系是所有植物中重要的功能器官，能够运输水分和营养盐，是植物正常健康生长的基础与重要指示性指标之一，同样也具有改良盐碱土结构的能力，在团聚体部分可以看出。如图8.28（b）所示，根系生长情况与株高类似，整体上，T2、T3、T4、T5较T1

处理根长都有明显的增加（$P<0.05$），分别增加了20.29%～45.11%、32.93%～51.01%、13.61%～35.97%和31.65%～51.97%，其中T3效果最好。表明50%有机肥和50%无机肥配施的处理，可以形成大量盐碱土团聚体，适宜根系在盐碱土的孔隙中生长延长。同时施入有机肥的处理，能够在盐碱土中矿化，释放更多营养元素。良好的养分环境能够促进高丹草根系的生长及深层根系的分布，提高高丹草根系活力、延缓根系的衰老，使高丹草生长后期保持较高的氮素吸收能力，是T3处理显著提高氮素积累量的重要原因。

有机无机肥配施使盐碱胁迫下高丹草抽穗期的地上部干重显著增长（$P<0.05$），其中添加50%有机无机肥配施的处理干物质的积累最多，全部施加有机肥的处理干重最少。T3处理的干重较T1、T2、T4和T5处理分别增加了39.08%、9.55%、18.27%和27.73%。这表明添加不同配比的有机肥均可以促进高丹草地上干物质积累，其中T3处理最为显著。

高丹草抽穗期，有机无机肥配施处理的叶片生长更旺盛，其中T3处理与T1、T2、T4、T5处理之间差异性显著（$P<0.05$）。T2、T3、T4和T5处理的高丹草叶面积指数较全部施加有机肥的T1处理分别增加了14.95%、28.54%、20.30%和12.77%。这表明有机无机肥配施能够提高高丹草叶面积指数，促进高丹草叶面积的增长，增大了光照面积，有助于光合作用进行，有利于体内有机物的积累，跟上述的干重呈正相关。其中T3处理叶面积指数最大，即50%有机无机肥配施的处理对高丹草生长的促进效果最为显著。

8.4.2.2 配施条件下高丹草中氮素吸收特征

表8.10给出了抽穗期各处理中的植物的氮素利用率（NUE,%）、盐碱土的氮肥残留率（NRF,%）和氮肥损失率（NLR,%）。由表8.10可以看出，T3和T5中植物的全氮含量较高，较其他处理显著增加了20.39%～51.47%和25.21%～54.41%（$P<0.05$），而T3和T5盐碱土中全氮含量反而较其他处理显著减少（$P<0.05$），分别降低了7.69%～19.89%和14.89%～26.14%。说明盐碱土中氮素和植物中的氮素呈负相关，植物吸收氮素的越多，盐碱土剩余氮素的越少，也符合高丹草长势与氮素吸收呈正相关的情况。

表8.10　不同处理中盐碱土和植物的氮素转化情况

处理	植物全氮(TN)/(mg/g)	盐碱土全氮(TN)/(mg/kg)	NUE/%	NRF/%	NLR/%
T1	17.16±0.15e	167.87±1.32a	8.68e	16.80a	74.52a
T2	28.15±0.24c	159.96±2.52b	21.14c	16.01b	62.85d
T3	35.36±0.11b	134.48±2.17d	31.25a	13.46d	55.29e
T4	26.47±0.17d	145.69±1.66c	19.10d	14.58c	66.31b
T5	37.64±0.23a	123.99±1.88e	22.58b	12.41e	65.01c

氮素利用效率是评估施氮合理性和有效性的直接体现。本书中合理配比的有机无机肥配施能够提高氮素利用效率。T3 处理利用率最高，较其他处理提高了 27.74%～72.22%，而盐碱土中氮肥损失率（NLR）最低，较其他处理降低了 14.95%～25.81%。说明 T3 处理的有机肥和无机肥配比对于提高植物对氮素的吸收和减少盐碱土中氮素损失作用明显，有机无机肥配施有利于植物生育阶段氮素吸收速率的提高，有利于各生育阶段植物氮素的吸收，最终提高植物的氮素积累量，这与前人研究结果一致。可能原因是有机无机肥配施结合了单施氮肥氮素释放速效性和有机肥氮素缓释性的特点，促进了养分的协调平衡供应，延长了肥效，使盐碱土养分供应与植物生长相协调，促进了高丹草在整个生长过程中对氮素的吸收利用。

施加 100%有机肥的 T1 处理，植物对氮素的吸收最少，并且盐碱土中氮素的损失最多，但盐碱土中残留的氮素也是最多。说明盐碱土中有机肥的氮素被分解转化为无机氮素过程较缓慢，盐碱土中氮素含量较少，在无法提供植物正常所需氮素的情况下，氮素的损失也在增加。最后盐碱土中的氮素大部分以有机肥中的有机态氮形态存在于盐碱土中，难以分解彻底，这也是盐碱土中氮素残留率较高的原因之一。

8.4.2.3 配施条件下微生物对高丹草生长的影响

将植物的生长指标和全氮、铵态氮和硝态氮含量以及盐碱土氮素残留率、损失率等与盐碱土微生物进行分析，并结合细菌的功能基因，综合分析盐碱土和高丹草中氮素转化与盐碱土微生物及其细菌功能基因的关系。

图 8.29 中大部分真菌微生物与 NRF 呈负相关，说明真菌对盐碱土中残留的氮素有吸收作用。研究表明，真菌群可以利用许多不同的有机化合物作为氮源，将硝态氮、铵态氮、氨基酸和尿素等进行互相转换。如酵母菌（真菌）能够利用硝酸盐、氨基酸和尿素作为氮源，经酵母转换最终进入酵母的氨基酸库，由酵母氨基酸库统一协调进入不同的代谢途径。氨基盐和硝基盐在酵母体内经过多次转化才能够最终被酵母所利用形成酵母所需的氨基酸；而有机氮可直接被酵母利用，节省能量，提高利用率。

盐碱土中 *Rhizopus*、*Kernia* 和 *Microascus* 这三个真菌对植物的生长指标和氮素利用率均有正相关性。*Rhizopus* 能够产生降解酶，主要通过从分解的木质纤维素中释放碳水化合物；*Kernia* 能够降解甲氧毒草安（ML），它作为我国使用最广泛的 29 种除草剂之一，不可避免地会导致盐碱土的大量污染；*Microascus* 作为有益盐碱土微生物，能够减少潜在的有害微生物，从而改变根际群落的结构和组成。

前 10 属的细菌对以下几种功能基因的代谢途径有正相关影响。TCA cycle Ⅰ是 TCA 循环之一，是碳水化合物、脂肪和蛋白质代谢的纽带。其中核心的 TCA 催化循环能将乙酸盐（乙酰辅酶 A）氧化成二氧化碳和水；通过 L－isoleucine biosynthesis Ⅰ（from threonine）和 L－isoleucine biosynthesis Ⅱ两种途径，植物中茉莉酸（JA）和异亮氨酸（isoleucine）在催化酶的影响下能够形成 L－isoleucine 的偶联物。而茉莉酸（JA）在植物防御信号转导中起重要作用，其信号通路与植物抗性密切相关；L－valine、l－valine 和 L－isoleucine 是支链氨基酸（BCAAs），是动物无法合成的八种必需氨基酸中的三种。支链氨基酸在人体生理功能和代谢中也起着至关重要的作用，而 Superpathway of branched amino acid biosynthesis 也与前 10 大部分细菌呈正相关。

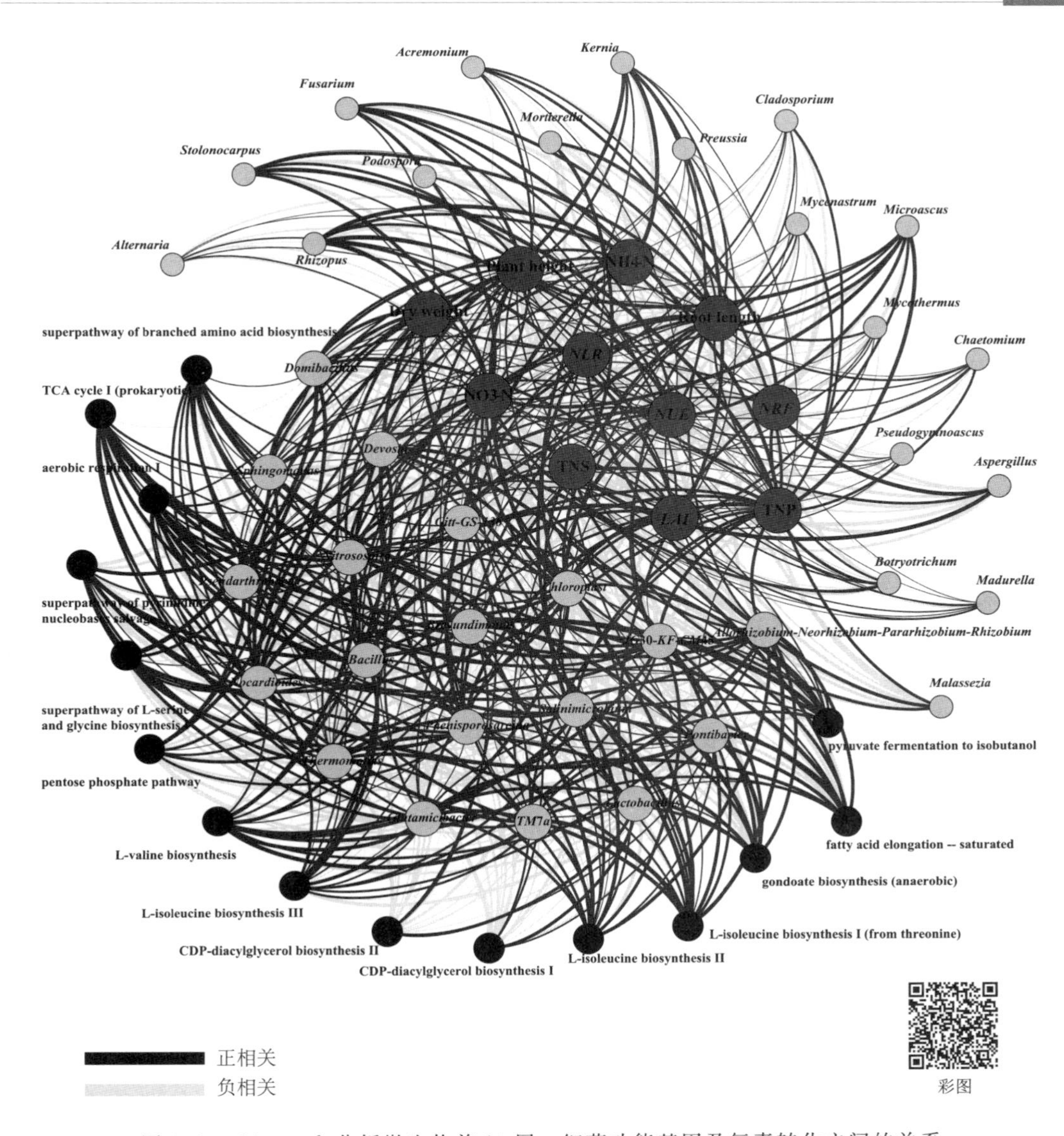

图 8.29　Network 分析微生物前 10 属、细菌功能基因及氮素转化之间的关系

注　根据 Spearman 分析得出，每个连接线表示相关性；线的粗细代表 Spearman r 的值；连线越多，节点的大小就越大。

第9章　作物生境模拟与智能管控

作物生境模拟是指在作物生育内在规律的基础上，结合作物遗传、技术调控和环境效应之间的关系，量化描述作物根区土壤物质传输分布、冠层微气候特征以及作物生理生长过程对环境和管理技术的响应，有助于理解、预测和调控作物生长发育及其与环境和管理技术之间关系，是实现农田作物生境智能管控和构建现代灌区的关键技术之一。作物生长模型简称作物模型，是能够定量和动态地描述作物生长、发育和产量形成过程及其对环境反应的计算机模拟程序，是作物生境模拟的核心内容。

9.1　作物生长模型特征

作物生长模型是对气候、土壤、作物和管理复杂系统的简化表达形式，综合作物生理、生态、农业气象、土壤和农学等学科知识和研究成果，对作物生育和产量形成的过程数据量化，建立作物生育动态及其环境间关系的动态数学模型，应用计算机数值计算与模拟技术，实现描述和表达作物生产系统的运行状态和结果。它既不同于传统的反映因果关系的统计回归模型，又不同于生产上的作物栽培模型。它可在全球范围内用来帮助理解、预测和调控作物生长发育及其对环境的反应。

9.1.1　作物生长模型原理

9.1.1.1　建模原理

作物生长模型建模的基本原理是假设作物生产系统的状态在任何时刻都能够定量表达，该状态中的各种物理、化学和生理机制的变化可以用各种数学方程加以描述，还假设作物在较短时间间隔（如1h）内物理、化学和生理过程不发生较大的变化，则可以对一系列的过程（如光合、呼吸、蒸腾、生长等）进行估算，并逐时累加为日过程，再逐日累加为生长季，最后计算出整个生长期的干物质量或可收获的作物产量。同时，还假设同一作物的不同植株在田间一般都是均匀一致的，具有相同的生长发育进程。图9.1给出了典型作物生长模型流程。

因为作物生长发育进程受太阳辐射、温度和根区土壤水分的控制，大多数作物生长模型以逐日气象数据输入驱动模型运行，时间步长为1天，以作物的单株作为基本模拟单元，逐日进行作物基本生理生态过程的描述与计算，从播种开始直至作物成熟结束。在对单株进行生长发育模拟时，分别模拟植株在不同生育阶段地上和地下物质量的增长过程，最后通过单位面积上的植株密度计算单位面积上的作物产量。

在计算作物的经济产量时，一些模型采用全生育期生物学产量与一定的经济系数（或

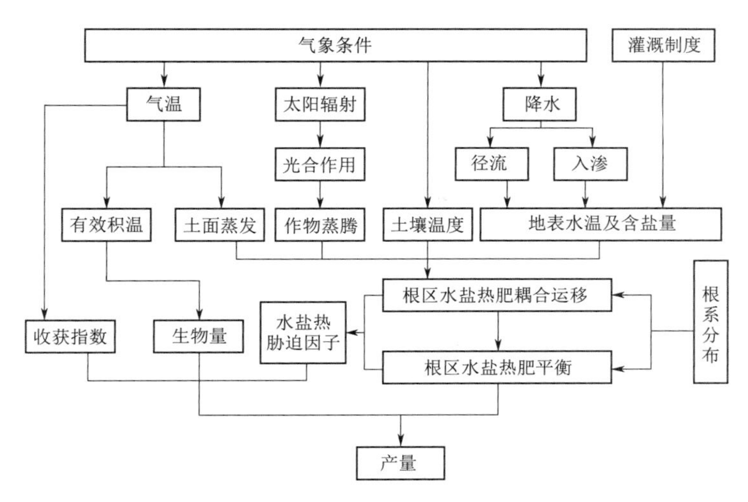

图 9.1　典型作物生长模型流程

收获指数）之积来计算经济产量（如棉花），而另一些模型则描述了穗的分化、生长和籽粒灌浆时的干物质分配等生理过程，以穗粒数和单粒重来计算经济产量（如水稻、小麦、玉米）。

9.1.1.2　应用范围

已开发的绝大多数模型的模拟范围属于田间尺度，适用于田间范围生态条件相对一致的情况。对于灌区尺度或更大范围的区域尺度进行作物产量模拟时，则需要按照光、热、水、土等生态条件相对一致性进行分区模拟，然后加权计算全区域作物产量。若将作物模拟模型与地理信息系统（GIS）结合，可有效地利用 GIS 中的土壤和生态条件数据进行区域性作物产量模拟，得出全县、全省和全国的作物产量，后者称为区域尺度的模拟。

作物生长模型主要具有以下四个功能：

（1）量化关系。作物生长模型对作物生长发育生理生态过程的数字化描述，使人们可以对作物系统的行为进行定量分析。促进人们对作物生长发育生理生态规律由定性描述上升到定量分析，为作物的标准化、精确化、智能化管理提供理论依据。

（2）模拟预测作物生长。作物生长模型在帮助人们理解作物生理生态过程及其与影响因子间定量关系的基础上，可以对作物系统行为过程和结果进行模拟预测。作物生长模型的预测功能既是建立模型的原初动力之一，也是其成为作物生产管理决策工具的重要原因。

（3）揭示农业过程机理性研究。作物生长模型的研究可以训练和提高系统分析问题和综合运用知识的能力，让人们在短时间内了解作物一生的生长和形态变化过程。因此，作物生长模型是很好的教学工具。作物生长发育的相关知识不仅涉及作物生理生态（如作物发育生理知识、作物生长与光、温度、CO_2、水分、养分关系的生理生态知识），还涉及作物栽培管理（种植密度、水分、养分管理等）等技术知识。

（4）应用于制定宏观农业决策。作物模型小则可以模拟预测不同时间、不同强度的作物栽培管理和环境调控措施对作物生长发育作用的结果（如作物产量、品质、上市期），因而成为优化作物管理和环境调控的有力工具。发达国家政府有关部门将作物生长模型和地理信息系统结合，利用作物生长模型预报大范围内的作物产量，制定作物的生产管理决策，评价农业生产对生态环境的影响，为调整作物种植布局和土地利用规划提供支持。

9.1.2 作物生长模型的类型与结构

9.1.2.1 作物生长模型的类型

在作物生长模型的发展过程中，典型的模型有 WOFOST、EPIC、DSSAT－CERES、AquaCrop、APSIM、RCSODS、ORYZA 和 WheatSM 等。这些模型以作物生长发育过程为主要内容，注重作物生理生态等功能的表达，不仅考虑气温、降水、太阳辐射、CO_2 浓度等气象因子对产量形成的影响，还考虑了光截获和利用、物候发育、干物质分配等诸多过程及过程间的复杂相互作用。但是，由于目前对作物生态系统过程机理的认识尚不全面，只能用定量化的方法进行近似的模拟处理，而且作物生长各过程间耦合机制相当复杂，准确认知和正确表达仍然难以达到。因此，作物生长模型模拟结果的准确性有待进一步提高。

表 9.1 为目前基于过程表达的几种典型作物生长模型，分为单作物专用模型和多作物通用模型。通用模型是根据各种作物生理生态过程的共性研制而成模型的主题框架，多适用于禾谷类作物，共同模拟的生长过程包括冠层的光截获与利用、物候发育、干物质分配、蒸腾、水分平衡和养分平衡，通过调整水分或某种营养成分的输入量可以进行水分和养分胁迫条件下作物生长过程的模拟。单作物专用模型是根据某一具体作物的生理生态特性开发研制而成模型的主题框架，主要针对小麦、玉米、水稻和棉花研制的，具有较强的机理性和普适性。

表 9.1　　典型作物生长模型的主要模拟过程

<table>
<tr><th>模型类型</th><th>模型名称</th><th>作物</th><th>共同模拟过程</th><th>特殊模拟过程</th></tr>
<tr><td rowspan="5">通用</td><td>WOFOST</td><td>禾谷类</td><td rowspan="5">光截获和利用、物候发育、干物质分配、蒸腾、水分平衡和养分平衡</td><td>环境胁迫</td></tr>
<tr><td>APSIM</td><td>禾谷类、豆类</td><td>土壤温度、残茬分解等</td></tr>
<tr><td>CERES</td><td>禾谷类</td><td>环境胁迫</td></tr>
<tr><td>EPIC</td><td>禾谷类</td><td>环境胁迫</td></tr>
<tr><td>AquaCrop</td><td>禾谷类、草类</td><td>环境胁迫</td></tr>
<tr><td rowspan="5">单一</td><td>ORYZA</td><td>水稻</td><td rowspan="5">光截获和利用、干物质分配、物候发育、分蘖动态</td><td>养分平衡、环境胁迫等</td></tr>
<tr><td>RCSODS</td><td>水稻</td><td>—</td></tr>
<tr><td>WheatSM</td><td>小麦</td><td>环境胁迫</td></tr>
<tr><td>SIMPAM</td><td>玉米</td><td></td></tr>
<tr><td>GOSSYM</td><td>棉花</td><td></td></tr>
</table>

按照模拟模型所包含的生态因子，可把作物生长模型分为四个层次：

第一层次模型（光温潜力模拟模型），只对温度和辐射有响应，用于模拟某一地区无水分、养分和其他限制因子时的潜在产量，1980 年以前开发的模型多属此类。

第二层次模型（光温水潜力模拟模型），除了光温效应外，还包含土壤水分平衡和水分有效性对作物生长和产量的效应，1980—1985年开发的模型多属此类。

第三层次模型（光温水氮潜力模拟模型），除光、温、水效应外，还包含土壤氮素有效性、氮肥对作物生长和产量的效应，以及氮素、水分和气候因素的交互作用，1985年以后开发的模型多包含了氮素效应。

第四层次模型（现实产量模拟模型），除上述光、温、水、氮因子外，还包含所有其他因子，如磷、钾、微量元素等营养物和病、虫、草、极端天气等自然灾害对作物生长和产量的效应。目前，尚无完整的第四层次的模型。

9.1.2.2 作物生长模型的结构

作物生长模型的结构（图9.2）一般包括三大部分：第一部分为气候数据、土壤数据、作物数据和栽培管理措施输入模块；第二部分为模拟模块，包含了主要生理生态过程的模拟模型；第三部分为模拟结果的数据或图形输出与分析模块。一般较完善的作物生长模型中的模拟模块包含如下内容：

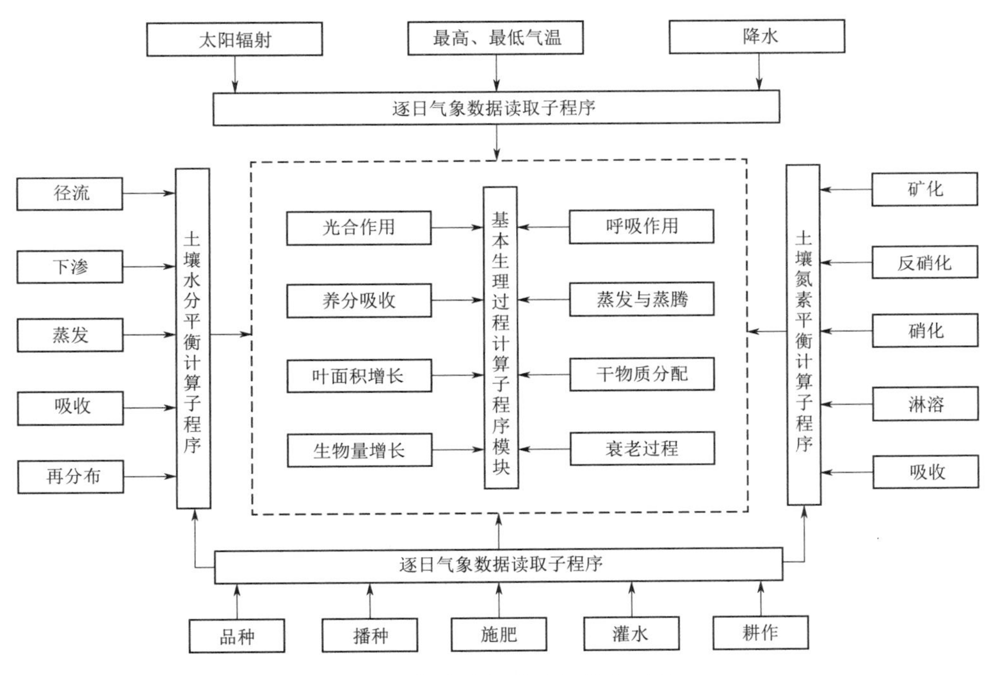

图9.2 作物生长模型的结构框图

（1）光截获和光合作用动力学模型，涉及冠层结构、辐射特性和叶片特性。

（2）营养吸收和根系活动动力学模型，涉及根系结构、土壤质地、土壤养分状况等。

（3）干物质分配模型，干物质在源与库间的运输、存储及器官间的分配。

（4）水分吸收与蒸腾模型，涉及植株和土壤的水分平衡，植株的水分状况与水分胁迫。

（5）生长和呼吸模型，干物质用于生长和呼吸的消耗。

（6）叶面积增长模型，叶面积的动态变化。

（7）发育和器官形成模型，包括发育阶段、形态发育和新器官（茎、叶、花、果储藏器官）的形成。

（8）衰老模型，包括根、叶等器官的衰老与死亡对作物生长的影响。

（9）田间管理措施模型，田间管理措施对光、温、水、肥的时空分布特征对作物生长发育和产量的影响。

9.2 典型作物生长模型

1965年De Wit发表了一篇关于“叶片冠层光合作用”的经典性论文，奠定了作物模型的发展基础。目前，许多现有的模型仍存在很多问题，比如模拟深度和广度还不够，简洁实用的模型比较少，大多数作物模型不能全面考虑各影响因子对模拟目标的影响；模型参数种类繁多且差异较大，构造的模型机理性越强，所包含的参数个数就越多；大多模拟模型均具有较强地域性和时间性的经验参数，从而限制了模型的研究性和广适性。为了更好地解决上述问题，不同国家和研究中心的气候、作物、土壤等领域的科学家和专家，从水分、光合等角度出发，研究开发了一些功能较为完善的作物模型，如DSSAT（decision support system for agrotechnology transfer）模型、AquaCrop模型、SWAP（soil - water - atmosphere - plant environment）模型、WOFOST（world food studies）模型、SWAT（soil and water assessment tool）模型等。

9.2.1 基于水分驱动的作物模型

AquaCrop（FAO crop model to simulate yield response to water）是由联合国粮食及农业组织（FAO）开发并向全球免费推广的一款作物生长模型，该模型利用水分与作物之间的响应机理，采用生物量 B 和收获指数HI来模拟作物产量。在保证精度和稳定性的同时，尽可能地降低了模型的复杂性，自从2009年发布以来，已经受到各国学者的重视。

9.2.1.1 基本原理

AquaCrop模型对作物产量和水分响应的转换方程进行了改进，主要通过收获指数、水分生产力和作物蒸腾量三个指标来模拟作物最终产量：

$$Y = B \cdot \mathrm{HI} \tag{9.1}$$

$$B = \mathrm{WP} \cdot \sum \mathrm{Tr} \tag{9.2}$$

式中：Y 为作物最终产量，kg/m²；B 为生物量，kg/m²；WP为水分生产力，kg/(m²·mm)；Tr为作物蒸腾量。

为了增强AquaCrop模型的功能性，模型开发者将AquaCrop设计为一个土壤-作物-大气的连续系统，作物整个生育期的生长和衰老过程由冠层覆盖度 CC 来描述，并且采用有效积温GDD代替生长天数来描述作物各个生长过程，使作物生长的模拟过程更加逼近作物真实的生长过程。

9.2.1.2 有效积温

每种作物都有一个生长发育的下限温度（或称生物学起点温度），当平均气温低于下限温度时，作物便停止生长发育，但不一定死亡。高于下限温度时，作物才能生长发育。把高于生物学下限温度的日平均气温值称为活动温度。活动温度与生物学下限温度之差，称为有效温度，即这个温度对作物的生育才是有效的。作物某个生育期或全部生育期内有效温度的总和称为该作物这一生育期或全生育期的有效积温。

国内外大量研究表明，作物生长发育与气温有着紧密的联系，特别是有效积温最能反映作物的生长状况，但采用有效积温来系统描述作物生长发育过程的研究仍处于起步阶段。McMaster、Wilhelm 提出了以下两种计算 GDD 的方法，并指出方法一主要适用于谷类作物如小麦和大麦，而方法二通常用来计算玉米的 GDD，但也可以用来计算其他作物。具体计算公式如下：

$$\mathrm{GDD}=\sum \mathrm{HD}$$
$$\mathrm{HD}=T_{\mathrm{avg}}-T_{\mathrm{base}} \tag{9.3}$$

式中：HD 为有效温度，℃；T_{avg} 为日平均气温，℃；T_{base} 为作物活动所需要的最低温度，℃。

另外，T_{upper} 为作物活动所需要的最高温度，℃。T_{avg} 可采用以下两种方法计算：

方法一：

$$\begin{cases} T_{\mathrm{avg}}=\dfrac{T_x+T_n}{2} \\ T_{\mathrm{avg}}=T_{\mathrm{base}} & (T_{\mathrm{avg}}\leqslant T_{\mathrm{base}}) \\ T_{\mathrm{avg}}=T_{\mathrm{upper}} & (T_{\mathrm{avg}}\geqslant T_{\mathrm{upper}}) \end{cases} \tag{9.4}$$

方法二：

$$T_{\mathrm{avg}}=\frac{T_x^*+T_n^*}{2} \tag{9.5}$$

$$\begin{cases} T_x^*=T_{\mathrm{upper}} & (T_x^*\geqslant T_{\mathrm{upper}}) \\ T_x^*=T_{\mathrm{base}} & (T_x^*\leqslant T_{\mathrm{base}}) \\ T_x^*=T_x & (\text{其他}) \\ T_n^*=T_{\mathrm{upper}} & (T_n^*\geqslant T_{\mathrm{upper}}) \\ T_n^*=T_{\mathrm{base}} & (T_n^*\leqslant T_{\mathrm{base}}) \\ T_n^*=T_x & (\text{其他}) \end{cases} \tag{9.6}$$

式中：T_x 为最高气温，℃；T_n 为最低气温，℃。

FAO 研发了一种新型作物模型，即 AquaCrop 模型，该模型基于 McMaster 和 Wilhelm 所提出的两种计算 GDD 方法，又提出了一种新的计算方法：

$$T_{\mathrm{avg}}=\frac{T_x^*+T_n}{2} \tag{9.7}$$

$$\begin{cases} T_x^*=T_{\mathrm{upper}} & (T_x^*\geqslant T_{\mathrm{upper}}) \\ T_x^*=T_{\mathrm{base}} & (T_x^*\leqslant T_{\mathrm{base}}) \\ T_x^*=T_x & (\text{其他}) \\ T_n=T_{\mathrm{upper}} & (T_n^*\geqslant T_{\mathrm{upper}}) \end{cases} \tag{9.8}$$

9.2.1.3 根区含水量

为了精确地模拟土壤剖面在整个作物生长季的水分情况，AquaCrop 将土壤剖面和时

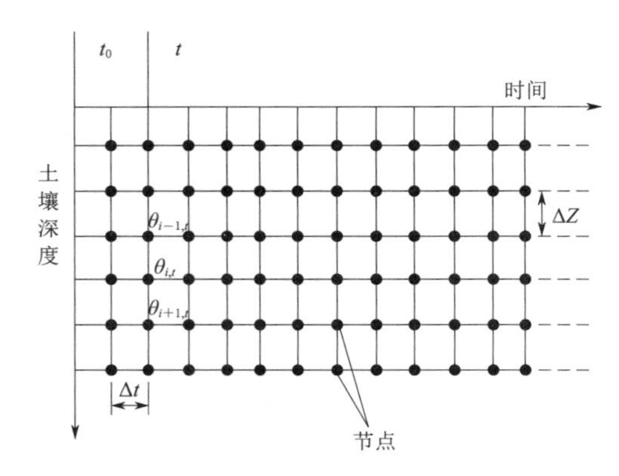

图 9.3 时间和土壤剖面划分方案

间轴都切割成小的片段（图 9.3），以 z 为步长对土壤剖面进行划分，以 t 为时间步长对生育期进行划分，$\theta_{i,t}$ 表示 t 时刻第 i 个节点处的土壤含水量。土壤水平衡具体计算公式如下：

$$\theta_{ij}=\theta_{ij-1}+\Delta R_{i,\Delta t}+\Delta I_{i,\Delta t}+\Delta E_{i,\Delta t}+\Delta T_{i,\Delta t} \tag{9.9}$$

式中：θ_{ij} 为第 j 时间段第 i 个土层上的含水量；$\Delta R_{i,\Delta t}$ 为该时间段内第 i 个土层上的再分布含水量；$\Delta I_{i,\Delta t}$ 为该时间段内入渗含水量；如降水量、径流量、灌水量、深层渗漏量等；$\Delta E_{i,\Delta t}$ 为该时间段内土壤蒸发量；$\Delta T_{i,\Delta t}$ 为该时间段内作物蒸腾量。

9.2.1.4 冠层生长模拟

AquaCrop 的一个重要特征是采用冠层覆盖度 CC 表示作物冠层生长过程，而不是叶面积指数。冠层覆盖度的增长过程可以采用以下两个方程进行模拟：

$$\begin{cases} CC=CC_0 e^{t\cdot CGC} & (CC\leqslant CC_x/2) \\ CC=CC_x-0.25\dfrac{(CC_x)^2}{CC_0}e^{t\cdot CGC} & (CC>CC_x/2) \end{cases} \tag{9.10}$$

式中：CC_0 为 $t=0$ 时的初始冠层覆盖度，%；CC_x 为最大冠层覆盖度，%；CGC 为冠层增长因子。

冠层覆盖度的衰退过程可以描述为

$$CC=CC_x\left[1-0.05\left(e^{\frac{CDC}{CC_x}t}-1\right)\right] \tag{9.11}$$

式中：CDC 为冠层衰退因子。

此外，AquaCrop 考虑了水分胁迫、温度胁迫、盐分胁迫、养分胁迫对作物冠层生长状况的影响，并根据作物所受胁迫种类和程度的不同，采用胁迫因子对作物冠层覆盖度进行修正。

9.2.1.5 作物蒸腾模拟

在 AquaCrop 中，根据作物系数法，作物蒸腾采用作物系数、冠层覆盖度、水分胁迫因子和潜在蒸散量计算，即

$$Tr_x=Ks\cdot Kcb\cdot ET_0=Ks\cdot(CC^*\cdot Kcb_x)ET_0 \tag{9.12}$$

式中：Ks 为水分胁迫因子；Kcb_x 为充分灌溉和完全覆盖（CC=1）时最大作物蒸腾系数；CC^* 为修正的实际冠层覆盖度。

$$CC^*=1-1.72CC+CC^2-0.30CC^3 \tag{9.13}$$

一般情况下，Kcb_x 比参照作物的系数要大 5%～10%，对于一些高作物如玉米、高粱或甘蔗甚至要大 15%～20%。Allen 等通过研究发现，在完全覆盖条件下，不同作物生育中期的 Kcb_x 近似等于基础作物系数。Ks 是土壤水分胁迫因子，其值在 0～1 之间。当作物受到严重的水分胁迫时，取值为 0，作物蒸腾作用停止；无水分胁迫影响时，取值

为1。

9.2.1.6 作物水分生产力

作物水分生产力 WP 表述为单位面积、单位蒸腾量所产生的地上干物质。大量研究表明生物量累积与水分消耗之间具有高度线性关系，且不同 CO_2 浓度和不同气候条件，都会对水分生产力产生影响。因此，AquaCrop 用标准化作物水分生产力 WP^* 模拟地上生物量，并根据水分生产率将作物分成 C_3 作物和 C_4 作物，C_3 作物具有相似的 WP^*（$15\sim20g/m^2$），C_4 作物也具有相似的 WP^*（$30\sim35g/m^2$）。

$$WP_{adj}^* = f_{CO_2} WP^* \tag{9.14}$$

$$f_{CO_2} = \frac{C_{a,i}/C_{a,o}}{1+0.000138(C_{a,i}/C_{a,o})} \tag{9.15}$$

式中：WP_{adj}^* 为修正后的作物水分生产力；f_{CO_2} 为修正系数；$C_{a,o}$ 为大气 CO_2 相对浓度（以2000年大气 CO_2 浓度 $462.5mg/m^3$ 为相对浓度）；$C_{a,i}$ 为第 i 年大气 CO_2 浓度，根据检测资料可以认为2000年以后 CO_2 浓度每年增加 $2.5mg/m^3$。

9.2.2 基于太阳辐射驱动的作物模型

SWAT（soil and water assessment tool）模型是由美国农业部（USDA）的农业研究中心（ARS）研发的适用于较大流域尺度的分布式水文模型，该模型以 GIS 为基础界面，利用 GIS 软件将流域划分成若干部分，可以直接从数据库中读取土壤、径流、气候等数据，并提供与其他数据库的接口程序，大大提高了数据的输入、管理和输出效率。SWAT 模型采用 EPIC 模型中的作物生长模块模拟所有类型的植被覆盖，作物生物量是太阳辐射和植被叶面指数的函数，并且能区分一年生植物和多年生植物。

9.2.2.1 基本原理

SWAT 模型主要通过收获指数、光合辐射利用率、叶面积指数和太阳辐射四个指标来模拟作物最终产量。

$$Y = B \cdot HI \tag{9.16}$$

$$B = \sum RUE \cdot Ph_i \tag{9.17}$$

式中：Y 为作物最终产量，kg/m^2；B 为生物量，kg/m^2；RUE 为光合辐射利用率，$kg/[hm^2 \cdot (MJ/m^2)]$；Ph_i 为第 i 天作物冠层截留的光合辐射总量，MJ/m^2。

光合辐射利用率 RUE 受 CO_2 浓度影响，可采用下式计算：

$$RUE = \frac{100 \cdot CO_2}{CO_2 + \exp(r_1 - r_2 \cdot CO_2)} \tag{9.18}$$

式中：CO_2 为大气中二氧化碳浓度，mg/m^3；r_1、r_2 为形状参数。

Ph_i 通过光合辐射总量和冠层叶面积指数来计算，有

$$Ph_i = 0.5PH_i(1-e^{-k_1 \cdot LAI}) \tag{9.19}$$

式中：Ph_i 为第 i 天辐射总量，MJ/m^2；LAI 为叶面积指数；k_1 为消光系数。

9.2.2.2 叶面积指数计算方法

SWAT 模型中叶面积指数是有效温度的函数，从出苗到叶面积开始下降，采用下式

估计 LAI：

$$LAI_i = LAI_{i-1} + \Delta LAI_i \tag{9.20}$$

$$\Delta LAI = (fr_{m,i} - fr_{m,i-1}) LAI_{max} (1 - e^{5(LAI_{i-1} - LAI_{max})}) \sqrt{\gamma} \tag{9.21}$$

式中：LAI_i 为第 i 天叶面积指数；LAI_{max} 为作物最大叶面积指数；γ 为胁迫因子；fr_m 为温度影响因子。

fr_m 计算公式如下

$$fr_m = \frac{fr_{GDD}}{fr_{GDD} + e^{l_1 - l_2 \cdot fr_{GDD}}} \tag{9.22}$$

$$fr_{GDD} = \frac{\sum_{i=1}^{d} HD}{GDD} \tag{9.23}$$

式中：fr_{GDD} 为第 d 天的温度影响因子；HD 为有效温度；GDD 为有效积温；l_1、l_2 为形状参数。

从叶面积开始下降到生长期结束，采用下式估计 LAI：

$$LAI = LAI_{max} \frac{1 - fr_{GDD}}{1 - fr_{GDD,sen}} \tag{9.24}$$

式中：$fr_{GDD,sen}$ 为叶面积指数开始衰减当天的温度影响因子。

9.2.2.3　根系吸水计算方法

作物根系吸水总量是根系分布各土层吸水量之和。在某一个特定深度 z 的土层中，潜在根系吸水采用下式计算：

$$W_{up,z} = \frac{T_r}{1 - e^{-\beta}} \left(1 - e^{-\beta \frac{z}{z_{root}}}\right) \tag{9.25}$$

式中：$W_{up,z}$ 为一天之内土壤表层到深度为 $z$mm 处的根系吸水总量，mm；T_r 为一天之内最大作物蒸腾量，mm；z_{root} 为根系深度，mm；β 为水分利用分布参数。

当土壤储水量 SW 低于作物可利用水分量 AWC 的 25%时，土层实际根系吸水采用下式计算：

$$W_i = W_{up,i} \exp\left[5\left(\frac{SW_i}{0.25AWC_i} - 1\right)\right] \tag{9.26}$$

式中：W_i 为土壤第 i 层实际根系吸水，mm/d；$W_{up,i}$ 为土壤第 i 层潜在根系吸水，mm/d；SW_i 为土壤第 i 层土壤储水量，mm；AWC_i 为土壤第 i 层作物可利用水量，mm。

9.3　灌区智能管控系统

9.3.1　系统功能

灌区示范区数字孪生数字化应用系统结合物联网的数据采集、大数据的处理和人工智能的建模分析，实现对当前灌区示范区作物生长状态的评估，对过去发生问题的诊断，以及对未来趋势的预测，并给予分析的结果，模拟各种可能性，提供更全面的农田灌溉决策支持。应用系统的结构功能如图 9.4 所示。

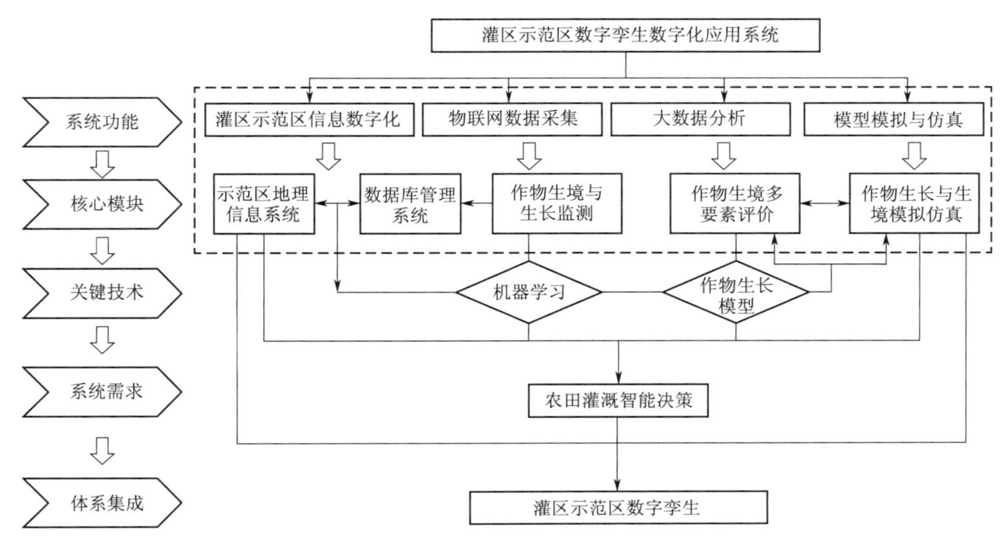

图 9.4　灌区示范区数字孪生数字化应用系统结构功能示意

为了方便灌区的智能化管理，系统功能主要包括如下：

(1) 登录系统：注册、注销、退出。

(2) 管理功能：用户管理、信息管理、权限管理、模块管理、模型管理。

(3) 查询功能：基础信息查询、用户信息查询、检索信息查询。

(4) 帮助功能：名词解释（一些农业专有的名词解释，以及一些自定义的名词解释）。

主要功能管理包括以下几个方面：

(1) 信息管理：所有信息的录入、删除以及修改；信息的多关键字检索查询；信息的存储、检索和部分信息的统计。

(2) 权限管理：用户权限的管理，以及操作的记录。

(3) 数据管理：数据可以动态实时地上传至数据库中。

(4) 用户管理：用户信息的登记、删除及修改。

(5) 日志管理：能够对用户进行相应操作的信息存储与管理。

9.3.2　灌区综合信息数据库

灌区示范区数据库管理系统包含综合信息数据库和动态监测数据库，主要用于管理灌区基础信息数据、实时监测数据和对数据进行统计分析，包含数据的收集与处理、查询与输出、管理与维护等功能。以关系型模型组织数据，实现数据的更新、查询和分析，数据的显示、查询和分析达到可视化的程度。

9.3.2.1　数据库框架

该数据库包含系统简介数据库、基础信息数据库、动态监测数据库、管理查询数据库等。

(1) 系统简介数据库，主要存放本系统的系统介绍、机构设置、规章制度、联系方式等。

（2）基础信息数据库，主要存放国内外最新的灌区发展动态、灌区地理地形、气象特征、水资源、土地利用、土壤特征、灌排系统、社会经济、管理措施等反映灌区基本信息的相关数据。

（3）动态监测数据库，主要存放灌区智能监测设备实时反馈的动态数据，包含土壤环境、农田小气候、植株生长等数据。

灌区示范区综合信息数据库和动态监测数据库，能够为仿真模拟、大数据分析、机器学习、数字孪生等技术提供基础数据，分析灌区示范区信息的变化特征，提高灌区的现代化管理水平和水资源科学利用水平，实现科学用水、农作物高产以及环境保护。主界面主要分为系统介绍、动态信息、基础数据库、动态监测数据库、综合分析、数据维护以及帮助等。

系统介绍主要介绍了系统构建的概况、收集数据区域以及存储数据的类别等。动态信息主要介绍了国内外节水灌溉的最新科研进展，方便用户对世界上先进的灌溉设施的了解。基础数据库包括灌区示范区地理地形数据库、气象数据库、水资源数据库、土地利用数据库、土壤数据库和灌溉系统数据库等。动态监测数据库包括灌区示范区监测设备信息数据库、土壤监测数据库、气象监测数据库、植株监测数据库和灌溉监测数据库。综合分析是对各数据库指标进行统计分析，并通过报表和图标展示，以及下载和打印。主要功能集中在基础数据满足对数据的基本查询，综合分析对各区域不同年份的数据进行统计分析。数据维护主要实现数据库系统对数据库中数据的添加、删除和修改的功能。帮助功能是对每个模块的解释，以及对使用中遇到的问题进行解释。

灌区示范区数据库管理系统结构功能示意如图 9.5 所示。

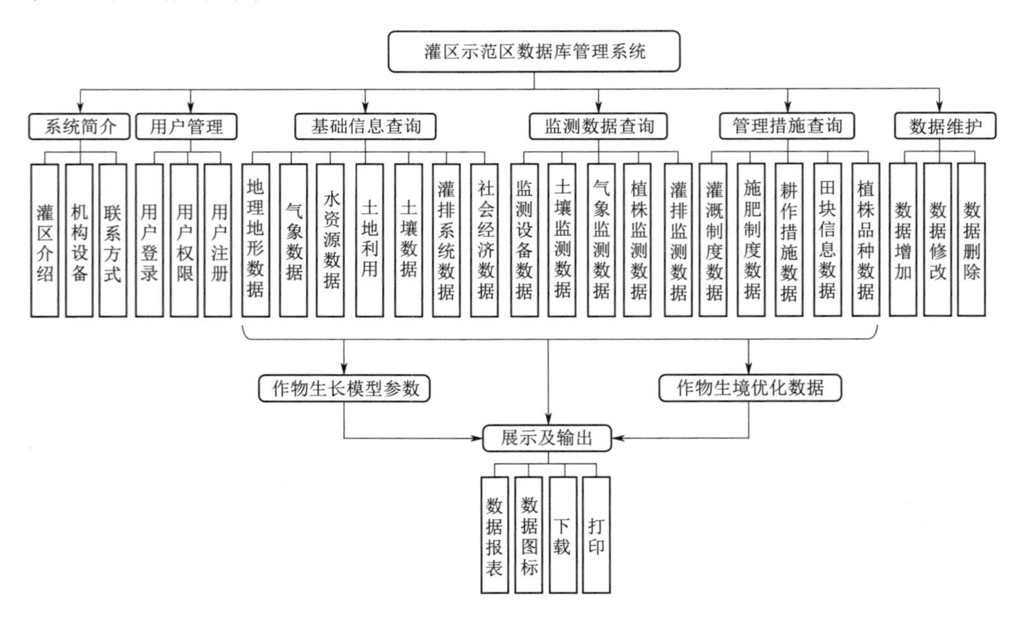

图 9.5　灌区示范区数据库管理系统结构功能示意

9.3.2.2 基础数据库

1. 地理地形数据库

地理地形数据的查询条件有区域选择以及经纬度输入。根据区域、经纬度（可不选），选择要查询的基本要素，形成数字地形图，图 9.6 所示为地理地形数据库查询及结果展示方式示意。

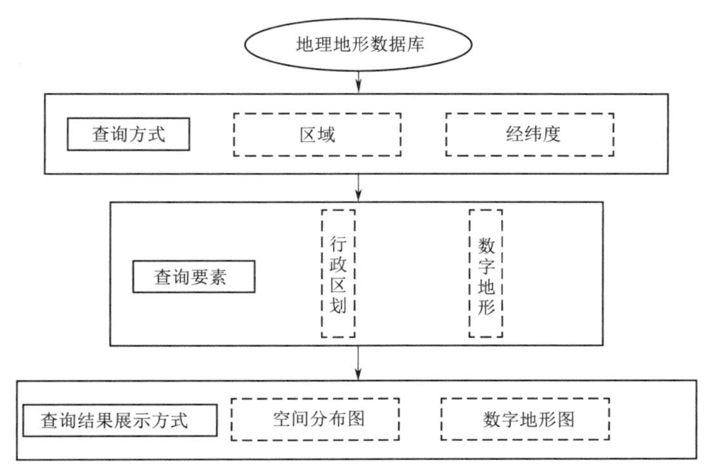

图 9.6 地理地形数据库查询及结果展示方式示意

2. 气象数据库

气象数据的查询实现可视化的功能，在输入条件后，其结果以折线图展示多年气象资料的变化信息。主要查询条件为选择区域、输入查询时间的开始和结束时间，最后选择要查询的气象要素，图 9.7 所示为气象数据库查询及结果展示方式示意。

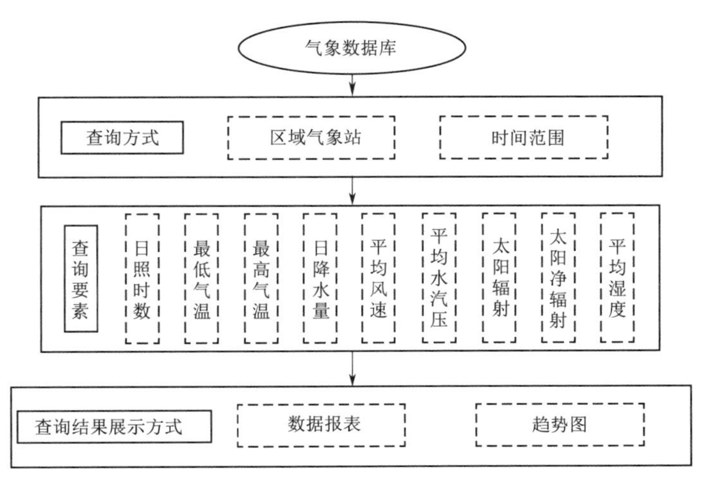

图 9.7 气象数据库查询及结果展示方式示意

3. 水资源利用数据库

水资源利用数据的查询实现可视化的功能，结果以折线图展示多年水资源变化情况，用饼状图展示指定年的各种水资源利用份额信息。主要查询条件为选择区域、输入查询时间的开始和结束时间，选择地表水总量、河流长度、水域面积、水库面积、地下水开采量、农业灌溉用水量等进行查询，图9.8所示为水资源利用数据库查询及结果展示方式示意。

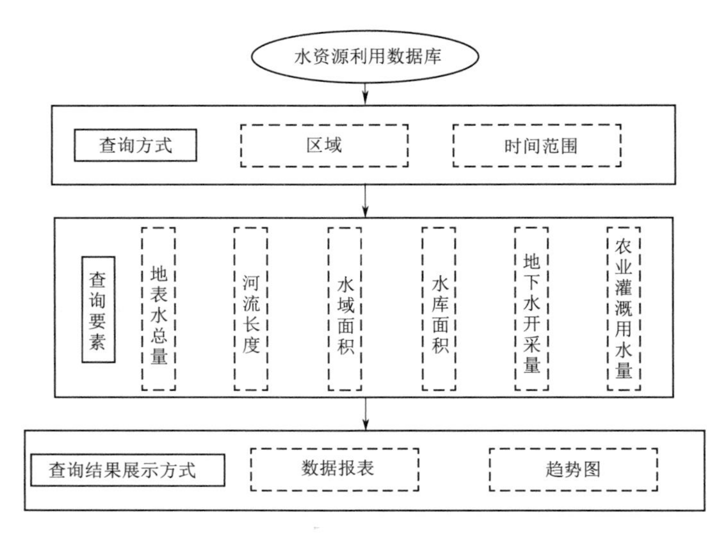

图9.8　水资源利用数据库查询及结果展示方式示意

4. 土地利用数据库

土地利用数据实现可视化的功能，其结果以折线图展示多年土地利用资料的变化信息。主要查询条件为选择区域、经纬度输入以及输入查询时间的开始和结束时间。图9.9所示为土地利用数据库查询及结果展示方式示意。

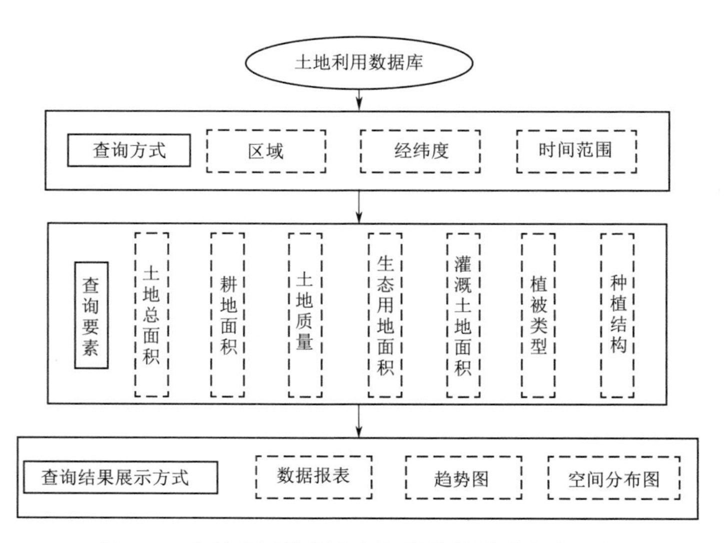

图9.9　土地利用数据库查询及结果展示方式示意

5. 土壤数据库

土壤数据查询界面输入的查询条件有区域选择、经纬度输入、土层深度以及要查询的基础数据。根据区域、经纬度（可不选）、土层深度，选择要查询的基本要素，形成表单，图 9.10 所示为土壤基础数据库查询及结果展示方式示意。

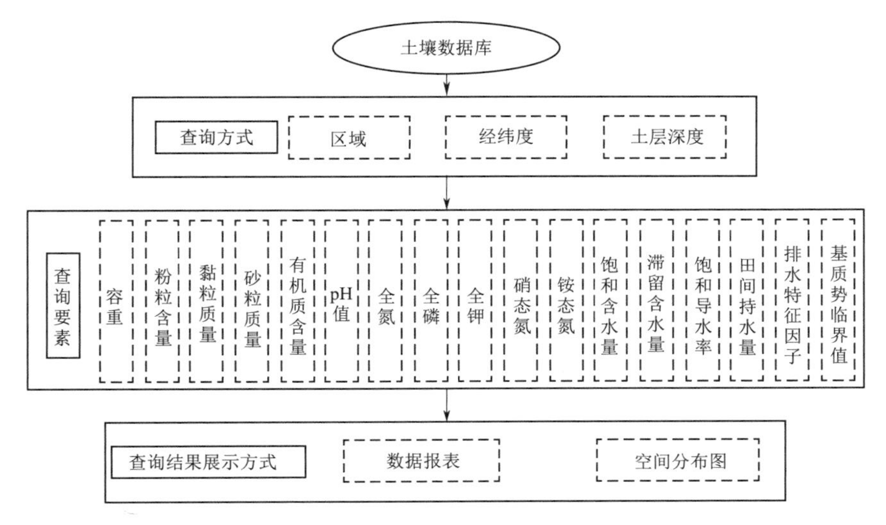

图 9.10　土壤数据库查询及结果展示方式示意

6. 灌溉系统数据库

灌溉系统数据查询界面输入的查询条件有区域选择、经纬度输入以及要查询的基础数据。基础数据包括渠道类型、渠道长度、管道长度、最大输水量、渠道水利用系数等，形成表单，图 9.11 所示为灌溉系统数据库查询及结果展示方式示意。

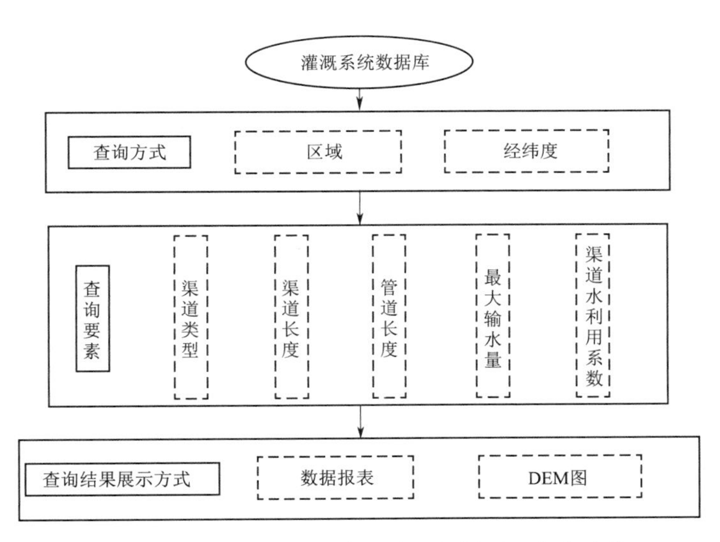

图 9.11　灌溉系统数据库查询及结果展示方式示意

7. 灌溉施肥数据库

灌溉施肥数据查询界面输入的查询条件有区域选择、经纬度输入以及输入查询时间的开始和结束时间。基础数据包括灌溉时间、灌溉定额、灌水定额、肥料名称、施肥总量、施氮量、施磷量、施钾量等，形成表单，图9.12所示为灌溉施肥数据库查询及结果展示方式示意。

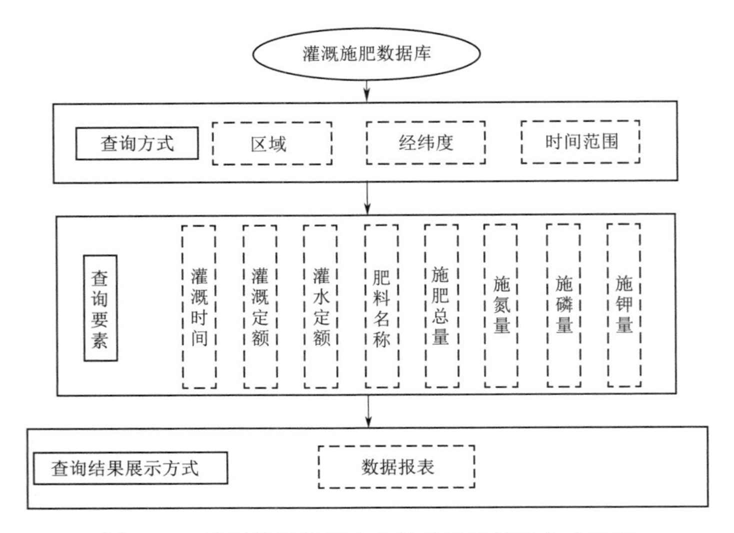

图9.12 灌溉施肥数据库查询及结果展示方式示意

8. 田块信息数据库

田块信息数据查询界面输入的查询条件有区域选择、经纬度输入、基础数据以及输入查询时间的开始和结束时间。基础数据包括田块面积、开垦时长、种植时间、植株种类等，形成表单，图9.13所示为灌溉施肥数据库查询及结果展示方式示意。

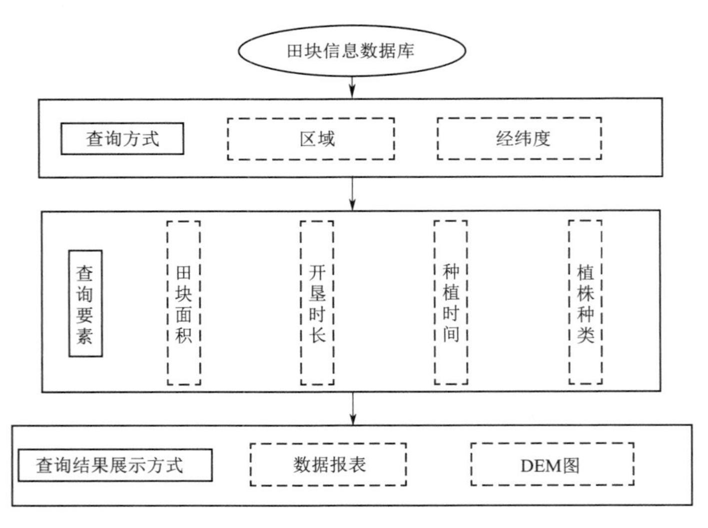

图9.13 田块信息数据库查询及结果展示方式示意

9. 植株品种数据库

植株品种数据查询界面输入的查询条件有区域选择、经纬度输入、基础数据以及输入查询时间的开始和结束时间。基础数据包括种植时间、植株品种、植株生育期、植株需水量、种植密度、产量、种植时长等，形成表单，图 9.14 所示为植株品种数据库查询及结果展示方式示意。

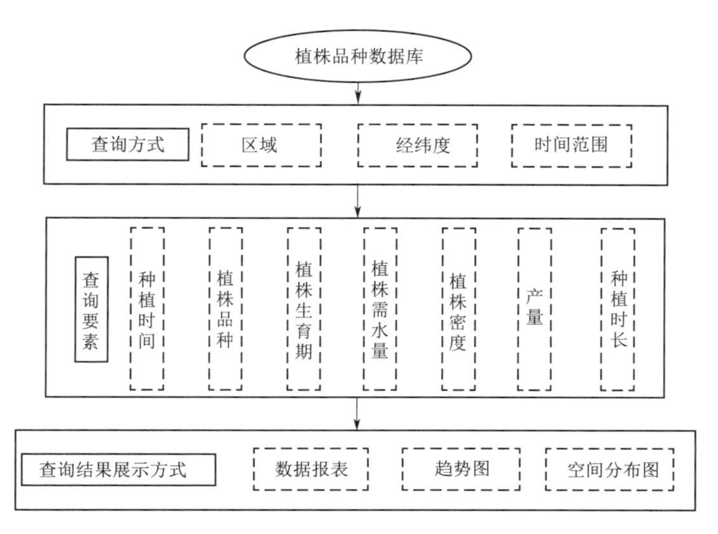

图 9.14 植株品种数据库查询及结果展示方式示意

9.3.2.3 监测数据库

1. 监测设备数据库

监测设备数据库基础数据包括设备位置（经纬度）、设备编号、设备类型、设备型号、安装时间、故障报警等，形成表单，图 9.15 所示为监测设备数据库查询及结果展示方式示意。

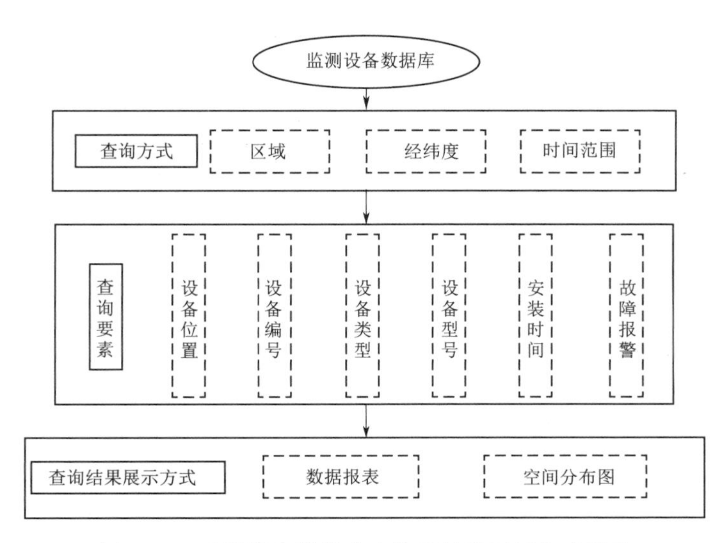

图 9.15 监测设备数据库查询及结果展示方式示意

2. 土壤监测数据库

土壤监测数据库基础数据包括设备位置（经纬度）、设备编号、土壤含水量、土壤含盐量、土壤温度、土壤含氮量、土壤含磷量、土壤含钾量、土壤 pH 值等，形成表单，图 9.16 所示为土壤监测数据库查询及结果展示方式示意。

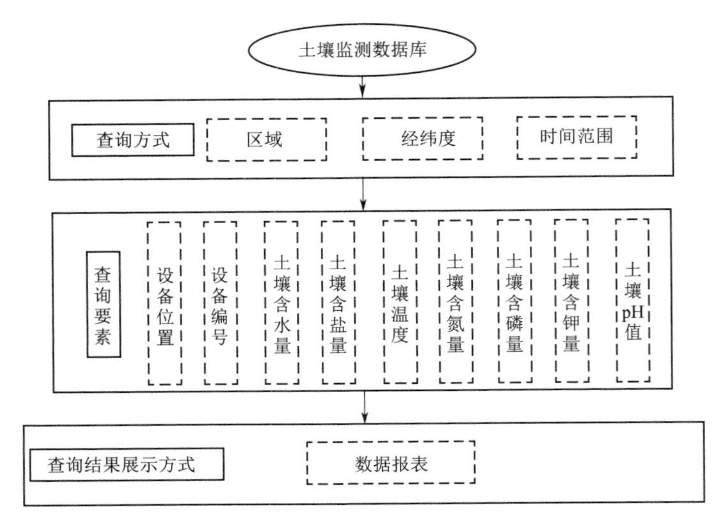

图 9.16 土壤监测数据库查询及结果展示方式示意

3. 气象监测数据库

气象监测数据库基础数据包括设备位置（经纬度）、设备编号、日照时数、降水量、气温、辐射、水汽压、风速等，形成表单，图 9.17 所示为气象监测数据库查询及结果展示方式示意。

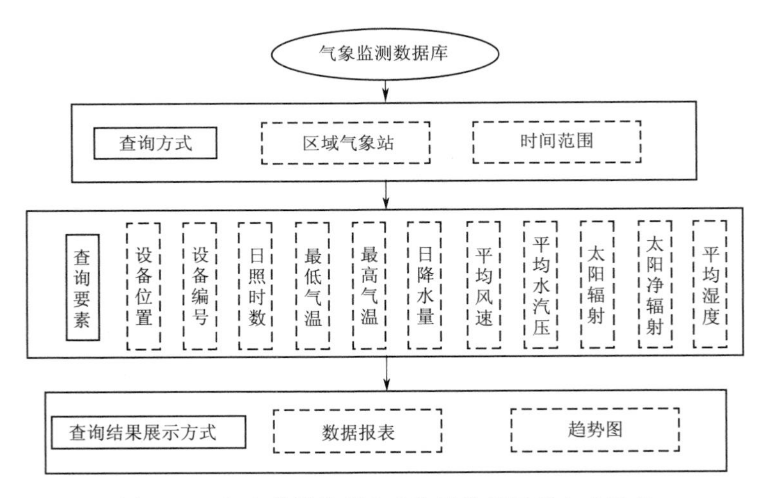

图 9.17 气象监测数据库查询及结果展示方式示意

4. 植株监测数据库

植株监测数据库基础数据包括设备位置（经纬度）、设备编号、植株品种、植株高度、植株覆盖度、植株茎流、冠层温度、生物量、叶绿素含量、果实大小等，形成表单，图 9.18 所示为植株监测数据库查询及结果展示方式示意。

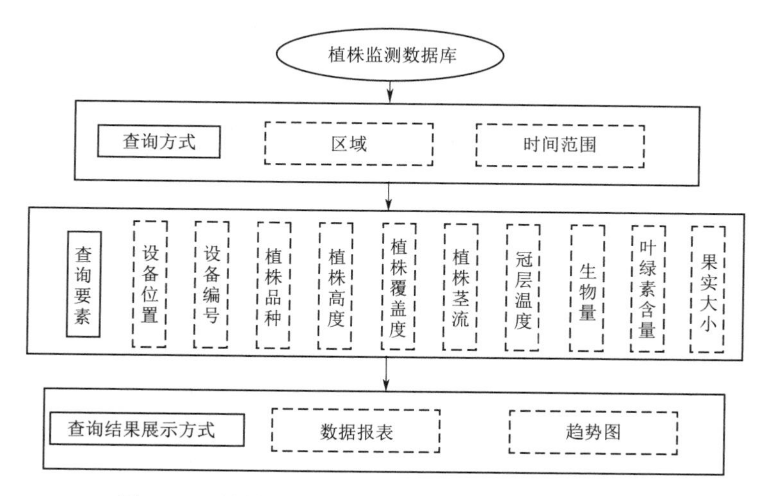

图 9.18 植株监测数据库查询及结果展示方式示意

5. 灌溉监测数据库

灌溉监测数据库基础数据包括设备位置（经纬度）、设备编号、渠道水深、渠道水流速、渠道输水量等，形成表单，图 9.19 所示为灌溉监测数据库查询及结果展示方式示意。

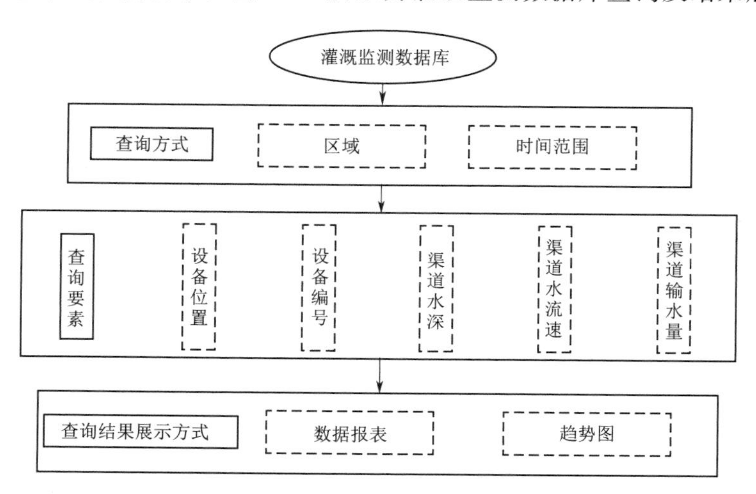

图 9.19 灌溉监测数据库查询及结果展示方式示意

9.3.3 棉花生长数学模型

本节以棉花为例，基于有效积温建立了不同地区、不同种植措施下较为普适的棉花生长模型，可以快速准确反映棉花叶面积指数动态变化。此外，综合考虑不同的田间管理措施等对作物生长的影响，来预测作物产量，可为棉花科学种植和精细化管理提供方法。

9.3.3.1 数据来源

本书中磁化水膜下滴灌棉花的生长指标主要来自新疆维吾尔自治区巴音郭楞蒙古自治州巴州重点灌溉试验站 2015—2020 年的试验数据，其中 2015—2018 年数据主要用于建模，2019 年和 2020 年试验数据用于模型验证。未磁化水膜下滴灌棉花的生长指标（叶面积指数、株高、干物质量）数据资料主要来自国内外已发表的全文期刊中 40 篇文献，不覆膜地面灌溉棉花的叶面积指数的数据主要来自国内外已发表 15 篇文献资料，以棉花产量、灌溉、施氮和密度等为关键词收集数据。其中未磁化水膜下滴灌棉花研究区域主要集中在新疆地区，不覆膜地面灌溉棉花的研究区域主要集中在河北、河南、山东、湖北和江苏等地区，收集的数据包括建模数据和验证数据两部分。利用中国气象数据网和小型气象站获取不同地区棉花生长发育阶段的气温数据，并通过计算得到不同地区各个生育阶段所对应的有效积温或相对有效积温。

在本书中，文献中作物生长指标数据的收集遵循以下原则：

（1）选择常规施肥和灌溉下覆膜与不覆膜的棉花生长数据。

（2）使用 GetData Graph Digitizer 软件（USA）直接从原始文章中的图形中获取原始数据。

9.3.3.2 磁化水膜下滴灌棉花生长模型

不同磁化水处理对棉花生长有一定的影响，为了分析磁化水灌溉对于膜下滴灌棉花生长指标的影响，以有效积温为自变量分析了磁化水膜下滴灌棉花相对株高、相对叶面积指数和相对干物质量的变化过程，并构建了表明有效积温对于棉花生长影响的相对生长指标的 Logistic 模型。

1. 株高增长模型

通过巴音郭楞蒙古自治州巴州重点灌溉试验站 2015—2018 年大田磁化水膜下滴灌棉花株高的试验数据，以有效积温为自变量，建立了磁化水灌溉下棉花相对株高的 Logistic 模型（图 9.20）。如图 9.20 所示，株高在 700～1000℃时增长最快，在 1300℃之后开始趋于稳定。对式（9.27）求一阶导函数，并分别取生育前中后三个时期的部分有效积温，得到磁化水膜下滴灌棉花株高的增长表现为“中期快、前后期慢”的特点。图 9.20 反映磁化水膜下滴灌棉花的相对株高与有效积温的关系曲线，其结果如下：

$$R_H=\frac{1}{1+e^{3.66-0.0046GDD}} \tag{9.27}$$

其中该模型的决定系数 R^2 为 0.94，均方根误差 RMSE 为 0.06，拟合效果良好。

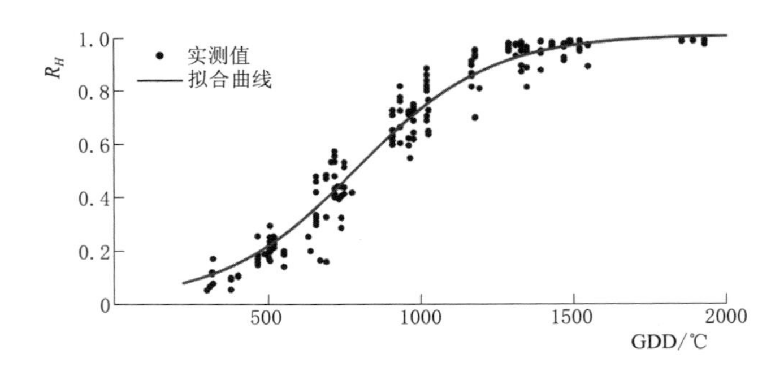

图 9.20 磁化水膜下滴灌棉花的有效积温与相对株高的动态曲线

采用 2019—2020 年的磁化水膜下滴灌株高的实测数据对式（9.27）进行验证，验证结果如图 9.21 所示。由图可以看出，相对株高的实测值与拟合值之间可以较好地吻合，其中决定系数 R^2 为 0.87，相对误差 RE 为 1.7%。

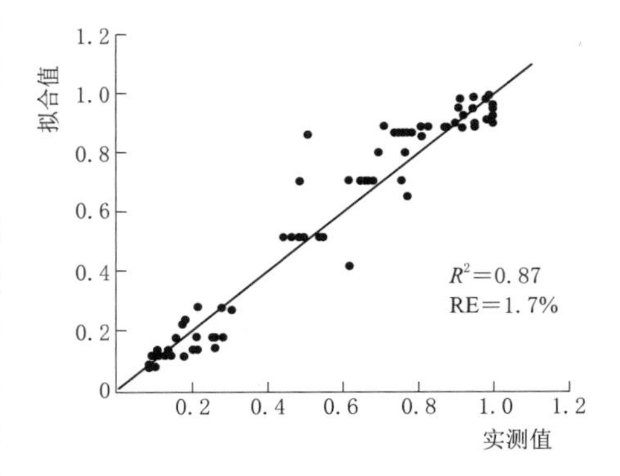

图 9.21　实测数据与模型计算结果比较

2. 叶面积指数模型

将磁化水灌溉棉花相对叶面积指数随有效积温变化情况点汇，并通过修正的 Logistic 模型进行拟合，具体结果如图 9.22 所示。从图中可以看出叶面积指数在 700～1000℃之间快速增长，1000～1500℃之间增长缓慢，有效积温为 1500℃左右时达到最大，棉花相对叶面积指数随有效积温呈现"先增后减"的变化趋势。图 9.22 中，采用修正的 Logistic 模型对磁化水膜下滴灌棉花相对叶面积指数的变化过程进行拟合，结果如下：

$$R_{\mathrm{LAI}}=\frac{1}{1+\mathrm{e}^{8.98-0.015\mathrm{GDD}+5\times10^{-6}\mathrm{GDD}^2}} \tag{9.28}$$

其中该模型的决定系数 R^2 为 0.96，均方根误差 RMSE 为 0.07，拟合效果良好。令 $\frac{\mathrm{d}R_{\mathrm{LAI}}}{\mathrm{dGDD}}=0$ 得到叶面积指数最大时的有效积温为 1495℃。

同样采用 2019—2020 年巴州重点灌溉试验站试验中的磁化水膜下滴灌叶面积指数的实测数据对式（9.28）进行验证，验证结果如图 9.23 所示。由图 9.23 可以看出，R^2 为 0.91，相对误差 RE 为 0.94%，说明实测数据拟合得到的公式可以很好地模拟磁化后棉花叶面积指数随有效积温的变化情况。

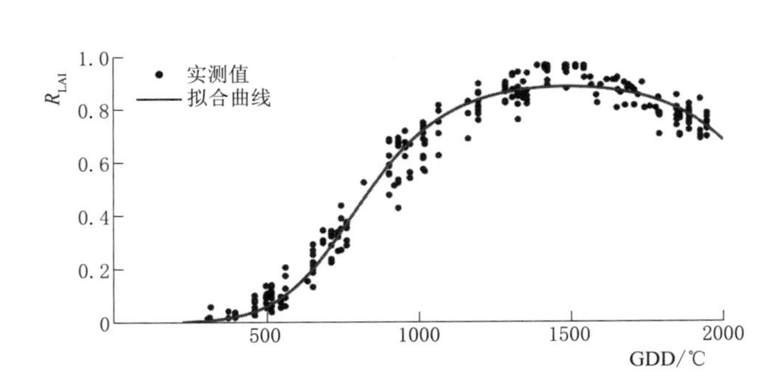

图 9.22　磁化水膜下滴灌棉花的有效积温与相对叶面积指数的变化曲线

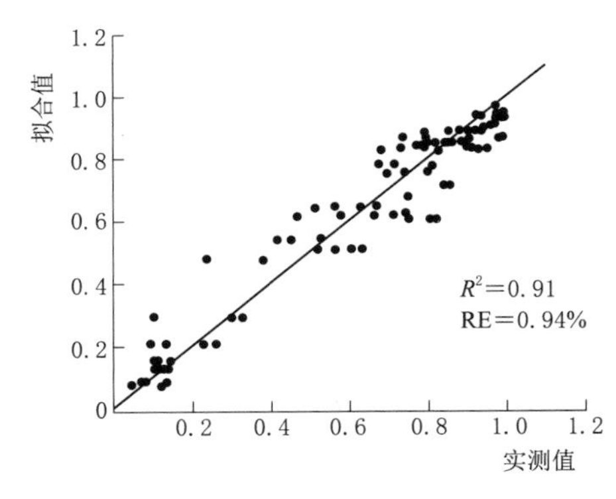

图 9.23　实测数据与模型计算结果比较

3. 干物质量增长模型

图 9.24 给出了有效积温和大田试验中磁化水膜下滴灌棉花相对干物质量的变化关系，并通过 Logistic 模型模拟得到了磁化水灌溉下棉花相对干物质量的生长模型。从图中可以看出，干物质量在 1000～1500℃之间时增长最快，且随着有效积温的不断增加棉花干物质量不断增长，在 1800～2000℃时达到最大。增长速率最大时，棉花处于花铃期，这时

植株的叶片老化，叶面积指数降低，光合能力降低，营养生长逐渐停止，生殖器官干物质累积开始增加，至吐絮期达到峰值。其中磁化水膜下滴灌棉花的相对干物质量的生长模型其结果如下：

$$R_{DMA}=\frac{1}{1+e^{5.11-0.0043GDD}} \tag{9.29}$$

其中该模型的决定系数为0.96，均方根误差为0.06，拟合效果良好。对式（9.29）求一阶导函数，并分别取生育前中后三个时期的部分有效积温，得到磁化水膜下滴灌棉花干物质量的增长表现为“中期快、前后期慢”的特点。

采用2019—2020年的磁化水膜下滴灌干物质量的实测数据对磁化水膜下滴灌干物质量的生长模型进行验证，验证结果如图9.25所示。相对干物质量的实测值与拟合值之间可以较好地吻合，其中决定系数为0.84，相对误差为1.2%。

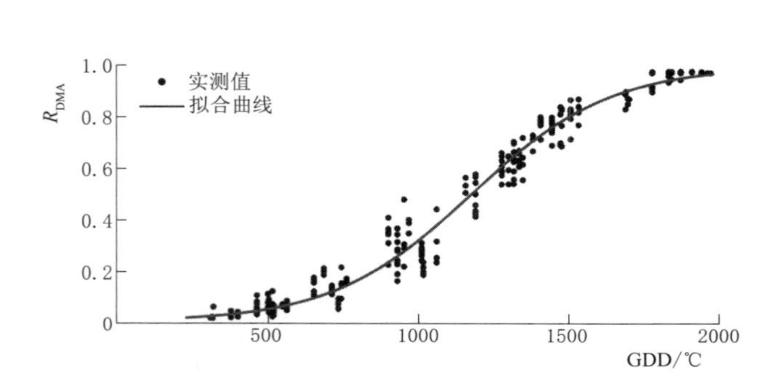

图9.24 磁化水膜下滴灌棉花的有效积温与相对干物质量的关系曲线

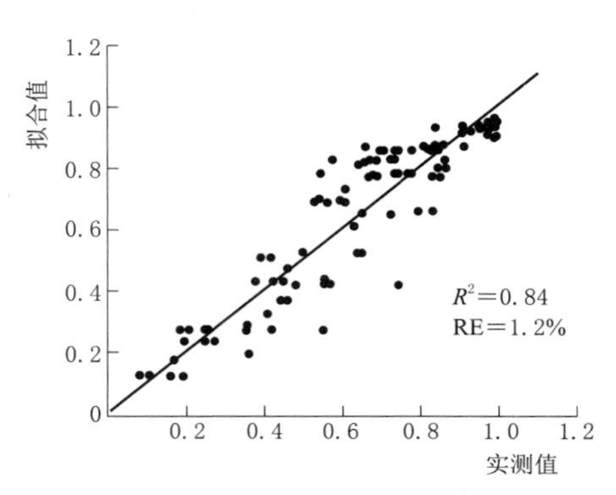

图9.25 实测数据与模型计算结果比较

9.3.3.3 常规水膜下滴灌棉花生长模型

通过新疆地区未磁化水膜下滴灌棉花的生长指标（叶面积指数、株高、干物质量）数据和计算得到的有效积温分析了新疆地区覆膜滴灌下棉花生育期的生长指标随有效积温的变化过程，并采用Logistic模型来构建新疆地区膜下滴灌棉花的株高、叶面积指数和干物质量的生长过程。展现覆膜方式下有效积温对棉花生育动态的影响和各个生育期内对温度的要求，为新疆地区膜下滴灌方式下棉花的高产种植提供一定理论依据。

1. 株高增长模型

以有效积温为自变量，收集分析了520组膜下滴灌棉花株高的变化情况，建立了新疆地区膜下滴灌棉花相对株高的Logistic模型。如图9.26所示，株高在500～800℃之间时增长最快，在1100℃之后趋于稳定。图中反映膜下滴灌棉花的相对株高与有效积温关系曲线的表达式如下：

$$R_H=\frac{1}{1+e^{2.71-0.0049GDD}} \tag{9.30}$$

其中该模型的决定系数R^2为0.95，均方根误差RMSE为0.06，拟合效果良好。对式（9.30）求一阶导函数，并分别取生育前中后三个时期的部分有效积温，得到膜下滴灌棉花株高的增长表现为“中期快、前后期慢”的特点。

通过160组膜下滴灌棉花株高的试验数据对所得模型进行验证，验证结果如图9.27所示，其中决定系数为0.91，相对误差为1.2%，拟合值与实测值之间的吻合度十分良好，因此用该模型可以很好地体现新疆地区膜下滴灌棉花株高的变化特征。

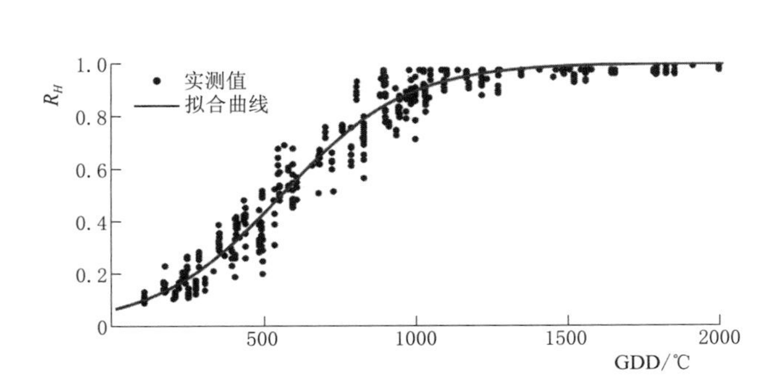

图9.26 未磁化水膜下滴灌棉花的有效积温与相对株高的关系曲线

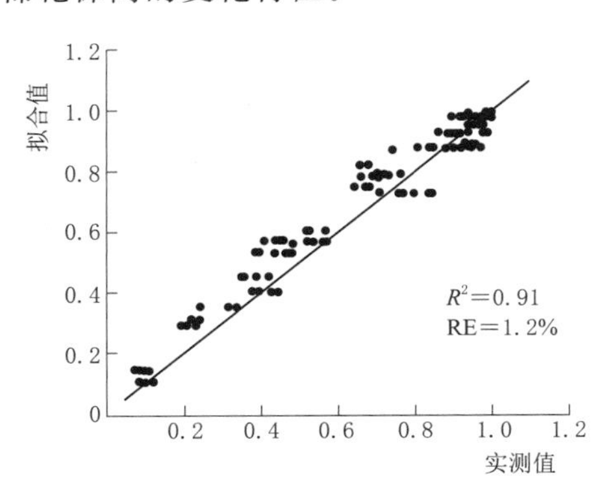

图9.27 实测数据与模型计算结果比较

2. 叶面积指数变化模型

图9.28显示了新疆地区未磁化水相对叶面积指数随有效积温的变化特征，并通过修正的Logistic模型对变化过程进行拟合。从图中可以看出叶面积指数在700～1000℃之间快速增长，1000～1400℃之间增长缓慢，有效积温为1400℃左右时达到最大，棉花叶面积指数随有效积温呈现“先增后减”的变化趋势。图9.28中，采用修正的Logistic模型对膜下滴灌棉花相对叶面积指数的变化过程进行拟合的模型结果如下：

$$R_{\mathrm{LAI}}=\frac{1}{1+e^{7.57-0.013\mathrm{GDD}+4.5\times10^{-6}\mathrm{GDD}^2}} \tag{9.31}$$

其中该模型的决定系数R^2为0.9，均方根误差RMSE为0.08，拟合效果良好。通过令$\frac{dR_{\mathrm{LAI}}}{d\mathrm{GDD}}=0$计算得到叶面积指数最大时的有效积温为1450℃。

通过180组膜下滴灌棉花叶面积指数的试验数据对所得模型进行验证，验证结果如图9.29

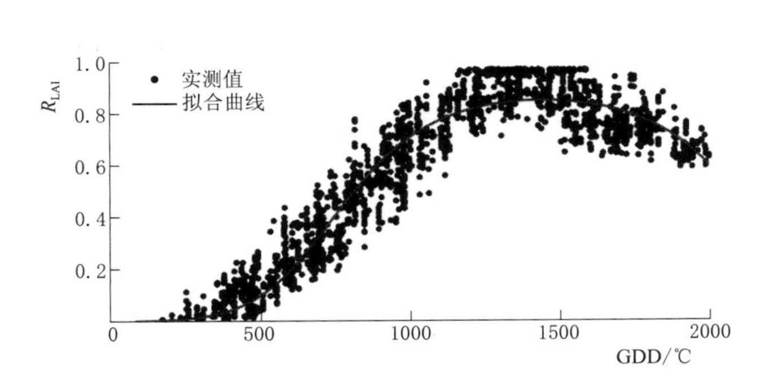

图9.28 常规水膜下滴灌棉花的有效积温与相对叶面积指数的动态曲线

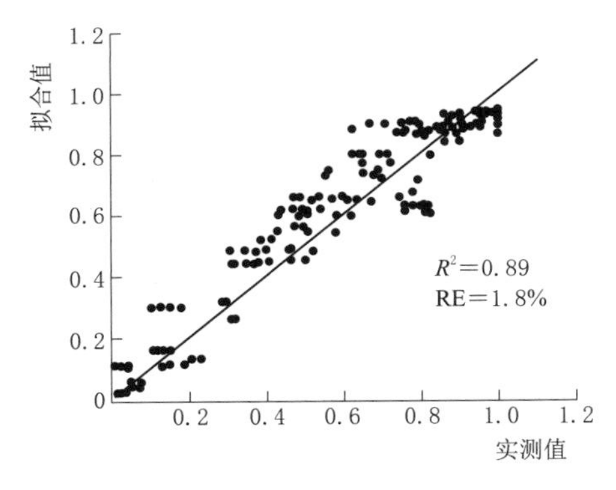

图9.29 实测数据与模型计算结果比较

所示，其中决定系数为0.89，相对误差为1.8%，拟合值与实测值之间的吻合度良好，因此用该模型可以很好地体现新疆地区未磁化水膜下滴灌棉花叶面积指数的变化特征。

3. 干物质量增长模型

如图9.30所示，利用收集的413组未磁化水膜下滴灌棉花相对干物质量的数据，通过Logistic模型对棉花相对干物质量随有效积温变化过程进行拟合。从图中可以看出，干物质量在800～1200℃之间时增长最快，且随着有效积温的不断增加棉花干物质量不断增长，在1800～2000℃时达到最大。总体上新疆地区棉花生育期干物质积累呈现苗期增长缓慢，蕾期逐渐加快，开花到结铃盛期达到干物质积累的顶峰，吐絮期后趋于平缓。膜下滴灌棉花的相对干物质量的Logistic模型拟合公式其结果如下：

$$R_{\mathrm{DMA}}=\frac{1}{1+e^{4.27-0.0039\mathrm{GDD}}} \tag{9.32}$$

其中该模型的决定系数为0.96，均方根误差为0.07，拟合效果良好。对式（9.32）求一阶导函数，并分别取生育前中后三个时期的部分有效积温，得到膜下滴灌棉花干物质量的增长表现为“中期快、前后期慢”的特点，与图中上述结论一致。

通过110组膜下滴灌棉花干物质量的试验数据对所得模型进行验证，验证结果如图9.31所示，其中决定系数为0.92，相对误差为0.9%，拟合值与实测值之间的吻合度良好，因此用该模型可以很好地体现新疆地区未磁化水膜下滴灌棉花干物质量的变化特征。

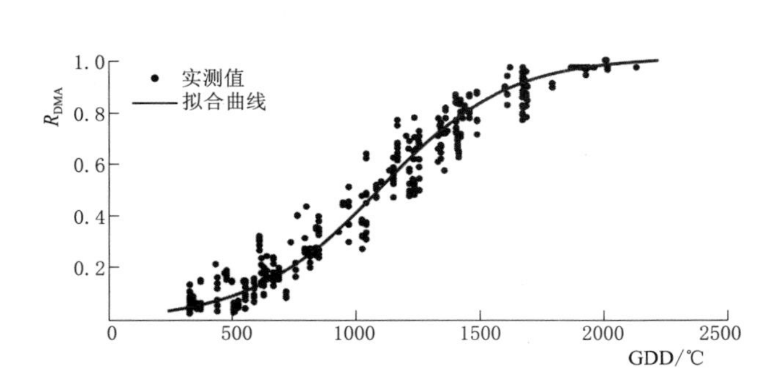

图9.30 未磁化水膜下滴灌棉花的有效积温与相对干物质量的动态曲线

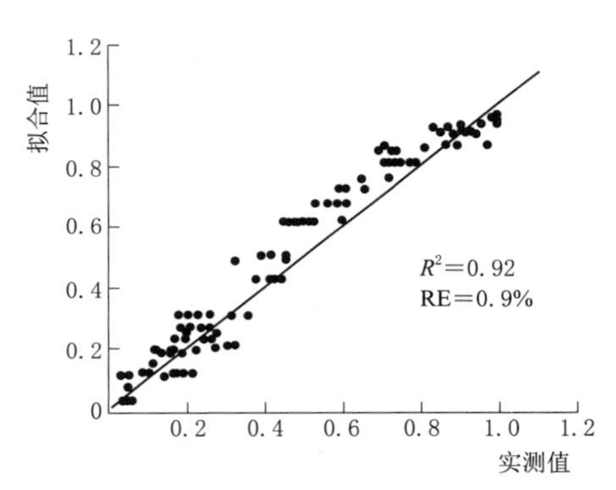

图9.31 实测数据与模型计算结果比较

9.3.3.4 不覆膜地面灌溉棉花叶面积指数模型

一般情况下，在不覆膜情况下土壤温度可以直接用大气温度来评价，此时的有效积温可以用来描述不同地区的作物生长。而地膜覆盖改变了气温对土壤温度的影响，增加了土壤积温，土壤积温对有效积温有一定的补偿作用。为了进一步研究覆膜对于棉花生长的影响，收集了650组不覆膜地面灌溉棉花叶面积指数的生长数据，并对不覆膜棉花相对叶面积指数随有效积温的变化过程进行拟合，结果如图9.32所示。从图中可以看出，叶面积指数在600～1200℃之间快速增长，1200～1600℃之间增长缓慢，有效积温为1600℃左右时达到最大，棉花叶面积指数随有积温呈现“先增后减”的变化趋势。图9.32

中，采用修正的 Logistic 模型对不覆膜棉花相对叶面积指数的变化过程进行拟合的模型结果如下：

$$R_{\mathrm{LAI}}=\frac{1}{1+\mathrm{e}^{7.89-0.012\mathrm{GDD}+3.7\times10^{-6}\mathrm{GDD}^2}} \tag{9.33}$$

其中该模型的决定系数 R^2 为 0.92，均方根误差 RMSE 为 0.08，拟合效果良好。通过令 $\frac{\mathrm{d}R_{\mathrm{LAI}}}{\mathrm{dGDD}}=0$ 计算得到叶面积指数最大时的有效积温为 1627℃。

通过 80 组不覆膜棉花叶面积指数的试验数据对所得模型进行验证，验证结果如图 9.33 所示，其中决定系数为 0.86，相对误差为 1.3%，拟合值与实测值之间的吻合度良好，因此该模型可以很好地体现不覆膜地面灌溉棉花相对叶面积指数随有效积温的变化过程。

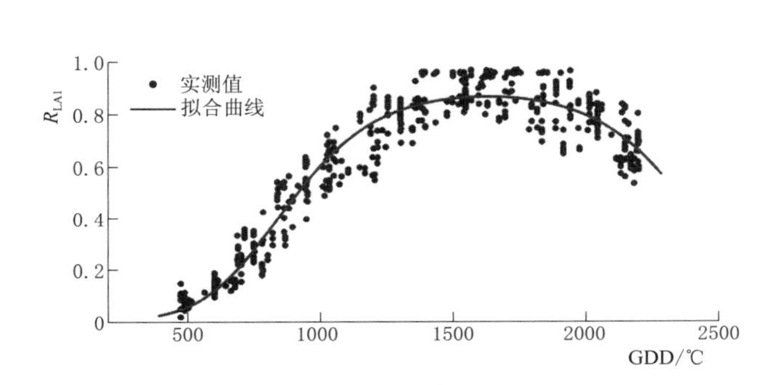

图 9.32 不覆膜地面灌溉棉花的有效积温与相对叶面积指数的变化曲线

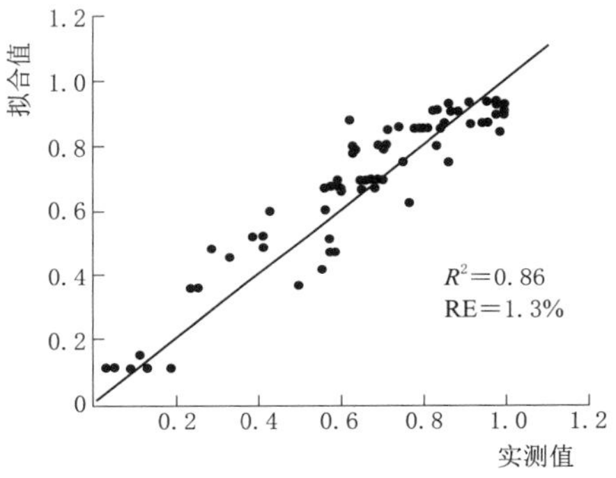

图 9.33 实测数据与模型计算结果比较

9.3.3.5 灌水量、施肥量和种植密度与最大叶面积综合定量关系

从收集数据中可以看出，棉花的生长受到水肥和种植密度等多种因素的共同作用。因此，用单一因子难以量化棉花的生长特性。为了综合考虑灌溉、施肥和种植密度对棉花生长的影响，选取全生育期灌水量、施氮量和种植密度情况下三种主要数据综合分析棉花的最大叶面积指数，拟合结果如下：

$$\mathrm{LAI}_{\max}=-0.00448I+0.00287N+0.2497D-0.0786\left(\frac{I}{100}\right)^2-0.0194\left(\frac{N}{100}\right)^2+0.0043D^2+0.209 \tag{9.34}$$

式中：I 为棉花全生育期的灌水量，mm；N 为棉花全生育期的施氮量，kg/hm^2；D 为棉花的种植密度，万株/hm^2；$\mathrm{LAI}_{\max}$ 为最大叶面积指数。

为了对式（9.34）的准确性进行评价，选取部分未建模数据，与计算值进行对比，结果如图 9.34 所示。其中决定系数为 0.79，相对误差为 9.9%，说明综合考虑灌水量、施氮量和种植密度的作用可以较为准确地描述最大叶面积指数变化特征。

9.3.3.6 棉花最大叶面积指数与籽棉产量的关系

利用收集的全国各地区 201 组棉花的最大叶面积指数与其籽棉产量的数据，将最大叶

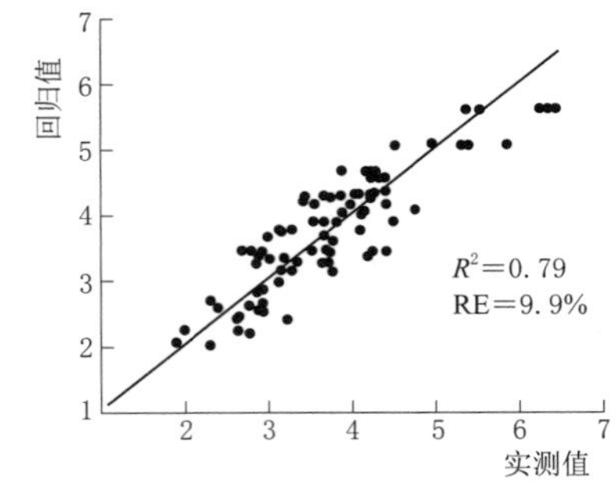

图 9.34 实测数据与计算结果比较

面积指数以1～2、2～3、3～4、4～5、5～6、6～7等6个区间进行划分，并对每个区间最大叶面积指数及对应的籽棉产量求取平均值，建立两者之间的函数关系，其结果如图9.35所示。从图中可以看出，棉花的叶面积指数与产量呈现明显的二次回归函数关系，叶面积指数的增大并不会使得棉花产量呈现连续增加，因此合理控制棉花叶片生长，优化棉花植株营养生长与生殖生长，对于促使棉花高产具有重要意义。棉花最大叶面积指数与籽棉产量的函数关系如下：

$$Y = -378.81LAI_{max}^2 + 3738.9LAI_{max} - 3159.6 \quad (9.35)$$

式中：Y 为棉花籽棉产量，kg/hm^2。

对式（9.35）求一阶导函数并令该导函数等于0，得到棉花整个生育期的最大叶面积指数为4.93时，最大产量为6066.24kg/hm^2。将部分未建模的数据进行验证，代入式（9.34）计算得到棉花最大叶面积指数，然后利用式（9.35）计算棉花籽棉产量，并与实测值进行比较，结果如图9.36所示。其中决定系数为0.62，相对误差为5.3%，说明综合考虑灌水量、施肥量和种植密度可以用来分析棉花最大叶面积指数和产量变化特征。

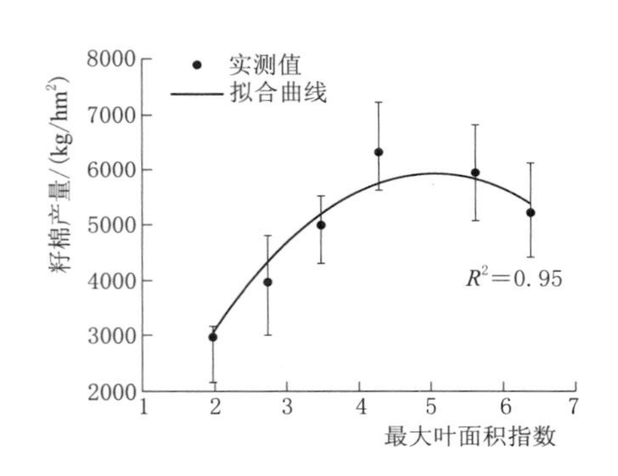

图 9.35 棉花最大叶面积指数与籽棉产量的拟合曲线

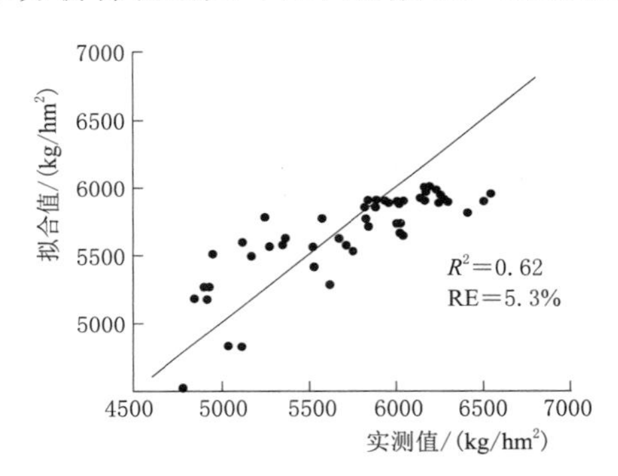

图 9.36 棉花籽棉产量实测值与拟合值比较

9.3.4 作物生境要素评价模型

9.3.4.1 模型原理

利用大数据分析和监督式机器学习技术，将作物生境要素（土壤肥力、土壤质地、灌溉量、施肥量、气温、土壤含水量、土壤温度、土壤养分等）和作物生长指标（叶面积指数、生物量、产量等）的数据作为数据源进行学习，构建基于作物生境要素的作物生长指标预测模型。具体原理如下：

给定的训练样本中，每个样本的输入（作物生境要素）都对应一个确定的结果（作物生长指标），需要训练出一个模型（数学上看是一个"作物生境要素"→"作物生长指标"的映射关系），在未知的样本（新的作物生境要素）给定后，能对结果作物生长指标（叶面积指数、生物量、产量等）做出预测，如图9.37所示。

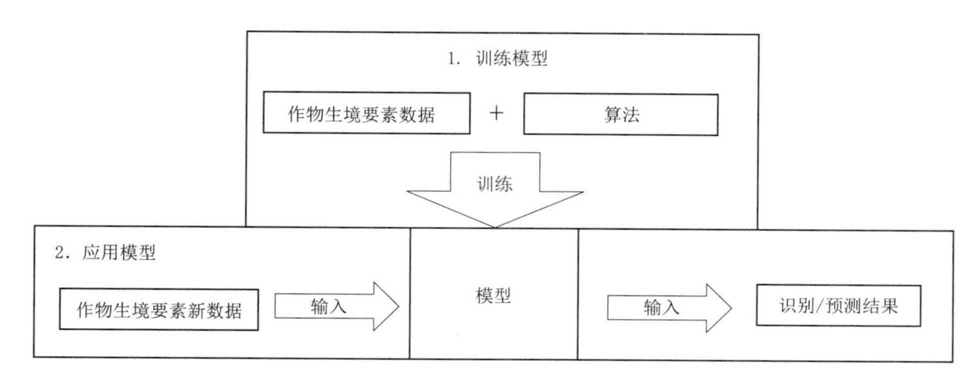

图 9.37 机器学习基本框架

通过查阅国内大量有关玉米生长特征的文献，收集文献中生育期降雨量、灌水量、施肥量（氮、磷、钾元素含量）、试验地土壤质量（有机质含量、全氮、碱解氮、全磷、速效磷、速效钾）、种植密度、叶面积指数最大值（LAI_{max}）、地上干物质量最大值（DMA_{max}）和产量（Y）的相关数据。选择总灌溉量（降雨量加灌水量）、施肥量、土壤质量和种植密度的数据作为训练集，选择 LAI_{max}、DMA_{max} 和 Y 作为响应变量，通过有监督的回归机器学习分别对 LAI_{max}、DMA_{max} 和 Y 的数据进行训练学习，构建回归预测模型。

使用 MATLAB 的 Regression Learner 工具箱对训练集和响应函数构建回归预测模型，Regression Learner 工具箱包含的回归学习模型有：线性回归模型、回归树、支持向量基（SVM）、高斯过程回归模型和树集成。

选取高斯过程回归模型进行机器学习，并另选择一组试验数据进行验证。将总灌溉量、施肥量、土壤质量和种植密度的数据代入回归预测模型中，得到基于机器学习模型的预测值（LAI_{max}、DMA_{max} 和 Y），并将预测值与实测值进行对比，从而检验回归模型预测效果的良好性。

9.3.4.2 模型计算方法

1. 高斯回归模型

高斯过程回归方法是贝叶斯优化方法的一种，在处理小样本、维数高和非线性等回归问题上具有很好的效果。回归的任务就是输入和输出之间的映射关系，利用这个映射关系，预测新输入 x_* 对应的新输出量 y_*。可以定义出一个高斯过程来描述函数的分布，高斯过程的特征由其均值函数 $m(x)$ 和协方差函数 $k(x, x_1)$ 来确定，即

$$m(x)=E[f(x)] \tag{9.36}$$

$$k(x,x_1)=E\{[f(x)-m(x)][f(x_1)-m(x_1)]\} \tag{9.37}$$

式中：x，$x_1 \in \mathbf{R}^n$ 为随机变量。

GP 可以定义为

$$f(x)\sim \mathrm{GP}[m(x),f(x,x_1)] \tag{9.38}$$

其均值函数通常令其等于 0。考虑到观测目标值 y 中含有噪声，建立高斯过程回归问题的一般模型为

$$y=f(\boldsymbol{x})+\varepsilon \tag{9.39}$$

式中：$\boldsymbol{x}$ 为 n 维随机向量；f 为函数值；y 为受到噪声污染的观测值；ε 为独立的高斯白噪声，符合高斯分布，均值为0，方差为 σ^2，即可记作 $\sigma \sim N(0, \sigma^2)$。

可以得到观测值 y 的先验分布为

$$y \sim N[0, k(x, x_1)+\sigma_n^2 I] \tag{9.40}$$

式中：$\boldsymbol{I}$ 为单位矩阵。

则观测值 y 和预测值 f_* 的联合先验分布为

$$\begin{bmatrix} y \\ f_* \end{bmatrix} \sim N\left(0, \begin{bmatrix} \boldsymbol{K}(X,X)+\sigma^2 I & \boldsymbol{K}(X,X_*) \\ \boldsymbol{K}(X_*,X) & \boldsymbol{K}(X_*,X_*) \end{bmatrix}\right) \tag{9.41}$$

式中：$\boldsymbol{K}(X_*, X_*)$ 为测试点 x_* 自身协方差矩阵；$\boldsymbol{K}(X, X)$ 为训练点的协方差矩阵；$\boldsymbol{K}(X,X_*)=\boldsymbol{K}(X_*,X)$ 是测试点 x_* 和训练集点 x 之间的协方差矩阵。

由此可以计算出预测值 f_* 后验分布为

$$f_* \mid X, y, x_* \sim N(\mu, \Sigma) \tag{9.42}$$

其中

$$\mu=\boldsymbol{K}(x_*,X)[\boldsymbol{K}(X,X)+\sigma^2 I]^{-1} y \tag{9.43}$$

$$\Sigma=\boldsymbol{K}(X,x_*)-\boldsymbol{K}(x_*,X)[\boldsymbol{K}(X,X)+\sigma^2 I]^{-1}\boldsymbol{K}(X,x_*) \tag{9.44}$$

式中：μ 和 Σ 分别为测试点 x_* 对应的预测值 f_* 的均值和协方差。

2. 支持向量机回归模型

支持向量机是一种广泛应用于分类及回归问题的机器学习方法，该算法是基于统计学理论、Vapnik－Chervonenkis dimension（VC维）理论和结构风险最小化原理的基础上建成的，依据有限样本信息在模型中的复杂性和学习能力之间探寻最佳方案，以获得最好的泛化性能。针对非线性不可分问题，则通过核函数（表9.2）将数据由低维空间映射到高维空间，进而实现高维可分。本质上是一种二分类模型，它的基本模型是定义在特征空间上的间隔最大的线性分类器；支持向量机还包括核技巧，这使它成为非线性分类器。其基本型为

$$\begin{cases} \min\limits_{\boldsymbol{\omega},b} \dfrac{1}{2}\|\boldsymbol{\omega}\|^2 \\ \text{s. t. } y_i(\boldsymbol{\omega}^{\mathrm{T}}\boldsymbol{x}_i+b) \geqslant 1 \quad (i=1,2,\cdots,m) \end{cases} \tag{9.45}$$

式中：$\|\cdot\|$ 为范数；$\boldsymbol{\omega}$ 为权重向量；s. t. 为约束条件。

表9.2　　核函数分类

名称	表达式	参数
线性核	$\kappa(\boldsymbol{x}_i,\boldsymbol{x}_j)=\boldsymbol{x}_i^{\mathrm{T}}\boldsymbol{x}_j$	
多项式核	$\kappa(\boldsymbol{x}_i,\boldsymbol{x}_j)=(\boldsymbol{x}_i^{\mathrm{T}}\boldsymbol{x}_j)^d$	d 为多项式的次数
高斯核	$\kappa(\boldsymbol{x}_i,\boldsymbol{x}_j)=\exp\left(-\dfrac{\|\boldsymbol{x}_i-\boldsymbol{x}_j\|^2}{2\sigma^2}\right)$	$\sigma>0$ 为高斯核的宽带
拉普拉斯核	$\kappa(\boldsymbol{x}_i,\boldsymbol{x}_j)=\exp\left(-\dfrac{\|\boldsymbol{x}_i-\boldsymbol{x}_j\|}{\sigma}\right)$	$\sigma>0$
Sigmoid核	$\kappa(\boldsymbol{x}_i,\boldsymbol{x}_j)=\tanh(\beta\boldsymbol{x}_i^{\mathrm{T}}\boldsymbol{x}_j+\theta)$	Tanh为双曲正切函数，$\beta>0$，$\theta<0$

支持向量机的基础是寻找在线性可分条件下的最优分离超平面，首先给定一个样本集 $S=\{(x_i,y_i);i=1,\cdots,n,y\in\{+1,-1\}\}$，其中 x_i 为数据，y_i 为数据所属的类别。支持向量机的原始问题可以表示为

$$y_i(\boldsymbol{\omega} x_i+\boldsymbol{b})\geqslant 1-\xi_i;\quad \min\left(\frac{1}{2}\|\boldsymbol{\omega}\|^2\right)+C\sum_{i=1}^{n}\xi_i \quad (i=1,2,\cdots,n) \tag{9.46}$$

式中：$\boldsymbol{\omega}$ 为权重向量；$\boldsymbol{b}$ 为偏置向量；ξ 为松弛因子，$\xi\geqslant 0$；C 为惩罚因子，$C>0$，可通过调节该参数实现算法复杂度与分类精度的平衡。

通过求拉格朗日函数的极值点得到原始问题的最优解。引用拉格朗日乘子算法，将上述原始问题转化为对偶形式，表示为

$$\max Q(\alpha)=-\frac{1}{2}\sum_{i,j=1}^{n}\alpha_i\alpha_j y_i y_j(x_i x_j)+\sum_{i,j=1}^{n}\alpha_i \tag{9.47}$$

$$\sum_{i,j=1}^{n}\alpha_i y_i=0 \quad (0\leqslant\alpha\leqslant C;i=1,\cdots,n) \tag{9.48}$$

式中：α 为拉格朗日乘子。

对于非线性不可分样本，支持向量机通过非线性映射将样本（x_i，x_j）映射到核函数 $K(x_i$，$y_i)$ 指引的高维特征空间中，在特征空间中实现内积运算；故在线性不可分情况下，公式可表示为

$$\max Q(\alpha)=-\frac{1}{2}\sum_{i,j=1}^{n}\alpha_i\alpha_j y_i y_j K(x_i x_j)+\sum_{i,j=1}^{n}\alpha_i \tag{9.49}$$

$$\sum_{i,j=1}^{n}\alpha_i y_i=0 \quad (0\leqslant\alpha\leqslant C;i=1,\cdots,n) \tag{9.50}$$

3. 集成学习

集成学习通过构建并结合多个学习器来完成学习任务，有时也被称为多分类学习系统。集成学习将多个学习器进行结合，常可获得比单一学习器优越的泛化性能。根据个体学习器的生成方式，目前的集成学习方法大致可分为两大类，即个体学习器间存在强依赖关系、必须串行生成的序列化方法，以及个体学习器间不存在强依赖关系、同时可生成的并行化方法。

例如存在强依赖关系的提高树，通过不断添加树，不断地进行特征分裂来生长一棵树，每次添加树即学得一个新的函数，去拟合上次预测的残差。特征分裂时，挑选一个最佳分裂的最佳特征点进行分裂。

9.3.4.3 机器学习参数

通过查阅国内大量有玉米生长特征的文献，收集灌水量、施肥量（氮、磷、钾元素含量）、试验地土壤质量（有机质、全氮、碱解氮、速效磷、速效钾等含量）、种植密度、叶面积指数最大值（LAI_{max}）、地上干物质量最大值（DMA_{max}）和产量（Y）的数据，缺少的部分数据采用平均值代替或从其他文献中获取。选择灌水量、施肥量、土壤质量和种植密度的数据作为训练集，选择叶面积指数最大值、地上干物质量积累量最大值和产量作为响应变量，通过机器学习分别寻求各响应变量与训练集之间的关系。通过对训练集数据和响应变量进行训练，输出相关回归预测模型，并进一步对新数据进行预测，具体机器学习的相关参数见表 9.3。

表 9.3 机器学习参数

学习参数	输入量
训练集	灌水量/mm、施氮量/(kg/hm²)、施钾量/(kg/hm²)、施磷量/(kg/hm²)、有机质含量/%、全氮量/(g/kg)、碱解氮含量/(mg/kg)、速效磷含量/(mg/kg)、速效钾含量/(mg/kg)、种植密度/(kg/hm²)
响应变量	产量/(kg/hm²)
交叉验证折数	10
回归模型	线性回归模型、回归树、支持向量机、高斯回归模型

训练集和响应集数据已存储在系统数据库中，进行灌水制度对产量和效益的影响评价时，在生境要素评价模块中的预测项参数输入当地实测数据，即可对当地玉米产量进行预估。

预测项参数输入参数为：灌水量/mm、施氮量/(kg/hm²)、施钾量/(kg/hm²)、施磷量/(kg/hm²)、有机质含量/%、全氮量/(g/kg)、碱解氮含量/(mg/kg)、速效磷含量/(mg/kg)、速效钾含量/(mg/kg)、种植密度/(kg/hm²)。输出结果为：产量、经济效益。

9.3.4.4 仿真结果

采用高斯过程回归模型、支持向量机模型、线性回归模型等四个模型对学习集和产量的数据进行机器学习，学习结果如图 9.38 所示。四种回归模型的 R^2 分别为 0.87、0.88、

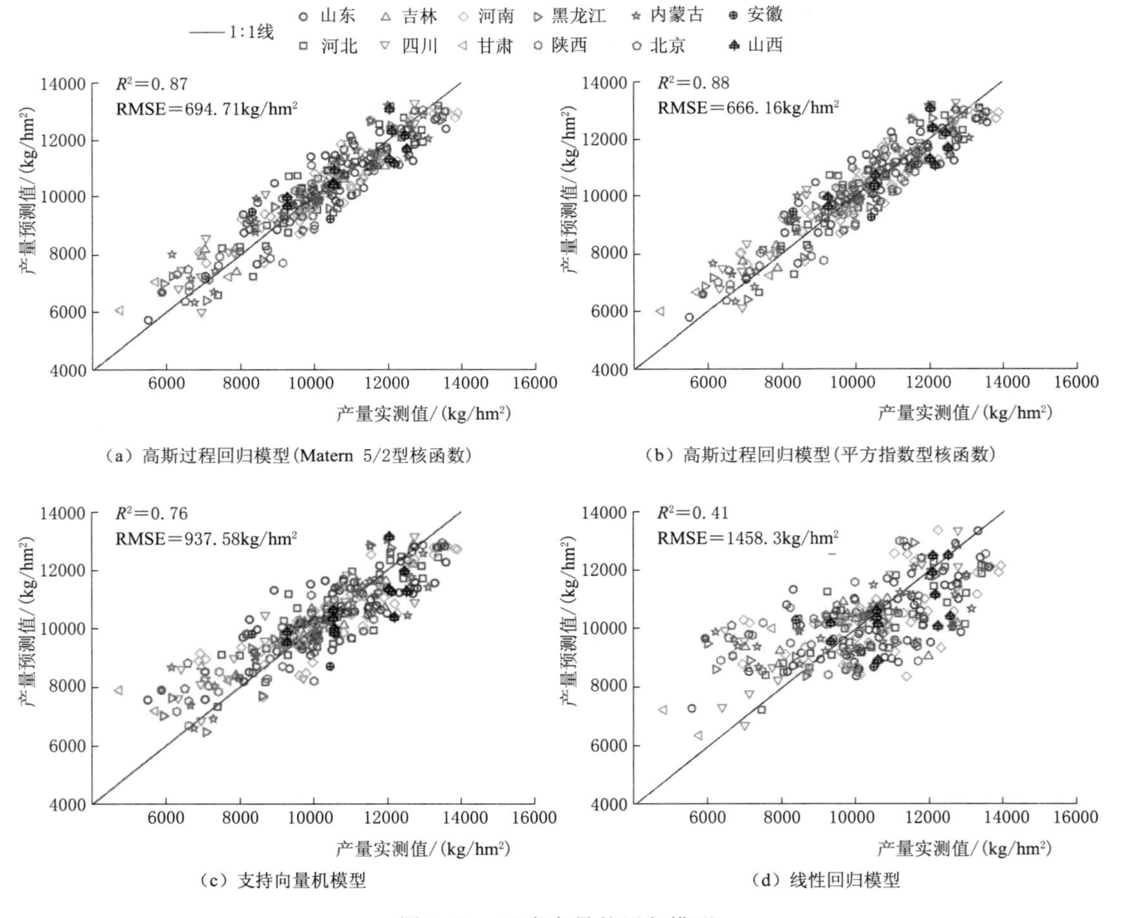

(a) 高斯过程回归模型(Matern 5/2型核函数)

(b) 高斯过程回归模型(平方指数型核函数)

(c) 支持向量机模型

(d) 线性回归模型

图 9.38 玉米产量的回归模型

0.76 和 0.41，故可知高斯过程回归模型的拟合效果最优。因此，基于有总灌溉量（灌水量与降雨量之和）、施肥量（氮、磷、钾含量）、土壤质量（有机质含量、全氮、碱解氮、全磷、速效磷、速效钾和 pH 值）和种植密度的数据，能够采用高斯过程回归模型对玉米产量进行预测。

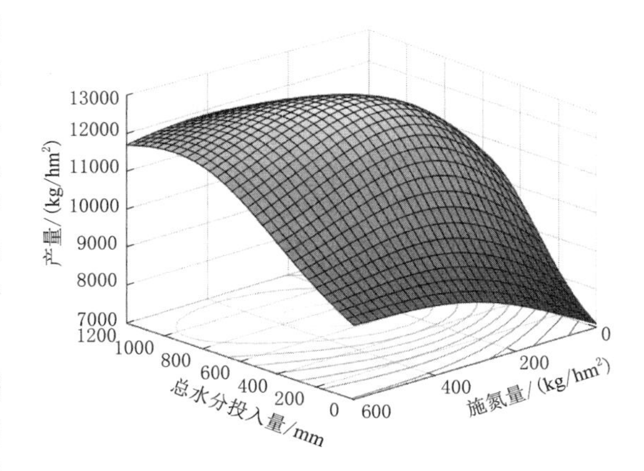

图 9.39 水氮耦合下高斯回归模型产量预测结果

通过收集山西省不同试验站水肥耦合试验数据，将相关训练集数据代入高斯过程回归模型（以 Matern 5/2 型核函数为例），预测不同水氮处理下的玉米产量，预测结果如图 9.39 所示。实测最优产量下的水氮用量与机器学习得到的最优产量下的水氮区间基本吻合，产量的实测值与预测值的一致性较好。

参考文献

[1] 冯欣，姜文来. 我国农业用水利益相关者研究进展与展望 [J]. 中国农业资源与区划，2018，39 (2)：8-12.

[2] 张红丽，温宁. 西北地区生态农业产业化发展问题与模式选择 [J]. 甘肃社会科学，2020 (3)：192-199.

[3] 欧阳佳慧. 节水灌溉技术现状与发展趋势研究 [J]. 农业与技术，2020，40 (3)：60-62.

[4] 李传哲，许仙菊，马洪波，等. 水肥一体化技术提高水肥利用效率研究进展 [J]. 江苏农业学报，2017，33 (2)：469-475.

[5] 李伏生，陆申年. 灌溉施肥的研究和应用 [J]. 植物营养与肥料学报，2000，6 (2)：233-242.

[6] TARJUELO J M，ONEGA J F，MONTERO J，et al. Modelling evaporation and drift losses in irrigation with medium size impact sprinklers under semi - arid conditions [J]. agricultural water management，2000，43 (3)：263-284.

[7] 臧小平，邓兰生，郑良永. 不同灌溉施肥方式对香蕉生长和产量的影响 [J]. 植物营养与肥料学报，2009，15 (2)：484-487.

[8] 刘兰育，柴付军，李明思. 棉花膜下滴灌技术研究与应用 [J]. 新疆农垦科技，2002 (2)：26-28.

[9] 徐卫辉，石歆莹，邓国础，等. 核磁共振对水稻胚超微结构的影响 [J]. 激光生物学，1994，3 (1)：400-403.

[10] MAHMOOD S，USMAN M. Consequences of magnetized water application on maize seed emergence in sand culture [J]. Journal of agricultural science & technology，2014，16 (1)：47-55.

[11] 朱练峰，张均华，禹盛苗，等. 磁化水灌溉促进水稻生长发育提高产量和品质 [J]. 农业工程学报，2014，30 (19)：107-114.

[12] 胡德勇，姚帮松，徐欢欢，等. 增氧灌溉对大棚秋黄瓜生长特性的影响研究 [J]. 灌溉排水学报，2012，31 (3)：122-124.

[13] BHATTARAI S P，PENDERGAST L，MIDMORE D J. Root aeration improves yield and water use efficiency of tomato in heavy clay and saline soils [J]. Scientia horticulturae，2006，108 (3)：278-288.

[14] 王玥凯，郭自春，张中彬，等. 不同耕作方式对砂姜黑土物理性质和玉米生长的影响 [J]. 土壤学报，2019，56 (6)：1370-1380.

[15] 张玉铭，胡春胜，陈素英，等. 耕作与秸秆还田方式对碳氮在土壤团聚体中分布的影响 [J]. 中国生态农业学报（中英文），2021，29 (9)：1558-1570.

[16] ALCANTARA V，DON A，WELL R，et al. Deep ploughing increases agricultural soil organic matter stocks [J]. Global chang biology，2016，22 (8)：2939-2956.

[17] BOGUNOVIC I，PEREIRA P，KISIC I，et al. Tillage management impacts on soil compaction，erosion andcrop yield in Stagnosols Croatia [J]. Catena，2018，160：376-384.

[18] 陈军胜，苑丽娟，呼格·吉乐图. 免耕技术研究进展 [J]. 中国农学通报，2005，21 (5)：184-190.

[19] 曹卫星. 作物栽培学总论 [M]. 北京：科学出版社，2017.

[20] 胡春胜，陈素英，董文旭. 华北平原缺水区保护性耕作技术 [J]. 中国生态农业学报，2018，26 (10)：1537-1545.

[21] SHEEHY J, REGINA K, ALAKUKKU L, et al. Impact of no - till and reduced tillage on aggregation and 1aggregate - associated carbon in Northern European agroecosystems [J]. Soil and tillage research, 2015, 150: 107 - 113.

[22] DING J L, WU J C, DING D Y, et al. Effects of tillage and straw mulching on the crop productivity andhydrothermal resource utilization in a winter wheat - summer maize rotation system [J]. Agricultural water management, 2021, 254 (1): 106933.

[23] 王红彦，王飞，孙仁华，等. 国外农作物秸秆利用政策法规综述及其经验启示 [J]. 农业工程学报，2016，32 (16)：216 - 222.

[24] BALDEV SINGH, CHANASYK D S, MCGILL W B, et al. Residue and tillage management effects of soil properties of a typic cryoboroll under continuous barley [J]. Soil and tillage research, 1994, 32 (2/3): 117 - 133.

[25] ANGERS D A, BOLINDER M A, CARTER M R. Impact of tillage practices on organic carbon and nitrogen storage in cool, humid soils of eastern Canada [J]. Soil and tillage research, 1997, 41 (3/4): 191 - 201.

[26] 赵亚丽，郭海斌，薛志伟，等. 耕作方式与秸秆还田对土壤微生物数量、酶活性及作物产量的影响 [J]. 应用生态学报，2015，26 (6)：1785 - 1792.

[27] 靳亚红，杨树青，张万锋，等. 秸秆与地膜覆盖方式对咸淡交替灌溉模式下水盐调控及玉米产量的影响 [J]. 中国土壤与肥料，2020 (2)：198 - 205.

[28] 王敏，王海霞，韩清芳，等. 不同材料覆盖的土壤水温效应及对玉米生长的影响 [J]. 作物学报，2011，37 (7)：1249 - 1258.

[29] 卜玉山，邵海林，王建程，等. 秸秆与地膜覆盖春玉米和春小麦耕层土壤碳氮动态 [J]. 中国生态农业学报，2010，18 (2)：322 - 326.

[30] 解文艳. 旱作褐土覆盖耕作措施对土壤环境的影响及玉米生长的响应 [D]. 太原：太原理工大学，2015.

[31] 康利允，沈玉芳，岳善超，等. 不同水分条件下分层施磷对冬小麦根系分布及产量的影响 [J]. 农业工程学报，2014，30 (15)：140 - 147.

[32] 张金珠，王振华，虎胆・吐马尔白. 秸秆覆盖对滴灌棉花土壤水盐运移及根系分布的影响 [J]. 中国生态农业学报，2013，21 (12)：1467 - 1476.

[33] 郑险峰，周建斌，王春阳，等. 覆盖措施对夏玉米生长和养分吸收的影响 [J]. 干旱地区农业研究，2009，27 (2)：80 - 83，98.

[34] LI R, HOU X Q, JIA Z K, et al. Effects on soil temperature, moisture, and maize yield of cultivation with ridge and furrow mulching in the rainfed area of the Loess Plateau, China [J]. Agricultural water management, 2013, 116: 101 - 109.

[35] 于晓蕾，吴普特，汪有科，等. 不同秸秆覆盖量对冬小麦生理及土壤温、湿状况的影响 [J]. 灌溉排水学报，2007，26 (4)：41 - 44.

[36] 员学锋，吴普特，汪有科，等. 免耕条件下秸秆覆盖保墒灌溉的土壤水、热及作物效应研究 [J]. 农业工程学报，2006，22 (7)：22 - 26.

[37] 李荣，侯贤清. 深松条件下不同地表覆盖对马铃薯产量及水分利用效率的影响 [J]. 农业工程学报，2015，31 (20)：115 - 123.

[38] 纪晓玲，张静，乔文远，等. 不同覆盖方式对旱地马铃薯产量和水分利用效率的影响 [J]. 干旱地区农业研究，2016，34 (6)：58 - 62.

[39] WANG T C, WEI L, WANG H Z, et al. Responses of rainwater conservation precipitation - use efficiency and grain yield of summer maize to a furrow - planting and straw - mulching system in northern China [J]. Field crops research, 2011, 124 (2): 223 - 230.

[40] 陈玉章．覆盖模式对旱地马铃薯田水热环境及产量形成的影响［D］．兰州：甘肃农业大学，2019.
[41] 高秀萍，张勇强，童兆平．秸秆覆盖对梨树几项水分生理指标的影响［J］．山西农业科学，2001，29（2）：59－61.
[42] 张静，王雯，纪晓玲，等．不同覆盖方式对黑豆光合速率及产量的影响［J］．榆林学院学报，2018，28（4）：10－12.
[43] 张彦群，王建东，龚时宏，等．秸秆覆盖和滴灌制度对冬小麦光合特性和产量的影响［J］．农业工程学报，2017，33（12）：162－169.
[44] 江永红，宇振荣，马永良．秸秆还田对农田生态系统及作物生长的影响［J］．土壤通报，2001，32（5）：209－213.
[45] 李小艳．秸秆覆盖对不同水分条件下冬小麦夏玉米农田蒸散规律及调控效应研究［D］．郑州：河南农业大学，2014.
[46] 张海林，陈阜，秦耀东，等．覆盖免耕夏玉米耗水特性的研究［J］．农业工程学报，2002，18（2）：36－40.
[47] 杨长刚，柴守玺．秸秆带状覆盖对旱地冬小麦产量及土壤水热利用的调控效应［J］．应用生态学报，2018，29（10）：3245－3255.
[48] 孟毅，蔡焕杰，王健，等．麦秆覆盖对夏玉米的生长及水分利用的影响［J］．西北农林科技大学学报（自然科学版），2005，33（6）：131－135.
[49] 范雷雷，史海滨，李瑞平，等．秸秆覆盖对沟灌水盐迁移与玉米水分利用效率的影响［J］．农业机械学报，2021，52（2）：283－293.
[50] 林松明．玉米花生间作对花生产量形成的影响及其钙调控生理机理研究［D］．长沙：湖南农业大学，2020.
[51] 申磊，王秀媛，滕元旭，等．干旱区玉米大豆单间作生长及产量影响的研究［J］．石河子大学学报（自然科学版），2022，40（1）：13－20.
[52] 陈平，杜青，庞婷，等．根系互作强度对玉米-大豆套作系统下作物根系分布及地上部生长的影响［J］．四川农业大学学报，2018，36（1）：28－37.
[53] 张向前，黄国勤，卞新民，等．间作对玉米品质、产量及土壤微生物数量和酶活性的影响［J］．生态学报，2012，32（22）：7082－7090.
[54] 张晓娜，陈平，庞婷，等．玉米-豆科间作种植模式对作物干物质积累、分配及产量的影响［J］．四川农业大学学报，2017，35（4）：484－490.
[55] 黄营，吴强，邓姝玥，等．两种间作模式对玉米根系生长、叶片光合特性及生物量的影响［J］．四川农业大学学报，2020，38（5）：513－519.
[56] XU R X，ZHAO H M，LIU G B，et al. Effects of nitrogen and maize plant density on forage yield and nitrogen uptake in an alfalfa－silage maize relay intercropping system in the North China plain［J］．Field crops research，2021，263（3）：108068.
[57] 代真林，汪娅婷，姚秀英，等．玉米大豆间作模式对玉米根际土壤微生物群落特征、玉米产量及病害的影响［J］．云南农业大学学报（自然科学版），2020，35（5）：756－764.
[58] 赵建华，孙建好，陈亮之，等．河西走廊灌溉玉米施肥现状评价与减肥对策［J］．玉米科学，2021，29（4）：169－174.
[59] 吕越，吴普特，陈小莉，等．玉米-大豆间作系统的作物资源竞争［J］．应用生态学报，2014，25（1）：139－146.
[60] 赵小光，赵兴忠，刘颖萌，等．玉米大豆间作对大豆农艺、品质和产量性状的影响［J］．农学学报，2023，13（8）：18－24.
[61] 蔺芳，刘晓静，童长春，等．间作对不同类型饲料作物光能利用特征及生产能力的影响［J］．应用生态学报，2019，30（10）：3452－3462.

[62] 柳茜，孙启忠，徐丽君，等. 6个青贮玉米品种的产量和品质比较 [J]. 中国奶牛，2019 (2): 50-53.

[63] 马埡杰，张贞明，权金鹏，等. 青贮玉米与饲用大豆混作对产量和饲用品质的影响 [J]. 畜牧兽医杂志，2017，36 (4): 20-24.

[64] 李广浩，刘娟，董树亭，等. 密植与氮肥用量对不同耐密型夏玉米品种产量及氮素利用效率的影响 [J]. 中国农业科学，2017，50 (12): 2247-2258.

[65] 底姝霞，苏东升，朱媛. 不同种植密度对青贮玉米产量和营养价值的影响 [J]. 中国饲料，2018 (12): 26-30.

[66] 张吉旺，王空军，胡昌浩，等. 施氮时期对夏玉米饲用营养价值的影响 [J]. 中国农业科学，2002，35 (11): 1337-1342.

[67] 刘蓝骄. 水氮互作和种植密度对河西地区滴灌施肥春玉米生长及水氮利用的影响 [D]. 杨凌：西北农林科技大学，2020.

[68] 赵晖，李尚中，樊廷录，等. 种植密度与施氮量对旱地地膜玉米产量、水分利用效率和品质的影响 [J]. 干旱地区农业研究，2021，39 (5): 169-177.

[69] 管其锋. 不同种植密度对青贮玉米产量和营养价值的影响 [J]. 热带农业工程，2021，45 (4): 15-18.

[70] 路海东，薛吉全，郝引川，等. 密度对不同类型青贮玉米饲用产量及营养价值的影响 [J]. 草地学报，2014，22 (4): 865-870.

[71] 何俊欧. 不同密度与施氮量对湖北省春玉米产量形成及氮素利用的影响 [D]. 武汉：华中农业大学，2019.

[72] 高繁，胡田田，姚德龙，等. 密度和品种对夏玉米产量及水分利用效率的影响 [J]. 干旱地区农业研究，2018，36 (6): 21-25.

[73] 王小林，张岁岐，王淑庆. 不同密度下品种间作对玉米水分平衡的影响 [J]. 中国生态农业学报，2013，21 (2): 171-178.

[74] 唐靓. 覆盖和施氮对旱作春玉米农田水氮迁移利用和生产力的影响 [D]. 杨凌：西北农林科技大学，2021.

[75] 张鹏. 集雨限量补灌技术对农田土壤水温状况及玉米生理生态效应的影响 [D]. 杨凌：西北农林科技大学，2016.

[76] HAVLIN J L, KISSEL D E, MADDUX L D, et al. Crop rotation and tillage effects on soil organic carbon and nitrogen [J]. Soil science society of America journal, 1990, 54: 448.

[77] 樊代佳. 氮肥深施对免耕稻田土壤有机质特性、甲烷排放及微生物群落的影响机制 [D]. 武汉：华中农业大学，2020.

[78] LIU T N, CHEN J Z, WANG Z, et al. Ridge and furrow planting pattern optimizes canopy structure of summer maize and obtains higher grain yield [J]. Field crops research, 2018, 219: 242-249.

[79] GUO L W, NING T Y, NIE L P, et al. Interaction of deep placed controlled release urea and water retention agent on nitrogen and water use and maize yield [J]. European journal of agronomy, 2016, 75: 118-129.

[80] WU P, LIU F, CHEN G Z, et al. Can deep fertilizer application enhance maize productivity by delaying leaf senescence and decreasing nitrate residuelevels? [J]. Field crops research, 2022, 277: 108417.

[81] WU P, LIU F, WANG J Y, et al. Suitable fertilization depth can improve the water productivity and maize yield by regulating development of the root system [J]. Agricultural water management, 2022, 271: 107784.

[82] 王远远，乔露，陈宗奎，等. 土壤深层水和施肥深度对棉花生长发育及水分利用效率的影响[J]. 西北农业学报，2018，27（6）：812-818.

[83] SU W，LIU B，LIU X W，et al. Effect of depth of fertilizer banded-placement on growth，nutrient uptake and yield of oilseed rape（Brassica napus L.）[J]. European journal of agronomy，2015，62：38-45.

[84] LIU T Q，FAN D J，ZHANG X X，et al. Deep placement of nitrogen fertilizers reduces ammonia volatilization and increases nitrogen utilization efficiency in no-tillage paddy fields in Central China [J]. Field crops research，2015，184：80-90.

[85] 丁宁，陈倩，许海港，等. 施肥深度对矮化苹果 15N-尿素吸收、利用及损失的影响 [J]. 应用生态学报，2015，26（3）：755-760.

[86] 严小龙，廖红，年海. 根系生物学原理与应用 [M]. 北京：科学出版社，2007.

[87] LIU J L，ZHAN A，CHEN H，et al. Response of nitrogen use efficiency and soil nitrate dynamics to soil mulching in dryland maize（Zea mays L.）fields [J]. Nutrient cycling in agroecosystems，2015，101（2）：271-283.

[88] LIU P，YAN H H，XU S N，et al. Moderately deep banding of phosphorus enhanced winter wheat yield by improving phosphorus availability，root spatial distribution，and growth [J]. Soil & tillage research，2022，220：105388.

[89] 张晓雪. 施肥部位对大豆氮磷钾吸收及产量的影响 [D]. 哈尔滨：东北农业大学，2012.

[90] 吴迪. 玉米栽培新技术及病虫害防治策略研究 [J]. 种子科技，2022，40（3）：88-90.

[91] 朱冬梅. 玉米绿色栽培及病虫害防控技术集成与推广 [J]. 农业开发与装备，2022（9）：222-223.

[92] 李赟，刘迪，范如芹，等. 土壤改良剂的研究进展 [J]. 江苏农业科学，2020，48（10）：63-69.

[93] GOPINATH K A，SAHA S，MINA B L，et al. Influence of organic amendments on growth，yield and quality of wheat and on soil properties during transition to organic production [J]. Nutrition cycling in agroecosystems，2008，82（1）：51-60.

[94] 陈之群，孙治强，张慧梅. 土壤调理剂对辣椒田土壤理化性质的影响 [J]. 河南农业科学，2005（7）：84-85.

[95] 杨俊春，欧广明. 土壤改良剂对土壤的改良和水稻增产作用 [J]. 农技服务，2013，30（6）：599-600.

[96] 闫童，刘士亮，于永梅，等. 土壤改良剂在蔬菜上的研究进展 [J]. 安徽农业科学，2013，41（9）：3846-3847，3890.

[97] 陈燕霞，唐晓东，游媛，等. 石灰和沸石对酸化菜园土壤改良效应研究 [J]. 广西农业科学，2009，40（6）：700-704.

[98] 易杰祥，刘国道. 膨润土的土壤改良效果及其对作物生长的影响 [J]. 安徽农业科学，2006，34（10）：2209-2212.

[99] 郝秀珍，周东美. 天然蒙脱石和沸石改良剂对黑麦草在铜尾矿砂上生长的影响 [J]. 土壤学报，2005，42（3）：434-439.

[100] 周华，吴礼树，洪军，等. 几种改良剂对 Cd 和 Pb 污染土壤小白菜生长的影响 [J]. 河南农业科学，2006（5）：90-94.

[101] 邵玉翠，张余良. 天然矿物改良剂在微咸水灌溉土壤中应用效果的研究 [J]. 水土保持学报，2005，19（4）：100-103.

[102] 姜淳，周恩湘，霍习良，等. 沸石改土保肥及增产效果的研究 [J]. 河北农业大学学报，1993，16（4）：48-52.

[103] 李吉进，徐秋明，张宜霞，等. 膨润土对土壤水分和玉米植株生育性状的影响 [J]. 北京农业

科学，2001（6）：18-20.

[104] 关连珠，张继宏，严丽，等. 天然沸石增产效果及对氮磷养分和某些肥力性质调控机制的研究[J]. 土壤通报，1992，23（5）：205-208.

[105] 牛瑞生，樊建英，付雅丽，等. 壳聚糖的生化特性及其在蔬菜生产上的应用 [J]. 河北农业科学，2007，11（4）：33-36.

[106] 杨巍. 秸秆改良材料对沙质土壤磷的活化作用及供磷特征的影响 [D]. 重庆：西南大学，2010.

[107] 李晓磊，李井会，宋述尧. 秸秆有机肥改善设施黄瓜连作土壤微生物区系 [J]. 长春大学学报，2006，16（6）：119-122.

[108] 高玲，刘国道. 绿肥对土壤的改良作用研究进展 [J]. 北京农业，2007（36）：29-33.

[109] 徐刚，张振华. 苏南设施栽培中土壤养分与盐分调查及对策 [J]. 南京农专学报，2002，18（4）：29-31.

[110] 陈义群，董元华. 土壤改良剂的研究与应用进展 [J]. 生态环境，2008，17（3）：1282-1289.

[111] 唐泽军，雷廷武，赵小勇，等. PAM 改善黄土水土环境及对玉米生长影响的田间试验研究[J]. 农业工程学报，2006，22（4）：216-219.

[112] AHMAD M，RAJAPAKSHA A U，LIM J E，et al. Biochar as a sorbent for contaminant management in soil and water：a review [J]. Chemosphere，2014，99（6）：19-33.

[113] NELISSEN V，SAHA B K，RUYSSCHAERT G，et al. Effect of different biochar and fertilizer types on N_2O and NO emissions [J]. Soil biology and biochemistry，2014，70：244-255.

[114] OGUNTUNDE P G，ABIODUN B J，AJAYI A E，et al. Effects of charcoal production on soil physical properties in Ghana [J]. Journal of plant nutrition and soil science，2008，171（4）：591-596.

[115] NOVAK J M，BUSSCHER W J，LAIRD D L，et al. Impact of biochar amendment on fertility of a southeastern coastal plain soil [J]. Soil science，2009，174（2）：105-112.

[116] 袁金华，徐仁扣. 稻壳制备的生物质炭对红壤和黄棕壤酸度的改良效果 [J]. 生态与农村环境学报，2010，26（5）：472-476.

[117] LAIRD D，FLEMING P，WANG B，et al. Biochar impact on nutrient leaching from a Midwestern agricultural soil [J]. Geoderma，2010，158（3）：436-442.

[118] 杨放，李心清，王兵，等. 生物炭在农业增产和污染治理中的应用 [J]. 地球与环境，2012，40（1）：100-107.

[119] PIETIKAINEN J，KIIKKILA O，FRITZE H. Charcoal as a habitat for microbes and its effect on the microbial community of the underlying humus [J]. Oikos，2000，89（2）：231-242.

[120] 周建斌，邓丛静，陈金林，等. 棉秆炭对镉污染土壤的修复效果 [J]. 生态环境，2008，17（5）：1857-1860.

[121] 董永华，史吉平，商振清，等. 喷施生长素和赤霉素对土壤干旱条件下小麦幼苗生理特性的影响 [J]. 华北农学报，1998，13（3）：19-23.

[122] 顾者琨，沈曾佑，张志良，等. 细胞分裂素对水分胁迫中小麦胚芽鞘生长的影响 [J]. 植物生理学报，1984，10（4）：353-361.

[123] 汪天，王素平，郭世荣，等. 外源亚精胺对根际低氧胁迫下黄瓜幼苗光合作用的影响 [J]. 应用生态学报，2006，17（9）：1609-1612.

[124] 李璟，胡晓辉，郭世荣，等. D-精氨酸对低氧胁迫下黄瓜幼苗根系多胺含量和无氧呼吸代谢的影响 [J]. 应用生态学报，2007，18（2）：376-382.

[125] 陈雪峰，唐章林，王丹丹，等. 多效唑（PP333）对甘蓝型油菜幼苗抗旱性的影响 [J]. 西南大学学报（自然科学版），2013，35（1）：23-28.

[126] 冯文新，张玉娥，王玉国. 多效唑对玉米水分胁迫下渗透调节作用和保护酶的影响 [J]. 山西

农业科学，1999，27（4）：21-23.

[127] 韩德元，许光善，任肇利．新型植物生长调节剂甲壳胺的生物学特性及其在农业上的应用［J］．北京农业科学，2001，19（5）：30-33.

[128] 董永华，史吉平，周慧欣．6-BA 对小麦幼苗抗旱性的影响［J］．植物营养与肥料学报，1999，5（1）：73-76.

[129] 孔德真，聂迎彬，桑伟，等．多效唑、矮壮素对杂交小麦及其亲本矮化效应的研究［J］．中国农学通报，2018，34（35）：1-6.

[130] 张同兴，李小忠，王周录，等．多效唑对小麦防倒增产效果试验［J］．陕西农业科学，1992（1）：28-29.

[131] 于海涛，宋顺，孙亮，等．喷施甜菜碱对小麦增产效果的研究［J］．安徽农学通报，2018，24（7）：56.

[132] 李永华，王玮，杨兴洪，等．干旱胁迫下不同抗旱性小麦 BADH 表达及甜菜碱含量的变化［J］．作物学报，2005，31（4）：425-430.

[133] 秦武发，董永华，张彩英，等．植物激素对小麦品质的影响［J］．河北农业大学学报，1996（4）：93-95.

[134] 吴奇峰，何桂红，董志新，等．植物生长调节剂在我国大豆种植上的研究与应用［J］．作物杂志，2005（1）：12-15.

[135] 闫凯莉，韩云，谭廷钢，等．15%多效唑可湿性粉剂对水稻生长、产量及品质的影响［J］．热带农业科学，2016，36（2）：73-76.

[136] 薄永琳，葛淼淼，侯冰，等．根际促生菌对植物生长的调控作用研究进展［J］．环境保护与循环经济，2022，42（10）：66-71.

[137] 邓振山，党军龙，张海州，等．植物根际促生菌的筛选及其对玉米的促生效应［J］．微生物学通报，2012，39（7）：980-988.

[138] 袁海峰，周舒扬，甄涛，等．新型芽孢杆菌在农业领域应用研究进展［J］．国土与自然资源研究，2020（2）：92-94.

[139] 申红妙，李正楠，贾招闪，等．内生枯草芽孢杆菌 JL4 在葡萄叶上的定殖及其对葡萄霜霉病的防治［J］．应用生态学报，2016，27（12）：4022-4028.

[140] 余贤美，侯长明，王海荣，等．枯草芽孢杆菌 Bs-15 在枣树体内和土壤中的定殖及其对土壤微生物多样性的影响［J］．中国生物防治学报，2014，30（4）：497-502.

[141] 张霞，唐文华，张力群．枯草芽孢杆菌 B931 防治植物病害和促进植物生长的作用［J］．作物学报，2007，33（2）：236-241.

[142] 黄大野，曹春霞，张亚妮，等．枯草芽孢杆菌 NBF809 防治番茄棒孢叶斑病研究［J］．中国蔬菜，2018（12）：40-44.

[143] 韩庆庆，贾婷婷，吕昕培，等．枯草芽孢杆菌 GB03 对紫花苜蓿耐盐性的影响［J］．植物生理学报，2014，50（9）：1423-1428.

[144] 尹汉文，郭世荣，刘伟，等．枯草芽孢杆菌对黄瓜耐盐性的影响［J］．南京农业大学学报，2006，29（3）：18-22.

[145] 刘丽英，刘珂欣，迟晓丽，等．枯草芽孢杆菌 SNB-86 菌肥对连作平邑甜茶幼苗生长及土壤环境的影响［J］．园艺学报，2018，45（10）：2008-2018.

[146] 蔡学清，何红，胡方平．内生菌 BS-2 对辣椒苗的促生作用及对内源激素的影响［J］．亚热带农业研究，2005，1（4）：49-52.

[147] 王进，高鹏，黄天悦，等．产聚谷氨酸菌株的筛选及其发酵物对辣椒生长及产量的影响［J］．河南农业科学，2018，47（11）：56-60.

[148] 邢芳芳，高明夫，禚优优，等．大麦根际高效溶磷菌的筛选、鉴定及促生效果研究［J］．华北

农学报，2016，31（增刊 1）：252－257.
[149] 徐洪宇，孙兴权，张强，等．枯草芽孢杆菌有机肥对土壤条件及烤烟产质量的影响［J］．湖南农业科学，2017（7）：55－58.
[150] 杨超才，朱列书，李迪秦，等．不同枯草芽孢杆菌用量对植烟土壤养分含量的影响［J］．西南农业学报，2018，31（4）：779－785.
[151] 李伟，王金亭．枯草芽孢杆菌与解磷细菌对苹果园土壤特性及果实品质的影响［J］．江苏农业科学，2018，46（3）：140－144.
[152] GANUGI P，MASONI A，PIETRAMELLARA G，et al. A review of studies from the last twenty years on plant－arbuscular mycorrhizal fungi associations and their uses for wheat crops［J］．Agronomy，2019，9（12）：840.
[153] 刘双洋．丛枝菌根真菌对水稻镉胁迫响应及其转运过程的影响研究［D］．哈尔滨：哈尔滨工业大学，2015.
[154] 何红君．丛枝菌根真菌接种对 Cd 胁迫下芹菜生长、生理及富集特征的影响［J］．东北农业科学，2020，45（3）：70－75.
[155] YANG Y R，HAN X Z，LIANG Y，et al. The combined effects of arbuscular mycorrhizal fungi（AMF）and lead（Pb）stress on Pb accumulation，plant growth parameters，photosynthesis，and antioxidant enzymes inrobinia Pseudoacacia L［J］．Plos one，2015，10（12）：e0145726.
[156] CHRISTIE P，LI X L，CHEN B D. Arbuscular mycorrhiza can depress translocation of zinc to shoots of host plants in soils moderately polluted with zinc［J］．Plant and soil，2004，261（1/2）：209－217.
[157] CHANDRA P，SINGH A，PRAJAPAT K，et al. Native arbuscular mycorrhizal fungi improve growth，biomass yield，and phosphorus nutrition of sorghum in saline and sodic soils of the semi－arid region［J］．Environmental and experimental botany，2022，201.
[158] SELVAKUMAR G，SHAGOL C，KANG Y，et al. Arbuscular mycorrhizal fungi spore propagation using single spore as starter inoculum and a plant host［J］．Journal of applied microbiology，2018，124：1556－1565.
[159] 陈保冬，于萌，郝志鹏，等．丛枝菌根真菌应用技术研究进展［J］．应用生态学报，2019，30（3）：1035－1046.
[160] SMITH S E，SMITH F A. Roles of arbuscular mycorrhizas in plant nutrition and growth：New Paradigms from cellular to ecosystem scales［J］．Annual review of plant biology，2011，62（1）：227－250.
[161] SUDOVÁ R，VOSÁTKA M，et al. Differences in the effects of three arbuscular mycorrhizal fungal strains on P and Pb accumulation by maize plants［J］．Plant and soil，2007，296（1－2）：77－83.
[162] HOLFORD I. Soil phosphorus：Its measurement，and its uptake by plants［J］．Australian journal of soil research，1997，35（2）：227－239.
[163] WIPF D，KRAJINSKI F，TUINEN D，et al. Trading on the arbuscular mycorrhiza market：from arbuscules to common mycorrhizal networks［J］．New phytologist，2019，223（3）：1127－1142.
[164] van der HEIJDEN M G A，BARDGETT R D，van STRAALEN N M. The unseen majority：Soil microbes as drivers of plant diversity and productivity in terrestrial ecosystems［J］．Ecology letters，2008，11（3）：296－310.
[165] NAFADY N A，HASHEM M，HASSAN E A，et al. The combined effect of arbuscular mycorrhizae and plant－growth－promoting yeast improves sunflower defense against Macrophomina phaseolina diseases［J］．Biological control，2019，138：104049.
[166] 曹本福，姜海霞，刘丽，等．丛枝菌根菌丝网络在植物互作中的作用机制研究进展［J］．应用

生态学报，2021，32（9）：3385－3396.
[167] 黄京华，曾任森，骆世明．AM菌根真菌诱导对提高玉米纹枯病抗性的初步研究［J］．中国生态农业学报，2006，14（3）：167－169.
[168] MATHUR S，SHARMA M P，JAJOO A. Improved photosynthetic efficacy of maize（Zea mays）plants with arbuscular mycorrhizal fungi（AMF）under high temperature stress［J］. Journal of photochemistry and photobiology B－biology，2018，180：149－154.
[169] 湛蔚，刘洪光，唐明．菌根真菌提高杨树抗溃疡病生理生化机制的研究［J］．西北植物学报，2010，30（12）：2437－2443.
[170] GIOVANNETTI M，AZZOLINI D，CITERNESI A S. Anastomosis formation and nuclear and protoplasmic exchange in arbuscular mycorrhizal fungi［J］. Applied and environ mental microbiology，1999，65（12）：5571－5575.
[171] 侯劭炜，胡君利，吴福勇，等．丛枝菌根真菌的抑病功能及其应用［J］．应用与环境生物学报，2018，24（5）：941－951.
[172] 邓杰．AM真菌与禾草内生真菌影响多年生黑麦草叶斑病的机制研究［D］．兰州：兰州大学，2021.
[173] 赵鹏，黄占斌，任忠秀，等．中国主要退化土壤的改良剂研究与应用进展［J］．排灌机械工程学报，2022，40（6）：618－625.
[174] DUAN M，LIU G，ZHOU B，et al. Effects of modified biochar on water and salt distribution and water－stable macro－aggregates in saline－alkaline soil［J］. Journal of soils and sediments，2021，21（6）：2192－2202.
[175] 段曼莉，李志健，刘国欢，等．改性生物炭对土壤中Cu^{2+}吸附和分布的影响［J］．环境污染与防治，2021，43（2）：150－155，160.
[176] 邱朝霞，张若冰，邱海霞，等．含蒙脱土和多糖的保水剂对土壤物理性质的影响［J］．中国土壤与肥料，2013，248（6）：11－16.
[177] 吴军虎，陶汪海，王海洋，等．羧甲基纤维素钠对土壤团粒结构及水分运动特性的影响［J］．农业工程学报，2015，31（2）：117－123.
[178] 单鱼洋，马晨光，王全九，等．羧甲基纤维素钠对壤砂土水分运动及水力参数的影响［J］．土壤学报，2022，59（5）：1349－1358.
[179] 李晓菊，单鱼洋，王全九，等．腐殖酸对滨海盐碱土水盐运移特征的影响［J］．水土保持学报，2020，34（6）：288－293.
[180] 王福友，王冲，刘全清，等．腐殖酸、蚯蚓粪及蚯蚓蛋白肥料对滨海盐碱土壤的改良效应［J］．中国农业大学学报，2015，20（5）：89－94.
[181] 王全九，孙燕，宁松瑞，等．活化灌溉水对土壤理化性质和作物生长影响途径剖析［J］．地球科学进展，2019，34（6）：660－670.
[182] SAVOSTIN P V. Magnetic growth relations in plants［J］. Planta，1964，12：327.
[183] 徐卫辉，石歆莹，邓国础，等．核磁共振对水稻胚超微结构的影响［J］．激光生物学，1994，3（1）：400－403.
[184] CARBONELL M，MARTINEZ E，DIAZ J，et al. Influence of magnetically treated water on germination of signalgrass seeds［J］. Seed science and technology，2004，32（2）：617－619.
[185] GREWAL H S，MAHESHWARI B L. Magnetic treatment of irrigation water and snow pea and chickpea seeds enhances early growth and nutrient contents of seedlings［J］. Bioelectromagnetics，2011，32（1）：58－65.
[186] 李铮．不同水处理对番茄幼苗生长及其质量的影响［D］．沈阳：沈阳农业大学，2016.
[187] 王渌，郭建曜，刘秀梅，等．磁化水灌溉对冬枣生长及品质的影响［J］．园艺学报，2016，

43 (4): 653 - 662.

[188] HANKS R J, THORP F C. Seedling emergence of wheat as related to soil moisture content, bulk density, oxygen diffusion rate, and crust strength [J]. Soil science society of America journal, 1956, 20 (3): 307 - 310.

[189] NIU W Q, ZANG X, JIA Z X, et al. Effects of rhizosphere ventilation on soil enzyme activities of potted tomato under different soil water stress [J]. Clean - soil air water, 2012, 40 (3): 225 - 232.

[190] 张玉方，孙志龙，张雁南，等. 增氧滴灌对设施栽培枣树果实品质的影响 [J]. 节水灌溉，2016 (3): 38 - 40.

[191] 饶晓娟，付彦博，孟阿静，等. 不同浓度溶解氧水浸润棉花种子对萌发的影响 [J]. 新疆农业科学，2016，53 (3): 518 - 522.

[192] 牛君仿，冯俊霞，路杨，等. 咸水安全利用农田调控技术措施研究进展 [J]. 中国生态农业学报，2016，24 (8): 1005 - 1015.

[193] SINGH A. Poor quality water utilization for agricultural production: an environmental perspective [J]. Land use policy, 2015, 43: 259 - 262.

[194] PITMAN M G, LÄUCHLI A. Global impact of salinity and agricultural ecosystems [M]//Salinity: environment - plants - molecules. Germany: Springer Netherlands, 2002: 3 - 20.

[195] 马东豪，王全九，来剑斌. 膜下滴灌条件下灌水水质和流量对土壤盐分分布影响的田间试验研究 [J]. 农业工程学报，2005，21 (3): 42 - 46.

[196] NARESH R K, MINHAS P S, GOYAL A K, et al. Production potential of cyclic irrigation and mixing of saline and canal waterin Indian mustard and pearl millet rotation [J]. Arid soil research and rehabilitation, 1993, 7 (2): 103 - 111.

[197] SHEN Y, MCLAUGHLIN N, ZHANG X P, et al. Effect of tillage and crop residue on soil temperature following planting for a Black soil in Northeast China [J]. Scientific reports, 2018, 8 (1): 4500.

[198] 刘立晶，高焕文，李洪文. 玉米-小麦一年两熟保护性耕作体系试验研究 [J]. 农业工程学报，2004，20 (3): 70 - 73.

[199] 石玉，姚棋，张毅，等. 遮阳降温剂对日光温室环境的影响 [J]. 山西农业科学，2019，47 (9): 1598 - 1602.

[200] 王磊，董树亭，刘鹏，等. 水氮互作对冬小麦光合生理特性和产量的影响 [J]. 水土保持学报，2018，32 (3): 301 - 308.

[201] 宋翔，王全九，李世清，等. 渭北旱塬冬小麦水·肥·产量关系研究 [J]. 安徽农业科学，2008 (7): 2691 - 2692, 2711.

[202] 沈新磊，付秋萍，王全九. 施氮和灌水对冬小麦叶片光合特性和籽粒产量的影响 [J]. 生态经济，2009 (9): 26 - 29.